Jan Peter Gehrke, Patrick Köberle
Moderne Physik
De Gruyter Studium

Weitere empfehlenswerte Titel

Klassische Mechanik Kapieren
Experimentalphysik
Matthias Zschornak, Dirk C. Meyer, 2023
ISBN 978-3-11-102989-4, e-ISBN (PDF) 978-3-11-103027-2

Quantenphysik
Gerhard Franz, 2023
Quantenmechanik
ISBN 978-3-11-123798-5, e-ISBN (PDF) 978-3-11-123867-8
Festkörperphysik
ISBN 978-3-11-124075-6, e-ISBN (PDF) 978-3-11-124157-9

Mathematische Methoden der Physik
Anwendungen und Theorie von Funktionen, Distributionen
und Tensoren
Michael Karbach, 2023
ISBN 978-3-11-105825-2, e-ISBN (PDF) 978-3-11-105922-8

Festkörperphysik
Rudolf Gross, Achim Marx, 2022
ISBN 978-3-11-078234-9, e-ISBN (PDF) 978-3-11-078239-4
Festkörperphysik – Aufgaben und Lösungen
Rudolf Gross , Achim Marx , Dietrich Einzel, Stephan Geprägs, 2023
ISBN 978-3-11-078235-6, e-ISBN (PDF) 978-3-11-078253-0

Physik im Studium – Ein Brückenkurs. Für Physiker und Ingenieure
Jan Peter Gehrke, Patrick Köberle, 2021
ISBN 978-3-11-070392-4, e-ISBN (PDF) 978-3-11-070393-1

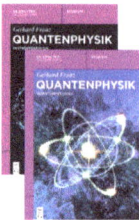

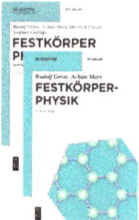

Jan Peter Gehrke, Patrick Köberle

Moderne Physik

Von Kosmologie über Quantenmechanik
zur Festkörperphysik

2. Auflage

DE GRUYTER
OLDENBOURG

Autoren
Jan Peter Gehrke
info@skt-stuttgart.de

Dr. Patrick Köberle
beratung@patrick-koeberle.de

ISBN 978-3-11-125881-2
e-ISBN (PDF) 978-3-11-126057-0
e-ISBN (EPUB) 978-3-11-126144-7

Library of Congress Control Number: 2023939782

Bibliografische Information der Deutschen Nationalbibliothek
Die Deutsche Nationalbibliothek verzeichnet diese Publikation in der Deutschen
Nationalbibliografie; detaillierte bibliografische Daten sind im Internet über
http://dnb.dnb.de abrufbar.

Für Ilona und unsere neugierigen Jungs Felix und Fabian
Patrick Köberle

Für Désirée
Jan Gehrke

Inhalt

1 Intention dieses Buches

Die Physik ist ein unglaublich reichhaltiges Gebiet und man beschäftigt sich mit den verschiedensten Fragestellungen innerhalb der unbelebten Natur. Außerdem hat die Physik eine große Zahl an Schnittstellen zu und Überlappungen mit weiteren Disziplinen wie Chemie, Biologie, Elektrotechnik, aber auch Medizintechnik oder Philosophie. Sie bietet viele Forschungsgebiete im rein akademischen Bereich und stellt gleichzeitig die Grundlage für viele Anwendungen dar. Das Spannende ist dabei, dass es auch nach mehreren hundert Jahren Beobachtungen, Experimenten und theoretischen Erklärungen immer noch unvorhergesehene Überraschungen gibt, die unser Weltbild erweitern oder sogar völlig auf den Kopf stellen.

Dieses Buch soll dazu dienen, einige ausgewählte Forschungsfelder übersichtlich und anschaulich zu präsentieren, um dem Leser Lust auf mehr zu machen. Die Themen sollen ein möglichst breites Spektrum abdecken, was natürlich in einem so vielschichtigen Fach nur teilweise realisierbar ist und auch der subjektiven Einschätzung der Autoren unterliegt. Einige der Themen stehen mit Nobelpreisen in Verbindung, andere scheinen von sehr grundlegender Bedeutung zu sein oder reichen hin zu philosophischen Fragen, welche die Menschen schon immer beschäftigt haben. Ein volles Verständnis der behandelten Themen kann und soll nicht vermittelt werden, da hierfür viele Grundkenntnisse benötigt werden, die erst im Laufe eines Studiums erworben werden. Es wird deswegen ein Mittelweg gewählt, sodass Grundlagen an den entsprechenden Stellen kurz, aber möglichst anschaulich beschrieben werden. Damit soll dem Leser die Möglichkeit gegeben werden, ein erstes Verständnis für die Forschungsthemen zu erlangen. Vermutlich ist es auch nicht sinnvoll, das Buch nur einmal durchzulesen und es dann auf die Seite zu legen. Viele Begriffe wie „Entropie" oder „Spin-Statistik-Theorem" werden im Studium noch ausführlich erklärt, sodass man das eine oder andere Kapitel zu gegebener Zeit auch wieder aufschlagen und Verständnislücken nach und nach schließen kann. Vielleicht ist dann auch die eine oder andere Literaturangabe hilfreich.

Mathematik ist für die Physik die Sprache der Wahl. Alle wichtigen Sachverhalte werden in mathematische Formeln gepackt und können nach klaren Rechenregeln analysiert und weiter verarbeitet werden. Da in diesem Buch der Überblick zu verschiedenen Forschungsgebieten im Fokus stehen soll, werden deutlich weniger Formeln verwendet als in anderen Lehrbüchern. Die dargelegte Mathematik soll dem Leser einen Eindruck vermitteln, wie man physikalische Sachverhalte präzise und bündig darstellen kann. Es ist nicht das Ziel, eine geschlossene Darstellung mit Herleitungen zu liefern, und der Leser muss für ein erstes Verständnis Formeln deshalb auch noch nicht nachvollziehen können. Wer sich im Studium näher mit Themen, die auch in diesem Buch besprochen werden, beschäftigt, wird sicherlich den einen oder anderen mathematischen Zusammenhang wiederfinden. Insofern wird hier auch keine populärwissenschaftliche Darstellung der Physik präsentiert. Der Leser soll die Mög-

https://doi.org/10.1515/9783111260570-001

lichkeit haben, aktuelle physikalische Forschungsthemen möglichst authentisch, und gerade deswegen spannend zu erleben.

Weiterhin wird in den einzelnen Kapiteln nicht allein auf das Ziel hin gearbeitet, nur den Titel des jeweiligen Kapitels zu verstehen. Man benötigt immer einige Grundlagen, die zuerst zusammen gefasst werden, bevor ein Effekt oder auch ein Themenkomplex erklärt werden kann. Dieser Weg wird aber auch nicht völlig geradlinig beschritten, da es nicht um „Effizienz" geht. Es sollen vielmehr auch Blicke nach rechts und links geworfen werden, um mögliche weitere Anknüpfungspunkte erkennen zu können. Schließlich lebt die ganze Physik davon, dass es zwischen verschiedenen Gebieten Zusammenhänge gibt, und diese zu verstehen ist immer auch eine Quelle der Motivation, trotz mancher schwerer Kost nicht aufzugeben.

Wir hoffen, dass wir unseren Lesern zeigen können, dass die Physik nach wie vor eine lebendige Wissenschaft ist, die in vielen Richtungen neue Ideen und Herangehensweisen erfordert, um unseren Wissenshorizont zu erweitern und wünschen viel Freude bei der Lektüre dieses Buches!

Stuttgart, im Sommer 2023
Jan Peter Gehrke und Patrick Köberle

2 Der Laser

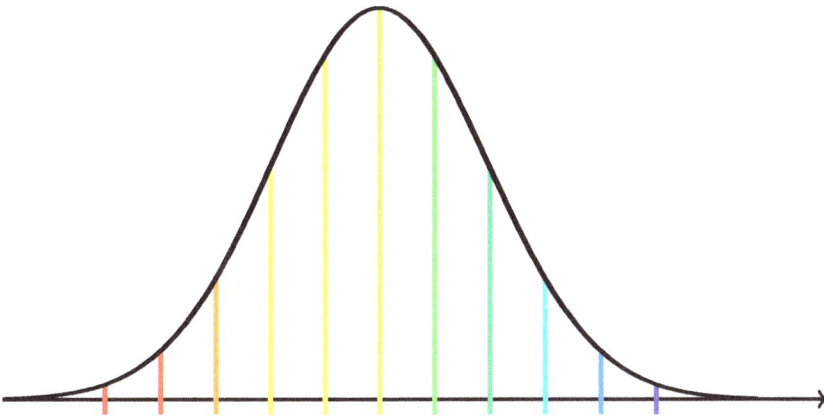

„Der Laser ist eine Lösung auf der Suche nach einer Anwendung". Dieses Zitat stammt von ARTHUR SCHAWLOW, einem der Erfinder des Lasers. Das Kunstwort steht für **L**ight **A**mplification by **S**timulated **E**mission of **R**adiation und erklärt in kurzer Form damit schon die Funktionsweise. Es handelt sich um eine Lichtquelle, welche Strahlung mit sehr präzise definierbarer Wellenlänge aussendet. Weiterhin ist der Strahl stark fokussiert, die Intensität lässt sich in einem sehr weiten Leistungsbereich (von mW bis kW) festlegen und die Wellenlänge ebenfalls von Infrarot bis hin zu Röntgenlicht variieren. Außerdem gibt es Laser, welche nur Lichtpulse aussenden, sowie auch solche, die kontinuierlich strahlen. Der erste funktionsfähige Laser wurde 1960 von THEODORE MAIMAN gebaut [1]. Mittlerweile gibt es für die verschiedensten Anwendungen spezialisierte Laserquellen, in der Grundlagenforschung, in der Industrie und auch in der Medizin. Man kann anhand der Funktionsweise des Lasers Einblicke in verschiedene Gebiete der Physik gewinnen. Neben der Optik benötigt man für ein tieferes Verständnis des Lasers auch ein paar Aussagen aus der Atom- und Molekülphysik. Zudem ist die Optik selbst schon ein breites Feld, das weit über die Verwendung von Linsen und Spiegeln hinausgeht.

https://doi.org/10.1515/9783111260570-002

2.1 Worum es geht

Zusammenfassung:

Ein Laser ist eine Quelle elektromagnetischer Strahlung, die nur eine einzige Wellenlänge besitzt, im Gegensatz zu den meisten anderen Lichtquellen, die viele verschiedene Farben aussenden. Um das Laserlicht zu erzeugen, benötigt man Atome oder Moleküle, die von einem definierten hohen Energieniveau auf ein definiertes niedrigeres Niveau wechseln und die Energiedifferenz dabei in Form elektromagnetischer Strahlung aussenden. Diese Strahlung muss verstärkt werden, und man erhält eine elektromagnetische Welle mit einer einzigen Wellenlänge.

2.1.1 Wechselwirkung von Licht mit Materie

Um verstehen zu können, wie Atome und Moleküle Licht aussenden können, müssen wir uns zuerst einmal ein Modell dieser kleinen Teilchen vor Augen halten. Dabei geht es nicht um die räumliche Struktur. Zwar könnte man fragen, wie sich Elektronen um Atomkerne bewegen und sich um diese herum verteilen, doch das ist für das folgende gar nicht so wichtig. Relevant ist erst einmal, dass die Elektronen als bewegte Teilchen im elektrischen Feld der Atomkerne Energie besitzen. Das klingt noch nicht allzu besonders, schließlich besitzt jede Masse abhängig von ihrem Bewegungszustand Energie. Doch im atomaren Bereich stellt man fest, dass die Teilchen nicht jeden beliebigen Energiewert annehmen können, sondern nur ganz bestimmte Werte. Das ist eine entscheidende Folgerung aus der Quantenmechanik, aber leider nicht verträglich mit unserer intuitiven Vorstellung.[1] Dieses einfache und sehr abstrakte Modell eines atomaren Teilchens genügt schon: Wir betrachten es als ein Objekt, das verschiedene Energiewerte annehmen kann.

Wenn sich ein Atom oder Molekül aber in unterschiedlichen Zuständen befinden kann, die durch ihre verschiedenen Energiewerte ausgezeichnet sind, stellt sich die Frage, wie das Teilchen vom einen Zustand in den anderen wandert. Und hier kommt das Licht ins Spiel. Nehmen wir an, ein Atom wie beispielsweise Wasserstoff befindet sich in einem Zustand mit höherer Energie, und wechselt nun in einen Zustand mit niedrigerer Energie. Die Energiedifferenz muss es loswerden, denn Energie kann nicht verschwinden. Dann kann es beim Übergang in den energetisch niedrigeren Zustand Licht aussenden, denn Licht ist Energie in elektromagnetischer Form.[2] Die Energie E

---

[1] Das ist das Dilemma mit der Quantenmechanik: Ihre Aussagen lassen sich zwar experimentell bestätigen, aber dadurch gewinnt man leider keine Intuition.
[2] Es kann die Energie unter Umständen auch durch Stöße mit anderen Atomen loswerden, dabei entsteht Wärme.

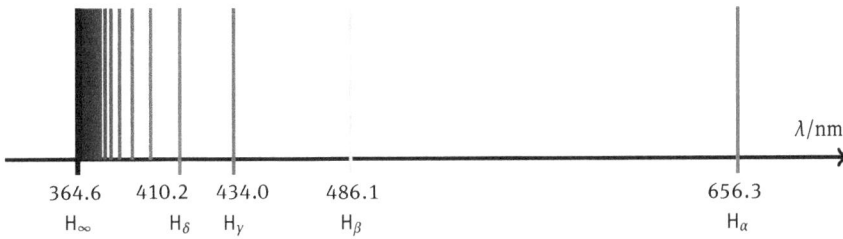

Abb. 2.1: Ausschnitt aus dem Spektrum von atomarem Wasserstoff, gezeigt ist die Balmer-Serie. Vier Wellenlängen aus diesem Spektrum liegen im deutlich sichtbaren Bereich, die historisch mit H_α, H_β, H_γ und H_δ bezeichnet werden. Die restlichen Wellenlängen aus dem Spektrum sind kaum bis nicht sichtbar (daher schwarz gezeichnet), liegen immer noch dichter beieinander und besitzen als Grenze die Linie H_∞ bei 364.7 nm (im ultravioletten Bereich).

der ausgesendeten elektromagnetischen Welle ist direkt verknüpft mit der Wellenlänge λ:

$$\lambda = \frac{hc}{E}. \tag{2.1}$$

Darin ist h das sogenannte Planck'sche Wirkungsquantum (eine Naturkonstante mit dem winzigen Wert $h = 6{,}63 \cdot 10^{-34}$ J s) und c die Lichtgeschwindigkeit (ebenfalls eine Naturkonstante, $c = 3{,}00 \cdot 10^8$ m s^{-1}). Je mehr Energie ausgesendet wird, umso kleiner wird also die Wellenlänge des Lichts. Umgekehrt kann man aber auch Licht auf das Atom einstrahlen, und wenn es genau die Energie des atomaren Übergangs besitzt, wird das Licht vom Atom absorbiert, wobei das Atom in den energetisch höheren Zustand wandert. Ein Wasserstoffatom kann sich in sehr vielen verschiedenen Energiezuständen befinden und dazwischen hin oder her wechseln. Dabei wird Licht ganz bestimmter Wellenlängen entweder absorbiert oder ausgesendet (man sagt auch emittiert). Man kann dies messen, indem man das Licht, welches von Wasserstoffgas ausgesendet wurde, in sein Spektrum zerlegt und dieses photographisch festhält.[3] Das Ergebnis sehen wir in Abbildung 2.1. Diese Messung wurde zuerst von JOHANN JAKOB BALMER im Jahr 1885 gemacht, nach ihm ist diese Serie von Linien heute benannt. Jede Linie steht für eine Farbe. Der Unterschied zum Regenbogenspektrum der Sonne ist der, dass das Sonnenlicht alle Farben enthält, und auf der Photoplatte also ein zusammenhängender heller Bereich sichtbar wäre. Das Spektrum des Lichts, welches von Wasserstoff ausgesendet wird, enthält also nur ganz bestimmte Wellenlängen, sodass das Spektrum auf der Photoplatte eben kein heller Bereich ist, sondern aus einzelnen hellen Linien besteht. Jede Linie gehört zu einem Übergang zwischen zwei verschiedenen Energieniveaus des Wasserstoffatoms. Warum es so viele mögliche Wellenlängen gibt und wieso diese sich auf die gezeigte Art verteilen, soll hier nicht besprochen wer-

---

3 Zur Veranschaulichung kann man auch Sonnenlicht durch ein Prisma schicken, dahinter sieht man das typische Regenbogenspektrum. Jede Farbe gehört zu einer Wellenlänge.

den. Wir halten aber fest, dass ein Wasserstoffatom nur ganz bestimmte Wellenlängen absorbieren bzw. aussenden kann. Strahlt man andere Wellenlängen auf das Atom, passiert nichts, das Licht geht durch das Atom ungehindert durch. Und dies gilt nicht nur für Wasserstoff, sondern auch für alle anderen Atome und auch für Moleküle. All diese mikroskopisch kleinen Teilchen können sich in verschiedenen Energieniveaus befinden und zwischen diesen Zuständen wechseln, wobei Licht mit einer ganz bestimmten Wellenlänge entweder absorbiert oder emittiert wird. Dies ist die Ursache dafür, dass ein Laser Licht mit genau einer Wellenlänge aussenden kann. Liegt diese Wellenlänge zwischen etwa 400 nm und 780 nm, so nehmen wir das Licht als eine bestimmte Farbe wahr.

Um den Laserprozess verstehen zu können, müssen wir die Emission von Licht noch etwas genauer betrachten. Während ein Atom in einen energetisch höheren Zustand wechselt, indem es eingestrahltes Licht absorbiert, gibt es zwei Möglichkeiten, durch Emission die Energie wieder loszuwerden. Die erste Möglichkeit lautet: Das Atom wechselt spontan, also von selbst in das niedrigere Energieniveau. Man nennt diesen Vorgang daher spontane Emission. Dieser Prozess ist für ein einzelnes Atom nicht vorhersagbar, er findet zufällig zu irgend einem Zeitpunkt statt. Man kann lediglich eine statistische Aussage über sehr viele Atome machen und beispielsweise feststellen, dass die Hälfte aller energetisch angeregten Atome nach einer bestimmten Zeit wieder auf das niedrigere Energieniveau zurückfallen. Diese Zeit nennt man auch die Lebensdauer eines Zustands. Sie ist für jeden Zustand einer Atomsorte spezifisch und kann im Bereich von Nanosekunden und darunter liegen, es gibt aber auch deutlich langlebigere Zustände.

Die andere Möglichkeit, Licht auszusenden, ist die sogenannte stimulierte Emission. Dabei trifft Licht auf ein Atom in einem bereits angeregten Zustand, und wechselwirkt nun so mit dem Atom, dass dieses in den energetisch niedrigeren Zustand zurückfällt und dabei Licht aussendet. Im Ergebnis wird vom Atom also doppelt so viel Licht abgestrahlt wie bei der spontanen Emission, wenngleich natürlich bei der stimulierten Emission auch noch Licht eingestrahlt werden muss. Man muss sich klarmachen, dass die ankommende Strahlung die Emission auslöst. Zur Verdeutlichung sind die drei Möglichkeiten der Wechselwirkung, Absorption, spontane und stimulierte Emission, in Abbildung 2.2 noch einmal dargestellt.

2.1.2 Kohärentes Licht

Es sendet nun ein einzelnes Atom Licht aus, also eine elektromagnetische Welle. Das kann man sich ganz gut mit einer Wasserwelle veranschaulichen. Taucht man den Finger periodisch auf und ab in das Wasser, entsteht eine Welle, die vom Sender (also in diesem Fall dem Finger) wegläuft. Je länger man den Finger auf und ab bewegt, umso länger wird der Wellenzug. Wie lang der Wellenzug werden kann, wird also durch die Zeit bestimmt, in der man die Fingerbewegung mit der immer gleichen Frequenz

a)
b)
c)

E_2

hf

E_1

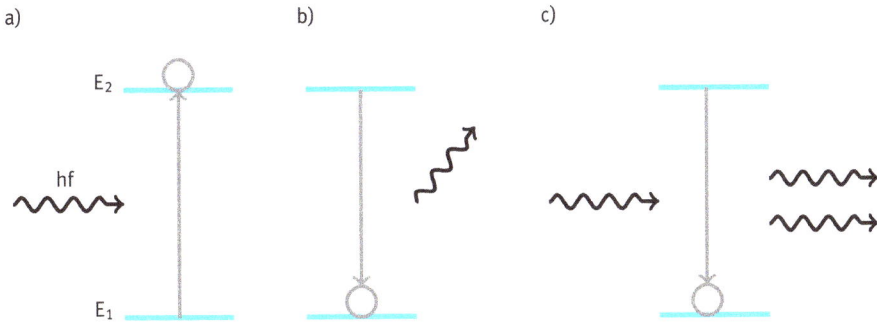

Abb. 2.2: Zur Absorption und Emission von Licht. Trifft eine elektromagnetische Welle mit einer Frequenz, die der Energiedifferenz beider Zustände entspricht, auf ein Atom, wird es absorbiert (a). Befindet sich das Atom schon im angeregt Zustand, kann es entweder spontan in den Grundzustand wechseln und dabei wieder Licht aussenden (b), oder durch einfallendes Licht zu diesem Übergang stimuliert werden (c).

ausführt. Man kann den Vorgang auch abbrechen und später wieder fortsetzen. Dann entstehen mehrere Wellenzüge mit bestimmter Länge. Innerhalb eines Wellenzugs haben die Auslenkungen der Wasseroberfläche etwas miteinander zu tun, da sie ja durch den selben Vorgang entstanden sind. Die Auslenkungen zweier Punkte aus zwei verschiedenen Wellenzügen haben hingegen nichts miteinander zu tun, da sie von zwei verschiedenen Ursachen herrühren. Man sagt, die Welle ist innerhalb eines solchen Wellenzugs kohärent. Die zeitliche Dauer des Erzeugungsvorgangs nennt man die Kohärenzzeit. Da Licht ebenfalls ein Wellenphänomen ist, kann man dafür natürlich auch eine Kohärenzzeit definieren. Jedes einzelne Atom sendet Licht aus, und je länger dieser Vorgang dauert (je länger also die Kohärenzzeit ist), umso länger ist auch der entstehende Wellenzug. Diese Länge ergibt sich aus der Kohärenzzeit und der Lichtgeschwindigkeit, man nennt sie die Kohärenzlänge.

In einem Laser sendet aber nicht nur ein einzelnes Atom Licht aus, sondern eine sehr große Zahl von Atomen tut dies zugleich an verschiedenen Orten. Senden die Atome dabei synchron, sodass die entstehenden Wellenzüge gemeinsam auf und ab schwingen, spricht man von räumlicher Kohärenz des ausgesendeten Lichts.

In herkömmlichen Lichtquellen sendet jedes Atom unabhängig von allen anderen Atomen Licht aus, das entstehende Licht ist also inkohärent. In einem Laser senden jedoch alle Atome gemeinsam, und dies über einen langen Zeitraum. Dadurch besitzt Laserlicht eine sehr hohe Kohärenz. Diese Eigenschaft ist ein Grund dafür, warum der Laser ein so großes Anwendungsfeld einnimmt. Wie es zur Kohärenz des Laserlichts überhaupt kommen kann, schauen wir uns im folgenden Abschnitt an.

2.1.3 Funktionsprinzip des Lasers

Ein Laser soll also kohärentes Licht erzeugen, welches auch noch genau eine Wellenlänge besitzt. Auf atomarer Ebene bedeutet dies, dass alle Atome „im Gleichtakt" Licht
aussenden müssen, und dieses Licht muss vom gleichen atomaren Übergang herrühren. Beides wird nun erreicht, indem man sich den Effekt der stimulierten Emission zu
Nutze macht. Nehmen wir zunächst einmal an, alle Atome im Laser befänden sich im
oberen von zwei Energiezuständen. Weiterhin soll nun schon etwas Licht durch diese
Atome wandern, dessen Wellenlänge genau der Energiedifferenz der beiden Zustände
der Atome entspricht. Trifft das Licht auf ein Atom, wird es mit einer bestimmten Wahr-
scheinlichkeit dieses Atom dazu bringen, vom angeregten Zustand $|2\rangle$ in den energe-
tisch tieferen Zustand $|1\rangle$ zurück zu fallen. In diesem Fall wandert nun mehr Licht
durch die Atome, die wir als Lasermedium bezeichnen. Mehr Licht wird mit größerer Wahrscheinlichkeit das nächste Atom dazu bringen, Licht zu emittieren, wodurch
noch mehr Licht entsteht. Es setzt also ein sich selbst verstärkender Prozess ein. Das
Licht, welches nun durch das Lasermedium wandert, besitzt aber schon eine einzi-
ge Wellenlänge, da ja bei allen Atomen die gleichen beiden Zustände $|1\rangle$ und $|2\rangle$ am
Übergang beteiligt sind. Außerdem schwingen auch noch alle Atome synchron, weil
das ausgesendete Licht sich in Phase befindet mit der einlaufenden Welle. Das Laserlicht ist damit kohärent.

Allerdings wäre dies ein sehr kurzer Lichtblitz, denn wenn alle Atome in den
Grundzustand $|1\rangle$ zurück gefallen sind, können sie kein weiteres Licht aussenden.
Außerdem ist auch schon der angenommene Ausgangszustand, den man als Inversionszustand bezeichnet, zunächst noch hypothetisch, da sich ohne weiteres Zutun
kaum ein Atom im angeregten Zustand $|2\rangle$ befinden würde. Grund dafür ist eine Fol-
gerung aus der Thermodynamik, die man die Boltzmann-Verteilung nennt. Mit dieser
kann man das Verhältnis der Anzahl der Atome N_2 im angeregten Zustand und N_1
im Grundzustand berechnen, wenn sich das ganze im thermischen Gleichgewicht
befindet.[4] Dafür benötigt man die Energiedifferenz $E_2 - E_1$ der beiden Zustände sowie
die Temperatur T:

$$\frac{N_2}{N_1} = e^{-(E_2 - E_1)/k_\mathrm{B}T}. \tag{2.2}$$

Darin ist k_B die sogenannte Boltzmann-Konstante. Diese besitzt den Wert $k_\mathrm{B} = 1{,}38 \cdot 10^{-23}$ J/K. Die Boltzmann-Verteilung besagt nun, dass sich bei jeder Tempe-
ratur weniger Atome im Zustand $|2\rangle$ als im Zustand $|1\rangle$ befinden, und das Verhältnis
umso kleiner wird, je größer die Energiedifferenz ist. Ein Inversionszustand mit mehr
Atomen im angeregten Zustand ist also nur möglich, wenn man den Laser aus dem

---

4 Im thermischen Gleichgewicht hat beispielsweise alles eine einheitliche Temperatur. Schaltet man
den Kühlschrank aus und lässt ihn eine Weile offen stehen, so wird er innen genauso warm wie die
Umgebung. Damit dies normalerweise nicht so ist, muss man Energie aufwenden. Auch beim Laser
wird dies nötig sein.

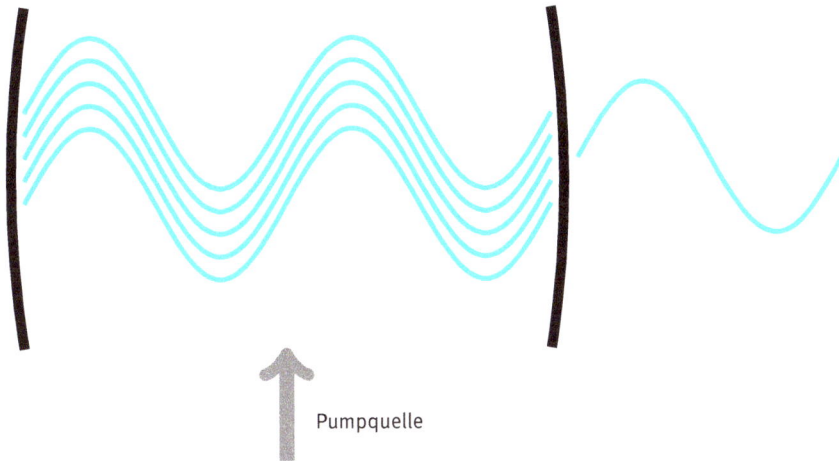

Abb. 2.3: Schematischer Aufbau eines Laser. Zwischen den beiden Resonatorspiegeln bildet sich eine stehende Lichtwelle aus, die kohärent von allen Atomen im Lasermedium erzeugt wird. Der eine Spiegel reflektiert das Licht zu 100%, der andere lässt einen kleinen Teil aus dem Resonator entweichen. Die Spiegel sind gekrümmt, damit leicht schräg laufende Strahlen den Resonator nicht senkrecht dazu verlassen.

thermischen Gleichgewicht heraus bringt, wozu man Energie benötigt. Diesen Vorgang nennt man beim Laser „Pumpen".

Wir benötigen also einerseits die Möglichkeit, die Atome wieder mit Energie zu versorgen, sie also in den Zustand $|2\rangle$ zu pumpen. Andererseits muss aber auch immer genügend Licht im Lasermedium vorhanden sein, um diese angeregten Atome durch stimulierte Emission wieder leuchten zu lassen.

Letzteres wird in einem Laser mit Hilfe zweier Spiegel realisiert, zwischen denen sich das Lasermedium befindet. Das Licht läuft dann zwischen den beiden Spiegeln hin und her. Nur ein sehr kleiner Teil des Lichts (wenige Promille) kann durch einen der beiden Spiegel nach draußen gelangen. Dies ist das eigentliche, außen sichtbare Laserlicht. Der weitaus größere Teil bleibt innerhalb des Lasers und veranlasst dabei beständig die angeregten Atome, wieder in den Grundzustand zu fallen und Licht auszusenden.

Doch es bleibt noch immer das Problem, die Atome kontinuierlich in den angeregten Zustand zu pumpen, sodass dort konstant eine ausreichende Menge zur Verfügung steht, um durch stimulierte Emission Licht auszusenden. Die Energiezufuhr selbst kann unterschiedlich realisiert werden, beispielsweise durch Stöße mit einer weiteren Atomsorte wie in einem Helium-Neon-Laser oder durch eine Blitzlichtquelle wie in einem Festkörper-Laser. Zudem gibt es verschiedene Pumpschemata. Das einfachste benötigt nur zwei Zustände. Eine Pumpquelle sorgt dafür, dass ein Atom aus dem Grundzustand in den angeregten Zustand überführt wird, von dem aus es durch stimulierte Emission wieder zurück in den Grundzustand wandert. Der Pumpvorgang

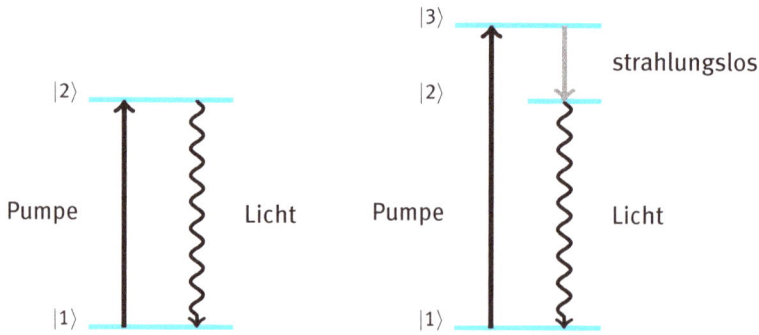

Abb. 2.4: Pumpschemata für 2- und 3-Niveau-Systeme.

funktioniert also besser, wenn sich wenige Atome im angeregten Zustand befinden. Für den Strahlungsvorgang ist aber die gegenteilige Besetzung vorteilhaft. Durch dieses Wechselspiel erweist sich ein Schema mit nur zwei beteiligten Energieniveaus als ungeeignet.

Verbessert wird die Situation durch ein drittes Energieniveau $|3\rangle$, welches sich beispielsweise noch ein wenig oberhalb des angeregten Zustands $|2\rangle$ befindet. Damit sind drei verschiedene Übergänge möglich. Der Übergang vom angeregten Zustand $|2\rangle$ in den Grundzustand $|1\rangle$ ist der eigentliche Laserübergang, hier wird also Licht ausgesendet. Die Pumpquelle überführt das Atom vom Grundzustand $|1\rangle$ in den Zustand $|3\rangle$. Dieser Zustand muss die Eigenschaft besitzen, sehr kurzlebig zu sein, sodass das Atom vom Zustand $|3\rangle$ durch spontane Emission zerfällt, und zwar in den Zustand $|2\rangle$. Dieser Zustand soll vergleichsweise langlebig sein, sodass er eben nicht spontan zerfällt, sondern erst durch stimulierte Emission. Indem man dieses kurzlebige 3. Niveau einführt, befinden sich immer ausreichend viele Atome im Zustand $|2\rangle$ und sind damit bereit für die stimulierte Emission, während unabhängig davon kontinuierlich Atome vom Grundzustand in den fast unbesetzten Zwischenzustand $|3\rangle$ gepumpt werden können.

Weiter verbessern kann man den Pumpvorgang durch ein viertes Niveau $|0\rangle$ unterhalb des Zustands $|1\rangle$. Der strahlende Übergang läuft weiterhin von $|2\rangle$ nach $|1\rangle$, die Übergänge von $|3\rangle$ nach $|2\rangle$ und von $|1\rangle$ nach $|0\rangle$ laufen spontan und sehr schnell ab, wobei jeweils etwas Wärme frei wird. Dieses 4-Niveau-System hat den Vorteil, dass noch weniger Pumpleistung benötigt wird.

2.1.4 Ratengleichungen

Bis jetzt haben wir versucht, qualitativ zu verstehen, dass die Atome im Lasermedium ständig zwischen verschiedenen Zuständen wechseln. Etwas anders betrachtet verändern sich im Laufe der Zeit die Anzahlen der Atome in den beteiligten Zuständen.

Man spricht auch von den Besetzungszahlen der Zustände. Arbeitet der Laser, so müssen die Besetzungszahlen der Zustände konstant bleiben. Das heißt nicht, dass jedes einzelne Atom seinen Zustand behält. Es bedeutet, dass pro Zeiteinheit immer genau so viele Atome einen Zustand verlassen, wie wieder in diesen Zustand dazu kommen. Es liegt also auch im Betrieb des Lasers eine Dynamik vor, und diese wollen wir nun etwas genauer verstehen. Schauen wir dazu die relevanten Prozesse im Laser an, und zwar der Einfachheit halber für ein 3-Niveau-System.[5]

Die Besetzungszahl N_1 von Zustand $|1\rangle$ wird einerseits dadurch verkleinert, dass Atome in den Zustand $|3\rangle$ gepumpt werden. Die Rate, mit der dies geschieht, ist proportional zur Besetzung N_1 selbst, da die Pumpquelle ein Atom pro Zeiteinheit mit einer bestimmten Wahrscheinlichkeit in den Zustand $|3\rangle$ anhebt. Je mehr Atome sich im Zustand $|1\rangle$ befinden, umso mehr werden pro Zeiteinheit diesen Zustand durch Pumpen auch verlassen. Den Proportionalitätsfaktor nennen wir w_{13}, um deutlich zu machen, dass dass es sich um eine Rate handelt, die den Übergang vom Zustand $|1\rangle$ in den Zustand $|3\rangle$ beschreibt. Effektiv lautet die Rate, mit der Atome gepumpt werden, also $-N_1 w_{13}$. Das Minuszeichen brauchen wir, da es sich um eine Abnahme handelt.

Ein weiterer Effekt, der zur Abnahme der Besetzungszahl N_1 führt, ist der Übergang von Atomen von Zustand $|1\rangle$ nach Zustand $|2\rangle$ durch die Absorption von Licht. Diese Rate wird umso größer, je größer die Lichtintensität Φ im Lasermedium ist und je mehr Atome sich im Zustand $|1\rangle$ befinden. Da auch die Absorption ein zufälliger Prozess ist, der nur mit einer bestimmten Wahrscheinlichkeit pro Zeiteinheit stattfindet, benötigt man wieder einen Proportionalitätsfaktor, den wir mit W bezeichnen. Die Absorptionsrate wird also durch den Term $-W N_1 \Phi$ beschrieben.

Nun wandern aber auch Atome in den Zustand $|1\rangle$, und zwar durch den eigentlichen Laserübergang, die stimulierte Emission von $|2\rangle$ nach $|1\rangle$. Die Wahrscheinlichkeit pro Atom und Zeiteinheit ist die gleiche wie für die Absorption, also W. Und wieder wird die Rate für die stimulierte Emission erhöht, wenn sich mehr Atome im Zustand $|2\rangle$ befinden und die Lichtintensität Φ größer ist. Insgesamt erhöht sich also die Besetzungszahl N_1 dadurch mit einer Rate von $W N_2 \Phi$.

Zusammenfassend erhält man für die Änderungsrate von N_1 folgende Gleichung, die sogenannte Ratengleichung:

$$\frac{\mathrm{d}N_1}{\mathrm{d}t} = (N_2 - N_1)W\Phi - N_1 w_{13}. \tag{2.3}$$

Die Schreibweise auf der linken Seite soll ausdrücken, um wie viele Atome $\mathrm{d}N_1$ sich die Besetzungszahl des Zustands pro Zeiteinheit $\mathrm{d}t$ verändert. Mit der gleichen Argu-

---

5 Ein 2-Niveau-System ist wie schon erwähnt für einen Laserprozess nicht geeignet.

mentation erhält man die Ratengleichungen für die Besetzungszahlen N_2 und N_3:

$$\frac{dN_2}{dt} = (N_1 - N_2)W\Phi - N_2 W' - N_3 w_{32}, \tag{2.4}$$

$$\frac{dN_3}{dt} = N_1 w_{13} - N_3 w_{32}. \tag{2.5}$$

Der Term $-N_2 W'\Phi$ gibt die Rate für den spontanen Übergang von $|2\rangle$ nach $|1\rangle$ an, diese Rate ist unabhängig von der Lichtintensität.

Mit diesen Ratengleichungen werden zwar die Besetzungszahlen der drei Atomniveaus im Laufe der Zeit beschrieben, aber es steckt ja noch eine weitere Größe darin, die sich ebenfalls im Laufe der Zeit ändern kann: Die Lichtintensität Φ. Diese wird durch den Laserübergang von $|2\rangle$ nach $|1\rangle$ größer, also sowohl durch stimulierte als auch durch spontane Emission. Verkleinert wird sie durch den Absorptionsprozess von $|1\rangle$ nach $|2\rangle$, aber auch durch Verlustprozesse sowie natürlich durch die Abstrahlung der Lichtleistung nach außen. Zusammenfassend kann man also auch für die Änderung der Lichtintensität eine Gleichung angeben, womit das Gleichungssystem vollständig ist:

$$\frac{d\Phi}{dt} = (N_2 - N_1)W\Phi + N_2 W' - V\Phi. \tag{2.6}$$

Mit V werden darin sämtliche Verluste beschrieben. Im Detail wird die Untersuchung dieser ganzen Konstanten also noch einmal etwas komplexer. Wir haben uns hier auf eine effektive Beschreibung beschränkt, um zu zeigen, wie man den einzelnen Prozessen Rechnung trägt, ohne dabei durch zu viele Details den Überblick zu verlieren.

Und nun gehen wir wieder zum Anfang dieses Abschnitts: Wenn der Laser in Betrieb ist, sollen sich also die Besetzungszahlen sowie auch die Lichtintensität nicht mehr verändern, sodass die ganzen Ableitungen 0 sind. Außerdem benötigen wir einen Inversionszustand, also $N_2 > N_1$. Das ist nicht für alle Parameterwerte möglich. Manche dieser Werte kann man durch das Design des Lasers festlegen, wie beispielsweise die Verlustrate V. Darin steckt nämlich die Reflektivität des Spiegels, an dem das Laserlicht ausgekoppelt wird, und diese lässt sich durch Auswahl dieses Spiegels natürlich definieren. Es gibt aber auch Parameter, die man nicht beeinflussen kann, wie etwa die Wahrscheinlichkeiten für die spontane und stimulierte Emission (jedenfalls nicht, wenn man sich auf ein Lasermedium festgelegt hat). Die Kunst ist es nun, solche Parameter zu finden, dass der Laserprozess in Gang kommt. Hier würde sich nun eine etwas mathematischere Diskussion der Ratengleichungen anschließen, auf die wir aber verzichten. Wer Interesse hat, dem sei als Anregung die (durchaus komplexe) Aufgabe mitgegeben, das Gleichungssystem einmal mit Hilfe eines numerischen Gleichungslösers zu untersuchen und den zeitlichen Verlauf der Besetzungszahlen zu bestimmen. Ein sinnvolles Ergebnis ist jenes, wenn sich die Besetzungszahlen und die Lichtintensität nach einer gewissen Zeit nicht mehr verändern und N_2 größer ist als N_1. Schließlich kann man es aber nicht bei einer mathematischen Studie der Parameter belassen, sondern man muss auch das passende Lasermedium, die Spiegel und die Pumpquelle finden, um den Laser als Hardware realisieren zu können.

2.1.4.1 Lichtausbreitung und Laser-Moden

Das Laserlicht breitet sich nun sowohl zwischen den beiden Spiegeln im Laser als auch außerhalb aus. Dies geschieht natürlich nicht beliebig, sondern lässt sich durch physikalische Gesetze beschreiben. Konkret wird die Ausbreitung einer Schwingung des elektrischen Feldes, das an einer Stelle im Raum angeregt wurde, durch die sogenannte Wellengleichung beschrieben:

$$\left(\Delta - c\frac{\partial^2}{\partial t^2} \right) \boldsymbol{E}(\boldsymbol{r}, t) = 0. \tag{2.7}$$

Mit dieser recht kurzen Gleichung ist es möglich, zu jedem Zeitpunkt und an jedem Punkt im Raum zu berechnen, wie groß die elektrische Feldstärke $\boldsymbol{E}$ sein wird. Für die magnetische Feldstärke $\boldsymbol{B}$ sieht die Gleichung genau so aus. Darin steht auch die Ausbreitungsgeschwindigkeit c der Welle, und im Falle von elektromagnetischen Wellen ist dies gerade die Lichtgeschwindigkeit.[6] Wir können hier nicht die mathematische Struktur der Wellengleichung untersuchen, uns aber mit ihrer Lösung beschäftigen.

Eine ganz fundamentale Lösung ist die sogenannte Kugelwelle, welche wie folgt beschrieben wird:

$$\boldsymbol{E}(\boldsymbol{r}, t) = \frac{A}{r} \sin(kr - \omega t). \tag{2.8}$$

Die Feldstärke $\boldsymbol{E}$ variiert sinusförmig, sowohl im Raum also auch in der Zeit. Ihre Amplitude nimmt mit zunehmendem Abstand r zum Zentrum ab. Die zeitliche Frequenz der Schwingung an einem Punkt im Raum wird durch ω beschrieben, die Wellenzahl k gibt an, wie viele Wellenzüge in eine Längeneinheit passen. Eine große Wellenzahl bedeutet also eine kleine Wellenlänge. Eine Kugelwelle entsteht durch eine Anregung an einem einzigen Punkt im Raum. Um wieder die die Analogie der Wasserwelle zur Hilfe zu nehmen, entspricht die Anregung dem Finger, der auf und ab in das Wasser taucht. Dabei entstehen kreisförmige Wellen auf der (2-dimensionalen) Wasseroberfläche. Aber auch unter Wasser breitet sich die Welle weiter aus, dort dann aber im 3-dimensionalen Raum und daher als Kugelwelle. Es genügt aber, sich die 2-dimensionalen Kreiswellen vor Augen zu halten, wie in Abbildung 2.5 schematisch dargestellt.

Eine weitere sehr einfache Lösung ist die ebene Welle, welche durch folgenden mathematischen Ausdruck beschrieben werden kann:

$$\boldsymbol{E}(\boldsymbol{r}, t) = \boldsymbol{E}_0 \sin(\boldsymbol{k} \cdot \boldsymbol{r} - \omega t). \tag{2.9}$$

Auch hier findet man wieder die sinusförmige Abhängigkeit, nur an der Form hat sich etwas getan, was in Abbildung 2.6 gezeigt wird: Die Wellenfronten sind nun Ebenen im Raum, bzw. Geraden in der 2-dimensionalen Darstellung. Im Laser selbst bildet

---

6 Dies war historisch auch der Grund für die Idee, bei Licht könnte es sich um eine elektromagnetische Welle handeln, was Mitte des 19. Jahrhunderts, zur Zeit der Ausarbeitung einer Theorie elektromagnetischer Felder, noch nicht klar war.

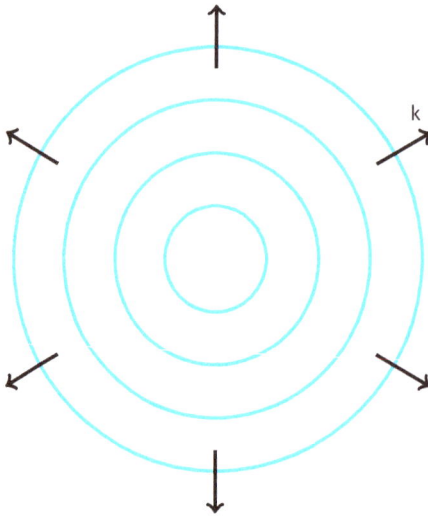

Abb. 2.5: Schematische Darstellung einer Kugelwelle. An jedem Punkt der Wellenfront lässt sich ein Wellenzahlvektor *k* definieren, der angibt, in welcher Richtung sich die Welle dort gerade ausbreitet. Die Wellenberge sind als durchgezogene Linien dargestellt, genau zwischen zwei Kreisen befindet sich ein Wellental.

sich zwischen den Resonatorspiegeln auch eine Welle aus, die aber nicht mehr hin und her läuft, sondern genauso schwingt wie eine eingespannte Gitarrensaite. Man spricht von einer stehenden Welle. Damit dies möglich wird, muss die Wellenlänge genau auf die Resonatorlänge abgestimmt sein (s. auch Abbildung 2.3).

Eine Eigenschaft ebener Wellen kann graphisch jedoch nicht dargestellt werden: Die einzelnen Wellenfronten sind unendlich weit ausgedehnt. Das lässt sich aus mathematischen Gründen nicht vermeiden, und wir können diese Tatsache mit Hilfe des sogenannten Huygens'schen Prinzips verstehen. Dieses besagt, dass von jedem einzelnen Punkt auf einer Wellenfront eine Kugelwelle startet. All diese Kugelwellen überlagern sich dann zu einem späteren Zeitpunkt zu einer neuen Wellenfront. In Abbildung 2.7 ist dies am Beispiel einer ebenen Welle zu sehen. In orange sind einige Kugelwellen dargestellt, welche jeweils an einem bestimmten Punkt auf der Wellenfront starten, sich dann eine Weile ausbreiten und sich schließlich zu einer neuen Wellenfront überlagern. Würde man noch mehr Kugelwellen einzeichnen, sähe die Überlagerung der ebenen Wellenfront noch ähnlicher, allerdings wäre das Bild dann überfüllt. Da sich Kugelwellen aber in alle Richtungen immer weiter ausbreiten, ist es nicht möglich, dass die ebene Welle eine bestimmte Breite besitzt. Auch sie muss letztlich unendlich weit ausgedehnt sein.

Damit stellt sich aber die Frage, wie dies mit einem Lichtstrahl zusammenpasst, speziell mit einem Laserstrahl. Denn auch die Lichtwelle aus einem Laser wird ja durch die Wellengleichung beschrieben, aber ein Laserstrahl scheint nur eine bek

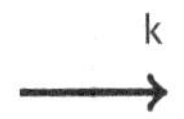

$\longrightarrow$

Abb. 2.6: Schematische Darstellung einer ebenen Welle. Jeder Punkt der Wellenfront breitet sich in der gleichen Richtung aus. Wieder stellen die durchgezogenen Linien die Wellenberge dar, dazwischen befinden sich die Wellentäler.

stimmte Dicke zu besitzen. Um es vorab zu sagen: Jeder Lichtstrahl ist genau genommen tatsächlich unendlich dick, aber nur der Teil, der uns als Strahl erscheint, ist auch so hell, dass wir ihn wahrnehmen. Wir kommen also nicht umhin, die Lichtwelle, die aus der Öffnung eines Lasers austritt, etwas genauer zu untersuchen als es die schematische Darstellung aus Abbildung 2.7 zulässt. Was darin nicht dargestellt wurde, ist die mit der Entfernung abnehmende Intensität der Kugelwellen. Dadurch ist es möglich, eine Welle zu formen, deren Intensität mit dem Abstand zur Strahlachse abnimmt, sodass ein typischer Strahl entsteht. Leuchtet man mit einem solchen Laserstrahl senkrecht auf einen Beobachtungsschirm, sieht man dort nicht einfach einen hellen Kreis mit einer scharfen Begrenzung. Vielmehr nimmt die Helligkeit zum Rand hin schnell ab, wird aber auch in größerer Entfernung nie exakt Null. Eine solche Helligkeitsverteilung ist in Abbildung 2.8 a) zu sehen. Das Intensitätsprofil I wird durch eine Gauß-Funktion beschrieben:

$$I(r) = I_0 e^{-r^2/w^2}. \tag{2.10}$$

Die Koordinate r ist der Abstand zum Zentrum, hier wird die Intensität gemessen. Der Parameter w gibt die Breite des Kreises an. Bei einer Funktion, die niemals Null wird, findet man natürlich keine Grenze. Man definiert daher die Breite so, dass die Intensitätsfunktion bei jenem Abstand auf einen bestimmten Wert abgeklungen ist. Hier wählt man dafür den Wert $1/e = 0{,}3679$. Weiterhin sei noch angemerkt, dass die Breite davon abhängt, wie weit der Beobachtungsschirm vom Laser entfernt ist. Mit zunehmender Entfernung wird der helle Bereich größer. Der Strahl weitet sich aber sichtbar erst über große Entfernungen (bis hin zu mehreren Kilometern). Daher erscheint uns ein Laserstrahl unter typischen Bedingungen mit einer sehr konstanten Breite.

Typischerweise strahlt ein Laser mit einem Gauß-Profil. Es gibt aber auch noch andere sogenannte TEM-Moden, die ebenfalls die Wellengleichung (2.7) lösen und die ein Laser abstrahlen kann. Das hängt von der Konfiguration der beiden Resona-

Abb. 2.7: Schematische Darstellung einer ebenen Welle. Jeder Punkt der Wellenfront breitet sich in der gleichen Richtung aus. Wieder stellen die durchgezogenen Linien die Wellenberge dar, dazwischen befinden sich die Wellentäler.

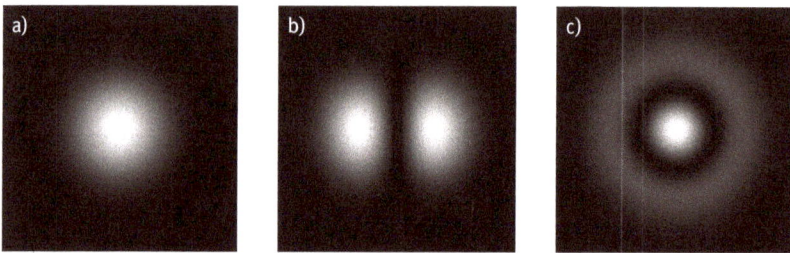

Abb. 2.8: Verschiedene mögliche Intensitätsprofile des Strahlquerschnitts, Sogenannte TEM-Moden. Bild a) zeigt eine reine Gauß-Verteilung (TEM_{00}), in b) ist die TEM_{01}-Mode dargestellt und in c) die TEM_{10}-Mode.

torspiegel ab. Es macht beispielsweise einen Unterschied, ob die Spiegel rund oder eckig sind. Ein paar mögliche Helligkeitsmuster für runde Spiegel sind in Abbildung 2.8 dargestellt. Die TEM-Moden werden charakterisiert durch die Anzahl ihrer Nulllinien in radialer Richtung und in Richtung der Winkelkoordinate. Beispielsweise bedeutet TEM_{00}, dass keine Nulllinie vorhanden ist. Damit wird die einfache Gauß-Mode bezeichnet. Hingegen besitzt TEM_{01} keine Nulllinie in radialer Richtung, aber eine in Richtung eines bestimmten Winkels, beispielsweise entlang der senkrechten Achse. Die Mode TEM_{10} wird bei einem bestimmten Radius 0, aber nicht entlang einer Achse. Sie ist daher rotationssymmetrisch. Die Wellengleichung besitzt übrigens unendlich viele solcher Lösungen. Für die Anwendung spielt aber nur die einfachste Mode, das Gauß-Profil, eine Rolle.

2.2 Einblicke in Forschung und Anwendung

Zusammenfassung:

Da Laserlicht in hohem Maß kohärent ist und die Lichtleistung auf einen engen Bereich im Strahl fokussiert ist, lassen sich Beugungsphänomene sehr gut beobachten, kleinste Strukturen auf Halbleiterbauelementen belichten und natürlich Werkstücke mit hohen Lichtleistungen bearbeiten. Aber auch für Präzisionsmessungen spielt Laserlicht eine wichtige Rolle, speziell hat der Frequenzkamm hier die Messtechnik revolutioniert.

2.2.1 Beugungsphänomene

Die Wellengleichung (2.7) beschreibt ganz allgemein die Ausbreitung von Licht. Wir haben die Kugelwelle als eine mögliche Lösung kennen gelernt und in diesem Zusammenhang auch das Huygens'sche Prinzip, dass man Kugelwellen zu einer neuen Welle überlagern kann. Dieses Prinzip lässt sich auf die Fragestellung anwenden, was passiert, wenn ein Laserstrahl auf ein Hindernis trifft. Als Beispiel schauen wir uns eine ganz einfache Blende an, die nur im Bereich des Lochs den Laserstrahl durchlässt. Für einen Laser, der Licht im sichtbaren Bereich abstrahlt (Wellenlänge unterhalb 1 μm), wählt man am besten eine sehr kleine Spaltbreite von 0,1 mm und darunter. Hinter der Blende stellt man in einem bestimmten Abstand (Größenordnung 1 m) einen Beobachtungsschirm auf. Dort wird man nun nicht einfach einen sehr schmalen Lichtpunkt von der Größenordnung der Spaltbreite sehen. Vielmehr erscheint dort eine ganze Reihe von hellen und dunklen Bereichen, die hinter dem undurchsichtigen Teil der Blende liegen. Dies ist in Abbildung 2.9 zusehen. Ein klassischer Lichtstrahl würde hinter der Blende nicht ankommen. Eine Welle kann dies aber, weil sie aus vielen einzelnen Kugelwellen zusammengesetzt werden kann. Jede dieser Kugelwellen breitet sich in alle Richtungen aus, auch hinter die Blende. Auf dem Schirm treffen sich schließlich alle Kugelwellen und ihre Feldstärken addieren sich an jedem Punkt. Diese Fähigkeit von Wellen, auch hinter ein Hindernis laufen zu können, nennt man Beugung. Weiterhin bezeichnet man die Addition aller Kugelwellen als Interferenz. Da die elektrische Feldstärke sowohl positive als auch negative Werte annehmen kann, kann die Summe vieler Kugelwellen ebenfalls positiv und negativ, aber eben auch Null werden. Für das menschliche Auge spielt das Vorzeichen der Feldstärke keine Rolle, nur ihr Betrag entscheidet über die wahrgenommene Helligkeit.

 Das interessante an diesem noch eher einfachen Versuch ist, dass die Intensitätsverteilung auf dem Beobachtungsschirm direkt durch die Blende bestimmt wird. Die Breite des Spalts hängt mit der Breite der Helligkeitsverteilung zusammen (beide sind zueinander invers). Außerdem macht es einen Unterschied, ob die Blende nur

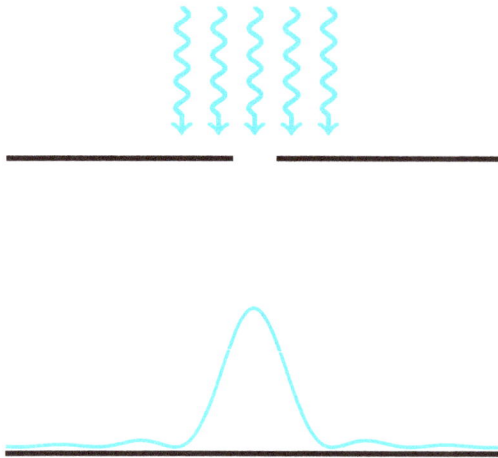

Abb. 2.9: Beugung am Einzelspalt. Kohärentes Licht fällt auf eine Blende, dahinter erscheint auf einem Beobachtungsschirm ein Beugungsbild. Je schmaler der Spalt, umso breiter wird das Beugungsmuster auf dem Schirm und umgekehrt.

aus einem oder aus mehreren Spalten besteht. Ein solches Gitter kann zudem wie der Spalte in Abbildung 2.9 eindimensional, aber auch ein flächiges Muster sein. Sogar 3-dimensionale Strukturen sind möglich. In jedem Fall ist das Beugungsbild auf dem Schirm an das beugende Objekt, die Blende oder das Gitter, geknüpft. Da ein Gitter sehr klein sein kann, das Beugungsbild aber deutlich größer ist, kann man durch Beobachtung des letzteren auf die Struktur des ersteren schließen. Laser gibt es mit den unterschiedlichsten Wellenlängen, sogar im Röntgenbereich. Vergleichbar kleine beugende Strukturen findet man im atomaren Bereich. Die Gitterstruktur kristalliner Festkörper kann man nicht unter dem Mikroskop beobachten. Beugt man Röntgenlicht an einem solchen Kristall, kann man jedoch aufgrund des Beugungsbildes Rückschlüsse auf die Gitterstruktur ziehen.

2.2.2 Laser in der Halbleiterindustrie

Schon seit Jahrzehnten werden weltweit immer mehr integrierte Halbleiterbauelemente für unterschiedlichste Anwendungen benötigt und gefertigt. Am Prinzip hat sich (noch) nichts geändert: Transistoren werden in äußerst aufwendigen Verfahren in großer Zahl auf Silizium-Plättchen zu komplexen Schaltungen verbaut, welche dann Berechnungen ausführen oder als Datenspeicher dienen können. Um diese Strukturen auf das Silizium zu bringen, wird zuerst ein Photolack aufgetragen, und anschließend die Struktur als „Schattenwurf" einer Maske darauf belichtet. Der Photolack verändert sich dabei an den Stellen, wo er belichtet wurde, und in einem anschließenden Schritt kann dieser Teil des Lacks chemisch entfernt werden. Wie danach weiter verfahren wird, ist eine ganz eigene Wissenschaft und im Detail auch das Geschäftsgeheimnis der Halbleiterhersteller.

Wir können uns aber den Belichtungsprozess ein wenig genauer anschauen. Stark vereinfacht ausgedrückt passiert dabei das gleiche wie bei der Beugung von Laser-Licht an einem Spalt oder Gitter. Die Photomaske, welche die zu belichtende Struktur beinhaltet, ist nämlich nichts anderes als ein Gitter, durch welches Licht auf den zu fertigenden Chip gestrahlt wird. Mittlerweile haben die Bauelemente auf dem Halbleiter Strukturgrößen von einigen Nanometern erreicht. Die Photomaske ist zwar größer, aber ihre Strukturen sind immer noch im Nanometerbereich angesiedelt. Bei der Beugung von Licht am Einzelspalt haben wir gelernt, dass der Strahl nicht einfach durch den Spalt durchgeht und auf dem Beobachtungsschirm einen einfachen Schattenwurf erzeugt, sondern vielmehr das Licht gebeugt wird, weil sich die Lichtwellenlänge in einer ähnlichen Größenordnung befindet wie die Spaltbreite. Man möchte ja aber kein Beugungsmuster auf den Lack projizieren, sondern die originale Gitterstruktur (in nochmals verkleinerter Form). Also muss die Wellenlänge des verwendeten Lichts ebenfalls sehr klein sein. Zudem soll das Licht nur eine einzige Wellenlänge beinhalten und muss eine entsprechende hohe Leistung besitzen. Für die Belichtung wird daher ein Laser verwendet. Doch auch die heute verwendeten Belichtungssysteme erzeugen erst einmal ein Beugungsbild der Photomaske, welches zur Belichtung in dieser Form nicht geeignet ist. Am Beugungsbild des Einzelspalts kann man dies gut nachvollziehen: Neben dem Helligkeitsmaximum genau hinter dem Spalt gibt es noch viele weitere Helligkeitsmaxima, sodass der Photolack an ebenso vielen Stellen belichtet würde. Dadurch erhielte man natürlich nicht die gewünschte Struktur. Doch es gibt Abhilfe: Man kann das Beugungsbild wieder umkehren. Dazu benötigt man eine Linse, welche die verschiedenen Beugungsordnungen zusammenführt. Mathematisch steckt dahinter eine Operation, die man als Fourier-Transformation bezeichnet. Das Beugungsbild beinhaltet die Information über die Spaltstruktur in Form eines Frequenzmusters. Jedes Helligkeitsmaximum steht für die Intensität einer Frequenz, die Entfernung des Maximums zur Mitte gibt die Größe der Frequenz an. Was das bildlich bedeutet, ist in Abbildung 2.10 gezeigt. Eine Linse fängt einen Teil des Beugungsbildes ein und fokussiert diesen auf den Photolack. Die wenigen inneren Helligkeitsmaxima des Beugungsbildes entsprechen den niedrigen Frequenzen der räumlichen Struktur des Spalts. Führt man diese zusammen, erhält man offensichtlich nicht ganz die ursprüngliche Spaltfunktion. Das Ergebnis ist jetzt rundlicher, es fehlen die harten, also schnellen und damit hochfrequenten Übergänge des Originals. Aber prinzipiell hat die Linse die Beugung rückgängig gemacht. Man sagt auch, dass bei der Beugung die Spaltfunktion einer Fourier-Transformation unterzogen wird, die Linse führt die inverse Fourier-Transformation aus. Dazwischen wurden höhere Frequenzen entfernt, also gefiltert. Diesen Themenbereich nennt man Fourier-Optik. Bei der Belichtung von Halbleiterstrukturen muss das verwendete Linsensystem in der Lage sein, ausreichend viele Beugungsordnungen einzufangen, damit die Struktur der Photomaske hinreichend genau auf den Lack abgebildet werden kann. Das gefilter-

Spaltfunktion   Beugungsmuster   Linse   Gefilterte Spaltfunktion

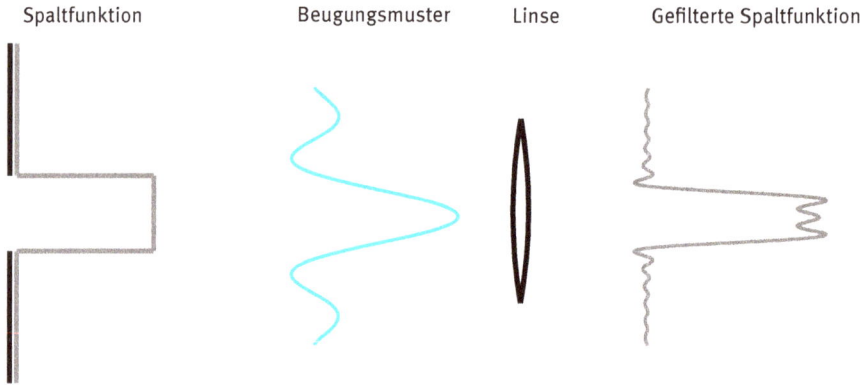

Abb. 2.10: Umkehrung der Beugung mit Hilfe einer Linse. Die Spaltfunktion beschreibt die Hellig-keitsverteilung unmittelbar am Spalt. In einiger Entfernung vom Spalt findet man das bekannte Beugungsmuster, welches auf die Linse trifft. Da nur eine begrenzte Zahl an Beugungsordnungen von der Linse eingefangen werden kann, wird der Spalt auf dem Schirm nicht scharf abgebildet. Ho-he Frequenzen werden gefiltert und die zuerst schnellen Helligkeitsänderungen der Spaltfunktion erscheinen geglättet.

te Helligkeitsmuster enthält Schwankungen, die dazu führen könnten, dass der Lack dort nicht ausreichend belichtet und später vom Lösungsmittel nicht entfernt wird.

Als Beleuchtungsquelle kommen sogenannte Excimer-Laser zum Einsatz. Deren Wellenlänge ist über Jahre hinweg ein industrieller Standard, seit etwa 2008 werden ArF-Laser mit einer Wellenlänge von 193 nm verwendet. Der genaue Zahlenwert war nicht die vorrangige Anforderung, vielmehr werden von der Halbleiterindustrie soge-nannte Technologieknoten definiert, also die Größen der zu belichtenden Strukturen. Anhand dieses Fahrplans, der immer ein paar Jahre im Voraus festgelegt wird, können Belichtungssysteme entwickelt werden. Diese müssen viele Jahre eingesetzt werden, damit sich ihre langwierige und teure Entwicklung rentiert. An das ganze Belichtungs-system werden dabei viele Anforderungen gestellt, und am Ende wurde der ArF-Laser als passende Lösung ausgewählt. Excimer-Laser nutzen als Lasermedium ein Dimer, also ein Molekül aus zwei Atomen, welche aber nur im angeregten (excited) Zustand aneinander gebunden sind. Für den ArF-Laser verwendet man Argon und Fluor. Die-se beiden Atome gehen keine chemische Bindung ein, außer man führt ihnen eine entsprechende Energiemenge zu. Im Betrieb werden die Atome also gepumpt, um sie dann gemeinsam durch stimulierte Emission in den Grundzustand zu befördern. Da-bei zerfallen die Dimere in ihre Bestandteile und senden kohärentes Licht aus. Die Pumpquelle arbeitet nicht kontinuierlich, Excimer-Laser erzeugen daher nur Licht-pulse mit einer sehr kurzen Dauer von wenigen Nanosekunden (10^{-9} s) bis unterhalb von Picosekunden (10^{-12} s).

Seit ein paar Jahren kann man aber auch durch Nutzung technischer Tricks die im-mer weiter verkleinerten Strukturen nicht mehr mit ArF-Lasern abbilden. Die derzeit verwendete Wellenlänge liegt bei 13, 5 nm. Diese wird durch einen atomaren Übergang in einem Plasma aus Zinn erzeugt. Diesen Spektralbereich nennt man Extremes Ultraviolett (EUV), und die Fertigungstechnik entsprechend EUV-Lithographie. Dieser Technologiesprung ist jedoch mit einigen größeren Schwierigkeiten verbunden. So sind Linsen für derart kleine Wellenlänge nicht mehr transparent. Statt Linsen werden in den Belichtungsoptiken daher Spiegel verwendet. Diese müssen extrem präzise gefertigt sein und dürfen sich im Betrieb nicht verzerren. Schon winzigste Ausdehnungen würden zu Abbildungsfehlern auf dem Photolack führen. Die Entwicklung solcher Optiken dauert Jahre, entsprechend teuer sind die Belichtungsgeräte. Damit sich dieser Aufwand für die Hersteller rechnet, lohnen sich nur Fabriken im großen Maßstab mit Milliarden gefertigter Chips. Dieser Aufwand bedingt auch, dass in den einzelnen Stufen dieser Prozesskette nur sehr wenige hoch spezialisierte Hersteller beteiligt sind.

2.2.3 Präzisionsmessungen von Frequenzen

Eine zentrale Messgröße in der Physik ist die Zeit t bzw. die Frequenz f, mit der Vorgänge ablaufen. Um eine Zeitdauer zu messen, benötigt man einen Taktgeber mit einer bekannten Frequenz sowie einen Zähler, welcher die Takte zählt, die innerhalb des zu beobachtenden Vorgangs abgelaufen sind. Eine Pendeluhr taktet beispielsweise einmal pro Sekunde. Um die Dauer einer Sonnenfinsternis zu bestimmen, zählt man die n Schläge des Pendels vom Beginn der Verdunkelung bis zu deren Ende. Daraus kann man die Dauer der Sonnenfinsternis berechnen:

$$t = \frac{n}{f}. \tag{2.11}$$

Bei einem Vorgang, der viele Pendelschläge dauert, ist die Messung genauer als bei einem Vorgang mit weniger Pendelschlägen, weil es beim langen Vorgang nicht so sehr ins Gewicht fällt, wenn man einen Schlag mehr oder weniger zählt. Um zeitlich kurze Vorgänge zu messen oder um die Genauigkeit zu erhöhen, benötigt man also eine höhere Taktfrequenz. Atomuhren besitzen einen Taktgeber, welcher in jeder Sekunde mehr als 9 Milliarden Mal schwingt. Eine Elektronik ist in der Lage, bei dieser Frequenz noch einzelne Takte zu zählen. Allerdings arbeitet die Technik hier im Grenzbereich. Noch höhere Frequenzen lassen sich elektronisch nicht mehr messen.

Dennoch ist man in der Physik an immer noch genaueren Messtechniken interessiert. Präzisere Messungen ermöglichen ein immer besseres Verständnis der Natur, außerdem haben genauere Messungen auch eine technische Relevanz. Um jedoch Frequenzen im optischen Bereich von 10^{13} Hz zu messen, kommt man mit der herkömmlichen Zählmethodik nicht weiter. Diese Frequenzen sind einfach zu hoch. Doch es gibt einen Trick, den man auch benutzt, wenn man eine Gitarre nach Gehör stimmt. Statt die unbekannte Frequenz f_1 einer einzelnen Schwingung direkt zu messen, mischt man eine zweite Schwingung bekannter Frequenz f_0 dazu. Bei der Gitarre

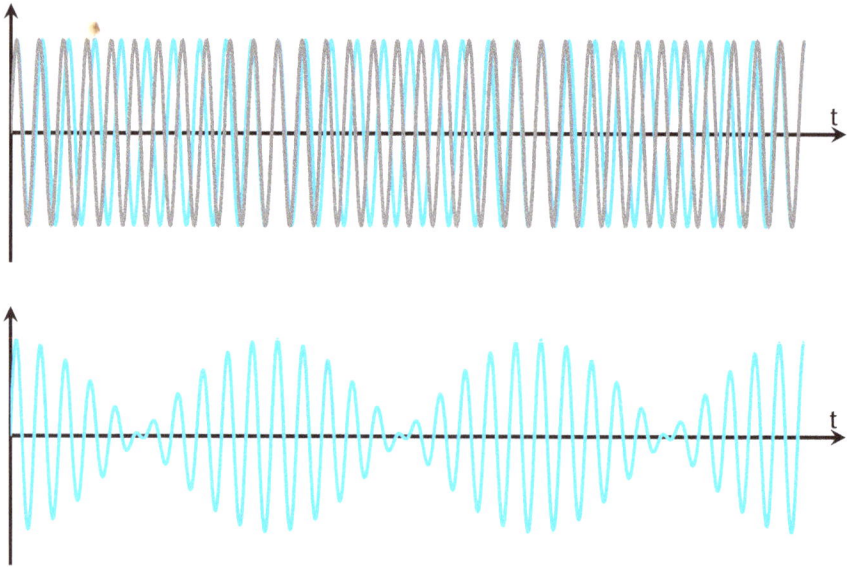

Abb. 2.11: Zur Entstehung einer Schwebung. Das obere Bild zeigt zwei Sinusschwingungen mit leicht unterschiedlicher Frequenz, das untere die Addition beider Funktionen. Man erkennt im unteren Bild die hochfrequente Oszillation, aber auch eine niederfrequente Veränderung der Amplitude.

erreicht man das durch Zupfen zweier Saiten, wobei die tiefere so gegriffen wird, dass sie den gleichen Ton ergibt wie die höhere. Die beiden Saiten sind richtig gestimmt, wenn der gemeinsame Ton eine gleichbleibende Lautstärke besitzt.[7] Eine leicht unterschiedliche Differenz Δf der beiden Schwingungsfrequenzen führt zu einer langsamen zeitlichen Veränderung der Lautstärke. Man nennt dies ein Schwebung, dargestellt in Abbildung 2.11. Die Schwebungsfrequenz ist gerade gleich Δf. Überträgt man dies auf optische Messungen, wo die unbekannte zu messende Frequenz f_1 bei besagten 10^{13} Hz liegt, benötigt man eine bekannte Referenz f_0, die sich von f_1 nur um einige 10^6 Hz bis 10^9 Hz unterscheidet. Die Überlagerung beider Frequenzen führt ebenfalls zu einer Schwebung, deren Frequenz Δf man aber wieder mit herkömmlichen elektronischen Mitteln messen kann.

Um eine solche optische Uhr zu realisieren, wird ein sogenannter Frequenzkamm benötigt. Dabei handelt es sich um einen Laser, der nicht nur eine Frequenz aussendet, sondern mehrere Millionen, die aber alle eng nebeneinander liegen und einen festen Frequenzabstand f_r zueinander haben. Im Resonator werden also all diese Schwingungsmoden synchron angeregt. Das hat zur Folge, dass der Laser keinen kontinuierlichen Strahl aussendet, sondern einzelne Lichtpulse in streng periodi-

---

[7] Die absolute Tonhöhe kann man auf diese Art nicht bestimmten, um aber nur mit diesem einen Instrument Musik zu machen, spielt das keine Rolle.

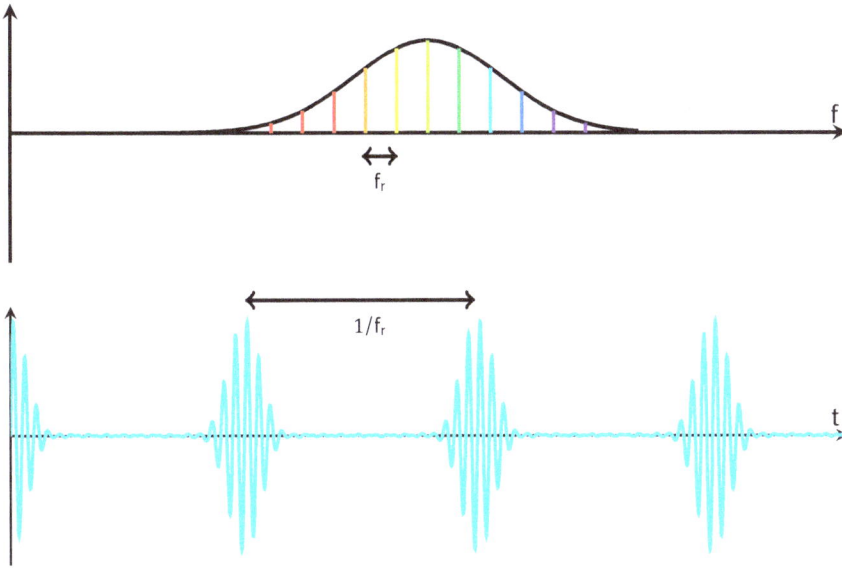

Abb. 2.12: Ein Frequenzkamm besteht aus einer Vielzahl von Frequenzen, die zueinander alle den gleichen Abstand f_r haben. Jede Frequenz steht für eine Sinusschwingung. Überlagert man all diese Schwingungen und berücksichtigt man noch ihre Gewichtung, erhält man eine periodische Abfolge von Lichtpulsen, deren Abstand $1/f_r$ beträgt.

scher Folge. Man kann zeigen, dass die Frequenz, mit der die Pulse entstehen, genau der Abstand der einzelnen Moden f_r ist. Kennt man die Grundfrequenz f_0 des Lasers, kann man die Frequenzen f_m des Kamms einfach angeben:

$$f_m = f_0 + m \cdot f_r. \tag{2.12}$$

Die Grundfrequenz genau zu bestimmen war ein Problem bei der Entwicklung des Frequenzkamms, welches unabhängig voneinander in den Arbeitsgruppen von THEODOR HÄNSCH und JOHN HALL gelöst wurde. Beide wurden dafür 2005 mit dem Nobelpreis für Physik ausgezeichnet.

Die Messung einer optischen Frequenz f_{opt} geschieht nun wie beim Stimmen der Gitarre. Man misst die Schwebungsfrequenz $f_m - f_{opt}$ und kann bei Kenntnis von f_m die unbekannte optische Frequenz berechnen. Dazu muss man wissen, welcher Zahn f_m des Frequenzkamms der zu messenden optischen Frequenz f_{opt} am nächsten liegt. Das geschieht über eine erste grobe Messung. Wo genau die Zähne des Frequenzkamms liegen, ist schließlich bekannt, da man die Repetitionsfrequenz der Pulse und damit den Abstand der Zähne kennt.

Literatur

[1] T. H. Maiman. Stimulated optical radiation in ruby. *Nature* **187**, 4736 (1960).

[2] W. Demtröder. *Laser Spectroscopy*. Springer (2014).

[3] T. Udem, R. Holzwarth, and T. W. Hänsch. Uhrenvergleich auf Femtosekundenskala. *Physik Journal* **2**, 39 (2002).

3 Das Mikroskop

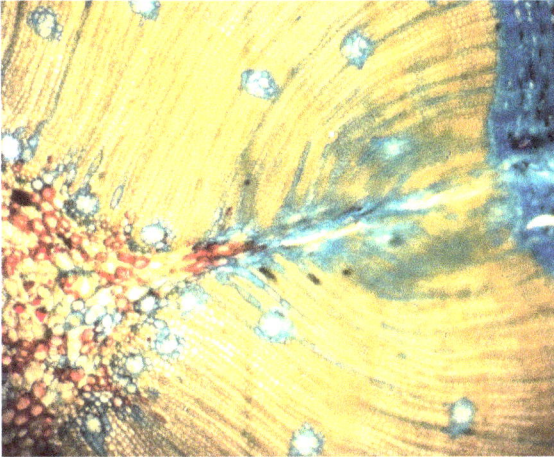

Mit unseren Augen nehmen wir die Schönheit der Welt wahr. Leider sind unserem Sehen aber doch recht enge Grenzen gesetzt, sodass sich uns die Schönheiten der Natur, welche im Detail verborgen sind, leider nur mit Hilfe passender Apparaturen erschließen lassen. Für die Ferne greifen wir dabei auf Teleskope, für die Nähe auf Mikroskope zurück. Im Prinzip haben wir es in beiden Fällen mit geschickt angeordneten Linsensystemen zu tun, die die Unzulänglichkeiten unserer Augen kompensieren und das Entfernte nahe zu uns holen und das Kleine so vergrößern, dass wir es betrachten können.

https://doi.org/10.1515/9783111260570-003

3.1 Worum es geht

Zusammenfassung:

Dieses Kapitel soll einen kleinen Einblick in die Welt der Mikroskopie geben. Neben den theoretischen Grundlagen (geometrische Optik, Abbesche Theorie) beschäftigen wir uns u.a. mit verschiedenen Beleuchtungsverfahren und zeigen ein paar Bilder als Beispiele für die Unterschiede und die Einsatzgebiete.

3.1.1 Ein paar Worte zur geometrischen Optik

Bekannter Maßen lässt sich Licht, abhängig von dem jeweiligen Experiment, als (elektromagnetische) Welle oder als Teilchen beschreiben (Welle-Teilchen-Dualismus). In der geometrischen Optik jedoch spielt die Wellennatur des Lichts keine Rolle, da man sich auf die Ausbreitungsrichtung desselben konzentriert. Hier ist also der Weg durch die jeweils verwendeten Geräte, der sog. Strahlengang, von Interesse und wir arbeiten daher mit einer Näherung. Wird eine Lichtwelle durch optische Instrumente wie Blenden und Linsen begrenzt, so erhält man ein Lichtbündel, welches aus vielen Lichtstrahlen besteht. Am Rand dieses Lichtbündels treten aber durchaus Beugungserscheinungen auf, weshalb die eben angesprochene Näherung der geometrischen Optik nur dann sinnvoll ist, wenn der Durchmesser des Lichtbündels d_{Lb} groß gegenüber der Wellenlänge λ_{L} des Lichts ist. Wir fordern daher, dass

$$d_{\mathrm{Lb}} \geq 20 \cdot \lambda_{\mathrm{L}} \tag{3.1}$$

gilt. Durch den gewählten Vorfaktor 20 ist hier ausreichend Spielraum für die Näherung gegeben und das Lichtbündel kann als Lichtstrahl betrachtet werden.

Licht sucht sich bei seiner Ausbreitung immer den Weg zwischen zwei Punkten, den es am schnellsten zurücklegen kann (FERMAT'sches Prinzip). Wie schnell es dabei unterwegs ist, hängt von dem zu durchquerenden Medium ab. Als Maß für die Ausbreitungsgeschwindigkeit in eben diesem Medium definiert man die Brechzahl n. Zu unterscheiden sind dabei absolute und relative Brechzahl. Bezieht man die Geschwindigkeit in einem Medium auf die Lichtgeschwindigkeit im Vakuum ($c = 299.792.458 \frac{\mathrm{m}}{\mathrm{s}}$), spricht man von der absoluten Brechzahl. Beim Vergleich der Geschwindigkeiten in zwei Medien findet die relative Brechzahl Verwendung. In der geometrischen Optik ist der Weg eines jeden Lichtstrahls umkehrbar. Die Lichtstrahlen sind in optisch homogenen Medien[8] daher als geometrische Geraden anzusehen, wie wir sie wahrscheinlich aus der Mittelstufe kennen. Trifft ein Lichtstrahl auf eine Grenzfläche zwischen

---

8 Man versteht unter optischer Homogenität, dass die Brechzahl eines Mediums räumlich konstant ist, sich also nicht ändert.

zwei Medien, so wird er reflektiert (Einfallswinkel α und Reflexionswinkel α' sind hier gleich) bzw. nach dem Snellius'schen Brechungsgesetz unterhalb der Totalreflexion wie folgt gebrochen:

$$\frac{\sin \alpha}{\sin \beta} = \frac{c_1}{c_2} = \frac{n_2}{n_1} \tag{3.2}$$

Die hier in Beziehung gesetzten Größen sind der Einfallswinkel α und der Ausfallswinkel β, sowie die Ausbreitungsgeschwindigkeiten des Lichts c_1 in Medium 1 und c_2 in Medium 2. Schließlich kann man hier auch eine Beziehung zum Quotienten der beiden Brechzahlen n_1 und n_2 der beiden Medien herstellen.

Betrachtet man geringe Intensitäten, bei denen keine nichtlinearen optischen Phänomene auftreten[9], so beeinflussen sich zwei überkreuzte Strahlenbündel nicht. Angemerkt sei aber, dass es im Überlagerungsgebiet zu Interferenzerscheinungen kommen kann. Diese Betrachtungsweise liegt jedoch außerhalb der geometrischen Optik, weshalb wir hier nicht darauf eingehen. Denn der Vorteil der Näherung durch die geometrische Optik liegt in der einfacheren mathematischen Beschreibung der Lichtausbreitung in optischen Anordnungen, insbesondere bei gekrümmten Grenzflächen.

3.1.2 Über Linsen

Linsen sind aus einem durchsichtigen Material mit der Brechzahl n_M gemacht und in der Regel von Luft umgeben. Für diese können wir tatsächlich in guter Näherung $n_L = 1$ annehmen. Es gibt verschiedene Linsentypen, die anhand ihrer Krümmungsradien unterschieden werden (dargestellt in Abbildung 3.1). Meist sind die Grenzflächen sphärisch, also quasi kugelförmig. Von einer dünnen Linse spricht man, wenn

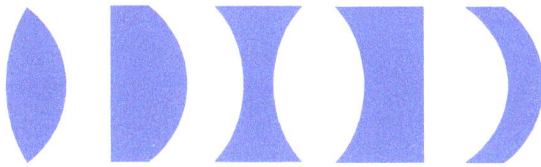

Abb. 3.1: Verschiedene Linsentypen - links nach rechts: bikonvex, plan-konvex, bikonkav, konkav-plan, konvex-konkav.

der Abstand zwischen den beiden Grenzflächen klein gegenüber den Brennweiten ist. Bei der Abbildung mit einer dünnen Linse passiert nun, dass ein achsparallel einfallender Strahl A so gebrochen wird, dass er durch den bildseitigen Brennpunkt läuft, welchen wir mit F_B bezeichnen wollen. Der Strahl B trifft die Linse genau im Mittel-

---

9 Womit wir uns auch nicht mehr mit der geometrischen Optik beschäftigen würden.

punkt und wird dabei nicht abgelenkt. Der Strahl C geht durch den gegenstandsseitigen Brennpunkt F_G und muss deshalb nach Durchlaufen der Linse achsenparallel sein. Die Strahlen werden näherungsweise nur einmal in der Mittelebene der Linse gebrochen (Näherung für die dünne Linse). Den Zusammenhang zwischen der Gegen-

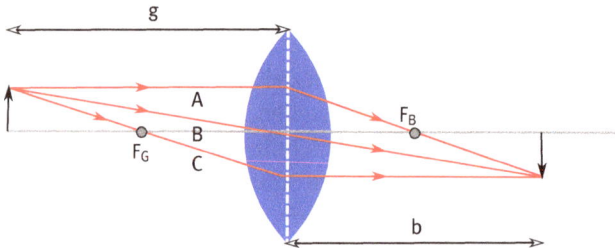

Abb. 3.2: Zeichnerische Konstruktion der Abbildung durch eine dünne Linse mit dem Parallelstrahl A, dem Mittelstrahl B und dem Brennstrahl C. Des weiteren sind noch die Gegenstands- und die Bildweite bezeichnet (g und b), sowie die Brennpunkte.

standsweite g und der Bildweite b stellt man über eine Abbildungsgleichung her. Für dünne Linsen lautet diese mit der Brennweite f der Linse:

$$\frac{1}{g} + \frac{1}{b} = \frac{1}{f} \tag{3.3}$$

Als Ergänzung sei erwähnt, dass bei dicken Linsen die zweifache Brechung an den Grenzflächen berücksichtigt werden muss. Dies geschieht mittels sog. Hauptebenen.

Linsen und Linsensysteme sind dazu gedacht, Objekte in irgendeiner Form für die Betrachtung zu vergrößern, wenn wir sie für die Mikroskopie einsetzen wollen. Die einfachste Definition für eine beobachtbare Vergrößerung ist der Vergleich von Bildgröße und Gegenstandsgröße. Deren Quotient wird als Lateralvergrößerung bezeichnet oder einfach als Abbildungsmaßstab. Diese Definition bringt einen weiter, wenn man das Bild quasi ausmessen kann, z.B. auf einem Schirm. Das ist beim Mikroskop nicht der Fall. In diesem Fall ist die sog. Winkelvergrößerung viel bedeutsamer. Durch das Mikroskop holt man einen Gegenstand, den man ohne optische Hilfssysteme unter dem Winkel ε_0 betrachtet, näher heran. Dadurch vergrößert sich der Betrachtungswinkel zu $\varepsilon > \varepsilon_0$. Wiederum arbeitet man mit dem Quotient der beiden Größen und legt so die sog. Winkelvergrößerung fest.

Da die Modellierung der Strahlengänge in der geometrischen Optik von sehr optimalen Voraussetzungen ausgeht (achsenparallele Strahlen, achsennahe Strahlen), die Natur sich aber ja nur selten an jede Idealisierung hält, kann es zu Abbildungsfehlern, auch als Linsenfehler bezeichnet, kommen. Diese sind in der folgenden kleinen Auflistung aufgeführt und auch, wie man diesen Fehlern begegnen kann und sie möglichst gut kompensiert.

- **Chromatische Aberration:** Die Brechzahl der Linse hängt von der Wellenlänge bzw. Frequenz des Lichts ab, was man als Dispersion bezeichnet. Bei normaler Dispersion ist die Brechzahl für blau größer als für rot. Blaues Licht wird also stärker abgelenkt und hat eine kleinere Brennweite. Damit ergibt sich eine farblich bedingte Vergrößerungsdifferenz. Diese chromatische Aberration lässt sich mit einem Achromaten beheben. Der Achromat besteht aus einer Sammellinse und einer Zerstreuungslinse mit unterschiedlichen Brechzahlen und führt im Idealfall die Wellenlängen mit der größten Abweichung voneinander zusammen.
- **Sphärische Aberration:** Die Brennweite einer Linse hängt nicht nur von der Wellenlänge des Lichts ab, sondern auch vom Abstand der einfallenden Strahlen zur Achse. Es spielt also eine Rolle, ob ein Strahl in der Nähe des Zentrums der Linse diese durchquert oder eher am Rand. Achsennahe Strahlen werden weniger stark gebrochen als achsenferne. Eine Korrektur der sphärischen Aberration kann durch Ausblendung der Randstrahlen oder durch Verwendung von Plan-Konvex-Linsen erreicht werden. Als Ideal kann der parabolische Schliff herangezogen werden.
- **Koma:** Als Koma oder auch Asymmetrie-Fehler bezeichnet man, wenn parallele Lichtstrahlen auf eine schief stehende Linse treffen. In diesem Fall haben dann nicht nur achsennahe und achsenferne Strahlen unterschiedliche Brennpunkte. Genauso von Bedeutung ist, ob die Strahlen oberhalb oder unterhalb der optischen Achse auf die Linse fallen.
- **Astigmatismus:** Ein schräges Lichtbündel, welches von einem Punkt ausgeht, der nicht auf der Symmetrieachse der Linse liegt, wird an der Linse so gebrochen, dass weitere Verzerrungen des Bildes auftreten. Interessant ist hierbei das Verhalten der Lichtstrahlen, die in der horizontalen Schnittebene (Sagittalebene) bzw. in der senkrechten Schnittebene (Meridionalebene) des Lichtbündels liegen. Sie haben zwei verschiedene Brennpunkte, so dass anstatt eines Bildpunktes sowohl eine horizontale als auch eine vertikale Bildlinie entsteht, wobei sich die beiden Bildlinien gegenseitig überlagern. Zur Korrektur des Astigmatismus werden Kombinationen aus sphärischen Linsen und Zylinderlinsen verwendet.
- **Bildfeldwölbung:** Treffen die Lichtstrahlen unter verschiedenen Winkeln auf die Linse, so werden sie unterschiedlich stark gebrochen. Der Gegenstand wird nicht mehr auf eine Ebene, sondern auf eine gewölbte Fläche abgebildet. Wegen der astigmatischen Fehler der Linse erhält man für die sagittalen und meridionalen Strahlen zwei gewölbte Flächen. Dies ist eine Folge der sphärischen Aberration.
- **Verzeichnung:** Um die sphärische Aberration zu vermeiden, kann man die Randstrahlen ausblenden. Fallen die Lichtstrahlen schräg ein, so treten trotzdem Abbildungsfehler auf. Steht die Blende vor der Linse, dann ist die Verzeichnung tonnenförmig. Befindet sich die Blende hinter der Linse, dann erhält man eine kissenförmige Verzeichnung.

3.1.3 Mikroskopische Abbildung – Abbesche Theorie

Die von ERNST ABBE entwickelte Theorie kommt v.a. bei der sog. mikroskopischen Abbildung zum Tragen. Die Beschreibung derselben kann nicht mehr allein durch die Strahlenoptik (geometrische Optik) erfolgen, da hier zunehmend Beugungserscheinungen eine Rolle spielen, die im Modell beachtet werden müssen. Warum ist dem so?

Bei der mikroskopischen Abbildung betrachten wir Objekte, deren Größenordnungen sich im Bereich der Wellenlänge λ des sichtbaren Lichts bewegen können (also grob gesprochen zwischen 400 und 800 Nanometern (nm)). Durch die Streuung des Lichtes am zu betrachtenden Objekt entstehen nach CHRISTIAAN HUYGENS Kugelwellen die miteinander interferieren. Bei Objekten, die kleiner als die Wellenlänge des Lichtes sind, wird selbiges nur gestreut. Dabei hängt die Intensität der so erzeugten Streuwelle von der Größe des Objektes ab. Generell kann man dennoch immer sagen, dass sie Kugelgestalt hat. Es kommt zu der erwähnten Interferenz. Dadurch kann aber nur festgestellt werden, dass ein Objekt streut, jedoch nicht, wie dieses Objekt aussieht, da es für die Betrachtung zu klein ist. Erst wenn die Abmessungen in der Größenordnung von λ oder darüber sind, werden Strukturen und Formen sichtbar. Abbe stellte dazu Überlegungen in folgender Weise an:

Wir betrachten zwei punktförmige Lichtquellen im Abstand d voneinander[10]. Es geht nun darum, d gerade so groß zu wählen, dass zu erkennen ist, ob das Licht von einer oder von zwei Lichtquellen ausgeht, d.h. ob die Lichtquellen unterscheidbar sind. Nach Abbe erkennt man erst, dass es sich um zwei Lichtpunkte handelt, wenn neben dem Maximum 0. Ordnung mindestens noch das Minimum 1. Ordnung vom Objektiv mit erfasst wird. Aus diesen Überlegungen kann man die folgende Beziehung ableiten:

$$d = \frac{\lambda}{\sin \varphi} \tag{3.4}$$

Dabei bezeichnet man mit φ den Öffnungswinkel des um das Maximum 0. Ordnung befindlichen Minimumkegels 1. Ordnung, der durch die Interferenz der Kugelwellen der beiden Lichtpunkte entsteht. Nimmt man nun auch Minima höherer Ordnungen (also n-ter Ordnung) bei der Betrachtung hinzu, so erhält man die wie folgt angepasste Gleichung:

$$d = \frac{n \cdot \lambda}{\sin \varphi_n} \tag{3.5}$$

Auf Grund der Gleichung kommt man zu folgendem Schluss: Je größer also das zu betrachtende Objekt ist, desto mehr Maxima und Minima kann man beobachten, d.h. um so mehr Details und Strukturen werden sichtbar, die Schärfe nimmt zu. Hier lässt sich nun anschaulich eine Brücke zur Fourier-Transformation schlagen. Je mehr Fourier-Komponenten bei der Transformation verwendet werden, desto genauer lässt sich die

---

10 Stichwort: Interferenz am Doppelspalt.

zu untersuchende Funktion synthetisieren, d.h. umso mehr Details der ursprünglichen Funktion werden in der Fourier-Transformation sichtbar. Dies kann man sich bei der Beschreibung der Beugungserscheinungen mittels der Fourier-Transformation zu Nutze machen. Hierauf gehen wir an dieser Stelle nicht näher ein, verweisen aber als Stichwort auf die Untersuchung des Fresnel-Kirchhoffschen Beugungsintegrals.

3.1.4 Aufbau eines Mikroskops

Ein Mikroskop dient dazu, Formen und Strukturen von Objekten sichtbar zu machen, die mit dem bloßen Auge nicht mehr erkennbar sind. Dieses geschieht durch die Vergrößerung des Sehwinkels (die bereits angesprochene Winkelvergrößerung). Im einfachsten Fall besteht ein Mikroskop aus zwei optischen Systemen, dem Mikroskopobjektiv und dem Mikroskopokular, sowie einer Mikroskopbeleuchtung. Mit dieser beschäftigen wir uns im nächsten Abschnitt. Im Gegensatz zur Lupe erfolgt die Vergrößerung im Mikroskop in zwei Stufen. Im schon erwähnten einfachsten Fall, wobei wir nur von Objektiv und Okular ausgehen, wird durch die Objektivlinse ein vergrößertes, reelles Zwischenbild erzeugt, welches durch die Okularlinse wiederum vergrößert und im Auge abgebildet wird. Zur Berechnung der Objektivbrennweiten verwendet man folgende Formel:

$$f_{Ob} = \frac{t}{V_{Obj1} - V_{Obj2}} \tag{3.6}$$

Dabei gibt t die Okularverschiebung in Millimetern an und V_{Obj1} bzw. V_{Obj2} sind die Vergrößerungen bei ausgezogenem Okular bzw. beim Okular in Normalstellung.

3.1.5 Verschiedene Beleuchtungsverfahren

Im Folgenden wollen wir die verschiedenen Mikroskopie- bzw. Beleuchtungsverfahren etwas näher betrachten. Dabei müssen wir grundsätzlich zwei Verfahren unterscheiden: Durchlichtverfahren und Auflichtverfahren. Welches zum Einsatz kommt, hängt von den gewünschten Eigenschaften des zu beobachtenden Bildes wie Helligkeit, Kontrast, sichtbare Strukturen etc. und nicht zuletzt davon ab, ob das zu beobachtende Objekt durchsichtig oder undurchsichtig ist. Die Justierung des Strahlengangs nach Köhler hat den Zweck (v.a. verwendet bei Durchlicht-Hellfeld), das abzubildende Objekt möglichst gleichmäßig auszuleuchten, die Beleuchtungsapertur (Mikroskopbeleuchtung) so zu optimieren, dass sie der numerischen Apertur (Zahlenmaß für die Öffnungsweite) der Objektive bestmöglich angepasst wird und letztlich nur den abzubildenden Bereich des Objekts auszuleuchten, um Falschlicht möglichst zu vermeiden.

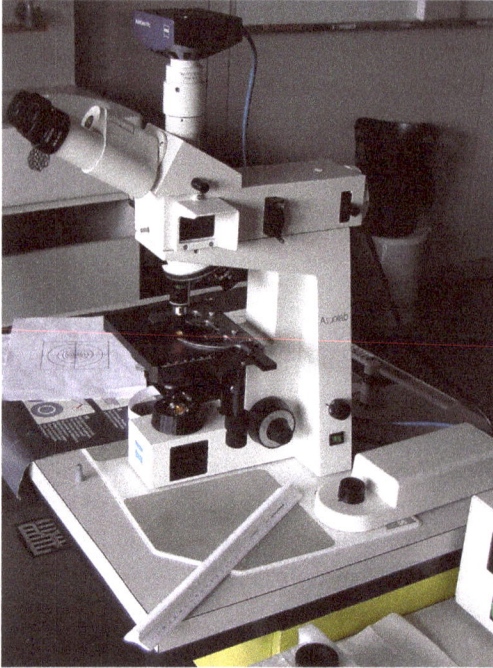

Abb. 3.3: Foto des Mikroskops mit dem die Versuche durchgeführt wurden, die die entsprechenden Bilder in diesem Kapitel zum Resultat hatten. Bei diesem ist es möglich, die verschiedenen Beleuchtungsverfahren (sind in Abschnitt 3.1.5 aufgeführt) mit wenigen Handgriffen einzustellen. Das Umstellen zwischen Durch- und Auflicht erfolgt durch eine Art Schieberegister. Die vier Objektive im Objektivrevolver ermöglichen 5-, 10-, 40- und 100-fache Vergrößerung, das gegen ein Hilfsmikroskop austauschbare Okular liefert zusätzlich eine 10-fache Vergrößerung. Die Auflichtlampe kann abgeschraubt werden und gegen eine Fluoreszenzlampe ausgetauscht werden. Eine im Strahlengang zusätzlich angebrachte Digitalkamera ermöglicht alternativ zur normalen Beobachtung die Betrachtung der Präparate auf einem Monitor und das Anfertigen digitaler Fotos.

Auflichtverfahren

Die Beleuchtung erfolgt hierbei von oben. Das Licht wird an der Objektoberfläche absorbiert oder reflektiert. Die Reflexionen und Absorptionen werden dann vom Objektiv des Mikroskops zur Beobachtung eingefangen. Fluoreszenzbeleuchtung kann im Auflichtverfahren durchgeführt werden. Man verwendet hochenergetisches UV-Licht oder blaues Licht. Die Problematik besteht hier darin, dass das UV-Licht von vielen Objekten lediglich reflektiert wird, für das menschliche Auge nicht sichtbar ist und zusätzlich vom Okular abgeschirmt wird. Besteht nun ein Objekt aus nicht fluoreszierenden Substanzen, so umgeht man die eben genannten Schwierigkeiten, indem man es mit Fluoreszenzfarben veredelt (Fluorochromen). Die fluoreszierenden Substanzen werden auf atomarer Ebene angeregt und senden beim Verlassen des angeregten Zustandes Licht im sichtbaren Wellenlängenbereich aus, wodurch eine mikroskopische Beobachtung des Objektes möglich ist.

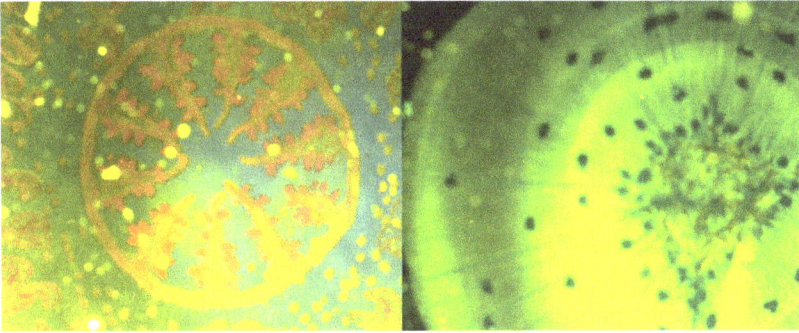

Abb. 3.4: Mohn und Kiefer aufgenommen mit 5-facher Vergrößerung (Fluoreszenzbeleuchtung).

Durchlichtverfahren

Hierbei muss man beachten, dass das Objekt (zumindest zu größeren Teilen) durchsichtig ist, so dass auch wirklich das Licht durch dieses dringen kann. Es gibt hier verschiedene Beleuchtungsverfahren, die angewandt werden können.

- **Hellfeldbeleuchtung:** Sie ist die gebräuchlichste Beobachtungsart. Dabei wird das Licht direkt durch das Objekt gesandt. Dieses absorbiert es und wirkt dadurch im Vergleich zum immer noch hell erleuchteten Hintergrund dunkel. Bei der Beobachtung von durchsichtigen Objekten ist man auf die Anwendung von Färbemethoden angewiesen (mikroskopische Präpariertechniken). Zur optimalen Beleuchtung des Objektes verwendet man am besten die bereits angesprochene Beleuchtung nach Köhler. Die Hellfeldbeleuchtung eignet sich besonders gut dazu, kontrastreiche Präparate und Objekte darzustellen.
- **Dunkelfeldbeleuchtung:** Hierbei wird eine Blende derart in den Strahlengang gebracht, dass kein Licht auf direktem Wege zum Objektiv gelangen kann. Blickt man durch das Okular, ohne ein Objekt zu platzieren, sieht man deswegen nur ein dunkles Feld. An einem Objekt wird das Licht gestreut und reflektiert, wodurch es bei dieser Beleuchtungsart mit Objektiv und Okular zu beobachten ist. Der Hintergrund erscheint auch mit platziertem Objekt nach wie vor dunkel.
- **Phasenkontrastbeleuchtung:** Bei der Phasenkontrastbeleuchtung nutzt man aus, dass die Lichtgeschwindigkeit innerhalb eines Mediums geringer ist als in Luft. Die so erzeugten Phasenänderungen und Phasenverschiebungen werden über die Umwandlung in Intensitätsänderungen sichtbar gemacht. Hierzu baut man eine Blende in den Strahlengang (Phasenring). Diese ändert die Phase des direkten Lichtes, wohingegen das am Objekt gestreute Licht lediglich gebeugt wird.

Hieraus ergibt sich in der Bildebene Interferenz. Die Phasenkontrastbeleuchtung kommt v.a. bei durchsichtigen Objekten zum Einsatz, da deren Absorptionsvermögen in der Regel zu gering ist, um mit Hellfeld- oder Dunkelfeldbeleuchtung akzeptable Ergebnisse zu erzielen.

– **Polarisationsbeleuchtung:** Bei der Polarisationsbeleuchtung wird das Licht mittels eines in den Strahlengang gebrachten Polarisators polarisiert. Nach der Ebene in der das Objekt liegt, wird ein sog. Analysator platziert. Dieser ist in gekreuzter Stellung zum Polarisator anzubringen, so dass das zu beobachtende Bild ohne Objekt schwarz bleibt. Das Objekt polarisiert nun das durch den Polarisator gelangende Licht ein weiteres Mal (Stichwort: Doppelbrechung an Kristallen), wodurch ein Bild zu erkennen ist, da der gekreuzt angebrachte Analysator nun wieder Licht durchlässt. Polarisiertes Licht kann man auf mehrere Arten erzeugen: Durch Streuung, Absorption, Reflexion oder durch Doppelbrechung.

Einige Bilder mit den verschiedenen Verfahren finden sich in den Abbildungen 3.5 bis 3.8 um die Unterschiede zu demonstrieren.

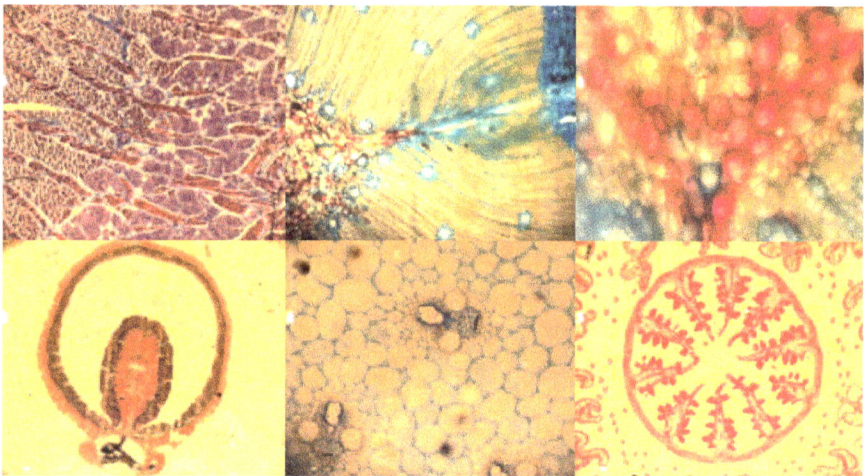

Abb. 3.5: Beispiele für Aufnahmen mit Hellfeldbeleuchtung, von oben links nach unten rechts sind zu sehen: Kaninchenzungen, Kiefer (10-fach), Kiefer (40-fach), Lambricus terrestris (der gemeine Regenwurm), Mais und Mohn.

Ein paar Worte zur Polarisation von Licht

In Abbildung 3.8 werden die Begriffe isotrop und anisotrop erwähnt. Diese wollen wir hier kurz erläutern. Transparente Materialien, in denen die Lichtgeschwindigkeit unabhängig von der Ausbreitungsrichtung ist, werden als isotrope Medien bezeich-

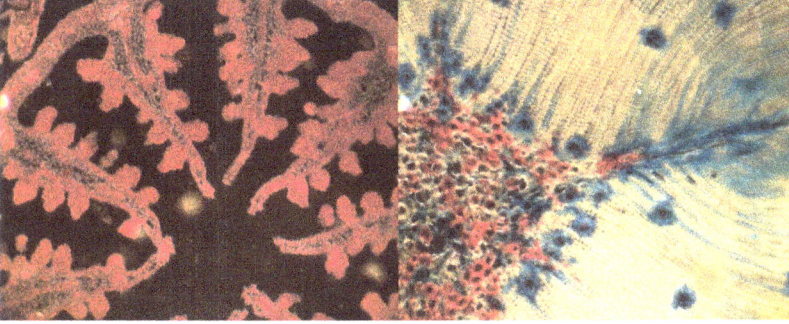

Abb. 3.6: Beispiele für Aufnahmen mit Dunkelfeldbeleuchtung, links ist Mohn zu sehen, rechts Kiefer.

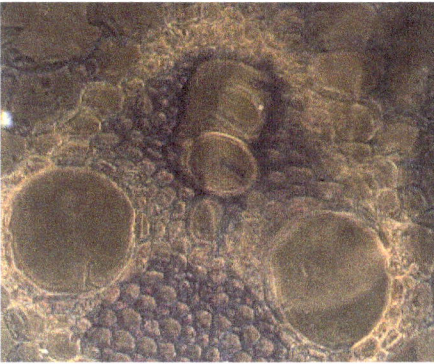

Abb. 3.7: Beispiel für eine Aufnahme mit Phasenkontrastbeleuchtung, zu sehen ist hier Mais.

net. Doppelbrechende Materialien sind, bedingt durch ihre atomare Gitterstruktur, anisotrop, d.h. in ihnen hängt die Lichtgeschwindigkeit von der Ausbreitungsrichtung ab. Der Brechungsindex solcher Materialien hängt sowohl von der Wellenlänge der eintreffenden Lichtwelle als auch von deren E- und k-Vektor (elektrisches Feld und Ausbreitungsvektor) ab. Beim Eintritt in ein solches Medium, wird der Lichtstrahl in einen sog. ordentlichen Strahl (o-Strahl) und einen außerordentlichen Strahl (ao-Strahl) aufgespalten. Diese beiden Teilstrahlen sind in aufeinander senkrecht stehenden Ebenen polarisiert. Entlang der optischen Achse in einem doppelbrechenden Material breiten sich die beiden Strahlen mit derselben Geschwindigkeit aus und die Brechung erfolgt nach SNELLIUS. Tritt das Licht in einem von Null verschiedenen Winkel auf einen doppelbrechenden Kristall, dann breiten sich die beiden Strahlen in unterschiedlicher Richtung im Kristall aus und verlassen ihn auch getrennt wieder. Trifft das Licht senkrecht auf die Oberfläche, dann breiten sich die beiden Teilstrahlen in die gleiche Richtung aus, jedoch mit unterschiedlichen Geschwindigkeiten, d.h. sie haben beim Verlassen einen von der Dicke des Kristalls abhängigen Gangunter-

Abb. 3.8: Beispiele für Aufnahmen mit Polarisationsbeleuchtung, links Salz, rechts Zucker (zweimal, gedreht um 180°) – Beim Salzkristall erkennt man beim Drehen des Kreuztisches keine Farbänderung, d.h. Salz (NaCl) ist optisch isotrop. Das Farbmuster beim Zuckerkristall ändert sich beim selben Vorgang, so dass man festhalten kann, das Zucker optisch anisotrop ist.

schied (Phasendifferenz). Bei einem sog. $\frac{\lambda}{4}$-Plättchen ist die Dicke gerade so gewählt, dass die beiden Lichtstrahlen nach dem Durchgang eine Phasendifferenz von $\frac{\pi}{2}$ aufweisen. Zur Veranschaulichung kristalloptischer Erscheinung eignen sich einschalige Flächen, z.B. Ellipsoide, sehr gut. Die in der Kristalloptik am häufigsten verwendete Darstellung ist die Fletchersche Indikatrix.

3.2 Einblicke in Forschung und Anwendung

Zusammenfassung:

Nach der Abbeschen Theorie begrenzt die Wellenlänge des Lichts das Auflösungsvermögen eines Mikroskops. Unterhalb von ca. der halben Wellenlänge des verwendeten Lichts (also gut 200 Nanometer) lassen sich keine Details mehr unterscheiden. Neue Techniken und Methoden unterbieten aber diese klassische Grenze. Wir wollen hier abschließend auf eine dieser neueren Techniken der Lichtmikroskopie eingehen und ebenso andere Verfahren der modernen Mikroskopie, jenseits der Verwendung von sichtbarem Licht, aufführen.

3.2.1 STED-Mikroskopie

Exemplarisch wollen wir eine der neueren Techniken kurz vorstellen. STED steht dabei für *Stimulated Emission Depletion* und gehört zu denjenigen Techniken, die die von ERNST ABBE formulierte untere Grenze, welche auf der Wellenlänge des verwendeten sichtbaren Lichts basiert, unterschreiten können. Diese Verfahren werden unter dem Begriff RESOLFT-Mikroskopie[11] zusammengefasst. Hierzu gehört neben der STED-Mikroskopie z.B. auch die GSD-Mikroskopie[12]. Es handelt sich aber immer noch um Techniken der Lichtmikroskopie, die allerdings in der Lage sind, Auflösungen deutlich kleiner als bedingt durch Beugungsgrenze normalen Lichts zu generieren. Mittels GSD- und STED-Mikroskopie wurden Auflösungen unterhalb von 10 Nanometern realisiert (siehe z.B. [1] oder [2]). Die beiden genannten Verfahren gehören zur sog. Fluoreszenzmikroskopie, welche Fluoreszenzchrome (Farbstoffe) nutzt.

Mitte der 90er Jahre publizierte STEFAN HELL die Idee zu STED [3] und führte sie im Experiment Ende desselben Jahrzehnts erfolgreich durch. Für seine Arbeiten zur STED-Mikroskopie wurde er 2014 mit dem Nobelpreis in Chemie ausgezeichnet. Bei dieser Art von Mikroskopie nutzt man Fluoreszenzfarbstoffe und stimulierte Emission. Das zu beobachtende Objekt wird mit diesen versetzt. Durch Licht passender Wellenlängen werden diese angeregt, indem sie durch Absorption eines Photons in einen Zustand höherer Energie übergehen. Durch spontane Abstrahlung von Licht (Fluoreszenz) größerer Wellenlänge springen sie in den Grundzustand zurück. Die Rückkehr in den Grundzustand kann auch stimuliert stattfinden. Die Emission wird durch das Einstrahlen von Licht mit der Wellenlänge des Fluoreszenzlichts ausgelöst. Bei der STED-Mikroskopie nutzt man einen Laserstrahl zur Anregung. Dieser kann im besten Fall auf einen Punkt in der Größe seiner halben Wellenlänge fokussiert werden. Dies ist auch bei einem normalen Fluoreszenzmikroskop der Fall und begrenzt dort die Auflösung. Der Trick ist nun, den Fluoreszenz emittierenden Bereich zu minimieren, sodass man bedeutend kleiner unterwegs ist, als im Vergleich zu dem vom Laser beleuchteten Gebiet. Diese Minimierung wird durch einen zweiten Laser bewirkt. Dieser hat ein ringförmiges Profil und bringt damit die Farbstoffe im Außenbereich des fokussierten Bereichs durch stimulierte Emission in den Grundzustand. Diese sind damit quasi ausgeschaltet und für die Beobachtung nicht mehr relevant. Durch Steigerung der Intensität des zweiten Strahls kann der Beobachtungsbereich viel kleiner werden als der durch den ersten Laser beleuchtete Bereich[13], da nur wenige Photonen zum Ausschalten einer größeren Anzahl von angeregten Zuständen genügen. Dadurch spielt die ebenfalls beim zweiten Laser vorliegende Beugungsbegrenzung keine Rolle und der zu scannende Bereich kann viel kleiner sein als bei der normalen Fluoreszenzmikroskopie.

---

11 *REversible Saturable OpticaL Fluorescence Transitions*, was als „reversibel sättigbare optische Fluoreszenzübergänge" übersetzt werden kann.
12 *Ground State Depletion*, was mit „Entvölkerung des Grundzustandes" übersetzt werden kann.
13 Im Prinzip kann dieser beliebig klein gemacht werden.

3.2.2 Mikroskopie auf Basis von Elektronen

Jenseits der Lichtmikroskopie gibt es andere Verfahren, die auf der Verwendung von Elektronen basieren. Als Beispiele seien Rasterelektronenmikroskop, Rastertunnelmikroskop und Rasterkraftmikroskop hier genannt. Die jeweils grundlegende Idee bei den einzelnen Techniken wollen wir uns hier kurz anschauen.

- **Rasterelektronenmikroskop:** Magnetspulen dienen hier als Linsen, die einen feinen Elektronenstrahl auf das zu beobachtende Objekt bzw. die gewünschte Stelle darauf fokussieren. Trifft der Elektronenstrahl auf die Oberfläche, so wird die Intensität des resultierenden Signals aus der Wechselwirkung mit dieser detektiert und ausgewertet. Dabei wird der Strahl zeilenweise über den zu beobachtenden Bereich geführt. Die Umwandlung des Signals in Grauwerte liefert dann ein Bild auf dem Monitor. Der Durchmesser des Elektronenstrahls begrenzt dabei die Genauigkeit, die aber bei wenigen Nanometern liegt. Mögliche Signalarten sind z.B. der Rückstreuelektronenkontrast (vom Objekt zurück gestreute Elektronen des Elektronenstrahls) oder der Sekundärelektronenkontrast (Wechselwirkung von Elektronenstrahl und Oberflächenatomen des Objekts erzeugt die Sekundärelektronen).
- **Rastertunnelmikroskop:** Bei diesem Verfahren wird eine sehr feine Spitze im Abstand von nur wenigen Nanometern über die zu beobachtende Oberfläche geführt. Spitze und Objekt sind beide leitend. Das Anlegen einer Spannung würde bei Kontakt zu einem Strom führen. Durch den Abstand können die Elektronen die somit vorliegende Barriere klassisch eigentlich nicht überwinden. Der Tunnel-Effekt führt nun aber tatsächlich dazu, dass ein sog. Tunnelstrom messbar ist (Elektronen können durch die Barriere tunneln). Seine Stärke ist durch die Tunnelwahrscheinlichkeit bestimmt, die exponentiell abnehmend bei zunehmendem Abstand ist. Durch die Abtastung in einem Raster ergeben sich somit unterschiedlich starke Ströme, die in ein zweidimensionales Bild übersetzt werden können. Durch die Forderung, dass das zu beobachtende Objekt leitfähig sein muss, beschränkt sich das Verfahren zuerst einmal auf Metall, Supra- oder Halbleiter. Z.B. durch Aufdampfen elektrisch leitfähiger Materialien in einer dünnen Schicht auf die zu beobachtende Oberfläche können aber auch Nichtleiter untersucht werden.
- **Rasterkraftmikroskop:** Eine Nadel in der Größenordnung von Nanometern wird an einer Blattfeder befestigt und über die Oberfläche des zu untersuchenden Objektes geführt. Dies geschieht in der Regel wieder zeilenweise. Durch die Oberflächenstruktur wird die Spitze an der Blattfeder auf Grund von Kräften auf atomarer Ebene (z.B. Coulomb-Abstoßung) ausgelenkt. Diese Auslenkungen kann man detektieren und kartographieren, was wiederum zu einem Abbild der Objektoberfläche führt. Auch hier liegt die Auflösung im Bereich von wenigen Nanometern und wird im Wesentlichen durch den Krümmungsradius der Spitze bestimmt.

Literatur

[1] Dominik Wildanger, Brian R. Patton, Heiko Schill, Luca Marseglia, J. P. Hadden, Sebastian Knauer, Andreas Schönle, John G. Rarity, Jeremy L. O'Brien, Stefan W. Hell, and Jason M. Smith. Solid Immersion Facilitates Fluorescence Microscopy with Nanometer Resolution and Sub-Ångström Emitter Localization. *Advanced Materials* (2012).

[2] E. Rittweger, D. Wildanger, and S. W. Hell. Far-field fluorescence nanoscopy of diamond color centers by ground state depletion. *Europhysics Letters* (2009).

[3] Stefan W. Hell and Jan Wichmann. Breaking the diffraction resolution limit by stimulated emission: stimulated-emission-depletion fluorescence microscopy. *Opt. Lett.* (1994).

[4] D. Meschede. *Gerthsen Physik.* Springer Verlag Berlin Heidelberg (2002). 21. Auflage.

[5] H. Paul (Hrsg.). *Lexikon der Optik Bd. 1.* Spektrum Akademischer Verlag Heidelberg (2003). 1. Auflage.

[6] H. Paul (Hrsg.). *Lexikon der Optik Bd. 2.* Spektrum Akademischer Verlag Heidelberg (2003). 1. Auflage.

[7] W. Demtröder. *Experimentalphysik Bd. 2.* Springer Verlag Heidelberg (2002). 2. Auflage.

.

4 Gravitationswellen

Die allgemeine Relativitätstheorie (ART) macht Aussagen über die Struktur der Raumzeit bei einer gegebenen Massenverteilung, mit relevanten Anwendungen im Bereich der Größe unseres Sonnensystems bis hin zum gesamten Universum. In diesem Kapitel wollen wir uns auf eher kleinen räumlichen Maßstäben bewegen und uns die Überbleibsel von ausgebrannten Sternen näher ansehen. Die ART macht im Fall von sich bewegenden Massen eine ähnliche Aussage wie die klassische Elektrodynamik. Während beschleunigte Ladungen zu elektromagnetischen Wellen führen, breiten sich ausgehend von beschleunigten Massen auch in der Raumzeit Störungen mit Lichtgeschwindigkeit aus. Üblicherweise sind die Effekte der ART jedoch sehr gering, sodass die Mächtigkeit der Theorie nur in Form von kleinen Erweiterungen zur klassischen Newton'schen Gravitationstheorie sichtbar wird. Die Periheldrehung des Merkurs ist so ein Beispiel. Das Newton'sche Gravitationspotential der Sonne ist auf der Merkurbahn noch fast identisch mit der Lösung der ART, sodass die Bahnellipse nur extrem langsam rotiert. Dieser Effekt ist aber noch messbar. Gravitationswellen, die von den herkömmlichen Himmelskörpern abgestrahlt werden, sind jedoch so schwach, dass sie unter jede Auflösungsgrenze unserer Messgeräte fallen. Nur extrem massereiche Objekte wie Neutronensterne oder schwarze Löcher sind in der Lage, die Raumzeit messbar stark zu verzerren. Umso spannender ist die erst in jüngster Vergangenheit erfolgte direkte Messung von Gravitationswellen, welche durch die Verschmelzung von schwarzen Löchern erzeugt wurden. Zwar waren auch hier die Messsignale aufgrund der gewaltigen Entfernungen der Objekte (glücklicherweise) sehr schwach, die eigentliche Ursache verlangt jedoch die Anwendung der Feldgleichungen in ihrer vollen Form, sodass diese Beobachtungen einen Meilenstein in der Gravitationsphysik darstellen und sogar mit dem Nobelpreis für Physik gewürdigt wurden. Während auf Seiten der Theorie numerische Verfahren zur Lösung der Feldgleichungen entwickelt werden müssen, stehen die Experimentatoren vor der Herausforderung, extrem schwache raumzeitliche Verzerrungen nachweisen zu müssen, was in riesigen Messanlagen resultiert, welche in Zukunft auch im Weltraum angedacht sind. In diesem Kapitel wollen wir uns deswegen sowohl mit der Theorie der Gravitationswellen als auch mit deren Messung näher beschäftigen.

https://doi.org/10.1515/9783111260570-004

4.1 Worum es geht

Zusammenfassung:

Gravitationswellen [1, 2] sind eine Folgerung aus den Feldgleichungen der Allgemeinen Relativitätstheorie. Analog zur Elektrodynamik lässt sich für schwache Gravitationsfelder eine Wellengleichung herleiten, welche aber nun die Krümmung der Raumzeit beschreibt. Störungen in der Raumzeit werden durch beschleunigte Massen hervorgerufen und breiten sich wie elektromagnetische Wellen mit Lichtgeschwindigkeit aus. Dabei wird Energie abtransportiert, welche aus der Bewegung der Massen entnommen wird.

4.1.1 Anfänge der Gravitationsphysik

Die moderne Gravitationsphysik beginnt mit der Veröffentlichung der „Naturphilosophie" durch NEWTON. Dieser hat aufbauend auf Beobachtungsdaten von Astronomen das heute noch verwendete Gravitationsgesetz aufgestellt, nach welchem sich zwei Massen gegenseitig anziehen. Diesem einfachen Kraftgesetz gingen die drei Kepler'schen Gesetze voraus, nach denen sich zwei Massen wie etwa die Erde und die Sonne auf Ellipsenbahnen umeinander bewegen. Die anziehende Kraft zwischen zwei Massen m_1 und m_2 lautet nach NEWTON:

$$\boldsymbol{F} = -G\frac{m_1 m_2}{r^2}\boldsymbol{e}_r. \tag{4.1}$$

Dieses Gesetz hat den enormen Vorteil, dass es sehr einfach zu verstehen ist. Die beiden Massen befinden sich im Abstand r, G ist die Gravitationskonstante (von NEWTON selbst nicht zahlenmäßig angegeben), und $\boldsymbol{e}_r$ ist der normierte Verbindungsvektor zwischen den beiden Massen (s. auch Abbildung 4.1). Die Gravitationskraft nimmt quadratisch mit dem Abstand ab, wodurch sich eine starke Ähnlichkeit zum entsprechenden Kraftgesetz in der Elektrostatik ergibt. Im Unterschied zur elektrischen Wechselwirkung ist die Gravitation aber immer spürbar. Das liegt daran, dass es nur eine Art von Masse gibt, aber zwei verschiedene Ladungen, die sich je nach Konstellation anziehen oder abstoßen. Da normale Materie elektrisch neutral ist, spüren wir keinerlei elektrische Kräfte im Alltag. Weiterhin ist es genau die Abstandsabhängigkeit von $1/r^2$, welche dafür sorgte, dass KEPLER Ellipsenbahnen beobachten und als Gesetzmäßigkeit festhalten konnte. Löst man das Problem zweier Massen unter dem Einfluss ihrer wechselseitigen Gravitation nach dem Newton'schen Verfahren, so findet man für die Form der Bahnen exakte Ellipsen. Das bedeutet also insbesondere, dass die Bahnen beider Massen geschlossen sind. Es ist sogar möglich, zu zeigen, dass es neben der Gravitationskraft nur noch einen weiteren Kraftverlauf gibt, welcher immer geschlos-

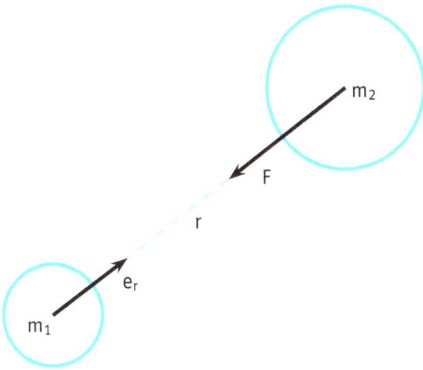

Abb. 4.1: Gravitationskraft einer Masse m_1 auf eine Masse m_2. Beide Massen besitzen den Abstand r, der Richtungsvektor e_r zeigt entlang des vektoriellen Abstands und besitzt die Länge 1. Die Gravitationskraft greift bei m_2 an und ist entgegen des Richtungsvektors auf m_1 gerichtet.

sene Bahnen zur Folge hat: eine linear mit dem Abstand anwachsende Kraft.[14] Alle anderen Kraftverläufe führen zwangsweise dazu, dass die Bahnen nicht geschlossen sein müssen, und bis auf Spezialfälle sind sie es auch nicht. Das ist ein sehr wichtiges Resultat und dient als Referenz, um einen Unterschied zu Effekten der Allgemeinen Relativitätstheorie ausmachen zu können.

Newton war es zwar gelungen eine Beschreibungsform für die Gravitationskraft zu finden, doch es war ihm selbst schleierhaft, wie diese Wirkung der Gravitation eigentlich vermittelt wird. Sollte es also eine Art „Wirkendes" zwischen den beiden Massen geben,[15] welches die Gravitation vermittelt? Mit diesem Gedanken hat Newton eine große Weitsicht bewiesen. Doch erst über 200 Jahre später konnte Einstein diese Frage zufriedenstellend beantworten. Schon mit der speziellen Relativitätstheorie hat er die Forderung aufgestellt, dass sich nichts im Universum schneller als das Licht ausbreiten darf. Wenn wir uns die Gesetzmäßigkeit (4.1) ansehen, stellen wir fest, dass sie keinerlei Zeitabhängigkeit enthält. Jede der beiden Massen wird also unmittelbar eine Kraftänderung spüren, wenn sich die andere Masse relativ zu ihr bewegt, auch bei kosmischen Entfernungen. Somit besteht die theoretische Möglichkeit, durch die Bewegung einer Masse aktiv Information zu übertragen, und das ohne dafür Zeit zu benötigen. Auch wenn dies praktisch sicher schwierig bis unmöglich zu realisieren wäre: Einstein schließt schon die prinzipielle Möglichkeit aus. Somit muss das Newton'sche Gravitationsgesetz auch aus konzeptionellen Gründen überarbeitet werden, um mit der Relativitätstheorie vereinbar zu sein (praktische Gründe, also Abweichun-

---

14 Wir sprechen von gebundenen Bahnen, also solchen, die zu einer negativen Gesamtenergie gehören. Bahnen zu positiver Gesamtenergie sind auch im Falle der Gravitationskraft offen.
15 Heute würde man dies ein Feld nennen.

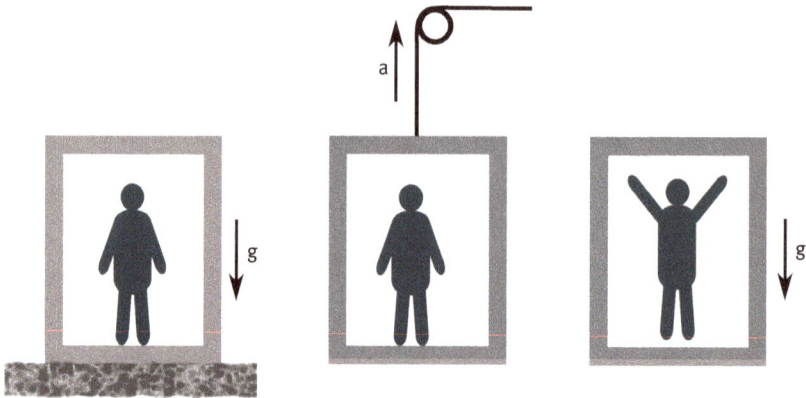

Abb. 4.2: Ein Mensch in einem Fahrstuhl kann nicht unterscheiden, ob er in Abwesenheit eines Gravitationsfeldes mit a nach oben beschleunigt wird oder ob sich der Fahrstuhl auf dem Erdboden befindet, wenn die Erdbeschleunigung g gleich der Fahrstuhlbeschleunigung ist. Befindet er sich im freien Fall, ist innerhalb des Fahrstuhls kein Gravitationsfeld mehr spürbar.

gen zwischen der Theorie und der Messung, lagen zu Beginn des 20. Jahrhunderts noch nicht vor).

4.1.2 Bewegungsgleichung der Allgemeinen Relativitätstheorie

Konzeptionell besitzt Masse zwei Eigenschaften: Sie ist einerseits träge, was sich darin äußert, dass man eine Kraft benötigt, um ihre Geschwindigkeit zu ändern. Andererseits reagiert jede Masse auf ein Gravitationsfeld, und die Gravitationskraft ist proportional zur Masse. Diese beiden Eigenschaften, „Trägheit" und „Schwere", tauchen jedoch beim Rechnen nicht auf. Üblicherweise schreibt man für die Masse nur m, unterscheidet also nicht, welche der beiden Massen man gerade meint. Das liegt daran, dass das Verhältnis aus schwerer und träger Masse für jedes beliebige Objekt gleich ist. Das ist nicht selbstverständlich, schließlich gibt es ja unterschiedliche Elementarteilchen, und es wäre denkbar, dass jedes Teilchen ein anderes Verhältnis von Schwere und Trägheit besitzt. Diese Gleichheit bildet eine der Grundlagen der Allgemeinen Relativitätstheorie. EINSTEIN hat dazu ein Gedankenexperiment formuliert, das in Abbildung 4.2 veranschaulicht ist. Ein Fahrstuhl befindet sich im Gravitationsfeld der Erde. Wenn der Fahrstuhl relativ zur Erde ruht, nimmt man darin eine Kraft war, welche wir als Gravitationskraft kennen. Da die Schwere eines im Fahrstuhl befindlichen Beobachters mit seiner Trägheit übereinstimmt, kann der Insasse diese Situation nicht von jener unterscheiden, in welcher der Fahrstuhl sich in den Tiefen des leeren Raums (also abseits eines Gravitationsfeldes) befindet, und dabei beschleunigt wird. Umgekehrt kann der Beobachter auch nicht entscheiden, ob sich der Fahrstuhl zwar im Schwerefeld der Erde, aber im freien Fall befindet, oder ob er sich wieder in den Tiefen des

Weltalls, aber diesmal unbeschleunigt, bewegt. Wichtig bei diesem Gedankenexperiment ist die Tatsache, dass das Inertialsystem, der Fahrstuhl, nur lokal existiert. Das bedeutet, dass die Gravitation nur in einem sehr kleinen Bereich „wegtransformiert" werden kann, aber nicht global. Wenn man mathematisch wird, spricht man von einem infinitesimalen, also unendlich kleinen Bereich. EINSTEIN hat diesen Vergleich als ein Äquivalenzprinzip postuliert: Es gibt kein mechanisches Experiment, mit welchem man unterscheiden kann, ob man sich nun im beschleunigten Bezugssystem oder in einem Gravitationsfeld befindet. In seiner starken Form wird dieses Prinzip sogar dahingehend erweitert, dass man die Äquivalenz aller Naturgesetze in den verschiedenen Bezugssystemen fordert. Nun macht EINSTEIN einen interessanten Schritt. Da der Wechsel zwischen den verschiedenen Bezugssystemen lediglich durch die Transformation von Koordinaten vermittelt wird, verschiebt er die Wirkung eines Gravitationsfeldes, nämlich gekrümmte Bahnkurven, auf eine Krümmung der Raumzeit.

Die Raumzeit ist mathematisch gesehen ein vierdimensionaler Raum, und jeder Punkt darin entspricht einem Punkt im dreidimensionalen Anschauungsraum zu einem bestimmten Zeitpunkt. Man nennt einen solchen Punkt auch ein Ereignis in der Raumzeit. Die Koordinaten eines solchen Punktes werden üblicherweise mit x^μ bezeichnet, wobei der Index μ Werte von 0 bis 3 annimmt. Diese Koordinaten muss man sich als eine Art Nummerierung der Punkte in der Raumzeit vorstellen. Man kann anhand der Punkte Nachbarschaftsbeziehungen erkennen, aber allein durch die Angabe zweier Punkte ist noch kein physikalischer Abstand definiert. Hierfür benötigt man noch eine Vorschrift, wie man Abstände zwischen zwei Punkten misst. Eine solche Vorschrift nennt man Metrik. Man geht nun so vor, dass man zwei Punkte x^μ und $x^\mu + dx^\mu$ betrachtet. Diese haben den infinitesimalen Koordinatenabstand dx^μ. Der eigentliche, physikalisch messbare Abstand entsteht durch Multiplikation mit dem metrischen Tensor $g_{\mu\nu}$. Dieses Objekt ist ein Tensor 2. Stufe und besitzt in seinen 4 Zeilen und 4 Spalten insgesamt 16 Einträge. Der Abstand ds lautet nun:

$$ds = \sqrt{g_{\mu\nu}dx^\mu dx^\nu}. \tag{4.2}$$

Auch wenn dies etwas eigenartig aussieht, kann man darin doch etwas Bekanntes entdecken. Zunächst muss man dazu wissen, dass in der Relativitätstheorie generell auf Summenzeichen verzichtet wird. Ausführlicher würde man sonst nämlich schreiben:

$$ds = \sqrt{\sum_{\mu=0}^{3}\sum_{\nu=0}^{3} g_{\mu\nu}dx^\mu dx^\nu}. \tag{4.3}$$

Um sich das Leben etwas einfacher zu machen, vereinbart man, dass man sich immer dann ein Summenzeichen denken muss, wenn der gleiche Index einmal oben und einmal unten an einem Objekt auftaucht. Hier sind μ und ν beim metrischen Tensor tiefgestellt, während sie bei den Vektoren jeweils oben stehen. Ob ein Index oben oder unten steht, hat eine ganz konkrete Bedeutung, auf die wir hier jedoch nicht näher eingehen. Jetzt erinnern wir uns daran, wie wir in der Mathematik im dreidimensionalen

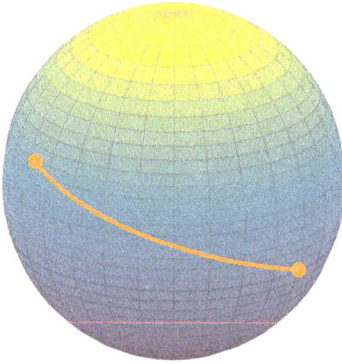

Abb. 4.3: Die kürzeste Verbindung zweier Punkte auf einer Kugeloberfläche ist immer ein Kreisbogen, dessen Mittelpunkt mit dem Kugelmittelpunkt übereinstimmt.

Raum Abstände zwischen zwei Punkten berechnen. Der Verbindungsvektor entspricht dx^μ, und dessen Länge ist die Wurzel des Skalarprodukts des Vektors mit sich selbst. Jede Komponente wird dabei mit sich selbst multipliziert, anschließend werden diese Produkte alle addiert. Dies passiert auch in (4.2), mit der Erweiterung, dass noch die Gewichte $g^{\mu\nu}$ in die Produkte mit eingehen. Ansonsten wird auch hier nur ein Skalarprodukt gebildet. Im dreidimensionalen Anschauungsraum besitzt der metrische Tensor nur Einträge auf der Diagonalen. Diese Einträge sind alle 1, die restlichen Elemente sind 0. Aus diesem Grund lässt man die Metrik in diesem Zusammenhang auch immer weg. Als Spezialfall ist dies aber in (4.2) enthalten. Das Ergebnis dieser Rechnung, das Wegelement ds, besitzt die Eigenschaft, dass es einen absoluten Wert besitzt, also unabhängig von der Wahl der Koordinaten ist, mit denen die Punktmenge der Raumzeit beschrieben wird. Man nennt es daher auch das invariante Wegelement.

Nun bildet EINSTEIN die Wirkung eines Gravitationsfeldes ab auf die Geometrie der Raumzeit. Nach NEWTON sehen wir, dass sich eine Masse im Gravitationsfeld auf einer gekrümmten Bahn bewegt, was auf eine Kraft als Ursache zurückgeführt wird. In der Allgemeinen Relativitätstheorie ist die Raumzeit selbst schon gekrümmt, und die Masse bewegt sich genau auf einer solchen Bahn von einem Punkt 1 zu einem Punkt 2, dass der Abstand dazwischen minimal wird:

$$\int_1^2 ds \rightarrow \min. \tag{4.4}$$

Eine ganz einfache Veranschaulichung ist die Bewegung auf einer Kugeloberfläche (also wieder ein Problem im Anschauungsraum, aber dieser Raum heißt schließlich berechtigterweise so...). Der kürzeste Weg zwischen zwei Punkte auf der Kugeloberfläche ist ein Großkreis, oder etwas allgemeiner ausgedrückt eine Geodäte. Auch in der vierdimensionalen Raumzeit bewegt sich eine Masse so, dass die Bahnkurve eine Geodäte ist. NEWTON hat zur Bestimmung der Bahnkurve eine Bewegungsgleichung angegeben, und auch aus der Forderung (4.4) lässt sich eine Bewegungsgleichung folgern. Diese besitzt die folgende Gestalt:

$$\frac{\mathrm{d}^2 x^\sigma}{\mathrm{d}s^2} + \Gamma^\sigma_{\mu\nu} \frac{\mathrm{d}x^\mu}{\mathrm{d}s} \frac{\mathrm{d}x^\nu}{\mathrm{d}s} = 0, \tag{4.5}$$

mit den Christoffel-Symbolen

$$\Gamma^\sigma_{\mu\nu} = \frac{1}{2} g^{\sigma\alpha} \left(\frac{\partial g_{\alpha\nu}}{\partial x^\mu} + \frac{\partial g_{\alpha\mu}}{\partial x^\nu} - \frac{\partial g_{\mu\nu}}{\partial x^\alpha} \right). \tag{4.6}$$

Abseits aller Komplexität der Geodätengleichung und insbesondere der Christoffel-Symbole kann man doch erkennen, dass die Metrik $g^{\mu\nu}$ letztlich in die Bewegungsgleichung eingeht und damit für die Form der Bahnkurve verantwortlich ist.

Man kann sich denken, warum man üblicherweise die Newton'sche Bewegungsgleichung zur Beschreibung der Bewegung von Massen in Gravitationsfeldern verwendet. Die Geodätengleichung ist jedoch viel allgemeiner und insbesondere in extremen Gravitationsfeldern, wie sie in der Umgebung von Neutronensternen und schwarzen Löchern auftreten, gültig.

Dies war EINSTEINS große Erkenntnis, als er die Allgemeine Relativitätstheorie entwickelt hat. Während sich eine Masse in einem im Gravitationsfeld frei fallenden Bezugssystem auf einer geraden Bahn bewegt (also die „direkte" Verbindung zwischen zwei Punkten wählt), muss im stationären System die Metrik so angepasst werden, damit sich aus der gleichen Forderung nach einer kürzesten Verbindung die entsprechend transformierte Bahn ergibt, welche nun gekrümmt ist.

4.1.3 Die Feldgleichungen

Bis jetzt haben wir nur eine Beschreibung der Bahn, wenn wir auch die Metrik kennen. Doch wodurch wird diese festgelegt? Um das zumindest im Ansatz verstehen zu können, betrachten wir ein schwaches Gravitationsfeld. Die Bewegung einer Masse m im Potential V kann man in diesem Fall auch mit Hilfe der Newton'schen Mechanik sehr genau beschreiben, also sollte die relativistische Bewegungsgleichung (4.5) zum gleichen Ergebnis kommen, wenn man eine entsprechende Metrik wählt. In der Newton'schen Mechanik ist der zentrale Begriff die Kraft, weil diese die Ursache der Bewegungsänderung darstellt. Üblicherweise führt man jedoch die Kraft zurück auf ein Potential, aus welchem man durch Ableiten nach den drei Raumkoordinaten auf das Kraftfeld kommt:

$$\mathbf{F}_{\mathrm{grav}} = -\nabla V. \tag{4.7}$$

Der Nabla-Operator ∇ tut nichts anderes, als das Potential nach den drei Raumrichtungen abzuleiten und die Ergebnisse in einem Vektor anzuordnen. Diese Art der Beschreibung hat den Vorteil, dass man generell leichter mit einem Potential, also einer

Energie, rechnet, als mit einer Kraft. Die Newton'sche Bewegungsgleichung lautet mit einem solchen Gravitationspotential also:

$$\ddot{\boldsymbol{r}} = -\frac{1}{m}\boldsymbol{\nabla}V = -\boldsymbol{\nabla}\phi. \tag{4.8}$$

Die Metrik, welche auch diese Bewegungsgleichung liefert, wenn man sie in die Geodätengleichung (4.5) einsetzt, lautet nun:

$$g_{\mu\nu} = \begin{pmatrix} 1 + \frac{2\phi}{c^2} & 0 & 0 & 0 \\ 0 & -1 & 0 & 0 \\ 0 & 0 & -1 & 0 \\ 0 & 0 & 0 & -1 \end{pmatrix}. \tag{4.9}$$

Der letzte logische Schritt ist die Frage nach der Ursache des Gravitationspotentials ϕ. In der Newton'schen Mechanik wird es durch eine Massenverteilung ϱ_m erzeugt. Mathematisch wird es durch die Poisson-Gleichung festgelegt:

$$\Delta\phi = 4\pi G\varrho_m. \tag{4.10}$$

---

i Die Poisson-Gleichung gibt es in völlig analoger Form auch in der Elektrostatik. Dort wird ein elektrisches Potential durch eine Ladungsverteilung hervorgerufen. Aus dem elektrischen Potential folgt durch Ableiten das elektrische Feld, wie auch in der Mechanik aus dem Gravitationspotential die Gravitationskraft durch Ableiten gewonnen wird.

Der Laplace-Operator Δ auf der linken Seite von (4.10) ist eine Summe der zweiten Ableitungen, sodass wir auch schreiben können:

$$\sum_{j=1}^{3} \frac{\partial^2 \phi}{\partial x^j \partial x^j} = 4\pi G\varrho_m. \tag{4.11}$$

Wir können damit die Anbindung an die Geometrie schaffen, da sich auf der linken Seite von (4.11) der Riemann'sche Krümmungstensor versteckt:

$$-R^j_{00k} = \frac{1}{c^2}\frac{\partial^2 \phi}{\partial x^j \partial x^k}. \tag{4.12}$$

Das ist zwar nicht gleich offensichtlich, doch kann man auch hier die Logik im Ansatz ohne größere Rechnung nachvollziehen. Das Potential ϕ steckt in der Metrik $g^{\mu\nu}$. Aus der Metrik erhält man die Christoffel-Symbole (4.6), und hieraus gewinnt man den Krümmungstensor. Setzt man in (4.12) die Indizes k und j gleich und summiert über die Werte von 1 bis 3, so erhält man genau den Laplace-Operator in (4.11). Das Gleichsetzen der beiden Indizes und die anschließende Summation darüber ergibt den Ricci-Tensor. Somit kann man die ursprüngliche Poisson-Gleichung nun in die geometrische Sprache der ART übersetzen:

$$R_{00} = -4\pi G\varrho_m. \tag{4.13}$$

An diesem Teilergebnis auf dem Weg zu den vollständigen Feldgleichungen kann man sehen, dass sich eine Massenverteilung auf die Geometrie der Raumzeit auswirken wird. Die Raumzeit wird durch die Anwesenheit einer Masse gekrümmt, was mathematisch durch den Ricci-Tensor erfasst wird. Die Krümmung fällt umso stärker aus, je höher die Massendichte ist.

Ausgehend von der Näherung (4.13) für schwache Felder kann man die Feldgleichungen der ART aufstellen, welche für eine beliebige Massen- und Energieverteilung die Krümmung der Raumzeit festlegen. Wie in der ART üblich werden dazu Tensoren benötigt. Die Massendichte ϱ_m aus (4.13) wird hierzu ersetzt durch den Energie-Impuls-Tensor $T_{\mu\nu}$, welcher die Massen- und Energieverteilung in der vierdimensionalen Raumzeit repräsentiert. Die Feldgleichungen nehmen dann die folgende Form an:

$$R_{\mu\nu} - \frac{1}{2} R g_{\mu\nu} = \frac{8\pi G}{c^4} T_{\mu\nu}, \tag{4.14}$$

bzw. in einer etwas kompakteren Form

$$R_{\mu\nu} = \frac{8\pi G}{c^4} T^*_{\mu\nu}, \tag{4.15}$$

wobei die Abkürzung $T^*_{\mu\nu} = T_{\mu\nu} - 1/2 T g_{\mu\nu}$ und $T = g^{\mu\nu} T_{\mu\nu}$ verwendet wurde. Die Feldgleichungen der ART stellen ein System von 16 nichtlinearen partiellen Differentialgleichungen dar, was im Allgemeinen nur noch numerisch lösbar ist. Nur für sehr spezielle Fälle können analytische Lösungen angegeben werden. Einen wichtigen Spezialfall sehen wir uns im folgenden Abschnitt an.

4.1.4 Die Schwarzschild-Metrik

Obwohl die Feldgleichungen ein so schwieriges mathematisches Problem darstellen, gelang es KARL SCHWARZSCHILD [3] kurz nach der Veröffentlichung der Feldgleichungen die Metrik für den Außenraum einer kugelsymmetrischen Masse m zu präsentieren, welche heute als Schwarzschild-Metrik bekannt ist. Die Lösung beruht stark auf der Symmetrie und der Tatsache, dass im Außenraum der Masse der Energie-Impuls-Tensor verschwindet (außer der betrachteten Masse soll sich nichts weiter im Universum befinden). Außerdem stellt man auch hier wieder die Forderung, dass für hinreichend große Abstände die Metrik, welche in der Newton'schen Sicht das Gravitationsfeld repräsentiert, in die Schwachfeld-Näherung (4.9) übergehen muss. Für unendlich große Abstände von der Masse wird der Raum also wieder flach. Man findet nun folgende Metrik:

$$ds^2 = c^2 \left(1 - \frac{r_S}{r}\right) dt^2 - \frac{1}{1 - \frac{r_S}{r}} dr^2 - r^2 \left(d\vartheta^2 + \sin^2 \vartheta \, d\phi^2\right). \tag{4.16}$$

Man erkennt in dieser Lösung, dass die Abstandskoordinate r und die Zeitkoordinate t eine Streckung bzw. Stauchung erfahren, wenn man sich dem Schwarzschild-Radius

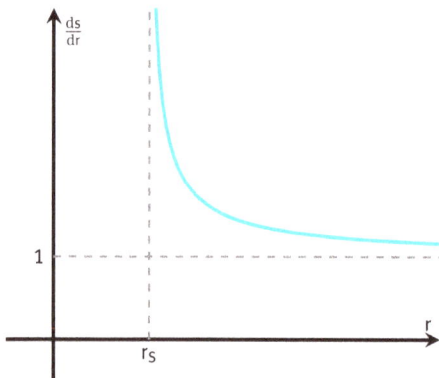

Abb. 4.4: Visualisierung des Streckungsfaktors der Schwarzschild-Metrik für die Radialkoordinate. Je weiter man sich dem Schwarzschild-Radius nähert, umso mehr werden die physikalischen Abstände gestreckt. Zwar divergiert der Faktor, dennoch bleibt der physikalische Abstand zum Horizont (also das Integral über die dargestellte Kurve) von jedem Punkt aus endlich. In unendlich großem Abstand zum Horizont geht der Streckungsfaktor gegen 1, sodass Koordinatenabstände und physikalische Abstände übereinstimmen. Der Raum ist dann unverzerrt oder flach.

r_S nähert. Dieser ergibt sich aus der Rechnung zu

$$r_S = \frac{2Gm}{c^2}.$$ (4.17)

Der Streckungsfaktor, welcher die Koordinatendifferenz dr in einen physikalisch messbaren Abstand überführt, wächst bei Annäherung an r_S über alle Grenzen. Allerdings tut er das noch so „langsam" ,[16] dass der Abstand zwischen einem Beobachter außerhalb von r_S und r_S einen endlichen Wert annimmt. Somit sind sich alle Beobachter über den Ort der Koordinatensingularität einig. Diese Singularität ist aufgrund der Symmetrie des Problems eine Sphäre. Wie man nun mit Hilfe des invarianten Wegelements (4.16) berechnen kann, benötigt ein Objekt vom Standpunkt eines Beobachters außerhalb des Schwarzschild-Radius' eine unendlich lange Zeit, um die Sphäre zu erreichen. Das fallenden Objekt verlangsamt sich aus dieser Sicht also immer mehr. Gleichzeitig wird das Licht, welches das Objekt aussendet, in seiner Wellenlänge immer mehr gestreckt, also ins Rote verschoben. Es ist also von außerhalb unmöglich, hinter die Sphäre zu sehen. Man spricht deshalb von einem Ereignishorizont. Die Sphäre erscheint schwarz, da kein Licht von ihr emittiert wird. Hingegen nimmt ein frei fallendes Objekt selbst keine Verlangsamung war. Es wird vielmehr die Sphäre in endlicher Zeit erreichen und sogar überqueren, ohne dass es dabei etwas besonderes wahrnehmen wird. Insofern ist der Ereignishorizont keine physikalische Singularität. Es gibt neben den von Schwarzschild verwendeten Koordinaten auch weitere, die Kruskal-Szekeres-Koordinaten, welche keine Singularität bei r_S beinhalten.

---

16 Das ist nicht in einem zeitlichen Sinne zu verstehen, es geht um die Steilheit der Funktion.

Eine solche Sphäre existiert aber nur, wenn die Ausdehnung der Masse kleiner ist als ihr Schwarzschild-Radius. Setzt man in (4.17) einmal die Masse der Sonne ein, so erhält man einen Radius von 3 km, für die Erde sind es nur 9 mm. Es muss also ein gewaltiger Druck auf die Masse wirken, um sie unter ihren Schwarzschild-Radius zu komprimieren. Unsere Sonne ist nicht groß genug, damit sie irgendwann in diesen Zustand überführt wird. Mögliche weitere Endstadien sind ein weißer Zwerg oder ein Neutronenstern. Letzterer krümmt jedoch die Raumzeit in seiner Umgebung schon sehr deutlich, sodass die Bahnkurven von anderen Massen dort relativistisch berechnet werden müssen. Ein Horizont bildet sich jedoch erst bei noch stärkerer Kompression der Materie aus, und ein solches Objekt, welches kleiner ist als sein Schwarzschild-Radius, nennt man ein schwarzes Loch. Während man den Zustand der Materie für weiße Zwerge und Neutronensterne mit Hilfe der Quantenmechanik noch verstehen kann, kennt man keinerlei Gesetze für das, was hinter dem Ereignishorizont mit der Materie geschieht. Für den Außenraum kann man jedoch die Gesetze der ART anwenden und damit die Metrik, wie wir jetzt an einem noch sehr einfachen Beispiel gesehen haben, explizit berechnen.

Seine Lösung hat SCHWARZSCHILD, welcher damals an der Front in Russland stationiert war, schon 1915 an EINSTEIN gesendet. EINSTEIN war sehr angetan von der Tatsache, dass es überhaupt eine exakte Lösung seiner Feldgleichungen gab, und diese dann auch noch so schnell und auf elegante Weise gefunden wurde. Die von SCHWARZSCHILD gefundene Metrik kann man nutzen, um die Auswirkungen der ART experimentell zu überprüfen. Wie eingangs schon erwähnt, bewegen sich zwei Massen in der Newton'schen Mechanik auf exakten Ellipsen umeinander. Dies ist für ein Objekt, welches sich in einer Schwarzschild-Metrik bewegt, nicht mehr der Fall. Man kann zeigen, dass das Gravitationspotential, welches sich als Schwachfeld-Näherung ergibt, eine kleine Korrektur gegenüber dem Newton'schen Potential erhält. Dieser Term sorgt dafür, dass beispielsweise ein Planet im Gravitationspotential seiner Sonne eine Periheldrehung vollführt. Der Planet Merkur ist in unserem Sonnensystem am stärksten von diesem Effekt betroffen. Eine Rechnung zeigt, dass sich seine Bahnellipse in einem Jahr aufgrund relativistischer Effekte um etwa 43 Bogensekunden verdreht. Dieser Effekt ist zwar winzig, aber immer noch messbar und stimmt in hervorragender Näherung mit der Beobachtung überein.

4.1.5 Wellenlösungen der Feldgleichungen

In der Elektrodynamik lernt man, dass beschleunigte elektrische Ladungen elektromagnetische Wellen (beispielsweise Licht) aussenden. Das elektrische und magnetische Feld werden durch die Maxwell-Gleichungen beschrieben, aus welchen sich auf sehr einfache Weise eine Wellengleichung ableiten lässt. Die Einstein'schen Feldgleichungen beschreiben die Krümmung der Raumzeit, also ebenfalls ein Feld. Wie sieht es hier mit der zeitlichen Entwicklung von Störungen des Feldes aus? Auch in der ART kann man zeigen, dass es Lösungen der Feldgleichungen gibt, die sich wie Wellen durch die Raumzeit bewegen. Um noch mit Papier und Bleistift zu einer Lösung zu kommen, betrachtet man nur kleine Störungen, schließlich sind die Effekte der ART meistens auch nur sehr schwach. Daher ist ein Ansatz, die Minkowski-Metrik $\eta_{\mu\nu}$ als Grundlage zu nehmen, welche eine flache Raumzeit beschreibt. Dies gilt sicher weit abseits von größeren Massenansammlungen. Zu dieser „ungestörten" Raumzeit kommt nun eine kleine Störung $h_{\mu\nu}$ hinzu. Die Störung h soll nur betragsmäßig kleine Einträge beinhalten, die auch nur schwach variieren, also kleine Ableitungen besitzen. Näherungsweise kann man dann aus den Feldgleichungen eine Wellengleichung für die Störung h ableiten:

$$\partial_\lambda \partial^\lambda h_{\mu\nu} = -\frac{16\pi G}{c^4} T^*_{\mu\nu}. \tag{4.18}$$

In der Elektrodynamik findet man ein analoges Ergebnis für das sogenannte Viererpotential, welches mit dem Viererstrom als Ursache verknüpft ist.

ℹ Das Viererpotential fasst das skalare elektrische Potential sowie das Vektorpotential des magnetischen Feldes zu einem Vektor zusammen. Der Viererstrom enthält entsprechend die Ladungs- und Stromdichte. Zusätzlich wird noch eine Eichbedingung für das Potential festgelegt, auf welche wir hier nicht eingehen.

Die Ursache für Störungen in der Raumzeit bildet natürlich die Massenverteilung, repräsentiert durch den Energie-Impuls-Tensor. Die Lösung der Wellengleichung war schon vor der Formulierung der ART aus der Elektrodynamik bekannt, und da sich die Strukturen der Gleichungen nicht unterscheiden, hatte man auch die Lösung für Wellen in der Raumzeit schon griffbereit in der Schublade. Eine wichtige Erkenntnis ist, dass sowohl Wellen im elektromagnetischen Feld als auch in der Metrik mit Lichtgeschwindigkeit durch den Raum wandern. Besonders einfach ist die Beschreibung von Wellen im Vakuum, also in unserem Fall abseits von jeder Masse, sodass der Energie-Impuls-Tensor verschwindet. Man findet folgende Lösung für die Metrik:

$$ds^2 = c^2 dt^2 - dx^2 - dy^2 - dz^2 + a_1 \left(dx^2 - dy^2 \right) + 2a_2 dx dy, \tag{4.19}$$

mit den zeitabhängigen Koeffizienten

$$a_1 = \lambda_1 \cos k(ct - z), \tag{4.20}$$

$$a_2 = \lambda_2 \cos k(ct - z). \tag{4.21}$$

In der Metrik sieht man nun, dass die Welle senkrecht zur Ausbreitungsrichtung (z-Richtung) schwingt, es handelt sich also um eine Transversalwelle. Die entscheidende Frage ist, wie sich diese periodische Verzerrung der Raumzeit physikalisch bemerkbar macht. Dazu muss man ein Teilchen in dieser schwingenden Metrik betrachten, also die Geodätengleichung (4.5) für die vorgegebene Metrik lösen. Man findet, dass sich die Koordinaten des Teilchens nicht verändern, doch da das gesamte Koordinatennetz

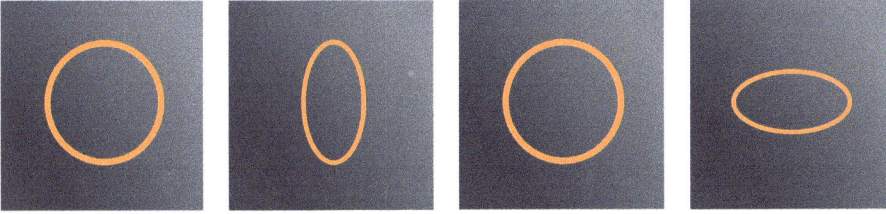

Abb. 4.5: Zur Veranschaulichung der Veränderung des Raumes beim Durchgang einer Gravitations-welle. Eine Massenverteilung wird in einer Ebene senkrecht zur Ausbreitungsrichtung periodisch gestreckt und gestaucht (die Zeit verläuft von links nach rechts). Diese Verzerrung hat auch Einfluss auf die Lichtlaufzeit zwischen zwei Koordinatenpunkten, was man wiederum für die Detektion der Welle nutzen kann.

gestreckt und gestaucht wird, ändert sich der räumliche Abstand des Teilchens zum Ursprung. Wenn man mehrere Teilchen auf einem Kreisring betrachtet, so wird die kreisförmige Anordnung physikalisch messbar verformt. Der Kreis wird in x- und y-Richtung periodisch gestreckt und gestaucht (siehe dazu auch Abbildung 4.5). Dabei bedeutet „messbar" nur, dass es prinzipiell einen physikalischen Effekt gibt. Diesen tatsächlich zu messen, ist eine ganz andere Frage. Wie schon mehrmals angedeutet, sind die Effekte der ART bei den üblichen Massenansammlungen so klein, dass man sie gerade noch so, wenn überhaupt, mit den heute zur Verfügung stehenden Mitteln messen kann. Gravitationswellen bilden da keine Ausnahme, und EINSTEIN war sich dieser Tatsache auch bewusst, sodass er vermutet hat, es würde niemals möglich sein, dieses Phänomen zu beobachten. Tatsächlich bedarf es schon gewaltiger Massen, um die Raumzeit messbar zu verformen. Eine Alternative stellen jedoch spezielle Doppelsternsysteme dar. Diese erzeugen zwar keine direkt messbaren Gravitationswellen, man kann jedoch indirekt darauf schließen, dass es solche Wellen geben muss. Denn Gravitationswellen transportieren, ganz wie elektromagnetische Wellen auch, Energie von der Ursache, also den Massen, weg. Somit ist es nicht möglich, dass sich umkreisende Massen stationäre Bahnen beschreiben. Vielmehr müssen sich diese Massen mit der Zeit näher kommen. Wir werden uns im folgenden den verschiedenen Möglichkeiten, Gravitationswellen zu detektieren, zuwenden und die Forschungslage beleuchten.

4.2 Einblicke in Forschung und Anwendung

Zusammenfassung:

Beginnend mit einer Beobachtung im September 2015 wurden Gravitationswellen mittlerweile schon mehrere Male direkt nachgewiesen. Diese Wellen wurden immer ausgesendet, als zwei schwarze Löcher miteinander verschmolzen und dabei eine unvorstellbare Menge an Energie ins Universum schickten. Das Ereignis im September 2015 dauerte weniger als eine Sekunde und stellt den ersten direkten Nachweis einer solchen Störung der Raumzeit dar. Indirekt wurden Gravitationswellen auch in einem Binärsystem, bestehend aus zwei Neutronensternen nachgewiesen, welche sich aufgrund der Energieabstrahlung immer näher kommen.

4.2.1 Indirekter Nachweis in Binärsystemen

Damit Gravitationswellen in einer Stärke emittiert werden, die zumindest einen indirekten Nachweis erlaubt, sind sehr massive Objekte nötig. Unsere Sonne besitzt zwar schon eine große Masse, doch ist sie viele Größenordnungen über ihren Schwarzschildradius hinweg ausgedehnt, sodass gravitative Effekte selbst in der Näher ihrer Oberfläche immer noch sehr gut durch das Newton'sche Gravitationsgesetz beschrieben werden können. Aktive Sterne wie unsere Sonne stellen jedoch nicht die einzige mögliche Form von Sternen dar. Wenn ein Stern seinen Brennstoff aufgebraucht hat, entfällt der Strahlungsdruck, welcher einem Gravitationskollaps entgegenwirkt, und am Ende seines Lebens besteht die Möglichkeit, dass sich ein weißer Zwerg bildet. Dieses Objekt besteht nicht mehr aus Atomen, vielmehr wurden diese in ihre Bestandteile zerlegt, die Elektronen und die Atomkerne. Elektronen sind Fermionen und können sich daher nicht einen gemeinsamen Quantenzustand teilen.[17] Durch einen gravitativen Kollaps rücken die Elektronen aber immer näher zusammen. Durch diese Lokalisierung wächst die kinetische Energie an, wodurch sich beim Kollaps ein Fermidruck aufbaut, der den Kollaps aufhält. Weiße Zwerge sind wesentlich dichter als unsere Sonne, bilden aber immer noch keine ausreichend starken Gravitationsfelder aus, als dass man deren relativistischen Effekte messen könnte. Ein Stern mit ausreichend großer Masse kann jedoch noch weiter kollabieren als ein weißer Zwerg. Dabei werden die Elektronen mit den Protonen durch den inversen Betazerfall zu Neutronen verschmolzen. Diese lassen sich noch viel dichter packen, und das resultierende Objekt nennt man Neutronenstern. Dieser ist immer noch über seinen Schwarzschildradius

---

17 Was es genau mit Fermionen auf sich hat, ist an dieser Stelle noch gar nicht so wichtig, daher überspringen wir eine genauere Definition und verweisen statt dessen auf die Kapitel über die Bose-Einstein-Kondensation oder auch den GMR.

hinaus ausgedehnt, aber nur noch wenig, sodass sich Effekte der ART hier deutlich bemerkbar machen. Man kennt mittlerweile sehr viele solcher Neutronensterne, und sie besitzen eine charakteristische Eigenschaft, die man für einen indirekten Nachweis für Gravitationswellen nutzen kann. Neutronen sind magnetische Teilchen, und Neutronensterne erzeugen ein gewaltiges Magnetfeld. Elektrisch geladene Teilchen, die sich im Magnetfeld an den Polen des Neutronensterns bewegen, strahlen elektromagnetische Wellen ab. Zudem rotiert ein Neutronenstern, wenn auch der Stern, aus dem er entstanden ist, einmal rotiert hat. Aufgrund der Drehimpulserhaltung muss sich die Rotationsgeschwindigkeit erhöhen, wenn der Stern schrumpft. Neutronensterne rotieren daher sehr schnell, von wenigen Umdrehungen pro Sekunde bis hin zu mehreren hundert Umdrehungen pro Sekunde. Die Rotationsachse muss, wie bei der Erde auch, nicht mit der Ausrichtung des Magnetfeldes übereinstimmen. Das bedeutet, dass die Orientierung des Magnetfeldes ebenfalls sehr rasch rotieren kann. Überstreicht die magnetische Achse dabei einen Beobachter auf der Erde, nimmt dieser elektromagnetische Pulse wahr, typischerweise im Bereich von Radiowellen. Man nennt Neutronensterne, die auf diese Art gepulste Radiowellen aussenden, Pulsare.

Das Interessante ist dabei die perfekte Regelmäßigkeit der Pulse, typischerweise ändert sich die Pulsdauer um weniger als $10\,\mu s$ pro Jahr. Sie kann nun wie ein Taktgeber für Messungen verwendet werden. HULSE und TAYLOR [4] haben 1975 einen solchen Pulsar entdeckt, der die Bezeichnung PSR 1913+16 trägt. Seine Rotationszeit wurde zu 59 ms bestimmt. Allerdings gab es über den Tag hinweg periodische Variationen in der Ankunftszeit der Pulse. Mal kamen sie etwas früher an als erwartet, mal etwas später, wobei sich die Verschiebung auf etwa 3 s beläuft. Gedeutet wurde diese Beobachtung dadurch, dass der Pulsar sich relativ zu uns bewegt. Sein Abstand ändert sich periodisch so, dass die Laufzeit der Pulse erst immer länger wird, bis er sich in maximalem Abstand zu uns befindet, um dann wieder abzunehmen, während uns der Pulsar näher kommt. Für eine solche Bewegung muss es aber ein weiteres massives Objekt geben, um das sich der sichtbare Stern bewegt. Von der elliptischen Bahn nehmen wir nur den wechselnden Abstand war. Der Partner, um den sich der Pulsar bewegt, ist für uns nicht sichtbar. Entweder ist es kein Pulsar, oder er sendet nicht in unsere Richtung. Die Partnersterne sind fast gleich schwer, etwa 1,4 Sonnenmassen. Seine Bahn durchläuft der sichtbare Stern innerhalb von 7 Stunden und 45 Minuten, der Abstand zum gemeinsamen Schwerpunkt beträgt dabei nur etwa das 2,5fache des Abstands Erde-Mond (daher auch die Verzögerung von 3 s). Diese Zahlen sollen ein Gefühl dafür vermitteln, welche gewaltigen Gravitationskräfte hier wirken müssen.

Das Spannende ist jetzt natürlich, wie sich relativistische Effekte dadurch beobachten lassen. Wie schon ganz am Anfang dieses Kapitels erwähnt, können sich die Partnersterne in einem derartigen Binärsystem nach der ART nicht mehr auf geschlossenen Ellipsenbahnen bewegen. Vielmehr rotieren die Ellipsen, die Bahnen sind also nicht mehr geschlossen. Während in unserem eigenen Sonnensystem dieser Effekt am stärksten beim Merkur auftritt, und hier mit 43 Bogensekunden pro Jahr extrem schwach ist, dreht sich die Ellipse des beobachtbaren Pulsars in PSR 1913+16 um $4°$

pro Jahr. Hier stellt die ART nicht mehr nur einen Randeffekt dar, sie ist jetzt die zentrale Theorie für die Beschreibung der Bahnkurve. Doch lassen sich auch Gravitationswellen messen, um damit die Verformung der Raumzeit sichtbar werden zu lassen? Die Antwort lautet: Nein, eine direkte Messung ist nicht möglich, dafür sind die ausgesendeten Wellen immer noch zu schwach. Allerdings bietet PSR 1913+16 die Möglichkeit, indirekt auf Gravitationswellen zu schließen. Wie erwähnt, wird mit Gravitationswellen auch Energie aus dem System abtransportiert. Dies führt dazu, dass sich die beiden Körper immer näher kommen müssen, da sie immer tiefer in den „Gravitationstopf" rutschen. Nach einer Beobachtungszeit von 1974 bis 1981 konnten TAYLOR und WEISBERG auch dafür den Nachweis liefern [5]. Die relative Abnahme der Bahndauer beträgt pro Sekunde $2,4 \cdot 10^{-12}$, im Beobachtungszeitraum nahm die Bahndauer um etwa 2 Sekunden ab. Für ihre Entdeckungen erhielten HULSE und TAYLOR 1993 den Nobelpreis für Physik. Es wird noch lange dauern, bis die beiden Neutronensterne ineinander fallen und dabei ein schwarzes Loch bilden. Dabei werden in sehr kurzer Zeit starke Gravitationswellen ausgesendet werden.

Das Binärsystem PSR 1913+16 ist zwar das erste, aber nicht das einzige entdeckte System mit einem Pulsar, der sich auf einer Bahn um einen Begleiter bewegt. Im Jahr 2003 wurde sogar ein noch interessanteres System gefunden, welches definitiv aus zwei Pulsaren besteht: PSR J0737-3039. Dieser Doppelpulsar besitzt den Charme, dass man beide Partner „sehen" kann, was weitere Tests der ART ermöglicht, speziell kann man auch hier die Abstrahlung von Gravitationswellen indirekt nachweisen. Doch es wurde kürzlich ein ganz anderes System entdeckt, welches man erst durch dieses letzte Ereignis überhaupt ausfindig gemacht hat. Dies wollen wir im nächsten Abschnitt besprechen.

4.2.2 Das Gravitationswellensignal GW150914

Wie misst man Gravitationswellen, wenn selbst zwei sich umkreisende Neutronensterne noch zu schwache Störungen in der Raumzeit verursachen? Zum einen benötigt man als Quelle noch massivere Objekte, zum anderen muss man einen enormen technischen Aufwand betreiben, um räumliche Verzerrungen nachweisen zu können. Schon in den 1960er Jahren wurden erste Versuche unternommen, entsprechende Detektoren zu entwerfen. Kleine Längenänderungen kann man am besten mit Interferometern nachweisen, und Gravitationswellen werden den Raum nur auf extrem kleinen Maßstäben verzerren. Derzeit gibt es an verschiedenen Standorten auf der Welt solche Interferometer, die zusammen nicht nur eine eindeutige Messung raumzeitlicher Verzerrungen ermöglichen, sondern auch noch eine Ortung der Quelle zulassen. In Deutschland ist das der Detektor Geo 600, in Japan TAMA 300, Virgo steht in Italien, und in den USA stehen in Hanford und in Livingston die beiden Advanced LIGO Detektoren. Letztere haben eine Distanz von 3000 km, das sind 0,01 Lichtsekunden.

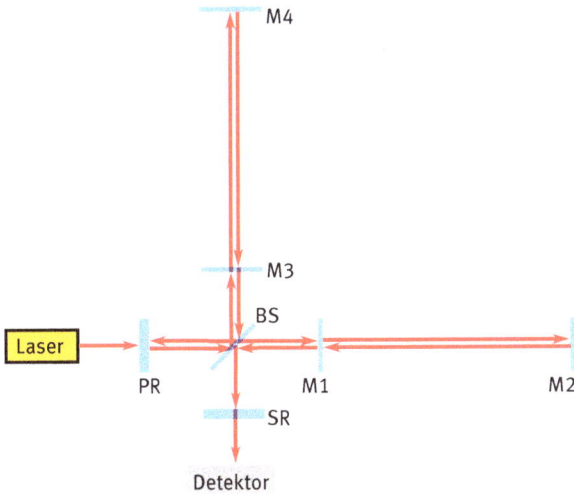

Abb. 4.6: Schematischer Aufbau des LIGO Interferometers. Ein Laser strahlt mit 20 W bei einer Wellenlänge von 1064 nm auf einen Spiegel PR, welcher das Licht nur einlässt, aber danach im Interferometer behält. Dadurch erhöht sich in den Detektorarmen die Leistung (Power Recycling). Der Strahlteiler BS (englisch: Beam Splitter) verteilt das Laserlicht auf die beiden Detektorarme. In jedem befindet sich ein halbdurchlässiger Spiegel (M1 und M3) sowie ein voll reflektierender Spiegel (M2 und M4). In diesen Interferometern wandern die Strahlen viele Male hin und her, bevor sie wieder auf den Strahlteiler geschickt und und nach dem Durchgang durch einen weiteren signalverstärkenden Spiegel SR auf dem Photodetektor zur Interferenz gebracht werden. Die Reflexionen in den Interferometern vergrößern den Lichtweg um ein Vielfaches, sodass kleine Längenunterschiede durch die Verzerrung des Raumes auf messbar große Gangunterschiede der Strahlen abgebildet werden. Auf dem Photodetektor ergibt sich ein Signal, welches der Verzerrung der Detektorarme durch eine Gravitationswelle proportional ist. Advanced LIGO ist damit so empfindlich, dass selbst Längenänderungen von einem tausendstel eines Protonendurchmessers noch erkannt werden können.

Wie oben beschrieben verzerrt eine Gravitationswelle den Raum senkrecht zu ihrer Ausbreitungsrichtung. Während in x-Richtung der Raum gestreckt wird, zieht er sich in y-Richtung zusammen. Dieser Vorgang dreht sich in der zweiten Hälfte eines Zyklus' um. Aus diesem Grund besteht ein Detektor aus zwei senkrecht zueinander stehenden Armen, in denen jeweils ein Laserstrahl hin und her läuft, wobei am Kreuzungspunkt der Arme ein Strahlteiler sitzt, sodass die beiden Strahlen auf einem Detektor auch wieder zur Interferenz gebracht werden können. Abhängig von der Differenz der Längenänderungen beider Arme, $\delta x - \delta y$, ändert sich die relative Phasenlage der beiden Strahlen auf dem Photodetektor, sodass Längenänderungen direkt übersetzt werden in eine optische Intensität. Da die Längenänderungen unterhalb des Durchmessers eines Atomkerns liegen können, muss die Empfindlichkeit des Interferometers entsprechend groß sein. Die beiden Advanced LIGO Detektoren besitzen Arme mit einer Länge von jeweils 4 km. Dadurch wird die absolute Längenänderung schon einmal

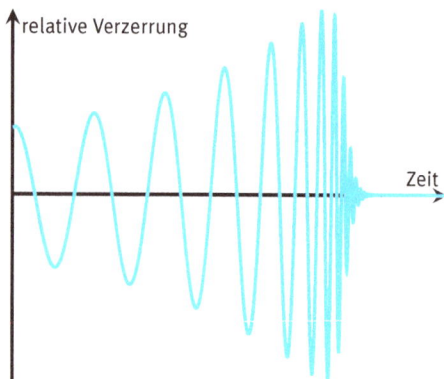

Abb. 4.7: Schematische Darstellung eines Gravitationswellensignals wie jenes, das von den beiden Advanced LIGO Detektoren in Hanford und Livingston gemessen wurden. Die Frequenz steigt allmählich an, ebenso die Amplitude. Dann klingt das Signal rapide ab. Interpretiert wird dieser Verlauf mit einem allmählichen Einspiralen der beiden schwarzen Löcher, was immer schneller abläuft, je näher sie sich kommen. Beim Verschmelzen erreicht die Amplitude ein Maximum, danach ist nur noch ein einziges schwarzes Loch vorhanden und es werden fast schlagartig keine Gravitationswellen mehr ausgesendet.

wesentlich erhöht. Das Interferometer wird von einem Laser mit einer Leistung von 20 W gespeist, durch einen Spiegel hinter dem Laser wird die Leistung in den Armen resonant auf insgesamt 100 kW erhöht. Damit es keine störende Streuung des Laserlichts in den Armen gibt, laufen die Strahlen im Hochvakuum. Zudem ist das ganze Interferometer gegen seismische (niederfrequente) Störungen und auch gegen thermisches (hochfrequentes) Rauschen abgeschirmt.

Die beiden amerikanischen Detektoren haben nun im September 2015 jeweils ein Signal aufgezeichnet, das einer Gravitationswelle zugeordnet wurde [6]. Benannt wurde es nach dem Datum des Ereignisses: GW150914. Die Dauer des Signals war mit 0,2 s zwar nur kurz, es war jedoch in beiden Detektoren außerordentlich gut sichtbar und der zeitliche Versatz beträgt 7 ms. Das entspricht der Entfernung der beiden Detektoren, wenn man davon ausgeht, dass sich Gravitationswellen mit Lichtgeschwindigkeit fortbewegen. Man kann also sicher sein, dass es sich um eine Gravitationswelle handelt, und nicht etwa um ein geologische Störung, denn diese hätte sich nicht so schnell ausbreiten können. Gemessen wurde eine periodische Dehnung der Detektorarme mit einer ansteigenden Frequenz und Intensität. Angefangen bei 35 Hz steigerte sich die Frequenz der Verzerrung binnen 0,2 s auf 150 Hz. Anschließend nahm die Intensität schnell und stark ab. Als Ursache dieser sehr kurzzeitigen Störung der Raumzeit wurde das Verschmelzen zweier schwarzer Löcher ausgemacht. Man findet, dass die Objekte zusammen etwa 65 Sonnenmassen schwer waren, bevor sie zu einer einzigen Masse verschmolzen sind. Der zugehörige Schwarzschild-Radius beträgt damit etwa 200 km. Damit die Objekte sich vor ihrem Verschmelzen mit der beobachteten Frequenz umkreisen konnten, mussten sie einen sehr geringen Abstand besitzen, und schwarze Löcher sind die einzigen Objekte mit entsprechend kleiner Ausdehnung. Außerdem konnte das gemessene Signal in hervorragender Weise durch eine numerische Simulation zweier verschmelzender schwarzer Löcher im Computer reproduziert werden. Es ist gerade die Kombination dieser beiden Techniken, welche es erlaubt, auf den Ursprung der Gravitationswelle zu schließen und sogar noch Abschätzungen über die Parameter dieses Binärsystems zu machen.

Nach dem Verschmelzen der beiden schwarzen Löcher besitzt das verbleibende Objekt noch etwa 62 Sonnenmassen. Das bedeutet, dass insgesamt 3 Sonnenmassen durch die ausgesendeten Gravitationswellen, also in Form von Energie abtransportiert wurden. Da nur zwei Detektoren weltweit diese Gravitationswelle gemessen haben, war eine Positionsbestimmung der beiden schwarzen Löcher nur recht ungenau möglich. Das Experiment zeigt jedoch, dass es durchaus möglich ist, Gravitationswellen direkt zu messen und es wurde somit die Tür zu einer ganz neuen Ära der Gravitationsphysik aufgestoßen.

Mittlerweile wurden weitere Ereignisse gemessen: im Dezember 2015 sowie im Januar und im August 2017. Die Ursache bildeten jeweils zwei miteinander verschmelzende schwarze Löcher. Für die wegbereitenden Arbeiten, ohne die solche Messungen nicht möglich gewesen wären, wurde schließlich 2017 der Nobelpreis für Physik verliehen.

4.3 Ausblick

Wir stehen bei der direkten Beobachtung von Gravitationswellen erst am Anfang. Die erreichte Genauigkeit der irdischen Detektoren ist schon sehr beeindruckend, doch ist man in der Messung von Gravitationswellen immer noch eingeschränkt. Sowohl die Länge der Detektorarme als auch Störungen durch Erdbewegungen begrenzen unsere Möglichkeiten. Was liegt näher, als einen Detektor im Weltraum zu bauen? In einer Erdumlaufbahn hat man deutlich mehr Platz, der Detektor wäre keinerlei Erschütterungen ausgesetzt und ein Hochvakuum müsste man nicht einmal mehr erzeugen. Tatsächlich wird mit dem Projekt LISA Pathfinder die Möglichkeit eines solchen Detektors untersucht, und das Nachfolgeprojekt eLISA soll schließlich verwertbare Messdaten liefern. Doch es gibt noch eine Möglichkeit, Gravitationswellen sogar im Bereich von Nano-Hertz und damit riesiger Wellenlängen zu vermessen. Wir haben oben diskutiert, dass Pulsare hochpräzise Uhren im Universum darstellen. Zudem sind sie sehr weit von der Erde entfernt. Man kann sich dies nun zunutze machen und einen natürlichen Detektor mit einer extremen Ausdehnung von tausenden von Lichtjahren „bauen" . Dabei stellt ein Pulsar jeweils ein Ende eines Detektorarms dar und die Erde das andere Ende. Die Radiopulse, welche bei uns auf der Erde ankommen, werden durch Gravitationswellen, welche über die Erde hinweg ziehen, in ihrer Ankunftszeit verändert, da Gravitationswellen ja sowohl den Raum als auch die Zeit beeinflussen. Während eine Gravitationswelle also über unseren Posten im All wandert, kommen

Pulse aus einer bestimmten Richtung periodisch moduliert mal früher und mal später an. Diese Variation liegt jedoch im Bereich von einigen Nanosekunden. Um die Variationen messen zu können, möchte man in Zukunft nicht nur einen Pulsar als Referenzuhr nutzen, sondern mehrere. Zwei Pulsare, die sich gegenüber liegen, senden Pulse, die synchron zueinander immer verspätet oder zu früh ankommen. Man nennt dies auch eine positive Korrelation. Stehen die beiden Verbindungsachsen Erde - Pulsar 1 und Erde - Pulsar 2 senkrecht zueinander, so sind die zeitlichen Veränderungen gerade entgegengesetzt, oder anderes ausgedrückt, negativ korreliert (siehe hierzu auch nochmal die Abbildung 4.5). Diese Methode, mehrere Pulsare zusammen zu schalten und ihre Eigenschaft als Taktgeber für die Messung der Ankunftszeiten der Radiopulse zu nutzen, nennt man Pulsar Timing Array (PTA). Die Gravitationswellen, die man in Zukunft damit aufspüren möchte, werden von supermassiven schwarzen Löchern erzeugt, welche sich beispielsweise im Zentrum von Galaxien befinden. Es gibt derzeit schon einige Experimente, die in diese Richtung gehen, jedoch fehlt es noch etwas an Genauigkeit. Somit bleibt die Untersuchung von Gravitationswellen ein spannendes und lebendiges Feld, auf dem nicht nur neue Tests für die Allgemeine Relativitätstheorie möglich sind, sondern auch Eigenschaften eines noch hypothetischen Gravitons, das Anregungsquants des Gravitationsfeldes, untersucht werden könnten.

Literatur

[1] A. Einstein. Näherungsweise Integration der Feldgleichungen der Gravitation. *Sitzungsber. K. Preuss. Akad. Wiss.* **1**, 688 (1916).

[2] A. Einstein. Über Gravitationswellen. *Sitzungsber. K. Preuss. Akad. Wiss.* **1**, 154 (1918).

[3] K. Schwarzschild. Über das Gravitationsfeld eines Massenpunktes nach der Einsteinschen Theorie. *Sitzungsber. K. Preuss. Akad. Wiss.* **1**, 189 (1916).

[4] R. A. Hulse and J. H. Taylor. Discovery of a pulsar in a binary system. *Astrophys. J.* **195**, L51 (1975).

[5] J. H. Taylor and J. M Weisberg. A new test of General Relativity: Gravitational radiation and the binary pulsar PSR 1913+16. *Astrophys. J.* **253**, 908 (1982).

[6] B. P. Abbott et. al. (LIGO Scientific Collaboration and Virgo Collaboration). Observation of Gravitational Waves from a Binary Black Hole Merger. *Phys. Rev. Lett.* **116**, 061102 (2016).

5 Mikrowellenhintergrund

Die Frage nach der Entwicklung des Universums ist schon sehr alt und wird nicht nur in der Physik, sondern auch in verschiedenen Religionen und in der Philosophie diskutiert. Eine physikalische Beschreibung der Entwicklung des Universums ist aber erst seit dem Jahr 1915 möglich. Damals hat EINSTEIN die allgemeine Relativitätstheorie veröffentlicht. Während vor diesem Datum Raum und Zeit lediglich eine Bühne für das physikalische Geschehen darstellten, wurden sie nun zu aktiven Protagonisten im Zusammenspiel mit Materie und Energie. Eine der Grundannahmen der Kosmologie ist, dass die Masse und die Energie im Universum homogen, also gleichmäßig verteilt sind, wenn man ausreichend große Skalen betrachtet. Unter dieser Prämisse lassen sich verschiedene mögliche Geometrien aus der allgemeinen Relativitätstheorie folgern, welche die Raumzeit des gesamten Universums beschreiben. Darin taucht insbesondere ein Skalenfaktor auf, der die Größe des Universums angibt. Verschiedene Modelle liefern unterschiedliche zeitliche Entwicklungen für diesen Skalenfaktor. Derzeit gehen wir davon aus, dass das Universum aus einem fast punktartigen Etwas entstand, welches die gesamte Masse und Energie enthielt und welches sich seither immer weiter ausdehnt. Mit der Ausdehnung nimmt die Materie- und Energiedichte immer weiter ab, sodass sich das Universum abkühlt. Etwa 380000 Jahre nach dem Urknall konnten die bis dahin frei umherfliegenden Elektronen und Protonen neutrale Wasserstoffatome bilden, und das Universum wurde durchsichtig. Strahlung, die bis dahin ständig an den elektrisch geladenen Teilchen gestreut wurde, breitet sich seither ungehindert von jedem Punkt in jede Richtung aus.

1965 entdeckten PENZIAS und WILSON beim Arbeiten mit einer Radarantenne ein Rauschsignal, für welches sie keine Ursache ausmachen konnten. So wurde die Antenne gereinigt, die Messtechnik wurde überprüft, die Ausrichtung der Antenne wurde verändert, doch das Rauschen blieb. Letztlich hatten die beiden Astronomen damit genau die Strahlung entdeckt, welche sich seit fast 14 Milliarden Jahren im Weltraum ausbreitet. Was kurz nach dem Urknall als Wärmestrahlung eines sehr heißen Plasmas (etwa 3000 K) ausgesendet wurde, kam nun im Bereich der Mikrowellenstrahlung an und erscheint als Wärmestrahlung eines Körpers der Temperatur 2,75 K. Wie dieser sogenannte Mikrowellenhintergrund (englisch: Cosmic Microwave Background, CMB) zustande kommt, welche Messergebnisse dazu vorliegen und was er über die Entwicklung des Universums aussagt, soll in diesem Kapitel besprochen werden.

https://doi.org/10.1515/9783111260570-005

5.1 Worum es geht

Zusammenfassung:

Der Mikrowellenhintergrund ist ein Relikt aus der Frühphase des Universums. Es handelt sich um Wärmestrahlung, die 380000 Jahre nach dem Urknall an jedem Punkt im Universum in jede Richtung ausgesendet wurde, weil das Universum erst zu dieser Zeit durchsichtig wurde. Man spricht auch von der Entkopplung von Strahlung und Materie. Seither breitet sich diese Strahlung ungehindert aus, wobei sie sich durch die Ausdehnung des Universums „abkühlt" und heute noch eine Temperatur von 2,75 K repräsentiert. Diese Temperatur ist jedoch nicht in jeder Richtung exakt gleich, vielmehr gibt es winzige Schwankungen, welche in den letzten 25 Jahren immer genauer vermessen wurden und einige fundamentale Aussagen über unser Universum erlauben.

5.1.1 Expansion des Universums

Unser Universum ist für uns etwas Einmaliges. Wir leben darin, können seine Entwicklung nicht beeinflussen, aber Fragen nach seiner Vergangenheit und Zukunft oder seiner Zusammensetzung stellen. Die physikalischen Grundlagen zur Beschreibung der Entwicklung des Universums hat EINSTEIN mit seiner allgemeinen Relativitätstheorie (ART) gelegt. Diese wurde schon in Kapitel 4 benötigt und diskutiert, wir fassen hier aber noch einmal kurz die nötigen Kernpunkte zusammen. Die Feldgleichungen beschreiben anschaulich gesprochen, wie die Energie- und Materieverteilung die Raumzeit verformen und lauten:

$$R_{\mu\nu} = -\frac{8\pi G}{c^4} \left(T_{\mu\nu} - \frac{1}{2} g_{\mu\nu} T \right) . \tag{5.1}$$

Auf der linken Seite von (5.1) steht der sogenannte Ricci-Tensor, welcher die Geometrie der Raumzeit beschreibt, auf der rechten Seite taucht mit $T_{\mu\nu}$ der Energie-Impuls-Tensor auf, welcher die Masse- und Energieverteilung in der Raumzeit angibt. Die Indizes μ und ν laufen jeweils von 0 bis 3 und nummerieren die Komponenten der 4×4-Tensoren. Das ist eine völlige Neuerung in der Physik gegenüber der Newton'schen Vorstellung, nach der sowohl Raum als auch Zeit lediglich eine Bühne bilden, auf der sich das gesamte physikalische Geschehen abspielt. In der allgemeinen Relativitätstheorie werden Raum und Zeit nun zu aktiven Teilnehmern dieses Schauspiels. In Abbildung 5.1 ist gezeigt, wie ein 2D-Raum, also eine Fläche, sich in Anwesenheit einer

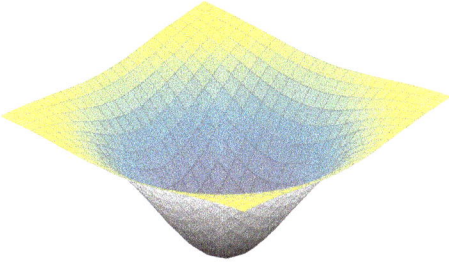

Abb. 5.1: Veranschaulichung der Verformung eines 2D-Raums durch die Anwesenheit einer Masse. Man sieht, dass sich der physikalische Abstand zwischen benachbarten Gitterpunkten ändert, wenn man näher an das Zentrum kommt, wo die Masse sitzt.

Masse verformt. Die Verzerrung der Abstände, also der Metrik[18], nehmen wir als Gravitation wahr. Die Verzerrung wird umso größer, je mehr Masse bzw. Energie sich am Beobachtungspunkt konzentriert. Wichtig ist, dass nicht nur der Raum, sondern auch die Zeit verzerrt wird und in der Anwesenheit einer Masse langsamer vergeht als im materiefreien Raum. Es ist illustrativ, sich das Bild einer Mulde im Raum vor Augen zu halten, da es die gleiche Darstellung wie die eines Gravitations*potentials* ist, in dem beispielsweise ein Himmelskörper um einen anderen kreist. Wir kommen später noch darauf zurück, wenn wir akustische Oszillationen im Photon-Baryon-Fluid[19] besprechen.

In der Kosmologie ist man weniger an der Verformung der Raumzeit durch eine begrenzte Ansammlung von Energie und Materie interessiert, sondern an der Raumzeit des gesamten Universums. Folglich muss man die gesamte Masse- und Energieverteilung im Universums in die Feldgleichungen einsetzen, woraus sich dann die Metrik der Raumzeit ergibt. Eine sehr grundlegende Annahme hierzu ist die einer gleichmäßigen Verteilung aller Materie, wenn man die Skala nur groß genug wählt. Das soll heißen, dass innerhalb einer Galaxie Sterne in gewissen Gebieten dichter verteilt liegen können als in anderen, und dass Galaxien selbst auch wieder Haufen bilden, zwischen denen dann wieder keine Materie zu finden ist, doch auf den größten Skalen wirken selbst Superhaufen von Galaxien wie Staub in einem Zimmer, und es gibt keinen Grund zu der Annahme, dass bestimmte Bereiche im Universum eine größere Materiedichte aufweisen als andere. Insbesondere hat der Mensch keine ausgezeichnete Position im Universum. Das Interessante an dieser einfachen Annahme ist, dass damit nur drei verschiedene Metriken überhaupt möglich werden. Man nennt sie die

---

18 Die Metrik beschreibt mathematisch, wie man Abstände zwischen Punkten innerhalb einer sogenannten Mannigfaltigkeit messen muss. Eine Mannigfaltigkeit ist eine zusammenhängende Punktmenge, beispielsweise eine Fläche oder ein 3D-Raum.

19 Ein Baryon ist ein schweres Teilchen wie beispielsweise ein Proton oder ein Neutron.

Robertson-Walker-Metriken, die man üblicherweise in der folgenden Form angibt:

$$(\mathrm{d}s)^2 = c^2 (\mathrm{d}t)^2 - a(t)^2 \left(\frac{(\mathrm{d}r)^2}{1 - qr^2} + r^2 \left(\sin^2 \vartheta \, (\mathrm{d}\varphi)^2 + (\mathrm{d}\vartheta)^2 \right) \right). \tag{5.2}$$

Der gemessene Abstand ist darin der Term auf der linken Seite, ds. Man bezeichnet dies auch als invariantes Wegelement, da es in allen Koordinatensystemen den gleichen Wert annimmt. Auf der rechten Seite steht mit $c\,\mathrm{d}t$ zuerst eine Strecke, welche das Licht in der Zeit dt zurücklegt. Nun wird zu dieser Strecke allerdings kein räumlicher Abstand addiert, sondern subtrahiert. Das ist ein entscheidender Unterschied zur bekannten euklidischen Metrik. Wir müssen diesen Umstand als eine der grundlegenden Eigenschaften unserer Welt hinnehmen; leider besitzen wir kein Vorstellungsvermögen für derart abstrakte Abstände, doch die Rechtfertigung einer solchen Metrik ergibt sich letztlich durch die damit gewonnenen Erkenntnisse und deren Übereinstimmung mit der Beobachtung. Im weiteren Verlauf von (5.2) taucht der sogenannte Skalenfaktor oder Weltradius $a(t)$ auf. Er dehnt oder staucht ein räumliches Koordinatennetz einfach gleichmäßig und hängt von der Zeit ab. Ein anschauliches Beispiel ist ein Luftballon, auf den man ein Gitternetz gemalt hat und den man nun aufbläst. Das Netz bleibt in seiner grundlegenden Form erhalten, doch die Abstände zwischen den Gitterpunkten vergrößern sich mit der Zeit. Wir werden also auch bei unserem Universum die Freiheit erhalten, dass es sich mit der Zeit ausdehnen oder auch zusammenziehen kann. Wie der Weltradius allerdings von der Zeit abhängt, ist an dieser Stelle noch offen und wird unter anderem durch die Krümmung der Raumzeit festgelegt. Die Koordinate r ist zu sehen als eine Art kontinuierlicher Index, der die *Koordinatenabstände* zum Ursprung misst. Damit ist gemeint, dass diese Abstände nicht davon abhängen, wie weit sich das Universum schon ausgedehnt hat. Zwei benachbarte Punkte auf dem räumlichen Gitternetz bleiben ja auch immer Nachbarn. Erst durch Multiplikation mit dem Weltradius ergibt sich ein realer Abstand, der sich auch mit der Zeit ändern kann. Die Winkel ϑ und φ kennt man auch als Azimutal- und Polarwinkel im Zusammenhang mit Kugelkoordinaten. In der Tat kann man diese beiden Winkel genauso verstehen, wenn man eine Raumzeit mit positiver Krümmung betrachtet, wie es bei einer Kugeloberfläche auch der Fall ist. Die Krümmung wird durch den Parameter q beschrieben, und kann entweder positiv, Null oder negativ werden. Ohne Beschränkung der Allgemeinheit legt man sich darauf fest, dass q nur die Werte 1, 0 und –1 annehmen kann. Ein Raum mit verschwindender Krümmung ist flach, man ist dann wieder in der bekannten euklidischen Metrik.[20] Eine Fläche mit konstanter positiver Krümmung ist eine Sphäre, eine solche mit konstanter negativer Krümmung ($q = -1$) ist eine Pseudosphäre. Ein Stichwort dazu ist die *Traktrix*, auch Schleppkurve genannt. Die Pseudosphäre ergibt sich durch Rotation der Traktrix. Zur

---

20 Aber nur für den räumlichen Anteil! Zusammen mit dem zeitlichen Abstand ist die Metrik aufgrund des Minuszeichens eben nicht euklidisch, sondern minkowskisch wie in der speziellen Relativitätstheorie.

Abb. 5.2: Flächen mit verschiedenen konstanten Krümmungen. Eine Fläche mit verschwindender Krümmung ist eine Ebene, die Kugel hat eine konstante positive Krümmung und die Pseudosphäre ist konstant negativ gekrümmt.

Veranschaulichung sind diese drei Flächen in Abbildung 5.2 gezeigt. Zusammenfassend können wir an dieser Stelle also sagen, dass wir eine Annahme über die Materie- und Energieverteilung im Universum gemacht haben, und damit nur drei verschiedene Möglichkeiten existieren, wie man in der vierdimensionalen Raumzeit Abstände messen muss. Die Krümmung dieser Raumzeit ist eine noch offene Größe und muss aus den Experimenten bestimmt werden. Konkret lässt sich aus den Feldgleichungen die sogenannte Einstein-Gleichung folgern, welche die zeitliche Entwicklung des Skalenfaktors beschreibt:

$$\dot{a}^2 - \frac{8\pi}{3}G\sigma a^2 + qc^2 = 0. \tag{5.3}$$

Die Größe σ ist die Summe aus Materie- und Energiedichte im Universum, eine Größe, die sich mit der Zeit natürlich auch verändern kann. Man unterscheidet zwei Grenzfälle. Im ersten Fall ist das Universum strahlungsdominiert. Das bedeutet, dass die Photonen viel mehr Energie besitzen, als umgerechnet die Materie in sich trägt. Dies ist in der Frühphase des Universums der Fall gewesen, als die umherfliegenden Photonen einen extremen Strahlungsdruck aufbauen konnten. Nachdem sich das Universum abgekühlt hatte, ließ der Strahlungsdruck nach und kann seither vernachlässigt werden. Wir finden nur noch niederenergetische Photonen, und σ wird somit ausschließlich durch die Materiedichte bestimmt. Wir befinden uns derzeit also in einem materiedominierten Universum.

Die Einstein-Gleichung (5.3) kann man durch eine einfache qualitative Überlegung „lösen". Wenn wir davon ausgehen, derzeit in einem materiedominierten Universum zu leben, können wir die Dichte σ auch als Verhältnis der gesamten im Universum befindlichen Masse und seines Volumens, ausgedrückt durch den Skalenfaktor, beschrieben, also $\sigma = M/a^3$. Eine kleine Umformung liefert:

$$\dot{a}^2 - \frac{8\pi G M}{3a} = -qc^2. \tag{5.4}$$

Von der Struktur her ähnelt das einer rein mechanischen Aufgabe zum Energiesatz. Der erste Term auf der linken Seite entspricht der kinetischen Energie, da hier das Quadrat der zeitlichen Ableitung der gesuchten Größe (die Geschwindigkeit) auftritt. Der zweite Term hängt nur von der gesuchten Größe selbst ab, ist also eine Art Potentialterm. Die rechte Seite ist konstant und entspricht der Gesamtenergie. Dieser Term legt nun fest, ob das Universum auf ewig expandiert oder wieder in sich zusammenfällt.

EINSTEIN war sich der Tatsache bewusst, dass seine ursprüngliche Formulierung der Feldgleichungen unweigerlich auf eine Gleichung der Form (5.4) führen muss und das Universum entweder auf ewig expandieren muss oder in der Zukunft wieder in sich zusammenfällt. Das widersprach jedoch seiner festen Überzeugung, dass das Universum etwas Statisches sein musste. Der Skalenfaktor sollte seiner Meinung nach also eine Konstante sein. Dies hat ihn dazu veranlasst, an seinen Feldgleichungen eine Modifikation vorzunehmen, die dazu führt, dass man einen weiteren Freiheitsgrad erhält, der heute als *kosmologische Konstante* bekannt ist. Diese Konstante lässt sich rechnerisch so anpassen, dass sich der Weltradius nicht mehr verändert und das Universum statisch bleibt. Die modifizierte Einstein-Gleichung sieht dann wie folgt aus:

$$\dot{a}^2 - \frac{8\pi G M}{3a} - \frac{\Lambda c^2 a^2}{3} = -qc^2. \tag{5.5}$$

Die kosmologische Konstante Λ muss jedoch einen extrem kleinen Wert ($0 < \Lambda < 10^{-54}\,\mathrm{m}^{-2}$) besitzen, damit sie auch nur auf kosmischen Maßstäben wirksam wird und die bekannte Newton'sche Theorie der Gravitation immer noch der Grenzfall der ART bleibt.

Dass unser Universum tatsächlich einer dynamischen Entwicklung unterworfen ist, nämlich expandiert, wurde durch EDWIN HUBBLE experimentell bestätigt, als er die Geschwindigkeiten von weit entfernten Objekten bestimmte. Die Geschwindigkeit nimmt linear mit der Entfernung zu, und man bezeichnet das Verhältnis

$$\frac{\dot{a}}{a} = H_0 \tag{5.6}$$

als Hubble-Konstante. Anschaulich kann man sich das wieder mit einem Luftballon vorstellen, auf den Punkte gemalt sind, welche in diesem Modell Galaxien darstellen sollen. Bläst man den Luftballon auf, so wandern die (Koordinaten)punkte auseinander, wobei die Geschwindigkeit, mit der sich zwei Punkte voneinander entfernen, umso größer ist, je weiter die Punkte auseinander liegen. Das Verhältnis des Skalenfaktors und seiner Ableitung drückt genau dies aus. Nach der Entdeckung Hubbles hat Einstein die kosmologische Konstante als die „größte Eselei seines Lebens" bezeichnet und sie wieder aus den Feldgleichungen entfernt. In jüngster Zeit wird sie jedoch aufgrund der aktuellen Beobachtungen wieder als eine notwendige Größe erachtet, wie wir noch sehen werden.

Gehen wir nun davon aus, dass unser Universum expandiert. Dann muss es rückwärts in der Zeit immer kleiner werden. Da die Materie und Energie im Universum nicht verschwinden können, sondern allenfalls ineinander umgewandelt werden, wird die Dichte σ in der Vergangenheit größer sein als heute. Dann werden wir irgendwann zu einer Zeit kommen, in der die Dichte so groß war, dass die Materie sehr heiß sein musste. So heiß, dass neutrale Atome heftig gegeneinander stießen und dabei die Elektronen von ihren Atomkernen entfernt wurden. Einen solchen Zustand der Materie nennt man ein Plasma. Die Besonderheit dieses Plasmas im Vergleich zur heutigen neutralen und kalten Materie ist, dass Photonen nicht in der Lage sind, lange Strecken ungestört in diesem Gemisch aus positiv und negativ geladenen Teilchen zurück zu legen, da sie mit den Elektronen Stöße ausführen und somit ständig gestreut werden. Ein Plasma ist also undurchsichtig. Halten wir uns aber zusätzlich vor Augen, dass im Plasma räumlich gesehen immer noch eine konstante Dichte herrschte. Anders ausgedrückt: Die Temperatur war im Plasma überall gleich groß, und das hat eine entscheidende Konsequenz für die heute beobachtete Mikrowellenstrahlung. Im nächsten Abschnitt werden wir uns genauer mit den Eigenschaften des kosmischen Plasmas beschäftigen.

5.1.2 Das Plasma in der Frühphase des Universums

Wir befinden uns nun in der Zeit etwa 380000 Jahre nach dem Beginn des Universums. Hauptsächlich wird der Raum von Photonen erfüllt, daneben gibt es noch Elektronen und Protonen sowie einige Neutronen. Neutrinos lassen wir in der Betrachtung ganz außen vor, da sie eine verschwindende Wechselwirkung mit dem Rest des Plasmas zeigen. Die ersten leichten Elemente (genauer: deren Atomkerne) wurden in dieser Zeit schon synthetisiert, schwerere Elemente wurden aber erst viel später in den Sternen erzeugt. Die Photonen sind Träger der elektromagnetischen Wechselwirkung und streuen deswegen an den Elektronen. In einem klassischen Bild stellt man sich keine Photonen vor, sondern eine elektromagnetische Welle, welche auf die Elektronen trifft und diese zu Schwingungen anregt. Schwingende elektrische Ladungen senden aber wiederum elektromagnetische Wellen aus.

„Klassisch" bedeutet hier, dass quantenmechanische Eigenschaften vernachlässigt werden können. Im klassischen Grenzfall wird das elektromagnetische Feld als Welle beschrieben, quantenmechanisch mit Hilfe von Teilchen, den Photonen. Die klassische Beschreibung geht in einem definierten Grenzfall aus der quantenmechanischen hervor, es handelt sich also nicht um zwei getrennte oder gar gegensätzliche Formulierungen.

Wie schon erwähnt können die Photonen durch die ständigen Streuprozesse keine längere Strecke geradeaus zurücklegen, sodass kein Licht das Plasma durchdringt und es somit undurchsichtig ist. Allerdings dehnt sich das Universum aus (jedenfalls war das oben unsere Annahme, mit der wir zumindest plausibel argumentieren können, auch wenn Beweise natürlich sehr schwierig werden). Mit größerer Ausdehnung sinkt die Dichte des Plasmas ab, ebenso sinkt die Temperatur. Der Zeitpunkt von 380000 Jahren nach dem Urknall, den wir uns ausgesucht hatte, ist nun deswegen so interessant, weil die Temperatur unter einen Wert von etwa 3000 K fällt. Die Elektronen können jetzt an die Atomkerne binden, fliegen also nicht mehr frei umher. Atome sind aber elektrisch neutrale Teilchen, und Photonen streuen daran nur noch

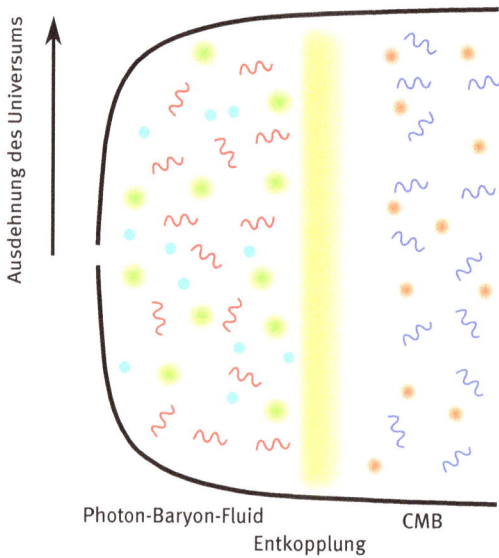

Abb. 5.3: Schematische Darstellung der Entwicklung unseres Universums in Hinblick auf die Kopplung von Strahlung und Materie. Zu Beginn war das Universum heiß und dicht, sodass Photonen ständig an Elektronen gestreut wurden. Nach etwa 380000 Jahren war die Temperatur auf etwa 3000 K abgesunken, sodass sich neutrale Atome bilden konnten und die Photonen seitdem ungehindert durch das Universum wandern.

sehr selten im Vergleich zu den extrem hohen Streuraten im Plasma. Dieser beiden Epochen, die strahlungsdomierte und die materiedominierte, sind in Abbildung 5.3 schematisch dargestellt.

Verlassen wir nun diesen ersten Gedankengang zur Streuung der Photonen und betrachten einen weiteren Effekt im Plasma. Dieser hat mit der Verteilung der Materie zu tun. Wir hatten oben schon diskutiert, dass auf den größten Skalen im heute sichtbaren Universum Materie näherungsweise homogen verteilt ist. Da sich das Universum seit Anbeginn immer weiter ausgedehnt hat, muss die Dichte im Plasma damals auch schon sehr homogen gewesen sein. Wie kommt es dann dazu, dass wir heute auf (kosmisch gesehen) kleinen Skalen Anhäufungen von Materie in Form von Galaxien vorfinden? Diese Anhäufungen sind vergleichsweise kleine Schwankungen in der ansonsten homogenen Massendichte im heutigen Universum. Materie hat die Eigenheit, sich aufgrund der gravitativen Anziehung zu lokalen Dichtezentren zu verklumpen. Die größeren Klumpen können noch mehr Materie anziehen, und so wurden die Zwischenräume im Laufe der Zeit leer. In der weit entfernten Vergangenheit, als der Kosmos noch vom Plasma erfüllt war, gab es diese Dichtezentren auch, nur die Schwankungen waren glatter. Auch damals wurde die Materie aufgrund der Gravitation hinbewegt zu den Bereichen größerer Dichte, sodass dort die Dichte noch weiter anstieg. Im Unterschied zu heute gab es damals aber noch Photonen, die mit der Ma-

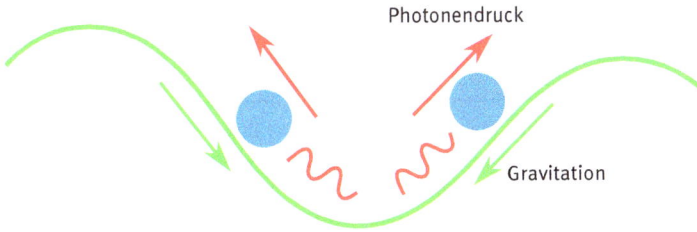

Abb. 5.4: Zur Erläuterung des Wechselspiels zwischen Gravitation und Photonendruck.

terie in erheblicher Wechselwirkung standen. Insbesondere kam es in den Bereichen höherer Materiedichte auch zu einem erhöhten Strahlungsdruck, welcher der gravitativen Anziehung genau entgegen stand (s. Abbildung 5.4). Wie bei einem Oszillator ergibt sich durch dieses Wechselspiel von Gravitation und Strahlungsdruck eine effektive Rückstellkraft auf die Materie, sodass die Dichte zeitlich oszilliert. Man spricht von akustischen Oszillationen, da die Dichteschwankungen ähnlich wie in einem Gas als Schallwellen betrachtet werden können (auch wenn wir natürlich nichts mehr davon hören können).

Die Dichteschwankungen im Plasma waren zufällig verteilt und müssen sich durch quantenmechanische Fluktuationen bei der Entstehung des Universums ergeben haben. Mit der schwankenden Materiedichte geht auch eine Temperaturschwankung einher. Regionen, die stärker verdichtet wurden, waren etwas heißer als Regionen, in denen sich das Plasma entspannt hatte. Die Regionen waren wie erwähnt zufällig verteilt, und hatten auch unterschiedliche räumliche Ausdehnungen. Bevor Elektronen und Atomkerne zu neutralen Atomen rekombinieren konnten, unterlag das Plasma einer zeitlichen Dynamik. Die Temperaturvariationen, die wir hier mit Θ bezeichnen, werden letztlich bedingt durch Schwankungen des Gravitationspotentials Ψ, welches wiederum dafür sorgt, dass sich das Plasma in bestimmten Bereichen zusammenzieht und in anderen entspannt. Der Photonendruck wirkt dem sich zusammenziehenden Plasma entgegen und es schwingt zurück, was auch wieder eine Rückwirkung auf die Raumkrümmung Φ hat. Näherungsweise kann man das Gravitationspotential Ψ auch als proportional zur Raumkrümmung Φ ansehen. Der Zusammenhang zwischen dem Zufallsfeld Ψ und der Temperaturverteilung lässt sich durch eine Art Oszillatorgleichung modellieren [1], welche wie folgt aussieht:

$$\ddot{\Theta} + \frac{\dot{R}}{1+R}\dot{\Theta} + \frac{1}{3(1+R)}k^2\Theta = -\left(\frac{\dot{R}}{1+R}\dot{\Phi} + \frac{1}{3}k^2\Psi + \ddot{\Phi}\right) \qquad (5.7)$$

Dabei drückt R das Verhältnis der baryonischen zur photonischen Dichte aus. Zu beachten ist bei dieser Oszillatorgleichung, dass alle drei Felder Θ, Ψ und Φ nicht von den räumlichen Koordinaten abhängen, sondern von den Wellenzahlen k. Diese Größe gibt die inverse Länge eines Wellenzuges an. Die Temperaturfluktuationen bei kleinen Werten von k sind also Fluktuationen auf großen räumlichen Skalen, entsprechend sind die Fluktuationen bei großen Werten von k räumlich sehr hochfrequent.

Die Temperaturschwankungen sind nicht für alle Werte von k gleich, sondern über die verschiedenen Skalenbereiche unterschiedlich stark ausgeprägt.

Eine Oszillatorgleichung in der klassischen Mechanik enthält auf der linken Seite mindestens die zweite Zeitableitung der schwingenden Größe sowie die Größe selbst. Kommt noch die erste Zeitableitung hinzu, ist die Schwingung gedämpft. Steht auf der rechten Seite noch ein zeitabhängiger Term, wirkt dieser als äußerer Antrieb der Schwingung. Die hier aufgestellte Oszillatorgleichung hat eine solche Struktur, allerdings mit ein paar Erweiterungen.

Die Materie schwingt mit einer bestimmten Geschwindigkeit in den Gravitationspotentialen, und man kann dafür auch eine Wert angeben, die sogenannte Schallgeschwindigkeit:

$$c_s^2 = \frac{1}{3(1+R)}. \tag{5.8}$$

Diese Geschwindigkeit ist zeitlich nicht konstant, hängt aber nur vom Verhältnis der baryonischen zur photonischen Dichte ab. Sie ist nun entscheidend für die Frage, wie oft Materie in dem Potentialgebirge oszillieren konnte. Mit der Geschwindigkeit ist nämlich auch die Oszillationsfrequenz ω und die Wellenzahl k verknüpft:

$$\omega = c_s k. \tag{5.9}$$

In den Potentialgebirgen mit kürzeren räumlichen Abständen (also größeren k-Werten) oszilliert die Materie also schneller als in den räumlich weit ausgedehnten Potentialen. Sind die Potentiale ausreichend groß, also k entsprechend klein, hatte das Plasma in den ersten 380000 Jahren noch gar keine Zeit, eine volle Oszillation durchzumachen. Betrachten wir nun eine Mode, für welche das Plasma sich aus dem entspannten Zustand gerade in den komprimierten Zustand bewegen konnte. Das Plasma ist als bildlich gesprochen einmal vom Potentialberg in das Potentialtal gefallen. Diese Bereiche haben also aufgrund der festen Schallgeschwindigkeit und der festen Zeit bis zur Entkopplung von Strahlung und Materie eine maximale Ausdehnung. Weiter konnte sich Materie in den ersten 380000 Jahren nicht bewegen. Potentiale mit der halben räumlichen Ausdehnung führen dazu, dass Materie sich einmal zusammenziehen und auch wieder entspannen konnte. Bei einem Drittel dieser maximalen Ausdehnung hatte sich die Materie entsprechend einmal zusammengezogen, wieder ausgedehnt und noch einmal zusammengezogen. Das lässt sich natürlich fortsetzen. Zur Veranschaulichung ist dies noch einmal in Abbildung 5.5 dargestellt. Diese Moden werden später bei der Untersuchung der Messergebnisse von besonderem Interesse sein.

Fassen wir noch einmal zusammen, was wir bisher überlegt hatten. In der Frühphase des Universums war der Raum durch ein Plasma angefüllt, welches nicht vollständig homogen verteilt war, sondern geringe Schwankungen in der Dichte aufwies. Gravitative Effekte führten dazu, dass das Plasma sich in den Bereichen mit größerer Dichte noch stärker konzentriert hat. Der Druck der Photonen, die in der strahlungs-

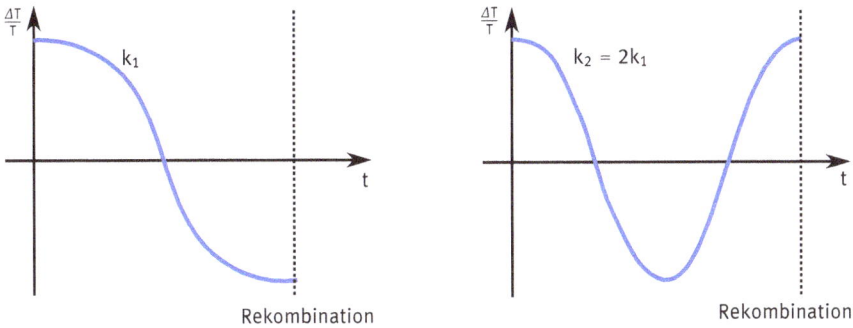

Abb. 5.5: Oszillationen des Plasmas bei Potentialzügen mit rationalem Verhältnis der Wellenzahlen. Die Grundmode mit der Wellenzahl k_1 hatte vom Beginn des Universums bis zur Rekombination der Elektronen und Atomkerne gerade einmal Zeit, sich vom entspannten Zustand einmal in den maximal komprimierten Zustand zu bewegen. Entsprechend ändert sich die Temperatur gerade einmal vom minimalen zum maximalen Wert. Die Mode mit der doppelten Wellenzahl k_2 hat sich in der gleichen Zeit auch wieder entspannt. Auch bei dieser Mode tritt ein Extremwert der Temperatur auf, diesmal ein Minimum.

dominierten Ära gegenüber den Baryonen in der Überzahl waren, sorgte aber dafür, dass die zusammenfallende Materie wieder auseinander gedrückt wurde, sodass letztlich ein dynamisches Wechselspiel entstand. Diese Oszillationen wurden fortgeführt, bis die Temperatur des Universums aufgrund seiner fortschreitenden Ausdehnung so weit gesunken war, dass sich aus den Elektronen und Protonen neutrale Atome bilden konnten und das Universum durchsichtig wurde. Dieser Zeitpunkt der Rekombination ist also ein Schnappschuss der Temperaturverteilung und damit auch der Materieverteilung im Universum. Dieses Bild wandert seither zu uns, wobei wir Photonen aus immer weiter entfernten Regionen sehen. Diese Photonen hatten kurz vor der Rekombination eine charakteristische Frequenzverteilung, die sie bis heute in ihrer Grundform auch noch besitzen, allerdings hat die Expansion des Universums einen Einfluss auf die Skalierung, sodass wir heute aus der Verteilung eine andere Temperatur ablesen, als das Plasma damals tatsächlich hatte. Diesen Effekt wollen wir im nächsten Abschnitt noch besprechen.

5.1.3 Die kosmische Rotverschiebung

Der Abstand zweier Ereignisse in der vierdimensionalen Raumzeit wird durch das invariante Wegelement ds beschrieben, welches für die Robertson-Walker-Metrik die Form (5.2) annimmt. Für Licht gilt im Speziellen, dass ds immer verschwindet. Beispielsweise betrachtet man das Aussenden eines Lichtsignals und das Empfangen an einem anderen Ort zu einer anderen Zeit. Der räumliche und der zeitliche Abstand dieser beiden Ereignisse sind für sich genommen nicht Null, das invariante Wegele-

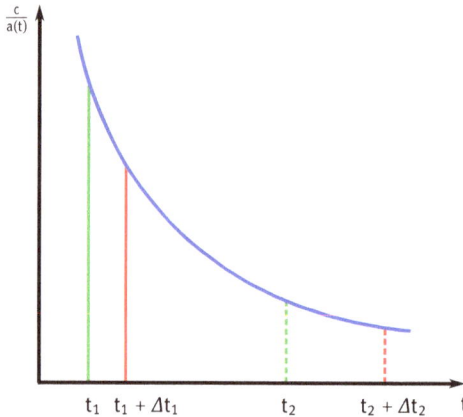

Abb. 5.6: Zur Erklärung der kosmischen Rotverschiebung.

ment ds hingegen schon. Wir betrachten jetzt ein ganz einfaches Beispiel, nämlich ein flaches Universum, und verfolgen einen Lichtstrahl entlang der x-Achse, lassen also auch gleich zwei Raumdimensionen weg. Dann vereinfacht sich die Robertson-Walker-Metrik zu

$$(ds)^2 = c^2(dt)^2 - a(t)^2(dx)^2. \tag{5.10}$$

Wir müssen uns merken, dass dx darin nicht der reale Abstand zweier Punkte auf der x-Achse ist, sondern nur der Koordinatenabstand, der erst noch mit dem aktuellen Skalenfaktor $a(t)$ multipliziert werden muss, damit eine messbare Strecke entsteht. Wird das Lichtsignal bei der Koordinate x_1 ausgesendet und bei x_2 empfangen, so findet man durch eine einfache Integration (da $ds = 0$):

$$x_2 - x_1 = \int_{t_1}^{t_2} \frac{c\,dt}{a(t)}. \tag{5.11}$$

Da die Koordinatenpunkte x_1 und x_2 immer gleich bleiben, auch wenn sich das Universum ausdehnt, ist die linke Seite von (5.11) konstant. Der Integrand der rechten Seite ist in Abbildung 5.6 dargestellt. Zum Zeitpunkt t_1 wird nun der erste Wellenzug ausgesendet, er kommt zur Zeit t_2 beim Empfänger an. Etwas später, bei $t_1 + \Delta t_1$, wird der zweite Wellenzug ausgesendet und kommt bei $t_2 + \Delta t_2$ an. Die Fläche unter der Kurve zwischen t_1 und t_2 ist genau das Integral (5.11), und damit der konstante Wert $x_2 - x_1$. Da es keine Rolle spielt, wann der Wellenzug ausgesendet wird, ist diese Fläche auch gleich der Fläche zwischen $t_1 + \Delta t_1$ und $t_2 + \Delta t_2$. Da der Weltradius mit der Zeit zunimmt, muss Δt_2 etwas größer sein als Δt_1, sonst stimmen die Flächen nicht überein (der Integrand nimmt in der Höhe ab, also muss die Breite zunehmen). Somit kommt der zweite Wellenzug beim Empfänger nach einem größeren zeitlichen Intervall an als er beim Sender losgeschickt wurde. Die Taktfrequenz der Strahlung reduziert sich also, was einer Verschiebung ins Rote entspricht. Wir sehen also die Strahlung, welche uns erreicht, generell bei einer größeren Wellenlänge (oder kleineren Frequenz), solange sich das Universum ausdehnt. Würde es sich zusammenziehen, ergäbe sich entsprechend eine Blauverschiebung. Zusätzlich können sich Sender und Empfänger natürlich noch relativ zum Koordinatensystem bewegen, was ebenfalls zur Änderung der Wellenlänge beiträgt (was man auch als Doppler-Effekt bezeichnet).

5.2 Einblicke in Forschung und Anwendung

Zusammenfassung:

Bei der Entdeckung der Hintergrundstrahlung im Jahr 1965 durch PENZIAS und WILSON wurde eine fast vollständig isotrope Verteilung der Temperatur dieser Strahlung gemessen. Ab dem Jahr 1992 wurden verschiedene Missionen gestartet, um die Temperatur und ihre Schwankungen immer genauer zu vermessen, sowohl was die Größe der Schwankung betrifft, als auch was ihre Winkelabhängigkeit angeht. Aus diesen Messdaten lassen sich Schlüsse über die Zusammensetzung des Universums, seine Krümmung oder sein Alter ziehen. Die Extraktion solcher Größen stellt die Astronomen vor enorme technische und auch analytische Herausforderungen, da die relevanten Daten sich unter einigen störenden Effekten verbergen, die viel deutlicher sichtbar sind als die Daten selbst. Die hochgradig isotrope Temperaturverteilung stößt indes noch eine Diskussion darüber an, wie dies überhaupt möglich ist und führt zur Idee einer inflationären Entwicklung kurz nach der Entstehung des Universums.

5.2.1 Das Winkelleistungsspektrum

Jeder Körper sendet abhängig von seiner Temperatur Wärmestrahlung aus. Diese zeichnet sich durch eine charakteristische Verteilung der Intensitäten verschiedener Wellenlängen aus. Die einzige variable Größe in der Verteilungsfunktion ist die Temperatur T, und die Funktion lässt sich analytisch angeben:

$$\tilde{S}^{\star}_{\mathrm{e,s}}(\lambda)\,\mathrm{d}\lambda = \frac{2\pi hc^2}{\lambda^5}\frac{\mathrm{d}\lambda}{\mathrm{e}^{\frac{hc}{\lambda k_{\mathrm{B}} T}}-1}. \tag{5.12}$$

Um eine bildliche Vorstellung der Intensitätsverteilung $\tilde{S}^{\star}_{\mathrm{e,s}}$ zu erhalten, ist diese Funktion in Abbildung 5.7 noch einmal dargestellt. Misst man eine Verteilung der Strahlungsintensität, ist man damit in der Lage, eine Kurve der Art (5.12) so daran anzupassen, dass die Messdaten bestmöglich interpoliert werden und erhält als Ergebnis die Temperatur der Strahlungsquelle. Die Voraussetzung ist natürlich, dass

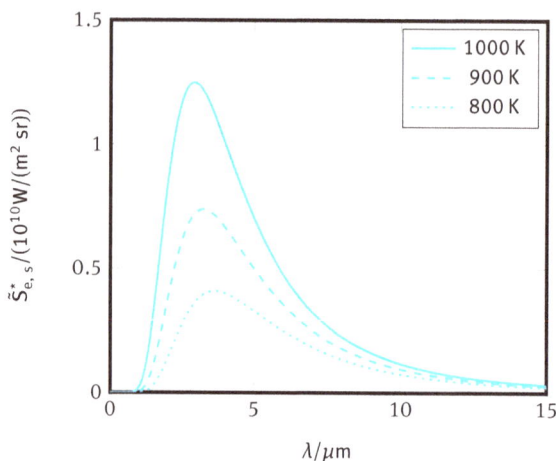

Abb. 5.7: Die wellenlängenabhängige Strahlungsleistung eines schwarzen Körpers für verschiedene Temperaturen.

die Strahlung ihren Ursprung auch in einem Körper mit einheitlicher Temperatur hat. Befindet sich ein Körper nicht in einem thermischen Gleichgewicht, hat er also noch keine einheitliche Temperatur erlangt, so nimmt die Intensitätsverteilung auch nicht die Form (5.12) an.

ℹ Das Strahlungsgesetz (5.12) wurde im Jahr 1900 von MAX PLANCK veröffentlicht und gilt als einer der Grundsteine der Quantenmechanik.

Im Fall des Mikrowellenhintergrunds fanden PENZIAS und WILSON 1965 mit Hilfe einer Radarantenne, welche Strahlung im Mikrowellenbereich misst, über den gesamten Himmel eine Strahlung, die geradezu perfekt der Verteilungsfunktion (5.12) gehorcht. Doch nicht nur das, die Temperatur war (im Rahmen dieser Messung) in jeder Richtung des Himmels gleich und konnte auf einen Wert von 2,75 K beziffert werden. Die Interpretation dieser Messergebnisse war, dass es sich dabei um die schon davor vermutete Strahlung des kosmischen Plasmas handelte, welche sich seit dem Zeitpunkt der Entkopplung von Strahlung und Materie ungehindert im ganzen Universum ausbreitet. Zum Zeitpunkt der Rekombination hatte das Plasma eine Temperatur von etwa 3000 K, was man in der Plasmaphysik auch berechnen kann. Dass man heute eine ganz andere Temperatur misst, liegt an der kosmischen Rotverschiebung, welche wiederum durch die Ausdehnung des Universums verursacht wird. Man kann zeigen, dass die Temperatur der Wärmestrahlung umgekehrt proportional zum Weltradius ist, sodass aus dem Faktor 1000 der beiden Temperaturen damals und heute folgt, dass das Universum heute 1000 mal größer ist als zur Zeit der Rekombination. Die hochgradig isotrope Temperatur der Hintergrundstrahlung bedeutet, dass das Plasma auch damals schon eine einheitliche Temperatur hatte, und zwar im gesamten Universum. Wir kommen noch darauf zurück, dass dies ein Problem darstellt, wenn man eine Ausdehnung des Universums annimmt, wie sie aus der Einstein-Gleichung (5.3) folgt. Eine Darstellung dieser isotropen Temperaturverteilung auf der Himmelskarte findet sich in Abbildung 5.8 a). Die Karte ist zu lesen wie eine Weltkarte, auf der die Erdoberfläche aufgerollt in eine Ebene gelegt wurde. Der sichtbare Himmel ist für uns auch eine Kugelfläche, nur sehen wir diese Kugel „von innen". Folglich könnte man zur Orientierung genau wie auf einem Globus Längen- und Breitengrade einzeichnen. Von links nach rechts (entlang des Himmelsäquators) geht man von $-180°$ zu $+180°$, von unten nach oben misst man von $-90°$ zu $+90°$.

Nach diesem ersten Meilenstein, für den Penzias und Wilson 1978 auch den Nobelpreis für Physik erhielten, war die nächste Frage, wie isotrop die Temperatur des Mikrowellenhintergrunds wirklich war. In der Physik zielt man immer darauf ab, Messungen zu verfeinern und weitere Informationen über die Natur zu erhalten. Also musste man die Temperatur innerhalb kleiner Winkelbereiche über den gesamten Himmel messen und dabei die Empfindlichkeit erhöhen. Dabei findet man tatsächlich Abweichungen vom Mittelwert der Temperatur (die erwähnten 2,75 K). Eine relativ große Abweichung stellt dabei die Dipol-Anisotropie dar. Dabei heißt „relativ groß", dass wir uns im Bereich $\Delta T/T \approx 10^{-4}$ bewegen, was andere Anisotropien tatsächlich noch deutlich überlagert. Die Dipol-Anisotropie bedeutet, in einer Himmelsrichtung eine kleinere Temperatur zu messen als in der gegenüberliegenden Richtung (siehe hierzu Abbildung 5.8 b). Die Erklärung ist ziemlich einfach: Wir bewegen uns mit einer bestimmten Geschwindigkeit relativ zum „Ruhesystem" des Mikrowellenhintergrunds, wodurch sich in der einen Richtung eine Rotverschiebung der Strahlung und damit eine kleinere Temperatur ergibt als in der gegenüberliegenden Richtung, wo die Temperatur aufgrund der Blauverschiebung etwas höher ausfällt. Der Satellit COBE (**Co**smic **B**ackground **E**xplorer) war der erste, der die Hintergrundstrahlung vom Weltall aus vermessen hat, und zwar über einen Zeitraum von 3 Jahren. Die Winkelauflösung lag bei etwa $7°$, kleinere Strukturen konnten also nicht erfasst werden. Das Ergebnis war, dass es auf diesen kleinen Winkelskalen Fluktuationen in der Temperatur gibt, die in der Größenordnung $\Delta T/T \approx 10^{-5}$ liegen, also deutlich kleiner sind als störende Effekte wie die Dipolanisotropie aufgrund der Eigenbewegung unserer Galaxie. Die Daten von COBE mussten also zuerst aufbereitet werden, um das eigentlich relevante Messsignal zu Tage treten zu lassen. Dieses Prozedere ist nicht ganz einfach, da unsere Galaxie den Blick in das weit entfernte Universum auch noch entlang der Ebene verstellt, in der sich die Sterne hauptsächlich befinden. In der Nähe des Himmelsäquators befindet sich also eine weitere große Störquelle, welche zuerst heraus gefiltert werden muss. Nach Aufbereitung der Messdaten erhält man ein Bild in der Art von 5.8 c). Die Fluktuationen in der Temperatur sind verknüpft mit den frühen Dichteschwankungen im Plasma, die letztlich die Bildung von Galaxien hervorgerufen haben. Die Ergebnisse von COBE waren ebenfalls bahnbrechend, und es folgten weitere Missionen wie der WMAP-Satellit, welcher die Auflösung auf etwa $0,1°$

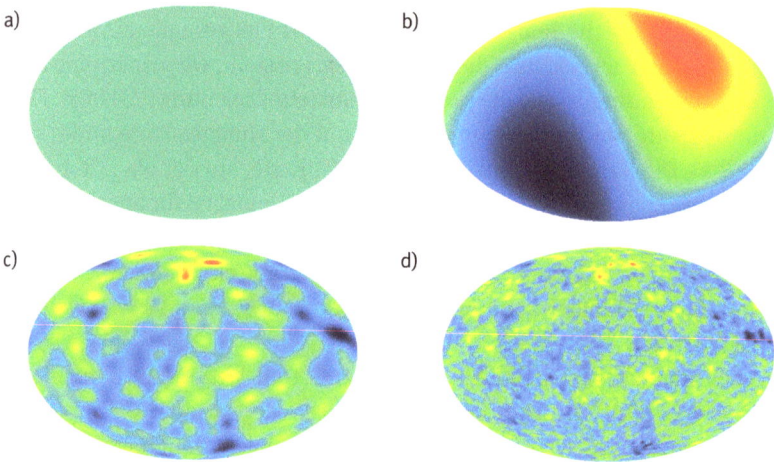

Abb. 5.8: Skizzen der Temperaturverteilung des Mikrowellenhintergrunds. Abhängig davon, mit welcher Winkelauflösung man misst, entdeckt man unterschiedlich feine Strukturen. Die erste Struktur, die überhaupt gemessen wurde, war eine Gleichverteilung, siehe Bild a). Diese Art der Messung stammt von PENZIAS und WILSON. Die größte Abweichung vom Mittelwert bildet die Rotverschiebung aufgrund der Relativbewegung unserer Milchstraße zum Mikrowellenhintergrund, Bild b). Der Satellit COBE hatte nur eine sehr grobe Winkelauflösung von etwa 7° und hat ein Bild wie in c) dargestellt geliefert. Feinere Auflösungen bis hin zu Bruchteilen von 1° werden heute mit dem Planck-Satelliten erzielt, siehe Bild d).

steigern konnte. Die derzeit besten Ergebnisse wurden vom Planck-Projekt gesammelt und die aufbereiteten Daten sind schematisch in Abbildung 5.8 d) dargestellt.

Die Fluktuationen der Temperatur sind zufällig über den Himmel verteilt. Dennoch ist die Frage, ob man aus diesem Zufall etwas herauslesen kann. Das ist in der Tat möglich, und damit beginnt eine aufwändige Datenanalyse, die im Kern zum sogenannten Winkelleistungsspektrum führt. Man startet mit einer Darstellung der gemessenen Daten in der Basis der Kugelflächenfunktionen Y_{lm}. Das sind spezielle Funktionen, die auf der Oberfläche einer Kugel definiert sind, also einen Funktionswert für jedes Winkelpaar ϑ und φ (Längen- und Breitengrad) liefern. Eine Besonderheit der Kugelflächenfunktionen ist die Eigenschaft, dass man jede beliebige Funktion auf der Kugeloberfläche (also insbesondere auch die gemessene Temperaturverteilung der Hintergrundstrahlung) als eine Summe verschiedener Kugelflächenfunktionen darstellen kann. Man versieht also jede dieser Funktionen mit einem Vorfaktor a_{lm} und addiert alle Terme. Mathematisch spricht man auch von der Darstellung in einer Basis von Funktionen, und man schreibt:

$$\frac{\Delta T(\vartheta, \varphi)}{T} = f(\vartheta, \varphi) = \sum_{l,m} a_{lm} Y_{lm}(\vartheta, \varphi). \tag{5.13}$$

Dabei ist T die mittlere Temperatur der Hintergrundstrahlung, ΔT sind die Abweichungen von diesem Mittelwert. Die gesamte Information der Temperaturfluktuatio-

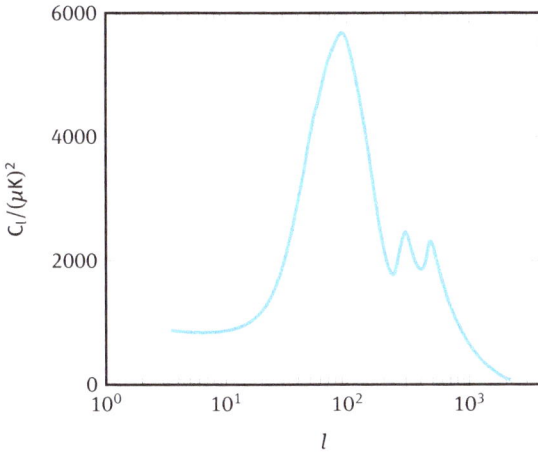

Abb. 5.9: Ein schematisches Winkelleistungsspektrum.

nen steckt durch diese Zerlegung in den Koeffizienten a_{lm}. Nun kommt die Statistik ins Spiel, um die zufälligen Fluktuationen in eine aussagekräftige Darstellung zu bringen. Man berechnet die Zweipunktkorrelationsfunktion der Temperaturschwankungen über den gesamten Himmel und trägt die Korrelationskoeffizienten C_l über dem Multipolmoment l auf. Vereinfacht ausgedrückt gewinnt man damit eine Erkenntnis darüber, wie stark Fluktuationen bei bestimmten Winkelskalen bzw. Multipolmomenten l ausgeprägt sind (Korrelationen drücken genau solche Zusammenhänge aus). Der Zusammenhang zwischen dem Multipolmoment l und dem Winkel α zwischen zwei Raumpunkten ist einfach gegeben durch $\alpha = 180°/l$. Große Multipolmomente bedeuten also kleine Winkelskalen. Das Winkelleistungsspektrum des Mikrowellenhintergrunds lässt sich sowohl theoretisch berechnen aufgrund verschiedener Annahmen etwa über die Baryonendichte oder den Anteil dunkler Energie, als auch aus den Messdaten extrahieren und mit der Theorie vergleichen. Ein beispielhaftes Leistungsspektrum ist in Abbildung 5.9 dargestellt. Charakteristisch ist das Plateau bei kleinen Multipolmomenten (also großen Winkeln), die Maxima in der Mitte sowie das Abnehmen der Kurve bei sehr kleinen Winkeln. Die Maxima werden den akustischen Oszillationen zugeordnet. Der erste Peak liegt bei einem Winkel, welcher der Entfernung entspricht, die das Plasma in den ersten 380000 Jahren zurücklegen konnte, um einmal vom maximal verdünnten zum maximal komprimierten Zustand zu gelangen. Der nächste Peak entspricht einer vollen Oszillation, also einer Entspannung nach der Kompression. Die Entspannung sorgt zwar dafür, dass sich das Plasma auf den Potentialbergen maximal abkühlen konnte, doch das Leistungsspektrum misst nur die Beträge der Temperaturunterschiede, nicht ihr Vorzeichen. Somit erscheint auch die häufig auf dieser Winkelskala anzutreffende minimale Temperatur als Maximum im

Leistungsspektrum. Die weiteren Peaks entsprechen jeweils weiteren halben Perioden der akustischen Oszillationen im Plasma.

Die Oszillationen nehmen bei extrem kleinen Winkeln ab, was man damit erklärt, dass in der relativ kurzen Übergangszeit vom strahlungsdominierten zum materiedominierten Universum noch letzte Photonen zufällig gestreut wurden und sich mit den schon entkoppelten Photonen überlagerten. Man spricht auch von *Silk-Dämpfung*.

Das Plateau bei sehr großen Winkeln bedeutet, dass es auch auf dieser Skala Temperaturschwankungen gibt, die allerdings nicht durch Oszillationen im Plasma entstanden sein konnten, da die Bereiche nicht in einem kausalen Zusammenhang stehen konnten. Dass man dennoch Schwankungen in der Temperatur beobachtet, liegt daran, dass Photonen zum Zeitpunkt der Rekombination an irgend einer Stelle im Gravitationspotential gestartet sind, also entweder in der Mulde oder auf dem Berg, und durch das Überwinden der Potentialdifferenz zu unserem Beobachtungspunkt eine Rot- oder Blauverschiebung erzeugt wurde. Diese Verschiebung der Wellenlänge nehmen wir wiederum als eine Temperaturschwankung wahr, genau wie bei der Dipolanisotropie. Gemessen an den riesigen Skalen befand sich das Plasma fast noch dort, wo es beim Urknall erzeugt wurde, es konnte sich innerhalb der Potentialmulden einfach nicht merklich umverteilen. Somit sehen wir mit den Temperaturschwankungen auf den größten Winkelskalen die Anfangsbedingungen des Universums. Zu der Rot- bzw. Blauverschiebung kommt noch ein weiterer Effekt, welcher dem ersten genau entgegen gerichtet ist. In den Potentialtälern war das Plasma etwas heißer als auf den Potentialbergen, sodass es unterschiedlich lange gedauert hat, bis die Temperatur unter 3000 K fallen konnte und die Photonen nicht mehr gestreut wurden. In den Tälern setzte die Rekombination also später ein, und die von dort ausgesendeten Photonen wurden etwas kürzer der kosmischen Expansion unterworfen, sodass ihre Rotverschiebung nicht so stark ausfällt wie die der Photonen aus den höher gelegenen Potentialregionen.

5.2.2 Die Inflationstheorie

Eine interessante Frage ergibt sich aus der Tatsache, dass die Bereiche, in denen das Gas sich ein einziges Mal komprimiert hat, heute nur etwa $1°$ am Himmel ausmachen. Das ist die größte Strecke, die im Plasma innerhalb von 380000 Jahren zurückgelegt werden konnte. Dennoch sehen wir eine fast konstante Temperatur über den kompletten Himmel. Damit sich eine einheitliche Temperatur einstellen konnte, musste das Gas aber über den gesamten Bereich in thermischem Kontakt gewesen sein. Zur Lösung dieses Problems gibt es einerseits die Möglichkeit, dass die Anfangsbedingungen des Universums schon so gewählt waren, dass die Temperatur überall den gleichen Wert besaß. Diese Anfangsbedingung könnte einerseits Zufall gewesen sein, was natürlich immer möglich ist, jedoch fällt es Physikern generell schwer, eine derart besondere Beobachtung als reinen Zufall abzutun. Um also nicht alles auf speziell gewählte oder zufällige Anfangsbedingungen zu schieben, wurde von ALAN GUTH [2] im Jahr 1981 die Hypothese aufgestellt, dass es zu Beginn des Universums die Möglichkeit für das Plasma gab, durch Energieaustausch über seinen gesamten Existenzbereich eine einheitliche Temperatur anzunehmen. Man stelle sich vor, das Universum sei eine ausreichend lange Zeit so klein gewesen ist, dass Wärme in dieser Zeit überall hin wandern konnte, und die Temperatur nicht durch Zufall, sondern aufgrund einfacher thermodynamischer Gesetze homogenisiert wurde. Mit einer solchen Begründung können Physiker allgemein sehr viel besser leben, da die Thermodynamik eine sehr erfolgreiche Theorie und auch gut verstanden ist. Um die Raumbereiche nun kausal zu trennen, schlug GUTH vor, dass sich das Universum bei etwa 10^{-35} s schlagartig um viele Größenordnungen ausgedehnt hat und ab etwa 10^{-34} s in eine Entwicklung gemäß der Einstein-Gleichung (5.3) oder einer ihrer Erweiterungen mit kosmologischer Konstante überging. Gleichzeitig kann man mit Hilfe dieser Hypothese auch erklären, warum es die beobachteten winzigen Schwankungen in der Temperatur gibt. Man nimmt an, dass Quantenfluktuationen im Plasma auf winzigen Skalen durch die extreme Inflation auf kosmische Größenordnungen aufgebläht wurden. Diese Fluktuationen in der Dichte des Plasmas waren die Keime für die Entstehung von Galaxien und allen anderen Strukturen im Universum. Des Weiteren kann man mit der Inflationstheorie auch erklären, weshalb der beobachtete Raum so flach ist. In der Phase der Inflation wurden die stark gekrümmten Raumbereiche gewissermaßen geglättet. Allerdings bleibt bei allem Erfolg der Theorie die Frage nach der Ursache dieser Inflation. Hier gibt es noch keine gesicherten theoretischen Ansätze, allerdings Hypothesen, die man untersuchen und testen kann.

5.3 Ausblick

Die Hintergrundstrahlung hat Eigenschaften des frühen Universums wie auf einem Foto festgehalten und erlaubt sogar Rückschlüsse auf die Zeit bis unmittelbar nach dem Urknall. Die Theorie einer kurzen und extremen Inflation nach dem Urknall ist zwar plausibel, weil man damit die Isotropie der Strahlung auch über kausal nicht mehr zusammenhängende Bereiche hinweg erklären kann. Man muss aber die Frage stellen, warum es zu einer Inflation gekommen sein kann. Dafür müsste eine Energieform mit negativem Druck existiert haben, aber nur für einen extrem kurzen Zeitraum. Danach hat sich das Universum gemäß den hier schon diskutierten Gesetzen der ART entwickelt. Was es mit dieser Energieform genau auf sich hat, ist bis heute nicht geklärt. Die Astronomen haben dafür ein passendes Quantenfeld postuliert, welches unter dem Begriff Inflatonfeld kursiert. Neben diesem noch rein hypothetischen Feld gibt es noch weitere Postulate für die Existenz der sogenannten dunklen Energie und der dunklen Materie. Für letztere gibt es recht konkrete Hinweise, da z.B. Galaxien rein aufgrund der Gravitation der sichtbaren Masse nicht in ihrer beobachteten Form existieren könnten. Sie würden durch ihre Rotation auseinander fliegen. Die dunkle Materie ist für uns nicht sichtbar, hat aber eine gravitative Wirkung und könnte die Galaxien zusammenhalten. Somit müsste diese Materie nur sehr schwach wechselwirken. Die dunkle Energie ist noch etwas spekulativer, man könnte mit ihrer Hilfe aber erklären, warum sich das Universum derzeit auch wieder beschleunigt ausdehnt, wenngleich diese Beschleunigung in keiner Weise vergleichbar ist mit der Inflation zu Beginn. Qualitativ ist die Wirkung von dunkler Energie und dem Inflatonfeld jedoch gleich, beides bewirkt eine beschleunigte Ausdehnung. Ob es einen Zusammenhang zwischen diesen beiden Größen gibt, ist noch unklar. Es stellt sich auch die Frage, wie die von EINSTEIN eingeführte und wieder entfernte kosmologische Konstante mit der dunklen Energie oder dem Inflatonfeld zusammenhängen könnte. Die dunkle Energie könnte sich jedoch auch in der Hintergrundstrahlung bemerkbar machen. Photonen, welche nach der Rekombination zu uns wandern, müssen durch die Gravitationstäler großer Massenansammlungen hindurch wandern. Beim Eintritt in ein solches Tal wird die Wellenlänge der Strahlung verkürzt, wie wir schon gesehen haben. Bei Austritt vergrößert sich die Wellenlänge entsprechend. Wenn sich das Universum jedoch ausdehnt, während ein Photon durch die Gravitationsmulde läuft, ist die Mulde beim Austritt weniger steil und die Rotverschiebung nicht so ausgeprägt wie die vorangegangene Blauverschiebung. Dadurch werden die Temperaturfluktuationen auf großen Winkelskalen verändert. Dies lässt sich vergleichen mit der heute beobachtbaren Verteilung der Galaxien und man kann sogar Rückschlüsse darauf ziehen, wie groß die Dichte der dunklen Energie sein müsste, um eine passende Beschleunigung zu erhalten.

Neben den Temperaturfluktuationen gibt es auch noch Fluktuationen in der Polarisation der Hintergrundstrahlung, die ebenfalls gemessen werden können und eine weitere Quelle von Informationen über die früheste Phase des Universums darstellen. Während der Inflationsphase könnten Störungen in der Metrik entstanden sein, die als Gravitationswellen von da an durch das Universum wanderten. Diese Gravitationswellen könnten sich in den Schwankungen der Polarisation der Hintergrundstrahlung bemerkbar machen.

Literatur

[1] W. Hu. CMB temperature and polarization anisotropy fundamentals. *Ann. Phys.* **303**, 203 (2003).

[2] A. Guth. Inflationary universe: A possible solution to the horizon and flatness problem. *Phys. Rev. D* **23**, 347 (1981).

[3] S. Weinberg. *Gravitation and Cosmology.* Wiley (1972).

6 Bose-Einstein-Kondensation

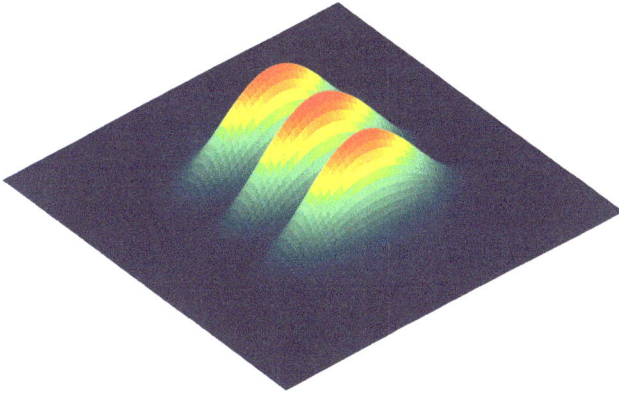

Ein Bose-Einstein-Kondensat (englische Abkürzung: BEC) ist ein Zustand der Materie, welcher zuerst von Bose und Einstein im Jahr 1924 theoretisch vorhergesagt [1, 2] und 1995 schließlich experimentell realisiert wurde [3]. Die Materie ist hierbei ein Gas aus sogenannten bosonischen Teilchen, welche stark abgekühlt werden, wobei unterhalb einer bestimmten Temperatur ein deutlicher Anteil der Teilchen in einen gemeinsamen Quantenzustand kondensiert. Dabei offenbart das Gas Quanteneigenschaften, welche man auf einer vergleichsweise riesigen räumlichen und auch zeitlichen Skala beobachten kann. Da ein Kondensat aus vielen Teilchen besteht, gewinnt man durch das Studium von BECs Einblicke in andere quantenmechanische Vielteilchensysteme, wobei man auch Wechselwirkungen zwischen Teilchen untersuchen und sogar maßschneidern kann. Damit ergeben sich Anknüpfungspunkte zu weiteren Phänomenen wie Suprafluidität oder Supraleitung, aber auch die Quantenmetrologie und der klassische Laser sollen genannt sein.

https://doi.org/10.1515/9783111260570-006

6.1 Worum es geht

Zusammenfassung:

Bose-Einstein-Kondensation ist das Phänomen, dass eine große Zahl von bosonischen Teilchen in einem Gas einen gemeinsamen Quantenzustand besetzt, und zwar unabhängig von der Art der Wechselwirkung. Damit die quantenmechanischen Eigenschaften sichtbar werden, muss das Gas stark abgekühlt werden. Bei einer bestimmten Temperatur setzt dann der Phasenübergang ein und mit fallender Temperatur befinden sich immer mehr Teilchen im Grundzustand. Anders als bei einem klassischen Phasenübergang, der Wechselwirkungen zwischen den Teilchen voraussetzt, basiert Bose-Einstein-Kondensation nur auf einer Statistik und findet deswegen auch in einem wechselwirkungsfreien Gas statt.

6.1.1 Ideale Gase

Wir stellen die Frage, wie sich ein ideales Gas verhält, wenn man es immer weiter in Richtung des absoluten Temperaturnullpunkts abkühlt. Ein ideales Gas besteht aus fast punktförmigen Teilchen, die keinerlei Kräfte aufeinander ausüben. In der klassischen Thermodynamik kann man ein solches Gas sehr einfach beschreiben. Es gibt eine Zustandsgleichung, welche die Temperatur T, den Druck p, das Volumen V und die Teilchenzahl N miteinander verknüpft:

$$pV = Nk_\mathrm{B}T. \tag{6.1}$$

Diese Zustandsgleichung bietet keine besonderen Überraschungen, beispielsweise bei konstantem Volumen sinkt der Druck mit abnehmender Temperatur immer weiter ab, um schließlich am absoluten Temperaturnullpunkt völlig zu verschwinden. Im Gegensatz zu einem realen Gas, bei welchem Wechselwirkungen zwischen den Teilchen berücksichtigt werden müssen, findet bei keiner Temperatur ein Phasenübergang statt. Das ideale Gas bleibt unter allen Bedingungen gasförmig. Erst durch die Wechselwirkungen wird es interessant, denn diese eröffnen das weite Feld der Phasenübergänge.

Die Zustandsgleichung eines klassischen idealen Gases wird gewonnen aus Messungen fernab des absoluten Nullpunkts. Man stellt jedoch fest, dass, unabhängig von der Gasart, der Druck proportional zur Temperatur ist, wenn man das Gas in ein festes Volumen einschließt. Die Extrapolationen aller dieser Messungen schneiden sich jedoch am Temperaturnullpunkt. Und hier ist der Knackpunkt: Eine Extrapolation von Messdaten oder einer daraus gewonnenen Theorie kann auch über die Grenze der Theorie hinausgehen, ohne dass man das gleich sieht. Im Fall des idealen Gases ist das so. Einerseits ist kein Gas bei jeder Temperatur als ideal zu betrachten. Selbst Helium durchläuft nach hinreichender Abkühlung einen Phasenübergang und wird flüssig (bei etwa 4 K). Doch es geschieht noch mehr. In der klassischen Thermodynamik wird jedes Gas (ob ideal oder real) auf fundamentaler Ebene als eine Ansammlung von kleinen (meist kugelförmigen) Massen angesehen, die sich nach den Gesetzen der Mechanik bewegen. Bei sehr tiefen Temperaturen treten jedoch mehr und mehr die Quanteneigenschaften der Teilchen zutage, welche noch fundamentaler sind als die klassischen Eigenschaften. Und wenn sich schon die einzelnen Teilchen nicht mehr klassisch, sondern quantenmechanisch verhalten, kann auch die klassische Zustandsgleichung nicht mehr gelten. Man braucht eine bessere Beschreibung der Vorgänge nahe 0 K. Diese wollen wir etwas näher unter die Lupe nehmen und werden in diesem Zuge auch feststellen, warum Teilchen in einen gemeinsamen Quantenzustand wechseln und warum das so besonders und faszinierend zu beobachten ist.

6.1.2 Der Effekt der Kondensation

Beim Abkühlen von Bosonen kommt es aus rein statistischen Gründen unterhalb einer bestimmten Temperatur zur Bildung eines Kondensats. Wie das genau vor sich geht, lässt sich an einem sehr einfachen Modell verstehen, das wir uns einmal näher ansehen wollen. Zuerst benötigen wir ein Gas aus Bosonen, welches sich in einem geschlossenen Volumen befindet. Bosonen stellen eine von zwei möglichen Klassen von Teilchen dar, aus denen unsere dreidimensionale Welt besteht. Im Rahmen der Quantenmechanik lernt man, dass für identische Teilchen (also beispielsweise eine Ansammlung von Elektronen oder ^{52}Cr-Atomen) eine Regel für die Verteilung der Teilchen auf mögliche Quantenzustände gilt. Diese ist recht einfach zu merken: Teilchen mit halbzahligem Spin können einen Quantenzustand nur einzeln besetzen, solche mit ganzzahligem Spin stören sich nicht daran, wenn noch weitere Artgenossen diesen Zustand teilen. Teilchen mit halbzahligem Spin nennt man Fermionen (dazu gehören beispielsweise die Elektronen), Teilchen mit ganzzahligem Spin, wie etwa die ^{52}Cr-Atome nennt man Bosonen. Auch wenn diese Regel sehr einfach scheint, steht dahinter ein sehr abstraktes und intuitiv nicht verständliches Theorem von WOLFGANG PAULI, das Spin-Statistik-Theorem. Die Hintergründe können wir an dieser Stelle nicht näher besprechen, für uns ist nur wichtig, dass Bosonen im Gegensatz zu Fermionen zu mehreren einen Quantenzustand besetzen können.

Wir sperren nun eine bestimmte Sorte von Bosonen in eine Box ein, dessen Wände für die eingeschlossenen Teilchen undurchdringbar sind und damit ein unendlich hohes Potential darstellen. Bevor wir nun gleich zur Quantenmechanik greifen, kann man aus klassischer Sicht erst einmal fragen, wie schnell sich die Gasteilchen in einem abgeschlossenen Volumen denn bewegen. Schon intuitiv scheint klar, dass bei Millionen von Teilchen sich diese nicht alle mit der gleichen Geschwindigkeit bewegen. Und tatsächlich wird die Antwort der statistischen Mechanik nicht sonderlich überraschen: Die Gasteilchen besitzen unterschiedliche Geschwindigkeiten, sowohl

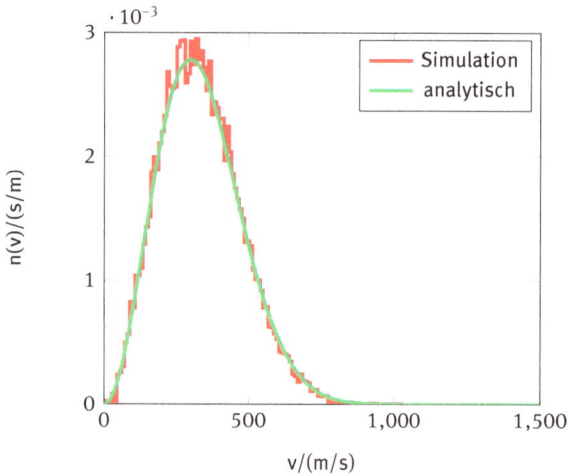

Abb. 6.1: Die Verteilung der Geschwindigkeiten in einem Gas aus Stickstoffmolekülen bei einer Temperatur von 150 K. Rot dargestellt ist ein Histogramm als Ergebnis einer Computersimulation. Gezeigt ist ein einzelner Schnappschuss der Verteilung der Geschwindigkeiten auf verschiedene Intervalle. Die analytische Verteilungsfunktion ist grün gezeichnet.

im Betrag als auch in der Richtung. Allerdings ist nicht alles dem Zufall überlassen, es gibt verbindliche Gesetzmäßigkeiten. Das bedeutet, dass die Geschwindigkeitswerte der Gasteilchen einer ganz bestimmten Wahrscheinlichkeitsverteilung folgen. Was die Richtungen angeht, liegt immer eine Gleichverteilung vor, es bewegen sich also im Mittel gleich viele Teilchen in jede Richtung. Alles andere wäre auch verwunderlich, da sonst der Schwerpunkt der Gasmasse nicht an Ort und Stelle bliebe. Schwieriger wird es beim Betrag der Geschwindigkeiten. Um uns dem Ergebnis schrittweise anzunähern, schauen wir uns zuerst eine Computersimulation an. Wir schließen klassische Teilchen in einer Box ein, lassen den Rechner die Teilchen nach den Gesetzen der Mechanik bewegen (also Stöße untereinander und mit den Wänden ausführen) und messen zu einem beliebigen Zeitpunkt, wie viele Teilchen sich in welchem Geschwindigkeitsintervall befinden. Das Ergebnis sehen wir in Abbildung 6.1. Kaum ein Teilchen befindet sich bei sehr kleinen Geschwindigkeiten, dann werden es immer mehr, bis die Verteilung ein Maximum erreicht, und dann sinkt die Zahl der Teilchen zu größeren Geschwindigkeiten schnell ab.[21] Doch eine Computersimulation ist nicht die einzige Möglichkeit, eine Aussage über die Geschwindigkeitsverteilung zu treffen. Man kann auch mit Hilfe von Papier und Bleistift zu einem Ergebnis gelangen. Dazu bietet die statistische Mechanik geeignete Hilfsmittel an. Die Theorie

---

21 Die ganz schnellen Teilchen sorgen übrigens dafür, dass heißer Kaffee dampft, weil schnelle Wassermoleküle durch die Oberfläche schießen. Wir kommen auf diesen Effekt im nächsten Abschnitt über Kühlungstechniken noch zu sprechen.

dahinter wollen wir an dieser Stelle gar nicht weiter bemühen, aber das Ergebnis können wir verstehen. Schauen wir uns dazu noch einmal die Abbildung 6.1 an. Neben der
schon diskutierten Computersimulation ist auch die analytische Verteilungsfunktion
der Geschwindigkeiten für Stickstoffmoleküle bei 150 K dargestellt. Qualitativ ist der
Verlauf der gleiche wie wir ihn aus der Simulation auch erhalten haben. Diese Verteilungsfunktion trägt den Namen Maxwell'sche Geschwindigkeitsverteilung und besitzt
folgende analytische Form:

$$n(v)\, \mathrm{d}v = \frac{4}{\sqrt{\pi}} \left(\frac{m}{2k_B T} \right)^{\frac{3}{2}} v^2 \mathrm{e}^{-\frac{mv^2}{2k_B T}}\, \mathrm{d}v. \tag{6.2}$$

Die Verteilung hängt von der Temperatur ab, in einem heißeren Gas ist ein größerer
Anteil der Teilchen schneller als bei kleineren Temperaturen.

Diesen Ausflug in die Statistik haben wir unternommen, um uns einmal mit dem
Begriff der Wahrscheinlichkeitsverteilung etwas vertraut machen. Denn jetzt kommen
wir wieder zu unserem eigentlichen Problem zurück, welches da lautet, dass wir es
mit bosonischen Teilchen zu tun haben, die wir abkühlen wollen. Wir gehen jetzt also ans Eingemachte und berücksichtigen die quantenmechanische Besonderheit der
Ununterscheidbarkeit von Teilchen. Wir haben oben schon besprochen, dass es in
drei Raumdimensionen lediglich Bosonen und Fermionen gibt. Während für Fermionen das Pauli-Prinzip gilt, welches den Teilchen strengstens verbietet, zu mehreren
ein und denselben Quantenzustand einzunehmen, ist das den Bosonen erlaubt. Rein
statistisch neigen sie sogar eher zur Rudelbildung, und das ist die Voraussetzung für
die Erzeugung eines Bose-Einstein-Kondensats. Um auch das verstehen zu können,
brauchen wir wieder einmal eine Verteilungsfunktion. Unabhängig von der speziellen Form des Volumens, in das wir die Teilchen einschließen, gibt die Thermostatistik
eine Antwort auf die Frage, wie viele Bosonen man in einem Zustand vorgegebener
Energie im Mittel antrifft (natürlich auch für Fermionen, aber die sind gerade nicht so
wichtig).

Stellen wir uns vor, das Gas befinde sich in einem Volumen, das mit der Außenwelt
Teilchen austauschen kann (wie das genau funktionieren soll, ist gar nicht wichtig, es
soll einfach nur einen Teilchenaustausch geben). Es wird also einen Fluss von Teilchen aus dem Gasvolumen heraus in ein umgebendes „Teilchenbad" geben, gleichzeitig werden Teilchen wieder zurück strömen. Dabei wird sich mit der Zeit ein Gleichgewicht einstellen, also beide Flüsse werden gleich groß sein und die Anzahl der Gasteilchen in der Box wird um einen Mittelwert herum schwanken. Es scheint klar zu
sein, dass dieser Mittelwert von irgend einer Größe abhängen muss, da er sich nicht
zufällig auf einen Wert einpendeln kann. Diesen Parameter nennt man in der Thermostatistik das chemische Potential, und man bezeichnet es mit dem Buchstaben μ.
Das chemische Potential gibt an, wie sich die Energie des Gases ändert, wenn man
Teilchen hinzufügt oder wegnimmt. Das mag jetzt seltsam klingen, denn warum stellt
man die Teilchenzahl indirekt über eine solche Hilfsgröße ein? Tatsächlich hat das re-
chentechnische Gründe. Man schafft sich eine zusätzliche Freiheit, und kann entwe-

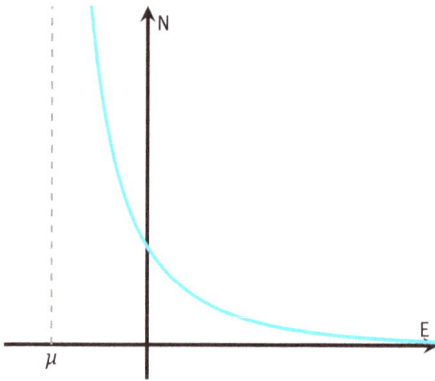

Abb. 6.2: Die Bose-Einstein-Verteilungsfunktion. Sie gibt die mittlere Zahl von Teilchen in einem Zustand der Energie E an. Bei E =μ besitzt die Funktion eine Singularität (hier im Negativen), die mittlere Teilchenzahl geht also nach unendlich, wenn das chemische Potential auf die Grundzustandsenergie eingeregelt wird. Liegt μ unterhalb der quantenmechanischen Grundzustandsenergie, so ist die Teilchenzahl bei jeder möglichen Energie endlich.

der das chemische Potential vorgeben und erhält damit die Teilchenzahl, oder man gibt die Teilchenzahl vor und löst den Zusammenhang zwischen den Größen nach dem chemischen Potential auf. Für uns ist das chemische Potential jetzt einfach eine Stellgröße, mit der man Einfluss nehmen kann auf die Zahl der Gasteilchen in der Box. Nicht nur die mittlere Anzahl aller Teilchen in der Box wird nun durch die Temperatur und das chemische Potential bestimmt. Auch der Mittelwert der Zahl der Teilchen in einem gegebenen Energieintervall ist damit festgelegt. Dass es sich um Mittelwerte handelt, wird klar, wenn wir wieder an die Teilchenflüsse zwischen der Box und ihrer Umgebung denken. Kleine Schwankungen wird es auch in einem Gleichgewicht immer geben, aber der Mittelwert ändert sich nicht. Wie die Verteilung auf die verschiedenen Energiewerte aussieht, zeigt die Abbildung 6.2. Diese Verteilungsfunktion nennt man Bose-Einstein-Statistik. In Formeln ausgedrückt sieht diese Funktion wie folgt aus:

$$\bar{N}(E) = \frac{1}{e^{(E-\mu)/k_B T} - 1}. \tag{6.3}$$

Wenn man etwas genauer hinschaut, erkennt man, dass sich bei $E = \mu$ eine Singularität befindet. Oberhalb von diesem Wert nimmt die Verteilung positive Werte an, darunter negative. Letzteres ist physikalisch sinnlos, da eine Teilchenzahl immer einen positiven Wert annehmen muss. Also muss man den Definitionsbereich entsprechend einschränken. Ein Quantenzustand mit einer Energie nahe bei μ wird also mit extrem vielen Teilchen besetzt. Hier scheinen wir also auf dem richtigen Weg zu sein, um die Besetzung des Grundzustands mit einer großen Zahl von Teilchen zu verstehen. Es wird darauf hinauslaufen, das chemische Potential unmittelbar unter die Grundzustandsenergie einzuregeln. Doch es fehlt noch ein wichtiges Detail. Die Bose-Einstein-Statistik gibt nämlich nur an, wie viele Teilchen irgendein Quantenzustand bei einer bestimmten Energie aufnimmt. Wenn es bei dieser bestimmten Energie aber nicht nur einen, sondern mehrere Quantenzustände gibt, werden diese alle mit der gleichen Teilchenzahl befüllt. Insgesamt ist also die Zahl der Teilchen bei einer gegebenen Energie das Produkt aus der Zahl der Energiezustände und dem Wert der Bose-Einstein-Statistik. Wenn wir wieder mathematisch werden wollen, sieht dieses Produkt wie folgt aus:

$$N(E) = \frac{g(E)}{e^{(E-\mu)/k_B T} - 1}. \tag{6.4}$$

Die Anzahl der Zustände bei einer Energie E haben wir mit $g(E)$ bezeichnet. Entsprechend ist die Anzahl der Teilchen bei dieser Energie $N(E)$.

Nun gehen wir das oben angesprochene Beispiel durch, an dem man direkt sehen kann, was beim Abkühlen passiert. Wir sperren eine feste Zahl von Teilchen der Masse m in eine Box ein und behandeln das ganze quantenmechanisch. Für unsere Zwecke heißt das, dass wir die Energiezustände kennen müssen, in denen sich die Teilchen befinden können. Diese hängen im Fall einer dreidimensionalen Box von drei Quantenzahlen ab, welche jeweils die kinetische Energie bezogen auf eine bestimmte Raumrichtung angeben. Für eine Box der Kantenlänge L lauten nun die Energiewerte:

$$E = \frac{\hbar^2}{2m} \left(\frac{\pi}{L}\right)^2 \left(n_x^2 + n_y^2 + n_z^2\right). \tag{6.5}$$

Die drei Quantenzahlen n_x, n_y und n_z können nur positive ganze Zahlen, also 1, 2, ... annehmen. Da man die Quantenzahlen summiert, wird man bis auf $n_x = n_y = n_z = 1$ mehrere Kombinationsmöglichkeiten finden, um auf einen bestimmten Energiewert zu kommen. Es fängt schon damit an, dass man beispielsweise die Werte von n_x und n_y vertauschen könnte. Dabei ändert man aber nichts an der Summe. Also gibt es mehrere Quantenzustände, welche die selbe Energie besitzen. Abhängig vom Energiewert sind das eben mehr oder weniger mögliche Zustände. Die Abbildung 6.3 zeigt die Anzahl der Quantenzustände gleicher Energie für eine Reihe von Energiewerten. Man sieht, dass dies eine sehr sprunghafte Angelegenheit ist. Wir haben bis hin zu recht großen Energiewerten die Zustände gezählt, sodass schon gar nicht mehr wirklich sichtbar ist, dass es sich um einzelne Energieniveaus handelt. Erst wenn man das Bild vergrößert, sieht man einzelne Linien bei ganz bestimmten Energiewerten.

Auf diese Art kann man sich den Übergang von der Quantenmechanik zur klassischen Mechanik vorstellen. Wenn man einzelne Energieniveaus nicht mehr unterscheiden kann, bewegt man sich in Richtung klassischer Physik, in der die Energie kontinuierlich ist.

Aber erst auf dieser großen Skala wird eine globale Form der Funktion erkennbar. Näherungsweise könnte man sagen, dass die Funktion bei der Energie Null mit dem Wert Null beginnt und dann wie eine Wurzelfunktion ansteigt. Tatsächlich kann man auch rechnerisch nähern, und man findet genau dieses Verhalten. Die Anzahl der Zustände ist proportional zu $\sqrt{E}$. Allerdings müssen wir uns vor Augen halten, dass diese Näherung bei sehr kleinen Energiewerten und insbesondere bei der Grundzustandsenergie

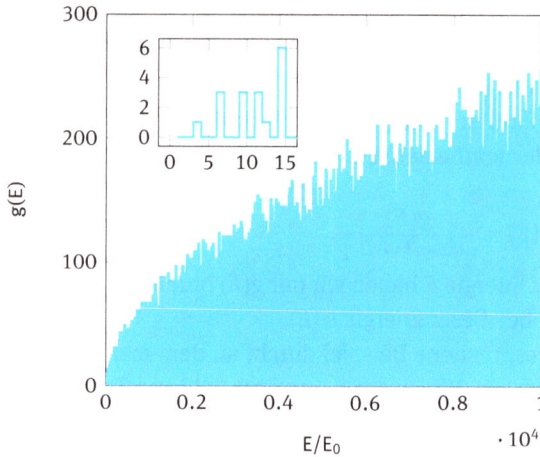

Abb. 6.3: Die Anzahl der Zustände gleicher Energie für eine Box der Länge L. Die Energie wird in Einheiten von $E_0 = \frac{\pi^2 \hbar^2}{2mL^2}$ aufgetragen. Auf der großen Skala erkennt man, dass die Anzahl der Zustände näherungsweise proportional zu $E^{1/2}$ zunimmt. Bei genauem Hinsehen erkennt man jedoch, dass zum einen nur ganz bestimmte Energiewerte überhaupt erlaubt sind, beginnend bei $3E_0$ und entsprechend $n_x = n_y = n_z = 1$, und dass gerade bei dieser Energie genau ein Zustand existiert. Die Näherung einer Wurzelfunktion hat bei der Grundzustandsenergie aber den Wert 0. Dies wird das Argument werden, warum der Grundzustand unterhalb einer kritischen Temperatur plötzlich viele Teilchen aufnehmen wird.

falsch wird. Eine Wurzelfunktion nimmt den kleinsten Wert Null an. Beim kleinsten Energiewert gibt es aber nicht Null Zustände, sondern genau einen Zustand. Und diesen kann man nicht immer vernachlässigen, wie wir nun sehen werden.

Oben haben wir schon berechnet, wie viele Teilchen sich bei einer bestimmten Energie befinden (Produkt aus Teilchen pro Energiezustand und Anzahl der Zustände). Die Gesamtzahl aller Teilchen in unserer Box ergibt sich als Summe über die Teilchenzahlen bei den einzelnen Energiewerten, wobei wir alle Energiewerte berücksichtigen. Wenn wir unsere Näherung verwenden, bildet man keine Summe, sondern ein Integral:

$$N_{\text{ges}} = \sum_E N(E) = \sum_E \frac{g(E)}{e^{(E-\mu)/k_B T} - 1} \approx \int_0^\infty dE \frac{g(E)}{e^{(E-\mu)/k_B T} - 1}. \tag{6.6}$$

Oben war unsere Prämisse, eine feste Zahl von Teilchen einzusperren. Das können wir, mathematisch gesprochen müssen wir den Wert des chemischen Potentials eben entsprechend wählen. Und nun geschieht mit dem Integral folgendes: Wenn man die Temperatur immer weiter absenkt, muss man das chemische Potential von unten immer näher an den Energiewert Null heran bewegen, damit man die vorgegebene Teilchenzahl erhält. Das chemische Potential muss aber immer kleiner sein als dieser kleinste Energiewert, da die Bose-Einstein-Statistik sonst negative Werte annimmt.

Nun stößt man auf das Problem, dass für $\mu = 0$ das Integral einen endlichen Wert aufweist, obwohl der Integrand bei $E = 0$ unendlich groß wird. Die vorgegebene Teilchenzahl wird unterhalb einer bestimmten Temperatur also nicht mehr erreicht. Physikalisch würde dies bedeuten, dass die Teilchenzahl nach oben beschränkt ist. Oder dass man nicht weiter als bis zu einer bestimmten kritischen Temperatur abkühlen kann. Beides ist natürlich Unsinn. Deshalb müssen wir den Fehler auf unserer Seite suchen. Er liegt in der angesprochenen Näherung. Die genäherte Zustandsdichte $g(E)$ lässt den Grundzustand außer Acht. Also berechnen wir nur die Anzahl der Teilchen in den angeregten Zuständen. Und diese Anzahl ist tatsächlich begrenzt und darf es auch sein, da wir den Grundzustand ja noch befüllen können. Halten wir uns noch einmal die Abbildung 6.2 vor Augen: Bei der Singularität wird die Zahl der Teilchen pro Zustand beliebig groß. Das bedeutet für uns, dass wir den Grundzustand mit beliebig vielen Teilchen besetzen können. Wenn das chemische Potential gleich der Grundzustandsenergie ist, wäre die Teilchenzahl sogar unendlich groß (was physikalisch natürlich auch wieder Unsinn ist, aber im Grunde heißt das, dass es keine Obergrenze für die Teilchenzahl gibt).

Die Berechnung der Teilchenzahl mit Hilfe des Integrals erlaubt aber eine Aussage über den Wert der Temperatur, bei der die angeregten Zustände keine weiteren Teilchen mehr aufnehmen können. Bei dieser sogenannten kritischen Temperatur T_C findet der Phasenübergang statt von einem kaum besetzten Grundzustand hin zu einer deutlich ausgeprägten Besetzung. Diese Temperatur lautet:

$$T_c = \frac{2\pi\hbar^2 \zeta\left(\frac{3}{2}\right)^{-\frac{2}{3}}}{mk_B} \left(\frac{N_{ges}}{L^3}\right)^{\frac{2}{3}}. \tag{6.7}$$

Die einzelnen Terme darin müssen wir gar nicht näher verstehen, aber interessant ist die Abhängigkeit von der Teilchenzahl und dem Volumen. Die kritische Temperatur wird umso größer, je mehr Teilchen man in das Volumen zwängt, bevor man abkühlt. Aus experimenteller Sicht wird also eine große Teilchendichte hilfreich sein. Denn wenn man das ganze mit realistischen Zahlenwerten versieht, kommt man für mehrere 10000 Teilchen auf etwa 100 nK, auf die man das Gas abkühlen muss. Das ist eine große Herausforderung, und hohe Teilchendichten erleichtern es, diese zu meistern.

Nun schauen wir uns noch die Besetzungszahl des Grundzustands in Abhängigkeit von der Temperatur an. Man kann in Abbildung 6.4 sehen, dass der Grundzustand oberhalb der kritischen Temperatur nicht nennenswert besetzt wird, unterhalb der kritischen Temperatur werden immer mehr Teilchen in diesen Zustand gesetzt, da in den angeregten Zuständen kein Platz mehr vorhanden ist. Bei $T = 0$ wäre der Grundzustand schließlich der einzige Zustand, in dem sich noch Teilchen befinden. Diese makroskopische Besetzung des Grundzustands nennt man nun Bose-Einstein-Kondensation. Während unserer Überlegungen haben wir durchgehend ein ideales Gas betrachtet, also sämtliche Wechselwirkungen außer Acht gelassen. Wie schon am Anfang dieses Kapitels erwähnt, erlaubt die klassische Zustandsgleichung eines idealen Gases keinen Phasenübergang. Hierfür sind anziehende Wechselwirkungen

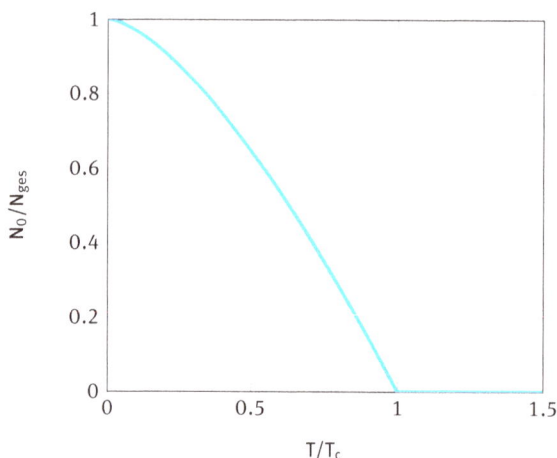

Abb. 6.4: Die Besetzungszahl des Grundzustands eines wechselwirkungsfreien Gases in Abhängigkeit der Temperatur. Die Teilchenzahl im Grundzustand N_0 wird in Einheiten der Gesamtzahl N_{ges} gemessen, die Temperatur in Einheiten der kritischen Temperatur T_c. Oberhalb von T_c befinden sich prozentual gesehen keine Teilchen im Grundzustand, darunter werden es immer mehr, bis schließlich am absoluten Nullpunkt alle Teilchen in den Grundzustand kondensieren.

zwischen den Teilchen erforderlich. Doch quantenmechanisch sehen wir nun einen Phasenübergang. Natürlich bei sehr kleinen Temperaturen, weit außerhalb des Gültigkeitsbereichs der klassischen Zustandsgleichung. Dieser Phasenübergang beruht allein auf der Bose-Einstein-Statistik und der Zustandsdichte. Die Teilchen wandern also rein aus statistischen Gründen in den Grundzustand. Wechselwirkungen sind nicht erforderlich, sind aber auch nicht unbedingt störend. Es ist sogar möglich, dass die Teilchen sich abstoßen, zur Kondensation kommt es dennoch.

Auf das Zusammenspiel von Bose-Einstein-Statistik und Zustandsdichte soll noch kurz eingegangen werden. Das Schlüsselargument für das Einsetzen der Kondensation war, dass angeregte Zustände keine Teilchen mehr aufnehmen können. Das sieht man an der Berechnung der Teilchenzahl über das Integral, da dieses nach oben beschränkt ist. Diese Beschränkung wird jedoch aufgehoben, wenn wir ein Gas in zwei Dimensionen betrachten. Die analytische Näherung der Zustandsdichte geht allerdings für $E \to 0$ nicht auf Null, sondern bleibt vielmehr konstant. Das hat zur Folge, dass die angeregten Zustände bei jeder Temperatur beliebig viele Teilchen aufnehmen können. Es kommt somit nicht mehr zur Kondensation wie eben beschrieben. Auch in einer Dimension sieht das ähnlich aus. Somit ist Bose-Einstein-Kondensation nicht nur ein Phasenübergang aus rein statistischen Gründen, sondern der Effekt hängt auch noch von der Zahl der Dimensionen ab. Es sei aber noch erwähnt, dass in zwei Dimensionen dennoch ein Phasenübergang stattfindet, der sogenannte Kosterlitz-Thouless-Übergang.

Wir haben nun gesehen, was Quanteneffekte bewirken, wenn man ein ideales Gas immer weiter abkühlt. Bis jetzt war das eine reine Rechenaufgabe, doch im Experiment muss man eine Ansammlung von Atomen sowohl einfangen als auch abkühlen. Wie dies gemacht wird, werden wir im nächsten Abschnitt sehen.

6.1.3 Fangen und Kühlen von Atomen

Im letzten Abschnitt haben wir nur mit Hilfe zweier theoretischer Konzepte gesehen, dass ein ideales Gas ein Bose-Einstein-Kondensat bildet, wenn man nur weit genug abkühlt. Das erste Kondensat wurde 1995 von Anderson et *al.* [3] aus Rubidium-Atomen hergestellt, also über 70 Jahre nach der ursprünglichen theoretischen Überlegung von Bose und Einstein [1, 2]. Nicht zuletzt waren es technische Herausforderungen, die gemeistert werden mussten. Die Grundlagen zum Fangen und Kühlen von Atomen wollen wir uns deswegen auch zu Gemüte führen. Natürlich gibt es schon sehr lange etablierte Verfahren, nach denen man Gase abkühlen und verflüssigen kann. Helium lässt sich schon seit Anfang des 20. Jahrhunderts auf 4 K abkühlen. Doch solche Temperaturen sind noch viel zu hoch. Wir müssen noch einige Größenordnungen weiter nach unten kommen, und dafür ist das klassische Linde-Verfahren einfach nicht gedacht. Bei der Arbeit mit ultrakalten Atomen hat sich ein anderes System etabliert. Man hält eine Atomwolke mit Hilfe von elektromagnetischen Feldern fest. Gleichzeitig nutzt man das Laserlicht, um die Atome auch noch abzubremsen. In Kombination kühlt man Atome dadurch sehr weit ab und erzielt ausreichend hohe Teilchendichten, sodass Kondensation eintreten kann.

Ein Standardinstrument zum Fangen von Atomen ist die magneto-optische Falle, auch MOT genannt (englisch: magneto optical trap). Sie nutzt einerseits das Licht aus insgesamt 6 paarweise gegenläufigen Laserstrahlen, um die Atome abzubremsen, und andererseits ein magnetisches Feld, um sie auch noch räumlich zu lokalisieren. Eine schematische Darstellung einer MOT ist in Abbildung 6.5 zu sehen. Das Prinzip ist das folgende: 3 Paare von Laserstrahlen werden gekreuzt, treffen sich also in einem räumlich eng begrenzten Gebiet. Zusätzlich sind noch zwei Helmholtz-Spulen beteiligt, die in unterschiedlicher Richtung vom Strom durchflossen werden. Dadurch entsteht ein Magnetfeld, welches im Zentrum verschwindet und in der Nähe davon linear ansteigt. Das Magnetfeld bewirkt in Kombination mit den Lasern, dass die Atome abhängig vom Ort immer in Richtung Zentrum geschoben werden. Zusätzlich sorgen die Laser dafür, dass die Atome abgebremst werden. Die Atome werden also räumlich und in ihren Geschwindigkeiten um den Nullpunkt herum lokalisiert. Die Ausdehnung der eingefangenen Atomwolke beträgt nur wenige tausendstel Millimeter, und man erzielt durch die Laserkühlung Temperaturen im Bereich von $100\,\mu$K. Diese Temperatur ist noch zu hoch, als dass sich ein Kondensat ausbilden könnte. Man muss noch eine weitere Kühlungstechnik anwenden, doch dazu kommen wir noch. Zuerst wollen wir verstehen, wie die Wechselwirkung der Atome mit dem Lichtfeld abläuft. In der Quan-

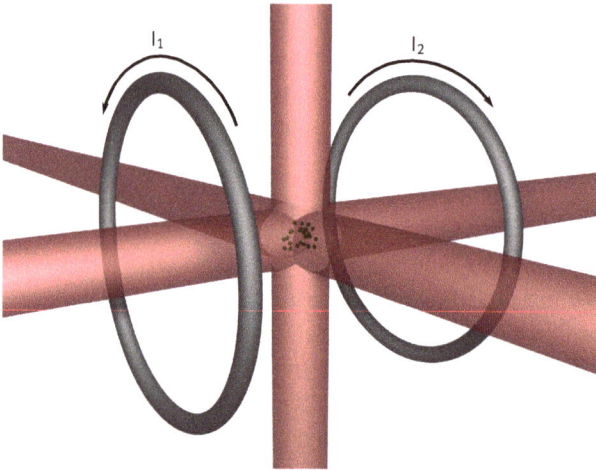

Abb. 6.5: Aufbau einer magneto-optischen Falle. Insgesamt werden 6 paarweise gegenläufige Laserstrahlen gekreuzt. Zwei Helmholtz-Spulen mit entgegengesetztem Stromfluss erzeugen ein Magnetfeld, welches am Ort der Atomwolke linear verläuft.

tenmechanik lernt man, dass ein Atom nicht jede beliebige Energie annehmen kann, sondern dass nur ganz bestimmte Werte überhaupt zulässig sind. Doch die Energie ist nicht die einzige Größe, die den Zustand eines Atoms beschreibt. Speziell für das Verständnis von Atomfallen brauchen wir noch den Drehimpuls. Dieser wird jetzt wichtig, weil mit dem Drehimpuls eines Atoms auch immer ein magnetisches Moment verbunden ist. Ein Atom mit nicht-verschwindendem Drehimpuls verhält sich wie ein kleiner Magnet. Bringt man einen solchen Minimagneten in ein Magnetfeld (wie es z.B. von den beiden Helmholtz-Spulen in der MOT erzeugt wird), so beeinflusst das Feld die Energie des Magneten. Abhängig davon, ob der Magnet parallel oder antiparallel zum Feld ausgerichtet ist, wird seine Energie erhöht oder abgesenkt. Nun greifen wir uns zwei Energiezustände heraus, in denen sich unser Atom befinden kann. Zum einen den Grundzustand, in welchem der Drehimpuls (der Elektronenhülle) verschwinden muss. Die Komponente des Drehimpulses, welche in Richtung des Magnetfeldes zeigt, ist damit logischerweise auch Null. Wir bezeichnen die Quantenzahl, welche die Größe dieser Komponente bezeichnet, mit $m_g = 0$. Außerdem brauchen wir noch einen angeregten Energiezustand, in dem der Drehimpuls einen endlichen Betrag besitzt und insgesamt in drei verschiedenen Ausrichtungen bezüglich des Magnetfeldes vorkommen kann. Einmal parallel, einmal antiparallel, und einmal mit verschwindender Komponente in Richtung des Magnetfeldes. Die Quantenzahl für diese Komponente bezeichnen wir mit m_e, und deren mögliche Werte sind -1, 0 und $+1$. Ohne äußeres Magnetfeld besitzen alle diese Zustände die gleiche Energie. In einem Magnetfeld wird jedoch der Zustand mit $m_e = \pm 1$ energetisch angehoben oder abgesenkt, abhängig von der Orientierung zum äußeren Feld. Diese Energieaufspaltung macht man sich nun

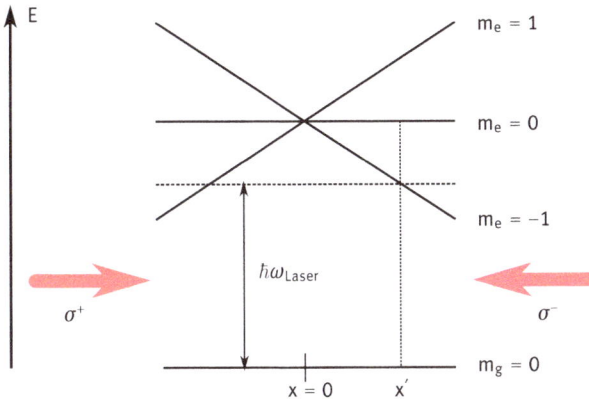

Abb. 6.6: Zur Wirkungsweise einer magneto-optischen Falle. Beteiligt sind der Grundzustand des Atoms sowie ein angeregter Zustand, der in 3 Unterzustände mit verschiedenen Drehimpulsen aufspaltet. Mit dem Drehimpuls ist ein magnetisches Moment verbunden, welches in den drei Unterzuständen drei verschiedene Komponenten in z-Richtung besitzt. Durch die Kopplung mit dem äußeren Magnetfeld hängt die Energie des Atoms dadurch vom Ort ab. Entfernt es sich weit genug vom Zentrum, ist die Energiedifferenz zwischen Grund- und angeregtem Zustand gerade so groß wie die Energie eines Photons aus dem Laser, sodass das Atom das Photon absorbiert und durch den Rückstoß wieder ins Fallenzentrum gebracht wird.

in der MOT zunutze. Das Magnetfeld variiert räumlich, und somit variiert auch die Energieaufspaltung des angeregten Zustandes unseres Atoms. Dies ist in Abbildung 6.6 dargestellt. Der Zustand mit $m_e = 0$ besitzt auf der ganzen x-Achse die gleiche Energie, während die Energie der beiden anderen Zustände näherungsweise linear über dem Ort variiert. Nun kommen die Laser ins Spiel. Diese senden Photonen einer bestimmten Energie $\hbar\omega_{Laser}$ aus (wobei $\hbar$ das Planck'sche Wirkungsquantum ist und ω_{Laser} die Laserfrequenz). Die Energie der Lichtquanten ist etwas kleiner als die Energiedifferenz zwischen dem Grundzustand und dem unverschobenen angeregten Zustand. Befindet sich das Atom jedoch beispielsweise etwas rechts vom Ursprung bei x', so passt die Laserfrequenz genau zur Übergangsfrequenz zwischen dem Grundzustand und dem energetisch verschobenen Zustand mit $m_e = -1$. In der Folge absorbiert das Atom das ankommende Photon. Dabei nimmt es aber nicht nur die Energie des Lichtquants auf, sondern auch dessen Impuls. Die beiden Teilchen stoßen also frontal aufeinander. Dadurch wird das Atom in Richtung des Zentrums zurückgestoßen. Doch nicht nur bei x' findet eine solche Wechselwirkung statt. Der Laser kann nicht im mathematischen Sinne exakt bei einer Frequenz Photonen aussenden. Um diese Frequenz herum werden weitere Photonen auf die Reise geschickt. Man nennt dies auch die Linienbreite. Das gleiche gilt auch für den atomaren Übergang. Das Atom absorbiert Photonen nicht nur bei einer einzigen Frequenz, sondern auch noch in deren Umgebung. Die Absorptionsrate sinkt dann entsprechend ab, und die Kraft auf das Atom wird ebenfalls kleiner. So erhält man in erster Näherung auch eine lineare Rückstellkraft, welche die Atome in Richtung des Zentrums der Falle schiebt. Es sei noch angemerkt, dass das Laserlicht noch eine weitere Bedingung erfüllen muss, damit die Absorption funktionieren kann. Da sich der Drehimpuls des Atoms bei der Absorption ändert, muss auch das Photon einen entsprechenden Drehimpuls mitbringen, sonst wäre die Drehimpulserhaltung verletzt. Der Drehimpuls eines Photons äußert sich im klassischen Wellenbild in einer zirkularen Polarisation der Lichtwelle. Da das Atom links und rechts vom Zentrum in unterschiedliche Drehimpulszustände wechselt, muss der linke Laser sogenanntes rechtszirkular polarisiertes Licht einstrahlen (abgekürzt mit σ^+), und von der anderen Seite entsprechend linkszirkular polarisiertes σ^--Licht. So nimmt das Atom links und rechts vom Zentrum jeweils ein Photon mit passendem Drehimpuls auf.

Die Laseranordnung kann aber noch mehr. Bis jetzt haben wir ja nur unbewegte Atome betrachtet. Diese werden rein aufgrund ihrer Position in der Falle gehalten. Doch wir wollen die Atome ja auch abbremsen. Dafür ist wieder der Stoß eines Photons nötig. Aber wie wird diese Bremskraft geschwindigkeitsabhängig? Hier hilft ein Vergleich mit einem Feuerwehrauto mit eingeschalteter Sirene. Beim Vorbeifahren des Autos bemerkt man einen Wechsel in der Tonhöhe der Sirene. Das ist der Dopplereffekt. Die wahrgenommene Frequenz ist höher, wenn das Auto auf den Beobachter zu fährt und kleiner, wenn es sich wieder entfernt. Die Frequenzverschiebung wird umso größer, je schneller das Auto fährt. Genauso geht es den Atomen im Laserlicht. Das Atom sieht eine größere Frequenz, wenn es sich auf die Laserquelle zu bewegt. Deswegen verstimmt man den Laser gegenüber der Übergangfrequenz des Atoms etwas nach unten, sodass ein ruhendes Atom nicht absorbiert, weil die Frequenzen nicht zueinander passen. Bewegt sich das Atom aber auf den Laser zu, erhöht sich die Wahrscheinlichkeit einer Absorption immer mehr, bis schließlich bei einer bestimmten Geschwindigkeit der Laser und der Übergang in Resonanz sind und die Absorption maximal wird. Somit erhält man auch noch eine geschwindigkeitsabhängige Kraft in Richtung Zentrum, da ein Atom in jeder Richtung auf einen Laser zufliegen kann. Das Atom sendet das absorbierte Photon nach einiger Zeit zwar auch automatisch wieder aus, doch die Richtung, in welche das emittierte Photon dann fliegt, ist vollkommen zufällig. Jedoch ist die Richtung, in welche das Atom bei der Absorption gestoßen wird, immer die gleiche, sodass netto bei vielen Stößen die Geschwindigkeit abnimmt. Damit kann man die Atome also bremsen und lokalisieren, und in der Folge kühlt sich das Gas ab. In der Realität sieht das etwas komplizierter aus, da jede Art von Atom ein eigenes Termschema besitzt, sodass beispielsweise auch eine Relaxation aus dem angeregten Zustand in einen anderen als den Ausgangszustand stattfinden kann, und die betreffenden Atome damit aus dem Zyklus ausscheiden würden. In diesem Fall hilft ein weiterer Laser, der die Atome wieder zurück in den Ausgangszustand anregt.

Ein Bose-Einstein-Kondensat wird jedoch immer noch nicht erreicht, da man durch Laserkühlung nicht zu ausreichend tiefen Temperaturen vordringen kann. Deswegen kommt am Schluss noch ein Trick, der seine Analogie beim Abkühlen einer Tasse Kaffee findet. Wir haben bei der theoretischen Begründung der Kondensation

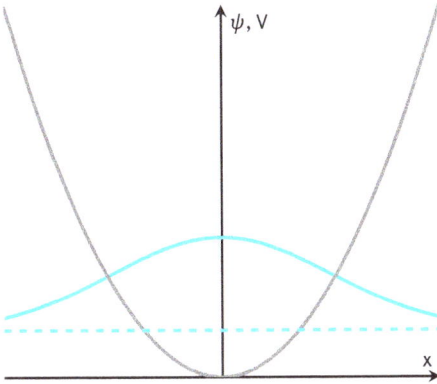

Abb. 6.7: In einer harmonischen Falle ist der Grundzustand eines Kondensats eine Gauß-Funktion. Zur besseren Übersicht ist sowohl das Potential als auch die Verteilung der darin gefangenen Atome in einer Dimension dargestellt.

die Maxwell'sche Geschwindigkeitsverteilung kennen gelernt. Nach dieser gibt es einige Teilchen im Gas, die sehr große Geschwindigkeiten besitzen. Diese Teilchen fliegen aus dem Kaffee in Form von Dampf heraus und fehlen der heißen Flüssigkeit danach. Der verbleibende Rest thermalisiert sich immer wieder neu, und zwar bei einer kleineren Temperatur. Ähnlich kann man das auch mit Atomen in einer Falle anstellen. Nachdem man die Wolke mittels Laserkühlung schon auf eine niedrige Temperatur gebracht hat, öffnet man die Falle für die schnellsten (also heißesten) Teilchen und entfernt diese. Der Rest der Wolke besitzt dann weniger Energie als davor. Die verbleibenden Teilchen verteilen sich dann auf die verfügbaren Energieniveaus, wobei sich das Gas abkühlt. Allerdings geschieht das viel rigoroser als bei einer Tasse Kaffee. Im Experiment von Anderson et *al.* [3] blieben von mehreren Millionen Atomen nach der Verdampfungskühlung noch etwa 2000 übrig. Diese befanden sich aber auch fast alle im Grundzustand, sodass ein perfektes Kondensat beobachtet werden konnte.

6.1.4 Beobachtung eines Kondensats

Wie verteilen sich die Atome in der Falle, wenn sie ein Kondensat bilden? Und wie kann man diese Atome sehen? Wir sprechen bei einem Kondensat immer davon, dass ein großer Teil der Atome den Grundzustand besetzt. Unser einfaches theoretisches Modell war eine Box mit harten Wänden. In einer Atomfalle sind die Grenzen nicht ganz so scharf gezogen. Das Potential, in dem sich das Gas befindet, ist näherungsweise als harmonisch anzusehen. Der Grundzustand in einem solchen Potential ist eine Gauß-Funktion (Abbildung 6.7). Für typische Fallenparameter beträgt die Ausdehnung einer solchen Verteilung einige tausendstel Millimeter. Im Vergleich zur Ausdehnung eines Atoms (Bruchteile eines millionstel Millimeters) ist das riesig. Allerdings darf man nicht denken, dass die Atome beim Abkühlen anfangen würden zu wachsen. Vielmehr ist der Aufenthaltsbereich eines Atoms sehr groß im Vergleich zu der starken Lokalisierung bei Raumtemperatur.

Es wird aber dennoch sehr schwierig, ein derart kleines Objekt optisch abzubilden. Im Labor steht üblicherweise eine CCD-Kamera zur Verfügung, deren Pixelgröße in der gleichen Größenordnung wie das Kondensat selbst liegt. Bei einem Abbildungsmaßstab von 1:1 würde man das Kondensat also nur als einzelnen Punkt messen. Deshalb befreit man das Kondensat aus den Zwängen der Falle und lässt es für ein paar Millisekunden expandieren. Man nennt diesen Vorgang im Englischen auch time of flight, abgeküzt TOF. Dabei nimmt es typischerweise eine Größe von über 100 μm an, und das lässt sich mit einer einfachen Kamera und einigen Linsen schon sehr deutlich sehen. Für dieses „Sehen" ist wieder ein Laser erforderlich. Er strahlt durch das Kondensat in die Kamera. Die Frequenz des Lasers ist so eingestellt, dass die ausgesendeten Photonen von den Atomen absorbiert werden können. Je mehr Atome sich also zwischen Laser und Kamera befinden, umso dunkler sieht die Kamera diese Stelle. Die Helligkeitsverteilung korrespondiert also mit der Teilchendichte im Kondensat. Das funktioniert so gut, dass sogar wenige tausend Atome noch sichtbar gemacht werden können. Es sei der Vollständigkeit halber noch angemerkt, dass man nach der TOF nicht einfach eine Vergrößerung des ursprünglichen Kondensats zu sehen bekommt. Bei der Expansion werden die schnellen Teilchen weiter nach außen fliegen, die langsamen bleiben eher am Zentrum sitzen. Deshalb ist die beobachtete Verteilung eigentlich die Geschwindigkeitsverteilung der Teilchen im Kondensat, während dieses noch in der Falle eingesperrt war. Da sich die Atome extrem langsam bewegen, findet man die meisten Teilchen auch unmittelbar in der Nähe des Fallenzentrums. Ein stark ausgeprägter Höcker in der Verteilungsfunktion weist auf eine geglückte Kondensation hin.

6.1.5 Mathematische Beschreibung von Kondensaten

Experimentelle Ergebnisse möchte man immer auch mit theoretischen Ansätzen vergleichen. Die Messung an einem Kondensat liefert in der oben beschriebenen Weise eine Dichteverteilung der Atome in der Falle, bzw. die Verteilung nach dem Abschalten der Falle und einer gewissen Expansion der Wolke. In den hier besprochenen Experimenten ist die Wechselwirkung zwischen den Atomen immer als klein zu betrachten, sodass man zu folgender Beschreibung gelangen kann: Jedes Atom sieht zunächst einmal die Falle, also ein harmonisches Potential in jeder der drei Raumrichtungen. Daneben erzeugt jedes andere Atom noch ein weiteres, kleines Potential. Wenn wir nur die Situation am absoluten Temperaturnullpunkt betrachten, befinden sich alle Atome im Grundzustand und jedes einzelne sieht somit im Mittel das gleiche Wechselwirkungspotential. Das nennt man eine Mean-Field-Näherung. Effektiv beschreibt man also nur ein Atom und muss nun die quantenmechanische Bewegungsgleichung, die Schrödinger-Gleichung, unter Einbezug des Mean-Field-Potentials selbstkonsistent lösen. Das bedeutet, dass die Dichteverteilung, welche eine Lösung der Schrödinger-Gleichung ist, erst noch das Potential erzeugt, zu welchem sie gehört. Potential und Dichteverteilung müssen also in sich konsistent sein.

Wir werden im folgenden 2 Arten von Wechselwirkung betrachten: eine kurzreichweitige, sogenannte Kontaktwechselwirkung, und eine langreichweitige magnetische Wechselwirkung. Die Kontaktwechselwirkung wird beschrieben durch die Streulänge a, welche man sich im Fall harter Kugeln als deren Radius vorstellen mag. Die magnetische Wechselwirkungsstärke wird durch das magnetische Moment der Atome skaliert. Die Mean-Field-Gleichung, welche die Dynamik der Dichteverteilung (genauer: der Wellenfunktion ψ) beschreibt, wurde in den 1960er Jahren unabhängig von GROSS und PITAEVSKII aufgestellt und lautet für Kondensate mit magnetischer Dipol-Dipol-Wechselwirkung:

$$i\hbar\frac{\partial}{\partial t}\psi\left(\boldsymbol{r}, t\right) = \left(\hat{h} + \frac{4\pi a\hbar^2}{m}\left|\psi\left(\boldsymbol{r}, t\right)\right|^2 + \frac{\mu_0\mu^2}{4\pi}\int \mathrm{d}^3r'\frac{1 - 3\cos^2\vartheta'}{\left|\boldsymbol{r} - \boldsymbol{r}'\right|^3}\left|\psi\left(\boldsymbol{r}', t\right)\right|^2\right)\psi\left(\boldsymbol{r}, t\right),$$
$$(6.8)$$

wobei der Hamilton-Operator $\hat{h}$ für das harmonische Potential wie folgt abgekürzt wurde:

$$\hat{h} = -\frac{\hbar^2}{2m}\Delta + \frac{1}{2}m\left(\omega_x^2 x^2 + \omega_y^2 y^2 + \omega_z^2 z^2\right).$$
$$(6.9)$$

Diese Gleichung stellt ein nicht einfach zu lösendes Problem dar. Eine exakte Lösung existiert nur für einige wenige Ausnahmefälle, alle anderen Situationen muss man entweder mit numerischen Methoden bearbeiten (was durchaus nicht einfach ist), oder man begnügt sich mit einer analytischen Näherung. Diese Techniken zu besprechen würde jedoch den Rahmen dieses Buches sprengen und setzt auch einige mathematische Konzepte voraus, welche Teil eines Studiums sind. Sämtliche der im folgenden gezeigten Lösungen wurden entweder numerisch oder durch eine analytische Näherung gewonnen.

6.2 Einblicke in Forschung und Anwendung

Zusammenfassung:

Bose-Einstein-Kondensate erlauben Einblicke in das kohärente Verhalten vieler Atome. Dabei lassen sich sowohl die Fallengeometrie als auch die Wechselwirkung zwischen den Atomen fast beliebig variieren und Quanteneffekte detailliert beobachten. Eine besondere Rolle spielen Kondensate aus magnetischen Atomen. Einige der darin auftretenden Phänomene sollen hier besprochen werden.

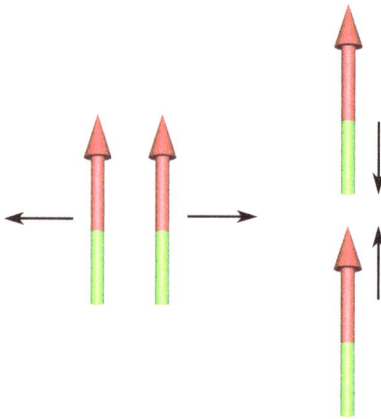

Abb. 6.8: Zwei Atome mit magnetischer Dipol-Dipol-Wechselwirkung in abstoßender und anziehender Konfiguration. Im Allgemeinen können beide Dipole beliebig ausgerichtet sein, und die Atome dürfen zueinander jede Orientierung annehmen, also alles zwischen „nebeneinander" und „übereinander".

6.2.1 Kondensate mit großem magnetischem Dipolmoment

Wechselwirkungen zwischen Atomen sind in allen Kondensaten vorhanden. Ein prominentes Beispiel ist die van der Waals-Wechselwirkung. Kleine Ladungsverschiebungen in der Atomhülle sorgen dafür, dass sich zwei Teilchen etwas anziehen, unabhängig davon, wie sie gerade zueinander orientiert sind. Diese Anziehung ist sehr kurzreichweitig, die Atome spüren sich also nur, wenn sie sich sehr nahe kommen. Damit haben wir zwei Charakteristiken einer Wechselwirkung aufgezählt: Einerseits die Reichweite, klassifiziert nach kurz- oder langreichweitig, andererseits die Abhängigkeit von der Orientierung. Sieht die Wechselwirkung in allen Raumrichtungen gleich aus, so nennt man sie isotrop. Andernfalls heißt sie anisotrop. In der Anfangszeit der experimentellen Erforschung von Kondensaten war eine kurzreichweitige und isotrope Wechselwirkung zwischen den Atomen vorherrschend [4], man spricht hierbei anschaulich auch von einer Kontaktwechselwirkung. Diese Wechselwirkung ist schon intrinsisch im Kondensat enthalten, lässt sich jedoch auch von außen beeinflussen und sogar von anziehend zu abstoßend verändern. Daher sind interessante Fragestellungen zu Kondensaten mit Wechselwirkungen beispielsweise, wie der Grundzustand und die Dynamik dadurch verändert werden, aber auch, ob ein Kondensat noch stabil ist oder in sich zusammenfällt. Wenn sich Atome gegenseitig anziehen, kann es passieren, dass der Grundzustand kein Quantengas, sondern nunmehr ein Kristall ist, in dem die Atome gebunden und nicht mehr frei sind. Tatsächlich werden Kondensate in einer Falle stabilisiert, da die räumliche Begrenzung zu einer endlichen kinetischen Energie führt, sodass anziehende Kräfte zwischen den Atomen bis zu einer gewissen

Abb. 6.9: In einer länglichen (prolaten) Falle können sich die Atome in Richtung ihrer Dipolachse sehr frei bewegen, während sie in den beiden anderen Raumrichtungen stärker eingesperrt sind. Dadurch wird die ohnehin energetisch günstige Anordnung „Kopf an Kopf" noch bevorzugt. Hingegen werden die Atome in einer oblaten Falle gezwungen, sich eher nebeneinander anzuordnen, da das Potential in Richtung der Dipolachse schnell ansteigt und es energetisch daher ungünstig ist, wenn sich die Dipole übereinander anordnen.

Stärke kompensiert werden können. Erst wenn die Anziehung eine bestimmte Größe übersteigt, kollabiert das Kondensat.

Eine wesentliche Neuerung gegenüber den anfänglichen Kondensaten sind dipolare Wechselwirkungen, und das in zweierlei Hinsicht. Zum einen bedeutet „dipolar", dass ein Atom sich wie ein kleiner Stabmagnet verhält. Je nach Orientierung zweier Atome zueinander können sich die beiden Teilchen anziehen oder abstoßen (s. Abbildung 6.8). Zum anderen ist eine magnetische Wechselwirkung über größere Distanzen spürbar als die van der Waals-Wechselwirkung. Da ein Bose-Einstein-Kondensat ein makroskopisches Quantenobjekt ist, steht zu erwarten, dass sich die Anisotropie und Langreichweitigkeit der Wechselwirkung zwischen den einzelnen Atomen auch in der Form und der Dynamik des gesamten Kondensats äußern wird. Insgesamt haben wir es mit drei Komponenten zu tun, mit denen man am Kondensat „spielen" kann: Die langreichweitige Dipol-Dipol-Wechselwirkung, die kurzreichweitige Kontaktwechselwirkung und die Fallengeometrie. Da die Falle in allen drei Raumrichtungen durch ein harmonisches Potential beschrieben wird, misst man die Stärke der Falle in Anlehnung an den harmonischen Oszillator in Form einer Frequenz. Atome mit magnetischem Moment lassen sich in ihrer magnetischen Wechselwirkung nicht beeinflussen, aber man kann experimentell die Stärke der Kontaktwechselwirkung sowie die Fallenfrequenzen verstellen. Zwei Extremfälle von Fallen sind in Abbildung 6.9 gezeigt. In einer zigarrenförmigen Falle (auch prolat genannt) sind die Dipole hauptsächlich Kopf an Kopf und weniger nebeneinander angeordnet, sodass hier die Anziehung dominiert. Das Gegenstück dazu bildet eine Pfannkuchenfalle (oblat genannt). Hierin befinden sich die Dipole eher Seite an Seite als übereinander. Im Folgenden sei die Falle symmetrisch bezüglich der Dipolachse, welche mit der z-Achse identisch ist. Die Richtung senkrecht dazu wird mit ϱ bezeichnet. Entsprechend wird die Fallenfrequenz in der z-Richtung mit ω_z bezeichnet, die Frequenz in ϱ-Richtung mit ω_ϱ. Eine oblate Falle ist durch ein großes Verhältnis ω_z/ω_ϱ gekennzeichnet, für eine prolate Falle ist dieses Verhältnis entsprechend kleiner als 1. Experimentell lässt sich zwischen diesen Formen der Falle (in gewissen Grenzen) kontinuierlich umschalten. Die ersten Experimente zur Bose-Kondensation wurden mit Alkali-Atomen durchgeführt. Diese

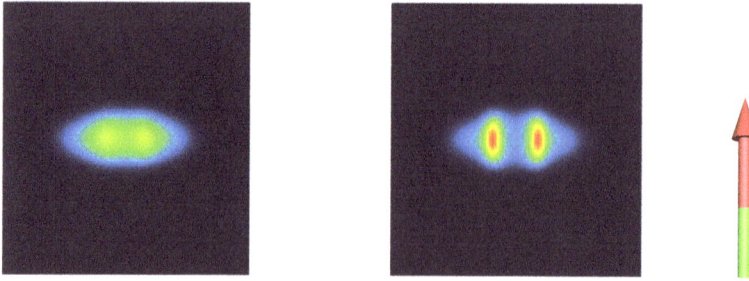

Abb. 6.10: Dichteverteilungen eines dipolaren Kondensats in einer Falle mit einem Frequenzverhältnis von $\omega_z/\omega_\varrho = 3$ in der z-ϱ-Ebene. Um das gesamte Kondensat zu rekonstruieren, müsste man das Bild also um die z-Achse rotieren. Man erkennt, dass die Ausdehnung in z-Richtung entsprechend kleiner ist als in radialer Richtung. Im linken Bild ist die Kontaktwechselwirkung leicht abstoßend und befindet sich ein Stück weit von der Stabilitätsgrenze entfernt. Im rechten Bild ist die Kontaktwechselwirkung noch etwas weiter reduziert, unmittelbar bis an die Grenze zum Kollaps. Man sieht, dass die Dipole vom Mittelpunkt weg streben, hin zum Rand der Falle. Sie ordnen sich also bevorzugt auf einem Ring an. Solche Strukturen sind charakteristisch für die Dipol-Dipol-Wechselwirkung und stehen in engem Zusammenhang mit der Stabilität. Zur Verdeutlichung ist noch ein magnetisches Moment in der gleichen Orientierung wie im Kondensat daneben gezeichnet.

besitzen ein magnetisches Moment, welches aber sehr klein ist, sodass dipolare Effekte nicht beobachtet werden können, selbst wenn man die Kontaktwechselwirkung „ausschaltet". 2005 gelang es schließlich, ein Kondensat aus Chrom herzustellen [5]. Chrom hat die Besonderheit, ein für Atome relativ großes magnetisches Moment zu besitzen. Damit wurde die direkte Beobachtung dipolarer Effekte in ultrakalten Gasen möglich. Eine der ersten Fragestellungen war die nach der Stabilität von dipolaren Kondensaten. Dabei wurden die Kontaktwechselwirkung wie auch die Fallengeometrie variiert [6]. Ein zentrales Ergebnis war dabei, dass ein dipolares Kondensat nach Abschalten der Kontaktwechselwirkung von selbst in der Lage war, sich zu stabilisieren. Dazu musste die Falle jedoch oblat eingeregelt werden - die Abstoßung zwischen den Dipolen verhindert dann den Kollaps. Wenn man die Kontaktwechselwirkung negativ einstellt, lässt sich der Kollaps ebenfalls verhindern, man muss aber die Falle immer oblater machen. Im Experiment war dabei die genaue Dichteverteilung des Kondensats in der Falle, also vor der time of flight-Messung, nicht zugänglich. Hier helfen jedoch als Gegenstück theoretische Berechnungen. Die Abbildung 6.10 zeigt die Dichteverteilung der Atome in der Falle mit einem Frequenzverhältnis von $\omega_z/\omega_\varrho = 3$ bei zwei verschiedenen Werten der Kontaktwechselwirkung. Bei Werten der Kontaktwechselwirkung deutlich abseits der Stabilitätsgrenze hat die Verteilung am Zentrum ihr Maximum und flacht zu den Rändern hin ab. In unmittelbarer Nähe zur Stabilitätsgrenze (also dort, wo das Kondensat schließlich zu einem Kristall kollabieren wird), zeigen sich jedoch Strukturen. Am Fallenzentrum befindet sich ein lokales Minimum der Dichte, diese steigt zum Fallenrand hin an, sodass sich viele Atome auf einem Ring anordnen. Diese Konfiguration ist der Ausweg, den die Dipole finden, um dem

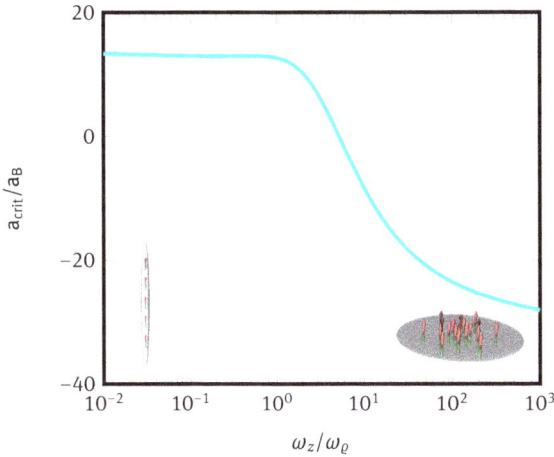

Abb. 6.11: Zur Stabilität eines dipolaren Kondensats in unterschiedlichen Fallen. In prolaten Fallen ordnen sich die Atome hauptsächlich übereinander an, wodurch eine abstoßende kurzreichweitige Wechselwirkung benötigt wird, um das Kondensat zu stabilisieren. Oblate Fallen hingegen erlauben sogar anziehende kurzreichweitige Kräfte. Die Stärke der Kontaktwechselwirkung wird in Bohr-Radien (a_B) gemessen. Für Chrom liegt die absolute untere Grenze bei etwa $-30\,a_B$, das ist der Grenzfall eines zweidimensionalen Kondensats, in welchem die Dipole nur nebeneinander liegen und sich maximal abstoßen.

Kollaps noch zu entgehen. Dreht man die Kontaktwechselwirkung noch weiter herunter, so kann das Kondensat allerdings nicht mehr existieren. Die Grenze zwischen dem stabilen und dem instabilen Bereich ist in Abbildung 6.11 zu sehen. Diese Grenzlinie wurde mit Hilfe einer Näherung der Gross-Pitaevskii-Gleichung (6.8) erhalten. Numerisch exakte Verfahren zeigen noch eine Abweichung dazu. Man kann aus den beiden theoretischen Ansätzen erkennen, dass sich die Stabilitätsgrenze umso weiter zu negativen Kontaktwechselwirkungen hin verschiebt, je flacher das Kondensat ist. Der Grund dafür ist die Abstoßung der hauptsächlich nebeneinander liegenden Dipole. Der Grenzfall wäre ein zweidimensionales Kondensat. Stärker können sich die Dipole nicht mehr abstoßen, sodass sie die anziehende Kontaktwechselwirkung auch nur bis zu einer bestimmten Größe kompensieren können. Unterhalb dieses Minimalwertes kann das Kondensat unter keinen Umständen mehr existieren.

6.2.2 Dynamische Instabilitäten

Interessant ist, dass es kleine Bereiche auf der stabilen Seite gibt, in denen die Kondensate Strukturen aufweisen. Mit diesen Strukturen hat es noch eine besondere Bewandtnis. Wenn man von Stabilität spricht, so geht es einerseits um eine rein statische Existenz des Kondensats, andererseits aber auch um die Widerstandsfähigkeit gegen-

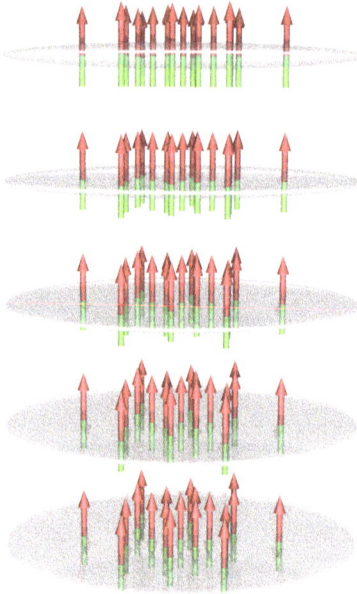

Abb. 6.12: Ein Stapel von sehr flachen Kondensaten zur Verstärkung der Dipol-Dipol-Wechselwirkung.

über kleinen Störungen. Regt man das Kondensat auf irgend eine Weise zu kleinen Schwingungen an, so schwingt es entweder mit, oder aber es zerfällt dabei. In den Bereichen von strukturierten Grundzuständen liegt eine solche dynamische Instabilität vor. Bestimmte Schwingungsanregungen sorgen dafür, dass das Kondensat schließlich kollabiert. In Chrom-Kondensaten sind die Inseln dieser Instabilität jedoch trotz des recht großen magnetischen Moments noch immer unmessbar klein, jedenfalls bei experimentell zugänglichen Parametern. Da man an der Dipol-Dipol-Wechselwirkung nicht drehen kann, kam eine weitere Idee auf: Man verstärkt die magnetische Wechselwirkung, indem man mehrere Kondensate übereinander schichtet, wie in Abbildung 6.12 skizziert. Das mittlere Kondensat in einem solchen Stapel spürt noch viele andere Kondensate, sodass dipolare Effekte dadurch verstärkt werden können. Tatsächlich ergeben sich dadurch weitere Inseln von Strukturen und dynamischen Instabilitäten [7]. Ein Beispiel für solche Strukturen ist in Abbildung 6.13 dargestellt. Das System bestand hier aus 4 Fallen, der Wert der Streulänge wurde nahe an die Instabilität gelegt. Aufgetragen sind nun die radialen Verläufe der Wellenfunktionen in den einzelnen Kondensaten, wobei die beiden äußeren Kondensate (1 und 4) sowie die inneren beiden (2 und 3) aufgrund der Symmetrie identisch sind. Die Verstärkung der Dipol-Dipol-Wechselwirkung führt zu neuartigen Strukturen. Die Dipole ordnen sich nicht nur auf einem Ring an wie in Abbildung 6.10 b), sondern auf zwei Ringen. Die magnetische Wechselwirkung führt also zu einer Modulation der Dichte, welche mit

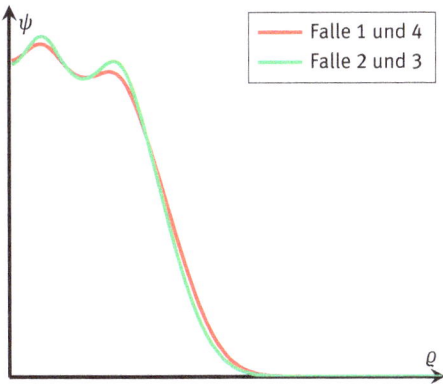

Abb. 6.13: Radiale Wellenfunktionen in einem Stapel von 4 Kondensaten. Man sieht deutlich die auftretenden Strukturen, welche für die beiden inneren Kondensate (2 und 3) noch stärker ausgeprägt sind als für die äußeren beiden (1 und 4).

zunehmender Stärke immer ausgeprägter werden wird, d.h. es werden sich noch weitere Maxima ergeben. Diese Strukturen sind gewissermaßen die Vorbereitung auf den einsetzenden Zerfall der Kondensate in einzelne dichte „Tröpfchen", wenn die Streulänge entsprechend weit abgesenkt wird. Hier findet sich übrigens auch eine Schnittstelle zu supraflüssigem Helium. Dieses besitzt ein Anregungsspektrum, welches dem von dipolaren Kondensaten ähnelt.

6.3 Ausblick

Wir haben nun einen Einblick in das Phänomen der Bose-Einstein-Kondensation und im speziellen in Kondensate mit einem magnetischen Moment erhalten. Chrom ist hier ein besonderes Element, da es ein sehr großes magnetisches Moment besitzt. Doch Chrom wird noch übertroffen von Dysprosium, welches aus diesem Grunde derzeit Gegenstand der Forschung ist. Solange die Wechselwirkung zwischen den Atomen klein ist, beschreibt sie nur eine Störung und lässt sich im Rahmen einer Mean-Field-Näherung beschreiben, wie wir es auch getan haben. Doch starke Wechselwirkungen führen zu neuen Vielteilchenphänomenen, die über diese Näherung hinaus gehen. Dies ist wieder einmal sowohl für die Experimentatoren als auch für die Theoretiker eine Herausforderung. Doch auch eine schwache Wechselwirkung zwischen zwei Atomen kann zu neuer Physik führen. Rubidium ist seit jeher ein Kandidat für Bose-Einstein-Kondensate. Ein hoch angeregtes Rubidium-Atom, ein sogenanntes Rydberg-Atom, ermöglicht nun inmitten einer Wolke weiterer Rubidium-Atome durch sein weit außen kreisendes Elektron eine ganz neue Art der Bindung zu anderen Atomen.

Die besprochenen Stapel von Kondensaten stellen einen Prototyp eines Festkörpers dar. Viele Fallen übereinander kann man als Näherung eines periodischen

Potentials auffassen, wobei es den Teilchen in den Potentialen im angesprochenen Beispiel nicht möglich ist, sich über die Grenze einer Potentialmulde hinaus zu bewegen. Doch das kann man ebenfalls ändern, indem man das Potential entsprechend etwas abschwächt und die Teilchen damit zwischen den Mulden „hüpfen" können. Dies ist ein Pendant zur elektrischen Leitfähigkeit eines Festkörpers, welche durch quasi-freie Elektronen zustande kommt. Wir untersuchen hier aber keine Fermionen, sondern Bosonen, wie sie auch in der supraleitenden Phase in einem Festkörper vorhanden sind. Somit ergibt sich hier eine Verbindung zwischen der Bose-Einstein-Kondensation und der Festkörperphysik. Das Modell ist sehr reichhaltig: Man kann ein eindimensionales Potential erzeugen, aber auch auf zwei oder drei Dimensionen erweitern. Die Potentialtiefe wird einen Einfluss auf die „Leitfähigkeit" haben, aber auch die Wechselwirkungsstärke zwischen den Teilchen. Es lassen sich damit Ordnungen untersuchen, die sich aufgrund der verschiedenen Parameter ergeben können. Es geht hier also um Phasenübergänge. Erwähnt sei hier eine besondere Phase, welche es nur in der Quantenmechanik gibt: Eine Mischung aus einem Suprafluid und einem Festkörper, ein sogenannter Supersolid. In diesem Zustand bewegen sich die Atome wie in einer Supraflüssigkeit frei über das gesamte Gitter, jedoch weist die Wellenfunktion gleichzeitig eine periodische Ordnung wie in einem Festkörper auf. Ein entsprechendes Experiment mit Helium wurde schon durchgeführt, jedoch ist zweifelhaft, ob tatsächlich ein Supersolid gefunden wurde. Bose-Einstein-Kondensation stellt also immer noch ein sehr aktives Forschungsfeld dar, und es wird sicherlich weitere spannende Erkenntnisse auf diesem Gebiet geben.

Literatur

[1] S. Bose. Plancks Gesetz und Lichtquantenhypothese. *Z. Phys.* **26**, 178 (1924).

[2] A. Einstein. Quantentheorie des einatomigen idealen Gases. *Sitzber. Kgl. Preuss. Akad. Wiss.* p. 261 (1924).

[3] M. H. Anderson, J. R. Ensher, M. R. Matthews, C. E. Wieman, and E. A. Cornell. Observation of Bose-Einstein Condensation in a Dilute Atomic Vapor. *Science* **269**, 198 (1995).

[4] C. C. Bradley, C. A. Sackett, J. J. Tollett, and R. G. Hulet. Evidence of Bose-Einstein Condensation in an Atomic Gas with Attractive Interactions. *Phys. Rev. Lett.* **75**, 1687 (1995).

[5] A. Griesmaier, J. Werner, S. Hensler, J. Stuhler, and T. Pfau. Bose-Einstein Condensation of Chromium. *Phys. Rev. Lett.* **94**, 160401 (2005).

[6] T. Koch, T. Lahaye, J. Metz, B. Fröhlich, A. Griesmaier, and T. Pfau. Stabilizing a purely dipolar quantum gas against collapse. *Nature Physics* **4**, 218 (2008).

[7] P. Köberle and G. Wunner. Phonon instability and self-organized structures in multilayer stacks of confined dipolar Bose-Einstein condensates. *Phys. Rev. A* **80**, 063601 (2009).

7 Quantencomputer

Die Entwicklung der Menschheit ist aus technologischer Sicht im 20. und bisherigen 21. Jahrhundert so rasant verlaufen wie in ihrer ganzen Geschichte nicht. Mittlerweile befinden wir uns im digitalen Zeitalter. Computer, Mikrochips, das Internet, Smartphones, um nur einige Errungenschaften zu nennen, bestimmen unseren Alltag, unsere Kommunikation und Lebensweise. Betrachten wir die Entwicklung der Mathematik, Physik und Informatik, so können wir erkennen, dass die Geburtsjahre der Quantenmechanik (QM) und der modernen Computerwissenschaft gar nicht so weit auseinander liegen: Die wesentlichen Grundlagen der QM wurden zwischen der Mitte der 20er- und 30er-Jahre des letzten Jahrhunderts geschaffen. Hieran waren einige der bedeutendsten Köpfe des 20. Jahrhunderts beteiligt, wie WERNER HEISENBERG, ERWIN SCHRÖDINGER, WOLFGANG PAULI oder JOHN VON NEUMANN. Die Grundlagen zur Entwicklung der in heutiger Zeit genutzten Computertechnologien wurden zwischen der Mitte der 30er- und dem Ende der 40er-Jahre erarbeitet. Auch hier war John von Neumann als Pionier tätig, neben ALAN TURING, JOHN ATANASOFF und KONRAD ZUSE, um nur einige zu nennen. Die Verbindung der beiden Themengebiete fand dann im Laufe der 80er-Jahre statt, sodass wir uns heute Gedanken über die Entwicklung von Quantencomputern machen dürfen. Diese arbeiten mit einem grundlegend anderen Prinzip als die von uns derzeit genutzten klassischen Computer. Wie die Quanteninformationsverarbeitung als eine Basis für die Nutzung von Quantencomputern auszusehen hat und auch gelingen kann, damit beschäftigen sich die Wissenschaftler seit der Mitte der 90-er Jahre, womit wir es mit einem recht jungen Forschungsgebiet zu tun haben. Die Notwendigkeit, sich mit dem Rechnen auf der Quantenebene auseinanderzusetzen, ist mit der fortschreitenden Miniaturisierung der Schaltelemente begründet. Setzt man die bisher stattgefundene Entwicklung fort, die sich seit gut 50 Jahren an dem empirisch gefundenen Mooreschen Gesetz[22] orientiert, welches besagt, dass sich etwa alle eineinhalb Jahre die Rechnerleistung verdoppelt, müsste zwischen 2020 und 2030 der Level erreicht sein, dass ein Bit durch ein Atom darzustellen ist. Das hätte dann zwingend zur Folge, dass quantenmechanische Effekte berücksichtigt werden müssen.

---

22 Formuliert von GORDON MOORE, Mitbegründer der Firma Intel, im Jahr 1965.

https://doi.org/10.1515/9783111260570-007

7.1 Worum es geht

Zusammenfassung:

Um die Funktionsweise möglicher Quantencomputer verstehen zu können, müssen wir uns mit den Begrifflichkeiten der Quantenmechanik auseinandersetzen. Diese erweisen sich, da sie sich unserer alltäglichen Erfahrungswelt meist entziehen, als schwerer zugänglich im Vergleich zu den Gesetzen, die wir zum Verstehen moderner Digitalrechner benötigen. Die klassische Informationstheorie, die die Grundlage der aktuellen Rechnerarchitekturen bildet, ist da leichter zugänglich. Aber um die Technologie eines Quantencomputers verstehen zu können, müssen wir uns eben gerade mit den Begriffen Wellenfunktion, Spin, Verschränkung und dem Superpositionsprinzip auseinandersetzen. Die Liste ist natürlich noch bedeutend länger, aber wir versuchen, uns in diesem Kapitel einen kleinen Überblick über die spannenden Theorien bezüglich des vergleichsweise jungen Forschungsgebietes „Quantencomputer" zu verschaffen und dabei nur die notwendigsten Eckdaten zu verwenden. Für die Grundlagen der Quantenmechanik sei der interessierte Leser auf die entsprechende Literatur verwiesen, z.B. [1].

7.1.1 Bit vs. Quantenbit

In digitalen Systemen unterscheiden wir auf der untersten Ebene zwischen zwei Zuständen, z.B. an und aus, oben und unten, links und rechts, klein und groß (wobei das sehr relativ ist). Mathematisch reichen für deren Beschreibung zwei Ziffern aus, wobei die Wahl recht intuitiv auf 0 und 1 fällt. Das verwendete Zahlensystem ist somit ein Dual- oder Binärsystem, das auf lediglich zwei Ziffern zur Darstellung aller Zahlen basiert. Im Englischen sprechen wir von einem *binary digit*, was durch die Kreuzung der beiden Worte den Ausdruck „Bit" ergibt. Aus 8 Bits bilden wir ein Byte, was die nächstgrößere Maßeinheit und die kleinste adressierbare Einheit in einer Vielzahl von Rechnersystemen ergibt. Die Informationsdarstellung und Informationsverarbeitung erfolgt in klassischen Computern durch eben diese Bits (und Bytes). Zur technischen Umsetzung muss man dazu „nur" zwei definierte Zustände unterscheiden, z.B. Spannungen oberhalb einer bestimmen Schwelle (= 1) oder unterhalb derselben (= 0) oder durch Vorgabe von Magnetisierungsrichtungen, um nur zwei Möglichkeiten zu nennen. Die Bits fassen wir in Registern zusammen und können so alle möglichen Größen bearbeiten. Welches Bit zum Auslesen vorliegt, das erfahren wir durch eine konkrete Messung. Bei dieser können wir zwei mögliche Zustände erwarten (eben 0 oder 1), wir können Bits speichern, übertragen und kopieren. Das alles sind Eigenschaften, die den Nutzen eines klassischen Computers ausmachen.

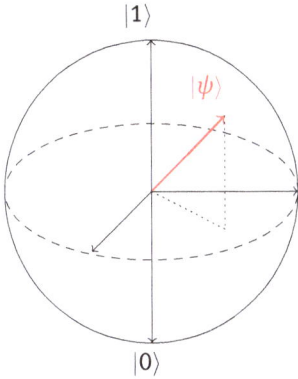

Abb. 7.1: Bloch-Sphäre, lediglich mit den für uns zur Illustration notwendigen Größen notiert. Die Benennung der Achsen und Winkel sind nicht eingezeichnet.

Bei Quantencomputern verwenden wir nun die sogenannten Quantenbits (kurz: Qubit). Ein Qubit ersetzt hier das klassische Bit als Speicherelement und besitzt die Eigenschaft, dass es nicht nur die Zustände 0 und 1 besitzen darf, sondern eine lineare Superposition **beider** Zustände. Diese schreiben wir mit der in der Quantenmechanik üblichen Dirac-Notation[23] nieder: $|0\rangle$ und $|1\rangle$. Die Menge der lineare Superpositionen S_L ist dann

$$S_L = \left\{ \Psi = \alpha_0 \, |0\rangle + \alpha_1 \, |1\rangle \, | \alpha_0, \alpha_1 \in \mathbb{C} \text{ und } |\alpha_0|^2 + |\alpha_1|^2 = 1 \right\} \qquad (7.1)$$

Ein Qubit ist somit ein Zweizustandssystem. Zur grafischen Darstellung der Zustände eines solchen Systems nutzt man in der QM die Bloch-Kugel oder Bloch-Sphäre, die auf den Physiker FELIX BLOCH zurück geht. Ein jeder Zustand wird dabei durch einen Punkt der Kugeloberfläche repräsentiert. Sehen wir uns als Beispiel acht klassische Bits und acht Qubits an, so zeigt uns Abbildung 7.2, wie wir uns die möglichen Werte der Bits vorstellen könnten. Wie wir mit den Qubits arbeiten und was dabei die Unterschiede und Vorteile bei bestimmten Rechnungen gegenüber den klassischen Bits sind, das diskutieren wir im nächsten Abschnitt.

7.1.2 Über Quantenregister und Quantengatter

Die Zusammenfassung von n Bits nennen wir ein n-Bitregister. Im Fall eines klassischen Registers, dessen Bits, wie bereits angeführt, zwei Zustände kennen (0 und 1), charakterisiert eine Kombination aus zusammen n Nullen und Einsen, ein sog. Bitstring, den betrachteten Zustand. Damit können dann $N = 2^n$ Zustände beschrieben

---

23 Die Dirac-Notation ist eine koordinatenfreie Notation von Zustandsvektoren im komplexen Raum und findet in der Quantenmechanik Verwendung.

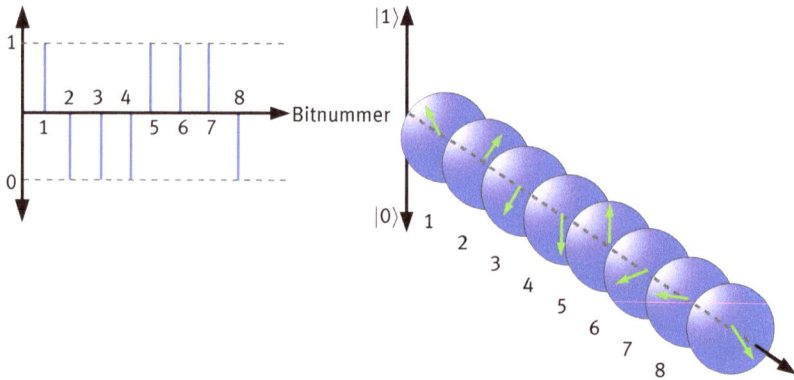

Abb. 7.2: Ein bestimmter Zustand acht klassischer Bits, die nur die Werte 0 und 1 annehmen können (links). Die Zeiger auf den Blochsphären (rechts) können in beliebige Richtungen zeigen. Es wird zwar ein Zustand gezeigt, aber die Quantenmechanik ermöglicht eine Superposition aller Zustände, was grafisch nicht realisiert werden kann.

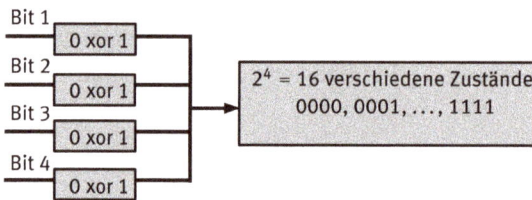

Abb. 7.3: Klassisches 4-Bitregister mit den 16 möglichen Zuständen, wobei jeder für sich alleine steht und es zu keinen Überlagerungen kommt.

werden. Dabei steht jeder für sich allein und eine Überlagerung der Zustände ist nicht möglich. Haben wir z.B. ein 4-Bitregister vorliegen, wobei jedes Bit entweder 0 oder 1 sein kann, dann lassen sich damit $2^4 = 16$ Zustände von 0000 bis 1111 darstellen. Dies zeigt schematisch Abbildung 7.3. Um die 16 möglichen Zustände zu erhalten, sind auch 16 Rechenschritte nötig und wenn wir einen Bestimmten zu suchen haben, erhalten wir diesen in einem ungünstigen Fall erst nach einigen unnötigen Rechnungen. Das wäre z.B. möglich, wenn sich jemand aus den 16 Zuständen einen als Schlüssel für eine Codierung aussucht und wir müssten herausfinden, welcher denn gewählt wurde. Im ersten Moment haben wir eine Erfolgswahrscheinlichkeit von $\frac{1}{16}$, bei einem Misserfolg von $\frac{1}{15}$ (wir verwenden den getesteten Schlüssel ja nicht noch einmal!) usw. Bei entsprechend komplexen, da besonders langen Schlüsseln, die im übrigen auf Primzahlen basieren, wären wir mit dem Entschlüsseln einer entsprechenden Botschaft (dechiffrieren) Tage, Monate, Jahre oder noch viel länger beschäftigt.

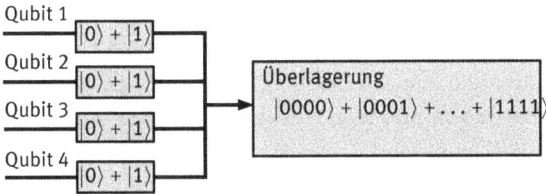

Abb. 7.4: Quantenmechanisches 4-Bitregister. Die Addition der Zustände soll verdeutlichen, dass eine Superposition derselben möglich ist, welche als Input für eine mögliche Berechnung genutzt werden kann.

Das Verschlüsseln von Nachrichten ist, auch wenn man „nur" klassisch arbeitet, ein sehr interessantes und ebenso praxisrelevantes Thema, selbst wenn man nicht als Programmierer für eine Bank oder eine Firma tätig ist. Als mathematische Grundlagen werden lediglich elementare Kenntnisse der Linearen Algebra benötigt, die bereits zu Beginn eines entsprechenden Studiums erworben werden. Falls Interesse besteht, lohnt es sich durchaus, ein wenig Recherche zu betreiben. Wichtige Stichworte wären hierbei: chiffrieren und dechiffrieren, Klartext, Kryptosystem, Verschiebechiffre, RSA-Verfahren.

Bei der Verwendung von Qubits gilt insbesondere das Superpositionsprinzip für die Zustände, was wir als einen der ersten und auch wesentlichen Unterschiede zum klassischen Computer festhalten müssen. Damit sind als Input beim Quantencomputer nicht nur die Zustände $|0\rangle$ und $|1\rangle$ erlaubt, sondern alle(!) ihre Linearkombinationen $\alpha_0 |0\rangle + \alpha_1 |1\rangle$. Das ist eine Erkenntnis von enormer Tragweite, die dem Quantencomputer bei bestimmten Problemen einen riesigen Vorteil gegenüber dem klassischen Modell verschafft. Gehen wir wieder von unseren vier Bits aus, dann haben wir die bekannten 16 Zustände aus dem klassischen Fall, nämlich $|0000\rangle$, $|0001\rangle$, ... , $|1111\rangle$. Klassisch können wir aber immer nur einen dieser Zustände verwenden, sodass im Falle eines Misserfolgs ein neuer String Verwendung findet. Diese Vorgehensweise ist deswegen sinnvoll, weil die Ergebnisse hier deterministisch sind. Das bedeutet: Nutzen wir zweimal denselben Zustand als Input, erhalten wir auch zweimal dasselbe Ergebnis. Der Quantencomputer erlaubt nun als Input auch eine lineare Überlagerung der Zustände. Hierbei sticht ein Zustand besonders hervor. In unserem Beispiel wäre es

$$|\Phi\rangle = |0000\rangle + |0001\rangle + |0010\rangle + \ldots + |1110\rangle + |1111\rangle. \tag{7.2}$$

Wir haben also alle möglichen klassischen Zustände als Berechnungsbasis verwendet und aus diesen eine Linearkombination $|\Phi\rangle$ gebildet. Diese dürfen wir dem Quantencomputer als Input übergeben und damit alle Ergebnisse der Klassik in einem Mal. Und damit kann dieser nun parallel arbeiten, weswegen hier auch von **Quantenparallelismus** gesprochen wird. Daraus resultiert Abbildung 7.4. Mit allen Zuständen gleichzeitig arbeiten zu können, das verspricht eine enorme Steigerung der Rechenleistung! Aber wie rechnet denn ein Quantencomputer mit den Zuständen und welche Rahmenbedingungen bestimmen seine potentielle Rechenleistung zusätzlich?

Der bereits erwähnte Quantenparallelismus, die Übergabe und mögliche Verarbeitung einer Überlagerung der Inputzustände, zeigt uns das mögliche Potential eines Quantencomputers auf. Natürlich muss man aber auch an den Output gelangen und hier ist es jetzt etwas schwieriger, diesen auszulesen. Liegt ein Zustand $\Psi_{out} = \alpha_{0o} |0\rangle + \alpha_{1o} |1\rangle$ als Ergebnis einer Rechnung mit dem Quantencomputer vor, so ist es nicht möglich, mit einer Messung die Werte der Koeffizienten zu bestimmen. Mit mehreren aufeinanderfolgenden Messungen können höchsten $|\alpha_{0o}|^2$ und $|\alpha_{1o}|^2$ ermittelt werden. Das sind die Wahrscheinlichkeiten für die einzelnen Zustände. Damit ist das Auslesen der Informationen wesentlich aufwändiger als beim klassischen Computermodell. Man spricht auch davon, dass der Quantencomputer bzw. viele der passenden Algorithmen ein **probabilistisches Ergebnis** liefern. Führt man diese öfter aus, so kann anschließend von einer **vertrauenswürdigen Wahrscheinlichkeit** ausgegangen werden. Somit haben wir einen konkurrierenden Prozess zu dem für eine enorme Rechenleistung stehenden Quantenparallelismus[24], der mit darüber entscheidet, ob ein entsprechendes Problem auf einem Quantencomputer schneller gelöst werden kann als auf einem klassischen Computer.

Bereits 2000 diskutierte DAVID P. DIVINCENZO welche Kriterien ein physikalisches (Quanten-)System erfüllen muss, um als Quantencomputer definiert zu werden. Seine Eckpunkte sind dabei:

- Ein solches System muss auf eine beliebige Anzahl eindeutiger Qubits skalierbar sein (Stichworte hierbei sind die vertikale und die horizontale Skalierung), sodass eine Leistungssteigerung des Systems möglich ist.
- Alle Qubits müssen in einem Ausgangszustand initialisiert werden können.
- Die Gatteroperationen müssen zeitlich deutlich unterhalb der Kohärenzzeit liegen, sodass ein Auseinanderlaufen bzw. „Zerfließen" der zu beobachtenden Wellen für das Ergebnis der Rechnung keine Störung darstellt.
- Es muss die Umsetzung eines universellen Satzes von Quantengattern möglich sein. Mit Hilfe dieser Gatter werden die eigentlichen Rechnungen durchgeführt, was wir im Anschluss an diese Auflistung kurz erläutern werden.
- Der vorliegende Zustand eines jeden Qubits muss messbar sein, sonst ist ein Auslesen der Ergebnisse nicht möglich.

Um nun mit einem Computer rechnen zu können, müssen die gespeicherten Informationen logisch miteinander verknüpft werden was über sog. **Gatter** geschieht. Die

---

24 Der Quantenparallelismus ist nicht mit dem klassischen Parallelismus zu verwechseln, der darauf basiert, dass mehrere Rechner an einer Aufgabe arbeiten. Der Quantencomputer kann sich zu einem bestimmten Zeitpunkt in vielen Zuständen befinden, während der Parallelrechner viele Rechenschritte auf unterschiedlichen Rechnern bzw. Kernen durchführt.

wichtigsten Gatter für die Umsetzung der Rechnungen auf einem klassischen Computer sind:
- **Negation:** Das NOT-Gatter invertiert den Wert des Bits von 0 zu 1 bzw. von 1 zu 0.
- **Logisches UND:** Das UND-Gatter liefert nur einen von 0 verschiedenen Wert, wenn beide Inputwerte 1 sind.
- **Logisches ODER:** Das OR-Gatter liefert nur den Wert 0, wenn beide Inputwerte 0 sind.
- **Ausschließendes ODER:** Das XOR-Gatter (Excluxive OR) liefert den Wert 1, wenn die beiden Inputwerte unterschiedliche Werte beinhalten (0 und 1 bzw. 1 und 0).

Weitere Gatter sind entsprechende Negationen der bereits gezeigten und heißen NAND-, NOR- und XNOR-Gatter.

Die **Booleschen Algebra**, benannt nach GEORGE BOOLE, ist die Grundlage bei der Konstruktion und Entwicklung von Schaltungen der modernen Elektronik. Die aufgelisteten Gatter werden dabei häufig durch Wahrheitstabellen charakterisiert. Eine Auseinandersetzung mit der Thematik lohnt sich in der Hinsicht, um die Denkweise bei algebraischen Strukturen zu erlernen.

Für einen klassischen Computer kann man nun Sätze dieser Gatter auswählen (werden als **universelle Sätze** bezeichnet), die alle möglichen komplexeren Operationen auf einem Rechner implementieren, d. h. umsetzen können. Ein solcher Satz ist z.B. {AND, OR, NOT} mit der zusätzlichen Funktion des Kopierens. Jedes Gatter wirkt dabei nur auf ein oder zwei Bits und stellt damit die elementarste Operation in einem Schaltkreismodell[25] dar. Jede komplexere Manipulation eines Bitstrings kann in diese zerlegt werden. Um nun auf einem Quantencomputer rechnen zu können, benötigen wir die hierfür passenden **Quantengatter** bzw. einen universellen Satz derselben. Ein solcher Satz besteht tatsächlich nur aus zwei Gattern. Sie wirken auf ein bzw. mehrere Qubits und allein damit lässt sich ein universeller Quantencomputer realisieren. Die notwendigen Operationen sind daher z.B. die folgenden:[26]
- **Ein-Qubit-Operation:** Solche Operationen[27] manipulieren ein einzelnes Qubit und stellen mathematisch Rotationen auf der Bloch-Kugel, welche wir aus Abbildung 7.1 kennen, dar.
- **Zwei-Qubit-Operation:** Natürlich gibt es mehrere Gatter diesen Typs[28], aber hier geht es im Speziellen um das CNOT-Gatter (CNOT = controlled NOT) nach

---

25 Das Schaltkreismodell ist äquivalent zur sog. Turing-Maschine (ALAN TURING, 1936). Diese ist ein theoretisches Konstrukt nach dessen Prinzip heutige Rechner immer noch arbeiten. Somit können moderne Rechner mit auf solchen Gattern basierenden Schaltungen aufgebaut werden.

26 Es gibt aber durchaus auch andere Möglichkeiten, einen universellen Satz zu erhalten.

27 Hierzu gehören z.B. auch die Identität oder die Pauli-Gatter/Matrizen.

28 Derzeit sind es mindestens sieben an der Zahl, die Verwendung finden.

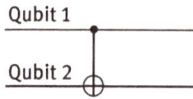

Abb. 7.5: Quantenschaltplan für das CNOT-Gatter.

Cirac-Zoller[29]. Bei diesem findet eine kontrollierte Zustandsänderung des zweiten Qubits statt, abhängig von dem Zustand des ersten Qubits.

– **Gottesman-Knill-Theorem:** Dieses ist kein Gatter, sondern legt u. a. eher einen grundlegenden Unterschied zwischen klassischen Schaltkreisen und Quantenschaltkreisen fest: Bei letzteren können keine unbekannten Zustände kopiert werden.

Einen wichtigen Unterschied zwischen klassischen Schaltkreisen und Quantenschaltkreisen gilt es noch festzuhalten. Im klassischen Fall haben wir es zumeist mit Informationen zu tun, die als elektrisches Signal einen durch Transistoren, Widerständen usw. aufgebauten Schaltkreis durchlaufen. Das jeweilige Gatter existiert also als eigenes Bauteil, bestehend aus diversen Einzelteilen. Das Gatter im Quantencomputer wird zwar auch als solches bezeichnet, stellt aber eine definierte Manipulation eines oder mehrerer Qubits dar, in dem diese in ihrem Zustand verändert werden (z.B. durch das Einstrahlen eines Laserpulses). Hieran kann man sehen, dass eine technische Realisierung hohe Anforderungen an die Präzision und die Dimensionen der verwendeten Apparaturen stellt. Welche Lösungen Forscher hierzu bereits gefunden haben, werden wir uns auszugsweise in Abschnitt 7.2.2 anschauen.

7.1.3 Was würde ein Quantencomputer bringen?

Bevor wir uns ansehen, wie ein Quantencomputer realisiert werden kann, welche Prinzipien die Theorie in die Praxis umsetzen, sollten wir uns kurz überlegen, ob der Bau auch einen Sinn macht. Haben wir Vorteile gegenüber einem klassischen Computer und sind diese wirklich so gravierend, dass sich die Weiterentwicklung der Theorie in eine über das Labor hinaus brauchbare Technologie lohnt? Mit einem Quantencomputer sind wir in der Lage, bisher ungelöste Probleme zu bearbeiten. Dieser Satz ist zwar nicht ganz falsch, aber eben auch bei weitem nicht richtig. Das liegt an der Mathematik, die hinter der Quantenmechanik steckt. Wir haben es hier im Wesentlichen mit lineare partiellen Differentialgleichungen zu tun. Diese können im Prinzip auch mit einem klassischen Computer gelöst werden, auch wenn manche Rechnungen sehr viel Zeit in Anspruch nehmen würden. Das hat zur Folge, dass man mit einem

---

29 Die Realisierung eines solchen Gatters wird in [2] besprochen.

klassischen Computer einen Quantencomputer simulieren kann. Umgekehrt geht dies prinzipiell auch. Somit stellt ein Quantencomputer keinen Super-Computer in dem Sinne dar, dass er mehr Probleme lösen kann als ein klassischer Computer. Aber für ganz bestimmte Probleme, von denen wir ein paar mit dem zugehörigen Algorithmus nennen wollen, könnte ein Quantencomputer seinem klassischen Pendant weit überlegen sein. Hierin sind die Bemühungen begründet, sich mit der Problematik zu beschäftigen und Lösungen und Realisierungen voranzutreiben.

7.1.4 Ein paar wichtige Algorithmen

Computer, egal ob klassisch oder quantenmechanisch, sind nur so gut, wie die speziell für sie entwickelten Algorithmen. Wir wollen hier ein paar wenige dieser Algorithmen nennen und uns einen kleinen Überblick verschaffen, was diese können und wie sie arbeiten. Dabei können wir natürlich nicht ins Detail gehen, da dies den Rahmen einer als Übersicht und zur Motivation gedachten Buches deutlich verlassen würde.

7.1.4.1 Promise-Algorithmen

Die in diesem Anschnitt vorgestellten Algorithmen sind, im Gegensatz zu denen aus dem Bereich der Kryptographie oder der Datenbanksuche, nicht von großer Bedeutung was die praktische Anwendung betrifft. Damit stellt sich die Frage, warum man von Promise-Algorithmen etwas gehört haben sollte, wenn man sich mit Quantencomputern beschäftigen möchte? Zwar sind diese nicht unmittelbar für die Praxis relevant, d. h. wir lösen kein Problem mit ihnen, das wir direkt z.B. für das Entschlüsseln einer Nachricht benötigen würden, aber sie waren eben die ersten Algorithmen, mit denen gezeigt werden konnte, dass ein Quantencomputer einem klassischen Rechner in bestimmten Belangen deutlich überlegen sein kann. Damit sind sie für das Verständnis von Quantencomputern und die Entwicklung der damit verbundenen Theorie von grundlegender Bedeutung. Sie sind also nicht für das Geldverdienen (das meint man ja meistens mit „relevant für die praktische Anwendung") von Bedeutung, aber für das Verstehen des Potentials eines Quantencomputers.[30]

Der erste Algorithmus für Quantencomputer geht auf das Jahr 1985 zurück, auf eine Arbeit von DAVID DEUTSCH. Der sog. **Deutsch-Algorithmus** entstand durch das folgende Problem: Gegeben ist eine Funktion f, die von der (Definitions-)Menge $D_f = \{0, 1\}$ in die (Werte-)Menge $W_f = \{0, 1\}$ abbildet, d. h. $f : \{0, 1\} \mapsto \{0, 1\}$. Das ist aber auch schon alles, was wir über die Funktion f wissen. Diese ist also unbekannt und soll als Orakel oder Black-Box angesehen werden. Sie erhält einen Input (0 oder 1 aus D_f) und wir wollen wissen, wie die Entscheidung abhängig von diesem Input aussieht, welcher Wert also aus W_f gewählt wird. Von der Funktion wird uns also ei-

---

30 Das ist quasi eine Vorfahrtregel für Wissenschaftler: Mind kommt vor money!

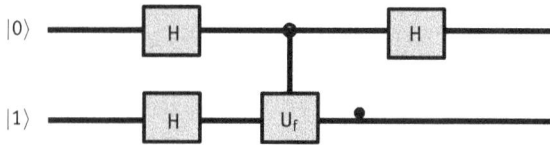

Abb. 7.6: Quantenschaltplan für den Deutsch-Algorithmus. Gezeigt ist die Anwendung des Hadamard-Gatters auf die überlagerten Zustände (darum oben und unten notiert), die Anwendung des sog. Orakels für die Funktion f, also das Anwenden der Funktion, von der wir nur wissen, wie sie sich verhält, und die abschließende Anwendung des Hadamard-Gatters auf den oberen Input. Die Rechnung mit den Gattern zeigt, dass nur Qubit Nummer 1 für die Entscheidung über das Verhalten der Funktion f ausreicht.

ne bestimmte Eigenschaft versprochen (to promise) und wir prüfen diese nach oder bestimmen zugehörige Größen näher (z.B. bei einer periodischen Funktion die relevante Periode). Um sich unter der Problemstellung beim Deutsch-Algorithmus besser etwas vorstellen zu können, wird hier häufig der Vergleich mit einer Münze herangezogen. Wir wollen herausfinden, ob die vorliegende Münze zwei verschieden Seiten oder ob sie zwei identische Seiten besitzt. Der das Problem lösende Quantenalgorithmus nach Deutsch nutzt dabei den Quantenparallelismus. Im Gegensatz zur klassischen Lösung (wir schauen uns beide Seiten an, haben also zwei Abfragen durchzuführen) kommt die Quantenvariante mit nur einer Abfrage aus. Durch Anwendung sogenannter Hadamard-Gatter[31], wobei zwei auf den Zustand $|0\rangle$ und eines auf den Zustand $|1\rangle$ wirkt, kann man zeigen, dass die Messung des ersten Qubits ausreicht und das Ergebnis nur von dem dort gemessenen Zustand abhängt. Da man nur zwei Zustände hat und dies dann eine Entweder-oder-Entscheidung ist, reicht einem eine Messung aus, um sicher[32] sagen zu können, was die Funktion f tatsächlich tut. Zu Quantenalgorithmen können **Quantenschaltpläne** angegeben werden, die zeigen, welche Operation an welcher Stelle durchzuführen ist. Diese Schemata sind vergleichbar mit Schaltplänen aus der Elektronik, die einen Überblick über den Aufbau und die Funktionsweise einer Schaltung geben und mit denen diese auch simuliert werden können.[33] Für den Deutsch-Algorithmus sehen wir den passenden Quantenschaltplan in Abbildung 7.6. Dieser zeigt, wann die für die Zustände passende Transformation durchzuführen ist.

---

31 Dieses gehört zu den Ein-Qubit-Gattern.
32 Das ist zu unterstreichen: Die Aussage ist sicher, nicht nur sehr wahrscheinlich!
33 Bereits in Abschnitt 7.1.2 haben wir die Schaltsymbolik für das CNOT-Gatter notiert.

Das Hadamard-Gatter bzw. die Hadamard-Transformation wird bei der digitalen Datenverarbeitung genutzt. Sie ist eine orthogonal-symmetrische, zu sich selbst inverse und lineare Transformation. Transformationen dienen in der Mathematik und Technik z.B. dazu, Koordinatensysteme zu wechseln (Koordinatentransformationen), um Symmetrien eines Problems nutzen zu können oder zur Berechnung
von ansonsten unlösbaren Integralen (Integraltransformationen). Mit Hilfe diskreter Transformationen können solche Berechnungen auch näherungsweise auf Computern umgesetzt werden. Dem interessierten Leser wird deshalb empfohlen, sich vielleicht einmal mit der Berechnung und dem Nutzen
bestimmter Transformationen auseinanderzusetzen. Als besonders prominente „Einstiegstrafos" sei-
en die Fourier-Transformation, die Laplace-Transformation (beide aus dem Bereich der Integraltransformationen und auch sehr nützlich, um Differentialgleichungen zu lösen) und die FFT (Fast-Fourier-
Transformation) bzw. DFT (Diskrete Fourier-Transformation), die nahe verwandt ist mit der Hadamard-
Transformation, empfohlen.

Der Deutsch-Algorithmus wurde einige Zeit später, zu Beginn der 1990-er, zum Deutsch-
Josza-Algorithmus ausgebaut. Dabei erweiterte man die Wirkung der Funktion f auf
n Eingabebits und fragte sich, wie die Funktion reagieren würde, d. h. $f : \{0, 1\}^n \mapsto
\{0, 1\}$. Auch hier kommt man mit einer Abfrage des Orakels bzw. der Black-Box aus,
um die Eigenschaft sicher festzustellen. Bei einem klassischen deterministischen Algorithmus (der nicht auf der Ermittlung von Wahrscheinlichkeiten basiert, also kein
probabilistischer klassischer Algorithmus[34]) wären hierzu $\frac{1}{2} \cdot 2^n + 1$ Abfragen notwendig. Die Anzahl der Abfragen beim Quantenalgorithmus ist aber nicht mit der Anzahl
der zu messenden Qubits zu verwechseln. Nach der Abfrage müssen alle n Qubits auf
ihren Output hin untersucht werden.

Neben den beiden gezeigten Algorithmen gibt es natürlich noch weitere aus dem Bereich der Promise-
Algorithmen bzw. Entscheidungsprobleme über die man sich informieren kann. Als Kandidat für weitere Recherchen bietet sich der Simon-Algorithmus an. Hier beschäftigt man sich mit der Periodenbe-
stimmung einer unbekannten, aber sicher periodischen Funktion.

7.1.4.2 Datenbanksuchalgorithmus nach Grover

Sucht man in einer unsortierten Datenbank mit N Einträgen ein bestimmtes Element
mit der Nummer m ($1 \leq m \leq N$) so ist die lineare Suche mit der Laufzeit $\mathcal{O}(N)$ (diese
steigt also proportional zur Länge der Liste, was durch die hier verwendete Landau-
Symbolik mathematisch verdeutlicht wird) die effektivste Variante zum Auffinden des
gesuchten Listeneintrags. Der Mitte der neunziger Jahre durch LOV GROVER entwickelte und veröffentlichte Quantenalgorithmus verkürzt diese Zeit v. a. für große N be-
trächtlich, sodass sich die Laufzeit der Suche proportional zu $\sqrt{N}$ durchführen lässt.
Die Vorgehensweise des Algorithmus wollen wir nur kurz in Grundzügen skizzieren,

---

34 Ein solcher Algorithmus kann asymptotisch genauso schnell wie der Deutsch-Josza-Algorithmus
umgesetzt werden, arbeitet aber nur mit vorgegebenen Fehlerschranken.

ohne auf die Details der Mathematik einzugehen, da dies den Umgang mit unitären Matrizen und Kenntnisse der Quantenmechanik voraussetzen würde.

---

i **Unitäre Matrizen** sind quadratische Matrizen mit Matrixelementen aus den komplexen Zahlen. Ihre Zeilen- und Spaltenvektoren sind orthonormal bezüglich des kanonischen Skalarprodukts bei komplexen Vektoren. Das bedeutet, dass die Vektoren entsprechend miteinander verknüpft die Zahl (den Skalar) 0 ergeben und die Norm eines jeden Vektors den Wert 1 besitzt. Solche Matrizen sind invertierbar, d. h. die mit ihnen durchgeführte Matrixmultiplikation kann rückgängig gemacht werden. Man sagt auch, die Matrix besitzt eine Inverse. Im Fall einer unitären Matrix ist das ihre Adjunkte.

Hier haben Sie nun einige Begriffe aus der Linearen Algebra vorliegen, die zum Rechnen in der Quantenmechanik unerlässlich sind. Wir listen Sie Ihnen noch einmal auf, dass Sie sie für eine eventuelle Recherche parat haben: Unitäre Matrix, orthonormal, Skalarprodukt, Inverse, Adjunkte, Spalten- und Zeilenvektoren.

Zur Darstellung der N Listenelemente benötigen wir n Qubits, sodass $2^n = N$ gilt. Damit können wir alle Einträge durchnummerieren und somit darstellen. Ein klassischer Computer benötigt im Mittel $\frac{N}{2}$ Aufrufe (Tests, Rechnungen) um das gesuchte Element zu finden, d. h. $\frac{N}{2} = \mathcal{O}(N) = \mathcal{O}(2^n)$. Die Listenelemente werden nun in einem sog. Zustandsraum durch die Qubits dargestellt. Für den Grover-Algorithmus wird dann das System in einem bestimmten Zustand initialisiert und dann u. a. mit dem sog. Grover-Operator gearbeitet. Dieser wird mehrfach iteriert und bewirkt, dass sich die Amplitude des gesuchten Zustands vergrößert. Die Zahl der Wiederholungen ist dabei proportional zu $\sqrt{N}$, möchte man die Erfolgswahrscheinlichkeit konstant haben. Misst man nach entsprechender Anzahl das Ergebnis, bekommt man mit einer hohen Wahrscheinlichkeit den gewünschten Zustand, der dann dem entsprechenden Listenelement entspricht. Doch ist hier Vorsicht geboten: Dreht man diese Stellschraube zu weit, nimmt die Erfolgswahrscheinlichkeit wieder ab.

7.1.4.3 Zahlen faktorisieren —Der Shor-Algorithmus

Der wohl bekannteste Quantenalgortihmus dürfte der Shor-Algortihmus sein. Er ist eine wichtige Stütze der Quanteninformationstheorie und befasst sich mit der Faktorisierung von Zahlen. Die Faktorisierung ist in gewissem Sinne die Umkehrung der Multiplikation. Die Multiplikation zweier Zahlen ist schnell durchführbar und skaliert polynomial mit der Länge der verwendeten Zahlen. Das Faktorisieren ist hier deutlich aufwändiger[35] und skaliert exponentiell mit der Eingabelänge, was für alle klassischen Algorithmen gilt. Hierauf basiert die RSA-Verschlüsselung (benannt nach Rivest, Shamir und Adleman), die ausnutzt, dass das Produkt zweier sehr langer Zahlen schnell gebildet werden kann, die rückwärtige Analyse des Produkts ohne Kenntnis

---

35 Ein sog. NP-Problem, wobei NP eine Komplexitätsklasse ist und die Menge aller lösbaren Probleme darstellt, die von nichtdeterministischen Turing-Maschinen in polynomialer Zeit gelöst werden können.

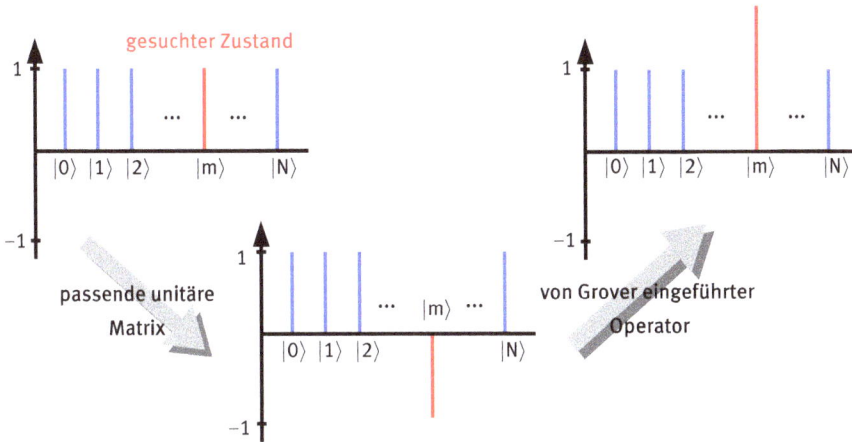

Abb. 7.7: Grafische Darstellung der Funktionsweise des Grover-Algorithmus. Die Amplitude des gesuchten Zustands wird mit Hilfe einer Hilfsfunktion, die als unitäre Matrix realisiert wird, als einzige umgedreht. Der nach Grover festgelegte Operator vergrößert dann die Amplitude, sodass der gesuchte Wert mit einer höheren Wahrscheinlichkeit versehen wird und somit auch die Erfolgswahrscheinlichkeit für das Auffinden des richtigen Listenelements steigt.

der Zahlen oder sehr viel Glück nicht in akzeptablen Zeiten realisierbar ist. Der Shor-Algorithmus ermöglicht bei diesem Problem nun auch polynomiale Laufzeiten zur Lösung. Er kann dabei in zwei Teile zerlegt werden:

1. **Zahlentheorie:** In einem ersten Teil werden Sätze der Zahlentheorie dazu verwendet, die Faktorisierung auf ein anderes Problem zu verlagern, nämlich die Berechnung der Periode einer bestimmten Funktion.

2. **Quantenfouriertransformation:** Die gesuchte Periode kann durch wiederholte Durchführung einer bestimmten Prozedur mit einer gewissen Wahrscheinlichkeit errechnet werden. Die in der Zahlentheorie gefundene Funktion wird in einem Quantenschaltkreis umgesetzt und auf die Superposition aller möglichen klassischen Inputs angewandt. Die Quantenfouriertransformation[36] wird anschließend darauf angewandt und liefert den zu messenden Output. Dieser wird durch eine bestimmte Inverse, nämlich die der gesuchten Periode, gestört, sodass diese durch mehrfache Wiederholung des Ablaufs mit einer gewissen Wahrscheinlichkeit gefunden werden kann.

Entscheidend ist nun, dass beide Teile, klassisch und quantenmechanisch, effizient implementiert werden können, d. h. die benötigten elementaren Operationen können mit Hilfe der Quantengatter so umgesetzt werden, dass ihre Zahl und damit auch die

---

36 Sie basiert auf der diskreten Fouriertransformation, einer Methode zur digitalen Signalverarbeitung, und arbeitet bei deren Zerlegung mit unitären Matrizen.

benötigte Zeit für den gesamten Algorithmus höchstens polynomial mit der Eingabelänge wächst. Damit wäre eine Realisierung des Shor-Algorithmus auf einem Quantencomputer, der entsprechend viele Qubits handhaben kann, ein wirkliches Problem für
alle gängigen Verschlüsselungsverfahren.

7.2 Einblicke in Forschung und Anwendung

Zusammenfassung:

Bisher konnten und können Quantencomputer mit entsprechend vielen Qubits
nicht realisiert werden, sodass die derzeit gängigen Verschlüsselungen noch so
sicher sind wie sie eben sein können. Doch vielversprechende Experimente ermöglichen die Handhabung von immer mehr Qubits (Innsbrucker Quantencomputer)
und es dürfte nur noch eine Frage der (Forschungs)Zeit sein, bis entsprechende
Maschinen gebaut werden können.

7.2.1 Untersuchung von Quantenbits

Die Grundlage aller Rechnungen auf einem Computer sind, neben den umzusetzen-
den Algorithmen, die richtig anzuordnenden Informationseinheiten, die Qubits. Wie
man solche realisiert, ist immer noch Gegenstand aktueller Untersuchungen, da man
die Auswahl an einer Vielzahl von Quantensystemen haben kann. Sind die bisher verwendeten Bausteine überhaupt so günstig, gibt es bessere Realisierungen der theoretischen Konzepte oder gibt es vielleicht Teilchen, die sich als besonders günstig bei der
Präparation erweisen? Im nachfolgenden Abschnitt 7.2.2 stellen wir einen vielversprechenden Ansatz von Rainer Blatt vor, der auf den Gebieten der Quantenoptik und
Quanteninformation forscht und die Entwicklung des Innsbrucker Quantencomputers mit vorantreibt. Diese Bezeichnung ist jetzt nicht falsch zu verstehen! Es gibt noch
keinen Quantencomputer in dem Sinne, dass ein kleiner, grau-weißer Kasten, ähnlich
einem normalen PC, in irgendeinem Labor steht und wie ein normaler PC bedient werden kann. Wahrscheinlich werden Quantencomputer einmal ganz anders aussehen
und ob diese außerhalb von Laboren, großen Rechenzentren wie dem HLRS in Stuttgart oder Einrichtungen wie NASA und ESA in einem überschaubaren Zeitraum auch
für den Privatgebrauch von Bedeutung sein werden, dazu ist die Forschung einfach
noch nicht weit genug. Zwar kann man mit dem Innsbrucker Quantencomputer einfach Quantenalgorithmen realisieren, aber eine Gefahr für die gängigen Verschlüsse-
lungssysteme, die wir im Alltag, meist unwissentlich, nutzen, besteht hier noch nicht.
Exemplarisch wollen wir hier kurz anführen, mit welchen Themen sich Arbeiten beschäftigen, die mit dem Leitthema „Quantencomputer" zu tun haben. Die Präparation

von Quantenbits (z.B. $^{40}Ca^+$-Ionen) steht im Vordergrund, sowie die Möglichkeit der Detektion derselben (ein schönes Beispiel hierfür ist [3]). Die Präparation von Qubits bringt nichts, solange diese nicht effektiv ausgelesen werden können. So finden Experimente mit $^{40}Ca^+$-Spin-Qubits in einem Ultrahochvakuum[37] statt. Die Manipulation der inneren Zustände erfolgt mit Hilfe eines Lasersystems. Dies ist auch beim Innsbrucker Quantencomputer der Fall. Die Laser (mit verschiedenen Wellenlängen im Nanometerbereich) werden dabei zum Ionisieren, zum Kühlen und für die Anregungen der inneren Übergänge genutzt, z.B. für die sog. Raman-Übergänge[38]. Die Codierung der Qubits erfolgt durch sog. Zeeman-Unterzustände[39] in bestimmten Niveaus. Das Auslesen kann z.B. mit der als electron shelving bezeichneten Methode erfolgen. Dabei transferiert man die Besetzung eines bestimmten Niveaus in einen anderen, der sich dann mit einer als Fluoreszenzmethode bezeichneten Technik auslesen lässt unter Ausnutzung einer großen natürlichen Linienbreite. Die Fluoreszenzrate (wie viele Teilchen letztendlich den Übergang machen) wird mit einem Objektiv und einer Photoelektronenvervielfacherröhre ermittelt. Zusätzlich sind hier noch Fehlerkorrekturen notwendig, um eine hohe Erfolgsrate zu erhalten. Damit kann man sehen, dass die Realisierung von Qubits inklusive Manipulation und Detektion mit einiger technischer Raffinesse verbunden ist. Trotzdem zeigt die Existenz solcher Aufbauten, dass die Manipulation einzelner Ionen Zukunftspotential hat und zu einem tieferen Verständnis bezüglich des Aufbaus von Quantencomputern führen wird.

Ein Problem bei der Realisierung von Qubits stellt auch die Beziehung zwischen verschiedenen Zuständen dar. Auf quantenmechanischer Ebene ist der Welle-Teilchen-Dualismus von großer Bedeutung (hierzu sei als Paradebeispiel das Doppelspaltexperiment als Einstieg in die Thematik erwähnt). Somit haben wir es mit Zuständen zu tun, die eine feste Phasenbeziehung anfänglich zueinander besitzen (Welleninterpretation). Diese ist aber nicht von Dauer (keine permanente Phasenkohärenz). Für Quantenalgorithmen ist dies aber eine Voraussetzung, sodass eine Erforschung solcher Dekohärenzmechanismen, die die Beziehungen zwischen den Zuständen zerstören, für die Realisierung von Quantencomputern eine wichtige Säule darstellt. Dekohärenz und Rauschen in nanoskaligen Bauelementen sind deswegen ebenfalls Gegenstand der Forschung (siehe z.B. [4]).

---

37 Hierbei befinden sich weniger als 10^9 Teilchen pro Kubikzentimeter im Raum und der Druck liegt um mindestens 10 Größenordnungen unter dem Normaldruck von ca. 1013 hPa. Die Teilchenzahl erscheint zwar noch recht groß, aber wenn man bedenkt, dass sich z.B. in einem Mol (mit einem Volumen von 22,4 Litern bei Normalbedingungen) $6 \cdot 10^{23}$ Teilchen eines idealen Gases befinden, sieht man die enorme Reduktion der Teilchen.

38 Als Raman-Effekt bezeichnet man die inelastische Streuung von Licht an Atomen oder Molekülen, benannt nach CHANDRASEKHARA RAMAN.

39 Als Zeeman-Effekt wird die Aufspaltung der beobachteten Spektrallinien eines Atoms bedingt durch ein Magnetfeld bezeichnet. Mit Raman- und Zeeman-Effekt haben Sie einen starken Bezug zur Atomphysik, welche in der Regel eine Grundlagenvorlesung im Rahmen eines Physikstudium darstellt.

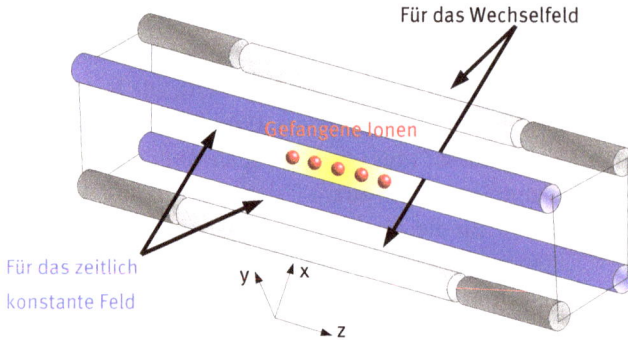

Abb. 7.8: Skizze einer Paul-Falle, die als Quadrupol-Falle Ionen in einem harmonische Potential einschließt. Das Potential der Falle ist aus zwei elektrischen Feldern aufgebaut. Eines ist zeitlich konstant, das andere ist ein Wechselfeld. Die Falle ist so aufgebaut, dass sich mehrere in der Falle befindliche Ionen kettenförmig (in Reihe) anordnen. Die eingezeichneten Begrenzungen am Anfang und Ende der Zylinder dienen nur zur besseren räumlichen Orientierung in der Grafik.

7.2.2 Realisierung eines Quantencomputers

Im Jahr 1995 schlugen IGNACIO CIRAC und PETER ZOLLER einen Ansatz zur Realisierung des Rechnens mit Quanten vor, der sich auch noch nach 20 Jahren als eine der vielversprechendsten Ideen erweist. Auch die Techniken im vorangegangenen Abschnitt basieren auf diesem. Der auch als Innsbrucker Quantencomputer[40] bezeichnete Aufbau nutzt eine lineare **Paul-Falle**, benannt nach WOLFGANG PAUL (Nobelpreis 1989), zur Speicherung von Ca^+-Ionen. Die Quanteninformation wird dabei in zwei internen Zuständen dieser als Qubits fungierenden Ionen gespeichert. Die Manipulation erfolgt global für alle Ionen oder lokal für einzelne Ionen mittels Laserstrahlen, wobei die Laser mehrere Funktionen einnehmen, die bei einem klassischen Computer von diversen Bauteilen übernommen werden (Manipulation, Auslesen, Transferieren,...). Die logischen Gatteroperationen zwischen den Qubits, welche in Abschnitt 7.1.2 erwähnt werden, werden durch die Bewegung der Ionen in der Falle erzeugt (Quantenbus zur Informationsübertragung). Die Funktionsweise einer solchen Paul-Falle beruht auf den Prinzipien der Elektrodynamik[41]. In ihr können geladene Teilchen über längere Zeiträume örtlich fixiert werden. Wie bereits erwähnt, ist der Aufbau eines universellen Quantencomputers mit nur zwei Quantengattern (ein Ein-Bit-Gatter und ein Zwei-Bit-Gatter) möglich. Ein auf der Paul-Falle basierender Quantenrechner (quasi ein Ionenfallenrechner), so wie das Innsbrucker Modell, nutzt das besonders robus-

---

40 Maßgeblich hieran beteiligt ist RAINER BLATT. Für seine Forschungen zu Quantencomputern erhielt er 2012 die Stern-Gerlach-Medaille (Preisträgerartikel [5]).

41 Es handelt sich um eine sog. Quadrupol-Falle. Diese werden z.B. in [6] ausführlich diskutiert.

te Mølmer-Sørensen-Gatter. Dieses verschränkt mehrere Ionen durch bichromatische Anregungen und sind nur in zweiter Ordnung von der Ionenbewegung in der Fall ab, wodurch sie eine höhere Güte der einzelnen Operationen erlauben und damit komplexere und längere Sequenzen von Gatteroperationen ermöglichen. Zum Aufbau eines Quantencomputers kann, basierend auf den aktuellen Erkenntnissen, der folgende Bauplan angegeben werden:

- Speicherung von Ionen in einer Paul-Falle.
- Abkühlung der Ionen bis zum Grundzustand in der linearen Falle.
- Vorbereitung diverser Laser bestimmter Frequenzen zur Manipulation des Systems (für die Ein- und Zwei-Qubit-Operationen).
- Wechselwirkung der präparierten Laser mit den Ionen über einen bestimmten Zeitraum.

Die Programmierung erfolgt also mit Hilfe von Lasersequenzen, die die Gatteroperationen umsetzen. Mit dieser Vorgehensweise haben die Innsbrucker Forscher in den letzten Jahren einige Quantenzustände und auch Quantenalgorithmen realisieren können. Ihnen gelang es, bis zu 14 Ionen in verschränkten Ketten als Quantenregister zu erzeugen.

7.2.3 Quantenfehlerkorrektur

Bereits am Anfang dieses Abschnitts haben wir kurz auf die Notwendigkeit von Fehlerkorrekturen hingewiesen. In klassischen Computern übernimmt diese Rolle das sog. Paritätsbit, das als Ergänzungsbit die Anzahl der 1er-Bits als gerade (Wert 0) oder ungerade (Wert 1) „misst" und zur Kontrolle dient. Dadurch kann überprüft werden, ob ein Datenpaket vollständig und korrekt übermittelt wurde. Im Falle einer Differenz wird dieses nochmal angefordert, was in einem Fehlerkorrekturprotokoll vermerkt ist. Dies ist die elementarste Form des Fehlerschutzes. Möchte man auch gegen eine gerade Anzahl an Fehlern auf den Bits abgesichert sein, so ist ein umfassenderer Schutz notwendig (hierbei wird in [7] z.B. auf die Hamming-Protokolle verwiesen). Für Quantencomputer wurde tatsächlich die Verwandtschaft zwischen der klassischen und der quantenmechanischen Fehlerkorrektur gezeigt. Damit ist es das Verdienst von Calderbank, Shor und Steane, dass Quantenalgorithmen überhaupt realisiert werden können. Das ist darin begründet, dass bei längeren Quantenalgorithmen die Fortpflanzung und Verstärkung von Anfangsfehlern deren erfolgreiche Durchführung verhindern würden. Verkettete Fehlerkorrekturen bei der Quantenrechnung (concatenated codes) entkoppeln die Wahrscheinlichkeit eines falschen Endergebnisses von der Algorithmenlänge.

7.3 Ausblick

Die theoretischen Überlegungen und Experimente im Zusammenhang mit der Konstruktion möglicher Quantencomputer sind nicht nur für diesen Bereich als wertvoll anzusehen. Manipulationen einzelner Ionen mittels Lasern erfordern hochpräzise Aufbauten. Die Erkenntnisse hieraus sind auch als Anstöße im Bereich der Atomphysik sicherlich von Nutzen. Die Suche nach passenden Gattern bzw. die Manipulationen hinreichend vieler Qubits wird in nächste Zeit wahrscheinlich noch im Vordergrund stehen. Sind hierbei genug Erfahrungswerte und Daten gesammelt und ausgewertet, wird das der Quanteninformationstheorie und Quanteninformatik[42] zuträglich sein und die Entwicklung weiterer Algorithmen fördern. Wie dann ein Zusammenspiel von Hard- und Software genau aussehen und wie die Schnittstelle zwischen klassischen Computern und Quantencomputern optimiert werden kann, das sind sicherlich Themen, die nach der Beherrschung der Grundlagen von Bedeutung sein werden, wobei dies dann eher technische Fragestellungen sind. Vorab muss aber die Zahl der Qubits in den Quantenregistern noch deutlich erhöht werden können bevor es z.B. möglich ist, den Shor-Algortihmus für große Zahlen umzusetzen (hier werden mehr als 100000 Qubits benötigt). Dies wird wohl noch einige Zeit in Anspruch nehmen. Auch deswegen wird derzeit die sog. Quantensimulation bevorzugt eingesetzt, um die Eigenschaften noch nicht zugänglicher Konstellationen zu ergründen.

Literatur

[1] T. Fließbach. *Quantenmechanik: Lehrbuch zur Theoretischen Physik III.* Spektrum Akademischer Verlag (2008). 5. Auflage.

[2] Ferdinand Schmidt-Kaler, Hartmut Häffner, Mark Riebe, Stephan Gulde, Gavin P. T. Lancaster, Thomas Deuschle, Christoph Becher, Christian F. Roos, Jürgen Eschner, and Rainer Blatt. Realization of the Cirac–Zoller controlled-NOT quantum gate. *Nature* **422**, 408 (2003).

[3] M. Hettrich. Präparation eines $^{40}Ca^+$-Quantenbits und Entwicklung eines faseroptischen Resonators für seine Detektion (2009).

[4] J. Schriefl. *Dekohärenz in Josephson Quantenbits.* Ph.D. thesis, Universität Karlsruhe (2005).

[5] R. Blatt. Rechnen mit Quanten. *Physik Journal* **8/9**, 35 (2012).

[6] R. E. March. An Introduction to Quadrupole Ion Trap Mass Spectrometry. *Journal of Mass Sepctrometry* **32**, 351 (1997).

[7] D. Leibfried and T. Schätz. Ein atomarer Abakus. *Physik Journal* **1**, 23 (2004).

[8] G. Brands. *Einführung in die Quanteninformatik.* Springer-Verlag Berlin Heidelberg (2011).

---

42 Eine umfassende Übersicht zur Quanteninformatik findet sich in [8].

8 Quasikristalle

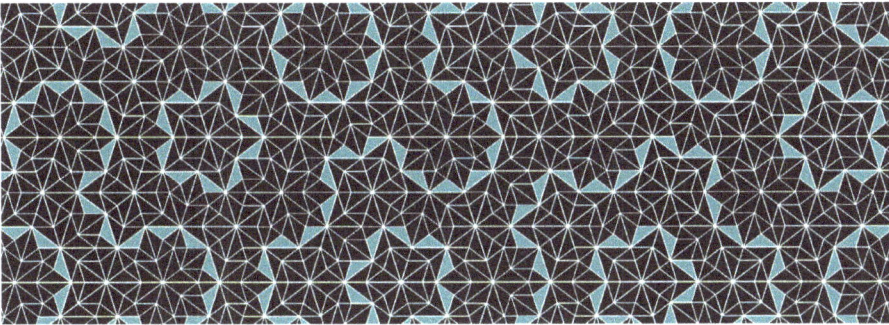

In der Natur gibt es für Atome verschiedene Möglichkeiten, Bindungen einzugehen. Diese unterscheiden sich sowohl in ihrer Stärke, als auch in der resultierenden Struktur. In diesem Kapitel soll uns die Struktur besonders interessieren. Lässt man beispielsweise Chlor und Natrium miteinander reagieren, entsteht Kochsalz. Die Chlor- und Natriumteilchen ordnen sich in einer regelmäßigen Struktur an, ein Kristall bildet sich. Doch auch schon die Natriumatome selbst formen bei Raumtemperatur eine solche regelmäßige Struktur. Chlor ist bei Raumtemperatur ein Gas, in dem sich die Teilchen vollkommen ungeordnet und ohne bindende Kräfte bewegen. Die Kristallographie kennt in drei Dimensionen insgesamt 14 verschiedene regelmäßige, also periodische Strukturen, in 2 Dimensionen sind es fünf solche Strukturen. Es war die Entdeckung von DAN SHECHTMAN, dass es neben den periodischen und ungeordneten Verbindungen in der Natur noch eine dritte Art von Strukturen gibt, die nicht periodisch, aber auch nicht völlig ungeordnet sind. Da sich die Bindungspartner in diesen Stoffen nicht echt periodisch anordnen, sondern nur fast, spricht man heute von Quasikristallen. Die mathematische Vorarbeit dazu wurde von ROGER PENROSE geleistet. SHECHTMAN wurde für seine Entdeckung anfangs belächelt, da quasiperiodische Strukturen nach der damals üblichen Lehrmeinung (Anfang der 1980er Jahre) in der Natur nicht vorkommen sollten. Er war jedoch überzeugt von der Richtigkeit seiner Messungen und auch von seiner Interpretation, reichte 1982 zusammen mit JOHN CAHN und DENIS GRATIAS einen Artikel ein und rief damit ein völlig neues Forschungsgebiet ins Leben. Im Jahr 2011 sollte er dafür schließlich den Nobelpreis für Chemie erhalten. Der historische Ablauf der Entdeckung der Quasikristalle zeigt, dass die Skepsis gegenüber Neuerungen, welche der Lehrbuchmeinung entgegen stehen, sehr groß sein kann, es aber immer wieder zu Umwälzungen in der Physik kommt, und als fertig entwickelt geltende Theorien manchmal noch unerwartete Erweiterungen erfahren.

https://doi.org/10.1515/9783111260570-008

8.1 Worum es geht

Zusammenfassung:

Quasikristalle sind Festkörper, die im Gegensatz zu Kristallen keine periodische Struktur besitzen, aber auch nicht amorph sind. Grundlage für periodische Strukturen sind Einheitszellen, die man wiederholt aneinander setzt und auf diese Weise einen Kristall aufbaut. Da der Kristall translationssymmetrisch ist, wird seine Rotationssymmetrie eingeschränkt, was sich in zwei Dimensionen darin äußert, dass man eine Ebene nur mit ganz bestimmten regelmäßigen Vielecken parkettieren kann. Der Mathematiker ROGER PENROSE war der erste, der eine Lösung für eine Parkettierung fand, welche eine andere Rotationssymmetrie besaß als die periodischen Strukturen. Damit hat er den mathematischen Grundstein für eine quasiperiodische Struktur gelegt. Schließlich hat DAN SHECHTMAN einen Quasikristall auch experimentell als real existierendes Objekt nachgewiesen.

8.1.1 Periodische Strukturen

Eine grundlegende Frage in der Festkörperphysik ist, wie ein Kristall auf atomarer Ebene aussieht. Eine Illustration einer einfachen Anordnung von verschiedenen Atomen ist in Abbildung 8.1 gezeigt. Man erkennt intuitiv die Regelmäßigkeit, doch wie beschreibt man die Positionen der einzelnen Atome? Welche verschiedenen Anordnungen gibt es? Um diese Fragen zu klären und dabei die Anschauung möglichst hoch zu halten, betrachten wir zuerst zweidimensionale periodische Gitterstrukturen. Eine ganz einfache Form ist ein Rechteckgitter. Wichtig sind bei der Definition des Gitters die Basisvektoren, denn sie bestimmen, wie man ein Gitter verschieben muss, damit

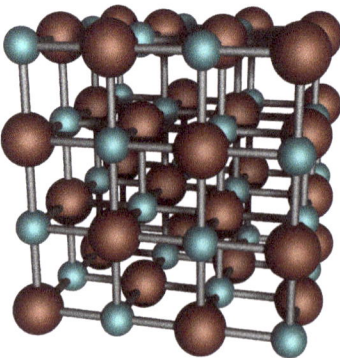

Abb. 8.1: Eine beispielhafte regelmäßige Anordnung von verschiedenen Atomen in drei Raumdimensionen.

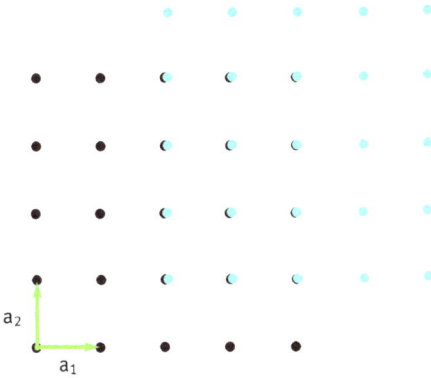

Abb. 8.2: Ein Rechteckgitter in zwei Dimensionen. Die Gitterbasis besteht aus den Vektoren a_1 und a_2. Bei einer Verschiebung um $n_1 a_1 + n_2 a_2$ kommt das Gitter wieder mit sich selbst zur Deckung.

es mit sich selbst wieder zur Deckung kommt. Anders ausgedrückt steckt in der Gitterbasis die Art der Periodizität des Gitters. Wie dies bei einem Rechteckgitter zu verstehen ist, sieht man in Abbildung 8.2. Man kommt von einem Gitterpunkt $\boldsymbol{x}$ zu jedem anderen Punkt $\boldsymbol{x}'$, wenn man in jeder Basisrichtung ganzzahlige Schritte geht:

$$\boldsymbol{x}' = \boldsymbol{x} + n_1 \boldsymbol{a}_1 + n_2 \boldsymbol{a}_2. \tag{8.1}$$

Das Punktgitter ist jedoch noch nicht notwendigerweise eine Kristallstruktur. Punkte sind rein mathematische Objekte, doch für einen Festkörper fehlen noch die Atome. Diese können nun genau auf den mathematischen Gitterpunkten sitzen, oder man heftet an jedem Gitterpunkt eine neue Basis an, dekoriert also das Punktgitter mit Atomen.

Aus der Bedingung, dass ein Basisgitter nicht nur durch eine Verschiebung, sondern auch durch eine Drehung wieder in sich selbst übergehen muss, erhält man eine Forderung an die Rotationssymmetrie des Gitters. Es können ausschließlich 1-, 2-, 3-, 4- und 6-zählige Drehachsen existieren. Dass beispielsweise keine 5-zählige Symmetrie existiert, bedeutet, dass man eine Ebene nicht mit regelmäßigen Fünfecken lückenlos füllen kann. Hexagone sind jedoch raumfüllend, was man sehr leicht an Bienenwaben verifizieren kann. Die verschiedenen möglichen Gittertypen heißen Bravais-Gitter, wobei deren Anzahl von der Dimension abhängt. In zwei Dimensionen gibt es 5 Bravais-Gitter, in 3 Dimensionen sind es 14.

8.1.2 Beugungsmuster

Bisher haben wir nur die mathematische Beschreibung eines Gitters kennengelernt. Doch wie kann man im Experiment erkennen, welcher Kristall welche Gitterstruktur besitzt? Um eine Größenordnung zu nennen: Typischerweise sind die Atome oder Ionen in einem Kristall weniger als 1 nm voneinander entfernt. Sichtbares Licht besitzt

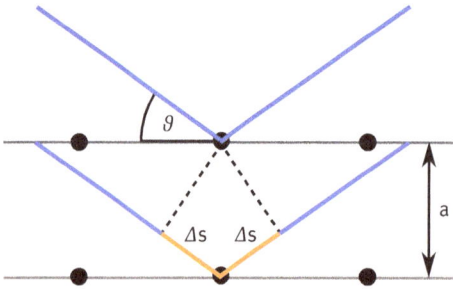

Abb. 8.3: Bei der Beugung von Röntgenlicht an einem Kristall wird die einfallende Welle an den Gitterebenen reflektiert und interferiert unter bestimmten Winkeln ϑ konstruktiv, sodass man Beugungsmaxima auf dem Beobachtungsschirm sehen kann.

eine Wellenlänge im Bereich von einigen 100 nm, sodass man einen Kristall mit einem Lichtmikroskop nicht ausreichend vergrößert darstellen kann. Auch Elektronenmikroskope stoßen hier an ihre Grenzen. Eine sehr gute Möglichkeit bietet hierfür die Beugung von Wellen am Kristallgitter. Das können sowohl elektromagnetische Wellen wie Röntgenstrahlen sein, als auch Materiewellen wie Neutronen. Entscheidend ist die Wellenlänge λ, welche für das Auftreten von Beugungseffekten vergleichbar sein muss mit der Gitterkonstante a. Betrachtet man zur Illustration der Röntgenbeugung das Kristallgitter aus Abbildung 8.3, so findet man eine einfache Bedingung für das Auftreten von Intensitätsmaxima auf einem entfernten Beobachtungsschirm:

$$n\lambda = 2a \sin \vartheta. \tag{8.2}$$

Anhand dieser sogenannten Bragg-Bedingung kann man abschätzen, wie groß die Wellenlänge des einfallenden Lichts sein muss und unter welchen Winkeln man Intensitätsmaxima beobachten kann. Da der Sinus maximal 1 werden kann, muss die Wellenlänge kleiner als der doppelte Gitterabstand sein, damit man überhaupt ein Maximum erhält. Man benötigt typischerweise elektromagnetische Wellen unterhalb 1 nm, also die schon erwähnte Röntgenstrahlung. Dieser noch recht einfache Zusammenhang ist auch nur für das gezeigt Gitter gültig. Eine genaue Analyse der dreidimensionalen Struktur des Kristalls ist damit noch nicht möglich. Hierfür müssen wir etwas in die Theorie der Röntgenbeugung vordringen.

Treffen Röntgenstrahlen auf einen Kristall, so wechselwirken sie mit den Elektronen. Das bedeutet, dass die einfallende Strahlung auf ein Elektron trifft und in eine neue (zufällige) Richtung wieder abgestrahlt wird. Die Elektronen sind gemäß einer bestimmten Dichtefunktion $n(\boldsymbol{r})$ im gesamten Kristall verteilt. Diese Elektronenverteilung $n(\boldsymbol{r})$ muss die gleiche Symmetrie aufweisen wie das zugrunde liegende Gitter. Mathematisch gesprochen geht die Dichtefunktion $n(\boldsymbol{r})$ bei einer Translation

$$\boldsymbol{T} = n_1 \boldsymbol{a}_1 + n_2 \boldsymbol{a}_2 \tag{8.3}$$

wieder in sich selbst über:

$$n(\boldsymbol{r} + \boldsymbol{T}) = n(\boldsymbol{r}). \tag{8.4}$$

Nun gibt es in der Mathematik ein sehr mächtiges Hilfsmittel, wenn es um die Analyse von periodischen (zeitlichen oder räumlichen) Strukturen geht: Die Fourier-Reihe. Man stellt die gegebene periodische Funktion dar als eine Summe ebener Wellen. Eine ebene Welle kann man mathematisch als Sinus- oder Kosinusfunktion beschreiben.

Die Fourier-Analysis ist ein sehr anschaulicher Zweig der Mathematik, der überdies eine sehr breite **i** Anwendung erfährt. Am einfachsten fällt der Zugang vielleicht, wenn man von der Musik kommt. Jeder Klang lässt sich als eine Überlagerung von Sinustönen unterschiedlicher Frequenzen verstehen, die mit verschiedenen Faktoren gewichtet werden. Durch das jeweilige Mischungsverhältnis entstehen alle Klänge, die man sich vorstellen kann. In der Mathematik geht es nicht um Klänge, sondern ganz allgemein um Funktionen, welche man ebenfalls als Summe von Sinus- und Kosinusfunktionen verschiedener Frequenzen (oder Wellenlängen) auffassen kann. Statt eines Funktionsverlaufs kann man auch alle Fourier-Koeffizienten (also die Gewichtungsfaktoren) angeben, die Information ist dieselbe. Aber in vielen Situationen ist es leichter, mit den Koeffizienten zu arbeiten, da man das Spektrum dadurch analysieren und sogar manipulieren kann. In unserem Fall wird die Funktion die Elektronenverteilung sein, welche die Periodizität des Gitters aufweist.

In drei Raumdimensionen wird eine ebene Welle charakterisiert durch eine Ausbreitungsrichtung und eine Wellenzahl. Diese beiden Informationen verpacken wir in einem Vektor, den wir mit $\boldsymbol{G}$ bezeichnen. Seine Richtung ist gleich der Ausbreitungsrichtung, sein Betrag ist gleich der Wellenzahl. Die periodische Dichteverteilung $n(\boldsymbol{r})$ wird nun als eine Summe aller möglicher ebener Wellen unterschiedlicher Stärke n_G dargestellt:

$$n(\boldsymbol{r}) = \sum_G n_G \, e^{i\boldsymbol{G} \cdot \boldsymbol{r}}. \tag{8.5}$$

Der Summationsindex $\boldsymbol{G}$ ist so zu verstehen, dass ebene Wellen aller möglichen Richtungen und Wellenzahlen in der Summe berücksichtigt werden. Somit wird die räumliche Information über die elektronische Verteilung überführt in die Stärke der Beiträge ebener Wellen, n_G. Diese Darstellung ist zwar gewöhnungsbedürftig, aber sehr nützlich, wie wir gleich sehen werden. Zunächst sei aber noch die Umkehrung der Fourier-Reihe angegeben, also die Berechnung der Koeffizienten n_G bei gegebener Dichteverteilung $n(\boldsymbol{r})$:

$$n_G = \frac{1}{V_Z} \iiint\limits_{V_z} n(\boldsymbol{r}) \, e^{-i\boldsymbol{G} \cdot \boldsymbol{r}} \, dV. \tag{8.6}$$

Dabei ist V_Z das Volumen einer Basiszelle des Bravais-Gitters. Über dieses Volumen erstreckt sich auch das Integral.

Man kann nun zeigen, dass die Wellenvektoren $\boldsymbol{G}$ in (8.5) nicht alle möglichen Werte annehmen können, sondern nur ganz bestimmte. Im Ortsraum wird die Translation des Gitters auf alle solchen Werte von $\boldsymbol{T}$ beschränkt, sodass es wieder mit sich

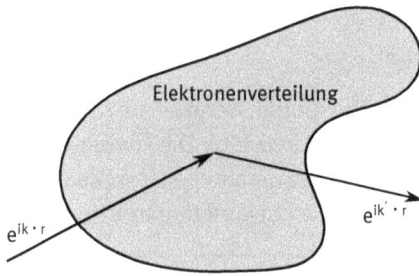

Abb. 8.4: Eine Röntgenwelle wird an einem Punkt in der elektronischen Verteilungsfunktion gebeugt. Der Vektor der einfallenden Welle ist k, zur auslaufenden Welle gehört k′.

selbst zur Deckung kommt. Entsprechend definiert nun G ebenfalls alle möglichen
Translationen im sogenannten reziproken Raum:

$$G = m_1 b_1 + m_2 b_2 + m_3 b_3. \tag{8.7}$$

Die Vektoren b_1, b_2, b_2 spannen das reziproke Gitter auf und sind eindeutig mit den
Basisvektoren des Bravais-Gitters im Ortsraum verknüpft. Sie erfüllen die Bedingung

$$a_i \cdot b_j = 2\pi \delta_{ij}. \tag{8.8}$$

---

i Es sei dem mathematisch schon etwas versierten Leser als Übung überlassen, mit Hilfe der Fourier-
Reihe (8.5) zu zeigen, dass die Dichteverteilung $n(r)$ bei einer Verschiebung um T tatsächlich in sich
selbst übergeht.

Nach diesem rein mathematischen Ausflug schaffen wir nun die Anbindung an die
Realität. Beleuchtet man einen Kristall mit Röntgenstrahlung, so überlagern sich die
an den Elektronenhüllen gebeugten Strahlen in einer Messapparatur abhängig von
der Richtungsdifferenz von ein- und ausgehendem Strahl zur sogenannte Streуampli-
tude S (siehe hierzu auch Abbildung 8.4):

$$S = \iiint\limits_{V_Z} n(r)\, e^{i(k-k') \cdot r}\, dV. \tag{8.9}$$

Diese Streuamplitude stellt eine Erweiterung der einfachen Bragg-Bedingung dar. Die
Netzebenen wurden hier ersetzt durch die Elektronenverteilung $n(r)$. An jedem Punkt
werden die einlaufenden Wellen gebeugt, und je größer die Elektronendichte an einem Punkt ist, umso größer ist die Amplitude der auslaufenden Wellen von diesem
Punkt aus. Die komplexe e-Funktion enthält als Argument die Phasendifferenz der ein-
und auslaufenden Wellen und gewichtet somit richtungsabhängig die Amplituden.
Das Integral sorgt schließlich dafür, dass die Amplitudenbeiträge von allen Beugungszentren addiert werden. Somit ergibt sich abhängig von der Beobachtungsrichtung

k' eine Streuamplitude, die sich zwischen einer vollständigen Auslöschung der gebeugten Teilwellen und einer maximal konstruktiven Interferenz bewegt. Diese Streuamplitude ist dem Experimentator nun zugänglich, da er einen Beobachtungsschirm
aufstellt und in jeder Richtung diese Funktion messen kann (genauer: nur den Betrag, die Phaseninformation geht dabei verloren). Interessant ist nun die Verknüpfung der Streuamplitude mit dem reziproken Gitter. Die Streuamplitude nimmt nämlich genau dann maximale Werte an, wenn die Differenz zwischen ein- und auslau-
fender Wellen, $k - k'$, gleich einer Translation G im reziproken Raum ist. Die Messung
der Beugungsmaxima unter den verschiedenen Winkeln entspricht also genau einer
Abbildung der räumlichen Struktur der Elektronenverteilung des Kristalls auf das reziproke Gitter. Somit kann man etwas verkürzt sagen, dass das reziproke Gitter die
Fourier-Darstellung des Gitters im Ortsraum ist. Und umgekehrt erhält man aus dem
Beugungsbild Informationen über die Kristallstruktur im realen Raum.

Leider ist die Umkehrung der Abbildung, also vom reziproken Raum in den Ortsraum, nicht so einfach möglich. Mathematisch gibt es zwar die inverse Fourier-Transformation, doch verliert man, wie
erwähnt, bei der Messung der Streuamplitude ihre Phaseninformation. Um aus dieser reduzierten Information wieder auf die ursprüngliche Elektronenverteilung zu schließen, ist also mehr nötig als nur
ein Algorithmus für eine Fourier-Transformation, nämlich auch noch viel Erfahrung bei der Interpretation von Beugungsbildern.

8.1.3 Quasikristalline Strukturen

Nachdem wir uns nun mit der Darstellung periodischer Strukturen beschäftigt haben,
betrachten wir nun quasiperiodische Strukturen. Um einen visuellen Eindruck des Begriffs „quasiperiodisch" zu erhalten, schauen wir uns die Konstruktion in Abbildung
8.5 an. Zu sehen ist ein zweidimensionales kartesisches Gitter, in welches eine Gerade
gelegt wurde. Außerdem wurde um die Gerade ein Streifen mit einer gewissen Breite gezogen. Man sieht, dass in diesem Streifen eine Untermenge der Gitterpunkte des
vollständigen kartesischen Gitters liegt. Diese Punkte werden nun auf die Gerade projiziert, sodass sich auf der Geraden eine ganz bestimmte Abfolge von Punkten ergibt.
Entscheidend ist nun der Wert der Geradensteigung: Handelt es sich um eine ratio-
nale Zahl, wird sich die Abfolge der Punkte irgendwann exakt wiederholen und wir
erhalten eine echt periodische Struktur. Eine irrationale Steigung führt jedoch dazu,
dass die Abfolge nur nahezu periodisch wird, eine exakte Wiederholung des Musters
aber niemals eintritt. Eine vollkommen zufällige, also ungeordnete Struktur entsteht
jedoch auch nicht, man erkennt intuitiv eine Ordnung. Wir haben damit also eine Möglichkeit kennengelernt, wie man eine quasiperiodische Struktur in einer Dimension
konstruiert. Eine weitere Möglichkeit ist beispielsweise die Überlagerung zweier echt
periodischer Strukturen, deren Periodizitäten aber in einem irrationalen Verhältnis
zueinander stehen. Allerdings besteht hierbei das Problem, dass sich beliebig kleine

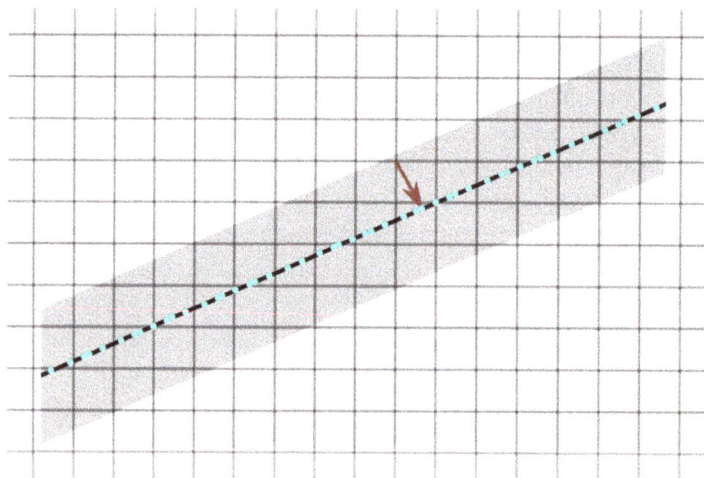

Abb. 8.5: Die Konstruktion einer quasiperiodischen Struktur in einer Dimension.

Abstände der Gitterpunkte ergeben, was in Hinblick auf physikalische Kristallstruktu-ren nicht sinnvoll ist. Schließlich gibt es noch die Fibonacci-Folge, welche die beiden Basiselemente L und S nach der folgenden Vorschrift verkettet:

$$a_{n+1} = \{a_{n-1}; a_n\}. \tag{8.10}$$

Daraus ergibt sich dann die folgende Aneinanderreihung der Basiselemente:

$$S$$
$$L$$
$$LS$$
$$LSL$$
$$LSLLS$$
$$LSLLSLSL$$
$$LSLLSLSLLSLLS.$$

---

i Die Fibonacci-Folge hat interessante Eigenschaften. Beispielsweise ist das Häufigkeitsverhältnis der Elemente S und L bei einer unendlichen Fortsetzung gerade gleich dem goldenen Schnitt $\frac{1}{2}\left(1 + \sqrt{5}\right) = 2\cos 36°$. Diese Zahlen werden uns gleich nochmal begegnen.

Auch in zwei Dimensionen gibt es quasiperiodische Strukturen. Diese wurden schon vor 500 Jahren in der Architektur verwendet, und deren Entdeckung wurde im Fach-magazin Science veröffentlicht [1]. Die Erforschung in der Mathematik und später auch in der Physik begann allerdings erst in der zweiten Hälfte des 20. Jahrhunderts. Es war

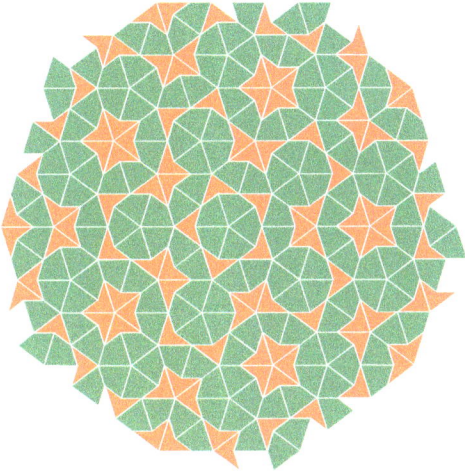

Abb. 8.6: Die Konstruktion eines zweidimensionalen Penrose Tiling mit Hilfe von Drachen und Pfeilspitzen. Man erkennt die fünfzählige Rotationssymmetrie, während das Bild nicht translationssymmetrisch ist.

anfangs nicht klar, ob es überhaupt möglich ist, eine Ebene mit einer endlichen Menge verschiedener Kacheltypen (englisch: Tiles) vollständig quasiperiodisch zu überdecken. Es wurden in der Literatur verschiedene Ansätze veröffentlicht, ursprünglich noch mit 20000 verschiedenen Elementen, bis ROGER PENROSE 1974 schließlich eine Lösung fand, die mit nur zwei verschiedenen Kacheltypen auskommt [2]. Dabei handelt es sich um zwei verschiedene Rauten, eine mit einem Öffnungswinkel von $36°$ und eine mit $72°$. Alternativ kann man statt Rauten aber auch zwei verschiedene Dreiecke oder Drachen und Pfeilspitzen („Kites" und „Darts") verwenden. Wir werden im folgenden alle drei Möglichkeiten aufzeigen. Ein Ausschnitt eines sogenannten Penrose Tiling, welches mit Drachen und Pfeilspitzen konstruiert wurde, ist in Abbildung 8.6 zu sehen. Deutlich zu erkennen ist darin die fünfzählige Symmetrie, welche in einem periodischen Muster wie oben erwähnt nicht möglich ist.

Es gibt unterschiedliche Konstruktionsmethoden für ein zweidimensionales Penrose Tiling. Darunter ist ein Projektionsalgorithmus, welcher Punkte aus einem fünfdimensionalen kartesischen Gitter auf eine zweidimensionale Ebene projiziert. Anschaulicher ist die Konstruktion mit Hilfe zweier verschiedener Dreiecke, welche sukzessive geteilt werden, wodurch sich das Muster ergibt. Der Algorithmus ist in Abbildung 8.7 dargestellt. Es gibt nun verschiedene Ausgangssituationen. Man kann mit nur einem Dreieck beginnen, oder schon ein Grundmuster mit mehreren Dreiecken generieren und diese dann iterativ immer weiter teilen. Das Ergebnis wird immer ein Penrose Tiling mit einer fünfzähligen Symmetrie sein. Allerdings erfolgt die Entwicklung hier nicht nach außen, sondern nach innen, die im ersten Schritt vorgegebene

Abb. 8.7: Konstruktion des Penrose Tiling mit Hilfe zweier gleichschenkliger Dreiecke mit den Öffnungswinkeln 36° und 72°. In jedem Iterationsschritt werden die Kanten der Dreiecke wie dargestellt im Verhältnis des goldenen Schnitts geteilt, wodurch neue Dreiecke entstehen, die ähnlich zu den ursprünglichen sind.

Form bleibt als Berandung also immer erhalten. Im Gegensatz dazu steht die Entwicklung des Musters in Abbildung 8.6, wo nach außen angebaut wird.

In Hinblick auf physikalische Kristalle stellt sich wieder die Frage, wie man die Struktur im Experiment auch messen kann. Bleiben wir dazu zunächst noch in zwei Dimensionen. Wie im vorangegangenen Abschnitt erläutert, kann man Röntgenlicht an einer kristallinen Struktur beugen und durch das Beugungsbild Informationen über die reale Struktur des Gitters erhalten. Wir können nun die Eckpunkte der Kacheln als Beugungszentren auffassen, also physikalisch als Löcher in einer ansonsten für Licht undurchlässigen dünnen Schicht. Da man in einem Experiment (und auch in einer Simulation) kein unendlich ausgedehntes Tiling zur Verfügung hat, muss man sich auf einen Ausschnitt beschränken, und diesen so groß wählen, dass Randeffekte vernachlässigbar werden. Das beugende Objekt stellt also nur eine Näherung an die im mathematischen Sinne quasiperiodische Struktur dar. Bestrahlt man das Lochgitter nun mit Licht, erhält man auf dem Schirm ein Beugungsbild, wie es in Abbildung 8.8 b) zu sehen ist. Die zugehörige Abbildung 8.8 a) zeigt das Lochgitter, wobei einige der Rauten zur besseren Übersicht mit eingezeichnet wurden. Man erkennt im Beugungsbild einzelne Helligkeitsmaxima, welche hier zwei Ringe bilden, die eine zehnzählige Symmetrie aufweisen. Weitere Ringe befinden sich weiter außerhalb, die Symmetrie ist jedoch dieselbe. Keine periodische Struktur besitzt ein solches Beugungsbild, bis zur Bestätigung der Existenz von Quasikristallen sah man dies als kristallographisch verboten an.

Scharfe Helligkeitsmaxima im Beugungsbild findet man auch bei periodischen Kristallen. Wie die Struktur im realen Raum sind auch die Beugungspunkte periodisch angeordnet. Eine amorphe Phase, also eine rein zufällige Anordnung von Atomen, weist hingegen ein Beugungsbild ohne scharfe Punkte auf. Das liegt daran, dass die gebeugten Wellen an jedem Punkt auf dem Schirm gleich zufällig interferieren. Eine ungeordnete Struktur im realen Raum korrespondiert also mit einer zufälligen Helligkeitsverteilung im reziproken Raum. Die Existenz von scharfen Beugungspunkten ist charakteristisch sowohl für periodische als auch für quasiperiodische Strukturen, und man nennt die Korrespondenz im realen Raum eine Fernordnung. Wie schon das

a)

b)

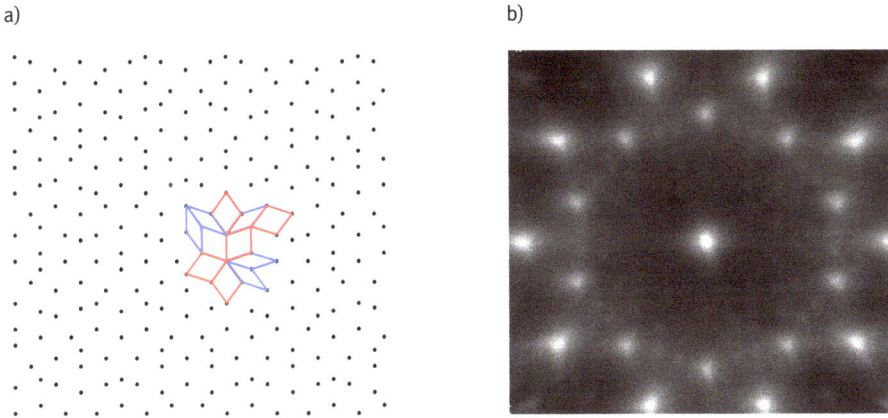

Abb. 8.8: Ausschnitt der Menge aller Eckpunkte der Dreiecke in einem Penrose-Tiling (a) sowie das simulierte Beugungsbild (b), bei dem die Eckpunkte wie Atome in einem Kristall als Beugungszentren behandelt wurden. Zur besseren Übersicht wurden einige Tiles (in diesem Fall Rauten) in das Gitter mit eingezeichnet.

Adjektiv der ungeordneten Struktur suggeriert, fehlt bei der amorphen Phase eine solche Ordnung.

8.1.4 Die Entdeckung der Quasikristalle

Die Diskussion um nicht-periodische Festkörper hat ihren Anfang in den 1970er Jahren. Damals hat man die Möglichkeit in Betracht gezogen, dass das Grundgitter zwar periodisch ist, aber die Atome sinusförmig mit einer anderen Periodizität ausgelenkt sind, welche nicht in einem rationalen Verhältnis zur Gitterperiodizität steht. Im Ergebnis erhält man eine insgesamt nicht-periodische Struktur. Es handelt sich jedoch nicht um einen Quasikristall, bei welchem das Gitter selbst nicht mehr periodisch ist.

Experimentell war bekannt, dass sich in unterkühlten Schmelzen ikosaedrische Strukturen ausbilden. Die Oberfläche eines Ikosaeders besteht aus 20 gleichseitigen Dreiecken, und es ist nicht möglich, den dreidimensionalen Raum lückenlos mit Ikosaedern auszufüllen, analog zum zweidimensionalen Fall mit Fünfecken. Somit schien damals die Frage nach einer globalen ikosaedrischen Ordnung klar mit nein beantwortet. Dennoch machte SHECHTMAN 1982 bei der Untersuchung einer unterkühlten Aluminium-Mangan-Legierung die Entdeckung von mikroskopisch kleinen kristallinen Strukturen mit einer fünfzähligen Symmetrie. SHECHTMAN untersuchte diese Legierung dann mittels Elektronenbeugung und erhielt ein Beugungsmuster mit einer zehnzähligen Symmetrie. Dieses Ergebnis stand in klarem Widerspruch zur vorherrschenden Theorie der kristallinen Ordnung. Nun steht das Experiment zwar über jeder Theorie, doch wurden die ersten Ergebnisse stark angezweifelt. Eine zehnzählige

Symmetrie im Beugungsbild hätte auch durch eine Überlagerung von Beugungsbildern mehrerer Kristalle mit unterschiedlicher Orientierung entstehen können. Doch SHECHTMAN fand bei seinen Untersuchungen noch zwei- drei- und fünfzählige Symmetrieachsen, wenn er die Legierung unter ganz bestimmten anderen Winkeln durchstrahlte. Diese Symmetrieachsen entsprachen genau denen eines Ikosaeders. Diese Entdeckung wurde schließlich Ende 1984 veröffentlicht [3]. Wenige Wochen später wurde von LEVINE und STEINHARDT bereits der Begriff „Quasikristalle" geprägt [4]. Die Autoren schlugen auch ein Penrose Tiling mit ikoseadrischer Ordnung für die von SHECHTMAN untersuchte Legierung vor. SHECHTMANS Entdeckung ist also schon für sich genommen herausragend, dass er aber zwei Jahre investiert hat, die wissenschaftliche Gemeinschaft von der Richtigkeit seiner Interpretation zu überzeugen und dies am Ende auch geschafft hat, muss man ebenso würdigen.

8.2 Einblicke in Forschung und Anwendung

Zusammenfassung:

In diesem Abschnitt werden Fragen zur Stabilität und der Struktur von Quasikristallen diskutiert. Die Forschung in diesem Bereich erstreckt sich über einen längeren Zeitraum. Gerade beim Thema Stabilität kann man sehen, wie intensiv der Diskurs in der wissenschaftlichen Gemeinschaft geführt wird und warum es für SHECHTMAN anfangs schwer war, Kollegen von seiner Entdeckung zu überzeugen. Die Strukturbestimmung ist heute weit fortgeschritten, Elektronenmikroskope ermöglichen eine immer bessere Auflösung selbst im atomaren Bereich, sodass man in bestimmten Legierungen die Struktur fast schon direkt sehen kann.

8.2.1 Entstehung und Stabilität von Quasikristallen

Eine der fundamentalen Fragen lautet: Warum bilden sich in bestimmten Legierungen nicht die einfacheren kristallinen Strukturen, sondern Quasikristalle? Anders ausgedrückt: Warum sind Quasikristalle überhaupt stabil? Man kann in der Physik mehrere Größen finden, die dafür verantwortlich sind, ein System in einen bestimmten (stationären) Zustand zu treiben. Zwei davon sind die Energie und die Entropie. Die Natur neigt dazu, die Energie eines Systems zu minimieren, was sich beispielsweise darin äußert, dass angeregte Atome unter Aussendung von Strahlung in ein niedrigeres Energieniveau wechseln. Die Entropie ist eine thermodynamische Größe, welche die Anzahl möglicher Konfigurationen beschreibt, die ein System bei einer bestimmten Energie besitzt und die aus reinen Wahrscheinlichkeitsbetrachtungen immer gegen einen maximalen Wert strebt.

Schon in der Anfangszeit der Erforschung der Quasikristalle hat man versucht, mittels einer Energiebetrachtung für bestimmte idealisierte Legierungen die Präferenz der aperiodischen Struktur gegenüber der periodischen zu belegen. Man kann dazu ein einfaches Wechselwirkungspotential, das Lennard-Jones-Potential, verwenden, unter welchem sich zwei Atome bei größeren Abständen anziehen und bei starker Annäherung immer mehr abstoßen. Für zwei verschiedene Atomsorten L und J nimmt man den folgenden analytischen Ausdruck an:

$$V_{LJ}(r) = \varepsilon \left[-\frac{1}{6} \left(\frac{r}{\sigma} \right)^{-6} + \frac{1}{12} \left(\frac{r}{\sigma} \right)^{-12} \right]. \tag{8.11}$$

In diesem Ausdruck ist ε ein Parameter für die Wechselwirkungsenergie und σ legt den Abstand der beiden Atome fest, bei der sie eine minimale Wechselwirkungsenergie besitzen. Diese Energie nimmt im Abstand $r = \sigma$ den Wert $-\varepsilon/12$ an. Der erste Term im Lennard-Jones-Potential nimmt mit r^{-6} ab, dominiert für große Abstände und wirkt dort anziehend, während der andere bei kleinen Abständen dominiert und dort für eine Abstoßung sorgt, sodass sich die Atome nicht zu nahe kommen. Dieses Modell ist sehr einfach gehalten und berücksichtigt keinesfalls Details der Wechselwirkung aufgrund spezifischer Elektronenkonfigurationen der beteiligten Bindungspartner. Dennoch kann man damit schon einfache Modellrechnungen durchführen und zumindest qualitative Vorhersagen machen. LEVINE und STEINHARDT haben dieses Modell numerisch untersucht [5]. Die Frage war, ob man Parameter ε und σ findet, sodass bei einer Minimierung der Energie die quasiperiodische Ordnung bevorzugt wird. Tatsächlich fanden die Autoren Hinweise darauf, dass für eine starke Wechselwirkung zwischen unterschiedlichen Atomen eine dekagonale Anordnung favorisiert wird, was nicht verträglich ist mit Periodizität. Um bei einer größeren Anordnung von Atomen zu erkennen, welche Symmetrie vorliegt und dies auch quantitativ erfassbar zu machen, wurde ein Mittelwert der Orientierungen benachbarter Atome nach folgender Form gebildet:

$$Q_n = \left\langle e^{in\vartheta} \right\rangle. \tag{8.12}$$

Der Winkel ϑ ist der Winkel zwischen der Verbindungsachse zweier benachbarter Atome und einer beliebigen, aber festen Achse. Die Klammern bedeuten eine Mittelung über alle Atome. Die komplexe e-Funktion fluktuiert für verschiedene Winkel und die Beiträge heben sich somit für die meisten Werte von n auf, während sie sich für $n = 10$ konstruktiv addieren. Das kann man interpretieren als eine langreichweitige Ordnung mit zehnzähliger Symmetrie. Eine Größe wie Q_n nennt man auch Ordnungsparameter. Somit lag schon in den Anfängen die Vermutung nahe, dass Quasikristalle energetisch stabile Konfigurationen darstellen. Dies wurde später beispielsweise mit Hilfe von Monte-Carlo-Simulationen untermauert, die zeigten, dass aus einer flüssigen Phase durch Abkühlen Quasikristalle mit einer dekagonalen Symmetrie entstehen. Monte-Carlo-Simulationen basieren darauf, Folgen von Zufallszahlen zu nutzen, um beispielsweise Vorgänge in der statistischen Physik, wo der Zufall schon Bestandteil der Theorie ist, im Computer nachzubilden. Außerdem konnten die Ergebnisse auch noch durch molekulardynamische Simulationen bestätigt werden.

Der Grundzustand eines Systems wird thermodynamisch erst erreicht, wenn man es bis zum absoluten Nullpunkt abkühlt. Wie können Quasikristalle dann bei höheren Temperaturen existieren? Tatsächlich ist die Beobachtung sogar die, dass die meisten Quasikristalle nur bei hohen Temperaturen stabil sind, bei niedrigen hingegen nur noch metastabil, also immer kurz vor dem Übergang zu einem klassischen Kristall. Hierbei spielt die schon angesprochene Entropie eine stabilisierende Rolle. Um das zu verstehen, muss man sich einen Unterschied zwischen periodischen und Quasikristallen klarmachen. Während ein periodischer Kristall aus einer einzigen Einheitszelle aufgebaut wird, indem diese Zelle lediglich wiederholt aneinander gesetzt wird, benötigt man für Quasikristalle mindestens zwei verschiedene Bausteine. Die periodische Struktur, welche sich durch die einfache Anbauregel ergibt, ist eindeutig. Bei Quasikristallen sieht es hingegen so aus, dass man mehrere verschiedene Strukturen aus den Basiselementen generieren kann. Doch auch hierin gibt es noch eine Ordnung. Es gibt Teilstrukturen (d.h. Ausschnitte) in einer quasiperiodischen Anordnung, welche exakt so in manchen anderen Anordnungen auftreten, und in wieder anderen nicht. Die Menge von Anordnungen, welche solche gleichartigen Teilstrukturen besitzen, nennt man einen lokalen Isomorphismus (LI). Die Menge aller möglichen Strukturen, die man mit einem Satz an Basiselementen erzeugen kann, lässt sich nun in verschiedene Isomorphismusklassen unterteilen. Die Strukturen innerhalb einer LI-Klasse lassen sich nicht anhand ihrer Beugungsbilder unterscheiden, diese sind identisch. Nur die Beugungsbilder von Strukturen verschiedener LI-Klassen unterscheiden sich auch. Außerdem sind alle Strukturen innerhalb einer LI-Klasse energetisch gleichwertig.

---

i Auch der Grundzustand eines solchen Systems kann aus mehreren energetisch gleichen Konfigurationen bestehen, man nennt das *Entartung*. Entartete Grundzustände sind auch ein typisches Merkmal von Gläsern.

Diese Entartung führt nun zu einer Erhöhung der Entropie, denn diese ist gerade ein Maß dafür, wie viele Konfigurationen ein System in einem Zustand gegebener Energie besitzt. Aus statistischen Gründen strebt ein System immer den Zustand mit der größten Entropie an, und ein Quasikristall weist je nach Größe seiner LI-Klasse eine größere Konfigurationsentropie auf als ein klassischer Kristall. Das quasikristalline System wechselt sogar zwischen den verschiedenen Konfigurationen dynamisch hin und her. Diese Sprungbewegungen der einzelnen Atome zwischen verschiedenen Plätzen nennt man auch Phasonen.

Experimentell ist die Frage nach der Stabilität von Quasikristallen mittlerweile geklärt. Man hat im Jahr 2009 in Sibirien am Khatyrka-Fluss ein natürlich vorkommendes Mineral, eine Al-Cu-Fe-Legierung, gefunden, welches eine ikosaedrische Symme-

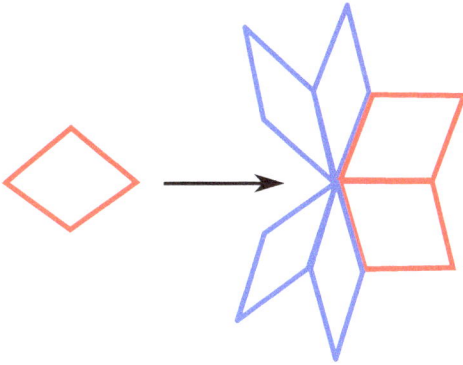

Abb. 8.9: Aufbau eines Penrose Tiling mit Hilfe lokaler Anbauregeln.

trie aufweist [6]. Dieses Mineral hat mittlerweile den Namen Icosahedrit erhalten. Es stammt wohl aus einem Meteoriteneinschlag und ist viele Millionen Jahre alt. Bei dieser Lebensdauer kann man deshalb nur von einer thermodynamisch stabilen Phase sprechen.

Da Quasikristalle existieren, müssen sie auch auf irgend eine Weise entstehen. Dies geschieht wie auch bei herkömmlichen Kristallen. Ein Kristall benötigt einen Kristallationskeim, und daran werden dann die einzelnen Bausteine nach und nach angedockt. Die Frage ist, wie dieser Vorgang genau abläuft. Wie schon erwähnt, ist bei periodischen Kristallen nur eine mögliche Anordnung zulässig (wenn man von Gitterdefekten einmal absieht). Bei Quasikristallen stellt sich das Problem von Anbauregeln und die Frage nach der Art der Wechselwirkung. Um dies zu demonstrieren, schauen wir uns einen Ausschnitt aus einer eindimensionalen quasiperiodischen Abfolge von Gitterbausteinen S und L an:

$$\dots LSLLSLSLLSLLS \dots$$

Was schließt nun rechts an? Um es eindeutig zu entscheiden, muss man bis zum Anfang der Kette gehen. Das liegt an der rekursiven Definition der Kette. Doch wenn wir wieder an Atome und deren Wechselwirkungen denken, kann eine solche Entscheidung von einem einzelnen Atom nicht getroffen werden, wenn die Wechselwirkung nur lokal ist. Anschaulich gesprochen sieht das Atom nur seine nächsten Nachbarn, nicht aber den gesamten Kristall und kann somit auch nicht wissen, wo es sich nun anfügen soll. In einer Dimension ist ein Kristallwachstum auf der Basis von lokalen Anbauregeln nicht möglich. Interessanterweise sieht es in zwei Dimensionen anders aus.[43] In Abbildung 8.9 wird gezeigt, welches Element als nächstes zu einem schon bestehenden Penrose Tiling hinzugefügt werden muss. Denkbar ist, anstelle des Ki-

---

43 Das ist auch ein schönes Beispiel für die Dimensionsabhängigkeit von physikalischen Effekten.

te auch zwei Darts einzufügen. Jedoch wurden Regeln gefunden und auch mathematisch bewiesen, welche nur die lokale Struktur, also die nächsten Nachbarn in Betracht ziehen und damit ein perfektes Penrose Tiling generieren. Anhand dieser Regeln kann man eindeutig für den Kite entscheiden und den Kristall sukzessive nach außen wachsen lassen (im Gegensatz zu dem oben erwähnten Algorithmus, welcher auf Basis einer vorgegebenen Berandung immer kleinere Elemente erzeugt, was aber kein physikalischer Wachstumsprozess ist).[44] Historisch war ein solches Argument nötig, weil dies ein weiterer Beleg für die Existenz von Quasikristallen war. Schließlich genügt es nicht zu zeigen, dass ein Quasikristall stabil ist, wenn er ohne globale Anbauregeln gar nicht entstehen kann. Weiterhin wurde auch eine Möglichkeit gefunden, wie man die Gitterbasis einfacher als mit zwei Kacheltypen aufbauen kann. Hier sei das Gummelt Tile erwähnt, welches ebenfalls geeignet ist, eine quasiperiodische Struktur aufzubauen. Da es nicht möglich ist, durch reines Aneinanderfügen von einem einzelnen Kacheltyp ein aperiodisches Gitter zu generieren, wird beim Aufbau mit dem Gummelt Tile ein Überlapp zwischen den einzelnen Tiles gefordert. Dies erhöht gleichzeitig die Clusterdichte und zeigt, dass Quasikristalle energetisch günstiger sein können als periodische Kristalle. Ein Beispiel für eine solche Verbindung ist die Aluminium-Legierung $Al_{72}Ni_{20}Co_8$, die wir auch gleich noch weiter diskutieren werden.

8.2.2 Strukturbestimmung

Die Bestimmung der Struktur von Quasikristallen ist ein Thema, welches dauerhafte Relevanz hat, da immer wieder neue Verbindungen entdeckt werden und schon bekannte noch gar nicht zweifelsfrei analysiert sind. Dass es schwierig ist, die Struktur, also die genaue Anordnung der Atome zu bestimmen, wird schon klar, wenn man sich die oben erwähnten Isomorphismen in Erinnerung ruft. Quasikristalle können unterschiedliche Strukturen besitzen, aber zu der selben LI-Klasse gehören. Wie erwähnt, sind ihre Beugungsmuster dann identisch. Es geht also bei der Röntgen- oder Elektronenbeugung unweigerlich Information verloren. Zwar gilt letzteres auch bei periodischen Kristallen, doch gibt es hier keine Isomorphismen. Die Reduktion der Information im Beugungsbild rührt daher, dass die Phaseninformation über die gebeugten Wellen bei der Messung verloren geht, und dies gilt für alle Arten von Materialien. Zudem kommen neben den üblichen thermischen Fluktuationen der Atome (im quantenmechanischen Bild *Phononen* genannt) auch noch Phasonen als Fluktuationen hinzu, welche der Struktur eine Dynamik verleihen.

---

44 Es handelt sich bei der lokalen Anbauregel um einen mathematischen Beweis, der nicht erklärt, warum Atome eine so komplexe Struktur bilden. Der Beweis zeigt nur, dass man keine Kenntnis über den vollständigen Kristall benötigt, um korrekt weiter bauen zu können.

Zur Untersuchung von Kristallen gibt es eine ganze Reihe von Techniken. Wie schon früh bei der Strukturbestimmung von periodischen Kristallen angewendet, wird auch heute noch die Röntgenbeugung sowie die Elektronenbeugung genutzt. Im Gegensatz zur Röntgenbeugung, wie sie Anfang des 20. Jahrhunderts durchgeführt wurde, steht heute sogar kohärente Röntgenstrahlung zur Verfügung. SHECHTMAN war bei der Untersuchung der Al-Mn-Legierung auf die Elektronenbeugung angewiesen, da er nur sehr kleine Kristalle in der abgeschreckten Schmelze finden konnte (Größenordnung 1 μm). Das Elektronenmikroskop war also das Mittel der Wahl. Damit können aber nicht nur Beugungsbilder aufgenommen werden, man kann die Atompositionen auch direkt abbilden. Dabei gibt es zwei Techniken, welche kombiniert eine sehr gute Beschreibung des Kristallgitters erlauben. In beiden Fällen werden Elektronen durch die zu untersuchende Probe hindurch geschickt, man spricht von Transmissionselektronenmikroskopie (TEM). Bei der sogenannten Phasenkontrastmethode wird ein paralleles Bündel von Elektronen durch den Kristall geschickt. Ein Teil des Strahls geht direkt durch, der andere Teil wird an den Atomen gebeugt. Dadurch besitzen beide Strahlen unterschiedliche Phasenlagen, und man kann sie nun überlagern, wodurch sich ein Bild ergibt, in welchem die Atome mit dunklen Stellen auf dem Bild korrespondieren. Die Z-Kontrastmethode basiert auf dem Scannen der Probe mit einem stark fokussierten Elektronenstrahl. Die Elektronen werden dann an den Atomen gestreut, und man misst, wie viele Elektronen unter welchem Winkel auf den Detektor treffen. Der grundlegende Unterschied zwischen beiden Verfahren ist, dass bei der Phasenkontrastmethode die Elektronen auf dem Schirm kohärent überlagert werden, während man bei der Z-Kontrastmethode die Summe von Intensitäten gemessen wird, es also keine Kohärenz gibt. Erstere Methode gibt ein Bild des elektrostatischen Potentials wieder, während letztere auf die Ordnungszahl Z der Atome sensitiv ist, sodass man in Legierungen leichte und schwere Atome voneinander unterscheiden kann.

Ein besonders wichtiges Beispiel für die Strukturuntersuchung von Quasikristallen ist die oben schon erwähnte Legierung $Al_{72}Ni_{20}Co_8$. Diese besitzt eine hochgeordnete quasiperiodische Struktur mit einer dekagonalen Symmetrie.

8.3 Ausblick

Quasikristalle sind Materialien mit besonderen physikalischen Eigenschaften. Ihre Aperiodizität verlangt nach neuen theoretischen Ansätzen, um sie vom rein akademischen Standpunkt besser zu verstehen. Diese Ansätze umfassen in der heutigen Zeit auch immer mehr Computersimulationen. Durch die fehlende Periodizität müssen solche Simulationen immer mit einem größeren Kristall zurecht kommen, da man sich im Gegensatz zu den klassischen Kristallen nicht auf eine Einheitszelle beschränken kann, um dann die Periodizität auszunutzen. So gibt es viele Fragestellungen, die wir hier noch nicht angesprochen haben oder welche auch noch gar nicht beantwortet sind. Besitzen Quasikristalle im Vergleich zu herkömmlichen Kristallen neue elektronische oder magnetische Eigenschaften? Wie kann man diese Eigenschaften mikroskopisch verstehen? Auch die optischen Eigenschaften spielen in der Festkörperphysik eine wichtige Rolle. Kristalle, bestehend aus Atomen, besitzen eine Strukturgröße, die deutlich unterhalb der Wellenlänge von sichtbarem Licht liegt. Die Wechselwirkung von Licht mit diesen Kristallen, beispielsweise Metallen, ist Teil der Elektrodynamik (und der Festkörperphysik), und es kommen dabei effektive Parameter zum Einsatz wie etwa der Brechungsindex eines Materials. Daneben gibt es auch noch das eher junge Gebiet der *photonischen Kristalle* und *Metamaterialien*. Photonische Kristalle besitzen eine Strukturgröße, die etwa im Bereich der Wellenlänge von sichtbarem Licht liegt, während Metamaterialien noch kleinere Gitterkonstanten besitzen. Man kann nun mittels Nanopartikeln periodische Strukturen auf Oberflächen erzeugen (beispielsweise Goldpartikel auf Indium-Titanoxid). Solche Arten von Strukturen werden schon untersucht, sowohl hinsichtlich ihrer physikalischen Eigenschaften als auch was ihre Fertigung betrifft. Quasiperiodische Strukturen können nun zu weiteren neuartigen Eigenschaften führen. So entsteht eine Verbindung unterschiedlicher Forschungsfelder in der Physik.

Neben fundamentalen Aspekten stellt sich im Bereich der Materialwissenschaften immer die Frage nach einer Anwendung. Quasikristalle sind beispielsweise dem Teflon ähnlich und man kann damit Antihaftbeschichtungen produzieren, was auch schon realisiert wurde. Im Gegensatz zu Teflon sind Quasikristalle jedoch äußerst hart und damit auch noch mechanisch beständig. Dieser Vorteil muss gegen die gegenüber Teflon etwas schlechteren Hafteigenschaften aufgewogen werden. Weiterhin kann man Aluminium durch Einbringen von kleinen Quasikristallen eine deutlich größere Härte verleihen. Auch hier kann man sich die Eigenschaften von Quasikristallen wieder beim Design von ganz alltäglichen Materialien zunutze machen. Weitere potenziell nutzbare Eigenschaften sind die geringe Wärmeleitfähigkeit und die geringe mechanische Reibung. Vom Standpunkt der Materialwissenschaften aus ist also ein Verständnis dieser Eigenschaften auf Basis des mikroskopischen Aufbaus der Kristalle wichtig, um neue Materialien für konkrete Zwecke maßschneidern zu können. Quasikristalle stellen also auch ein Beispiel für die Symbiose von Grundlagenforschung und Anwendung dar.

Literatur

[1] P. J. Steinhardt and P. J. Lu. Decagonal and quasi-crystalline tilings in medieval islamic architecture. *Sience* **315**, 1106 (2007).
[2] R. Penrose. The role of aesthetics in pure and applied mathematical research. *Bull. Inst. Math. Appl.* **10**, 266 (1974).
[3] D. Shechtman, I. Blech, D. Gratias, and J. Cahn. Metallic phase with long-range orientational order and no translational symmetry. *prl* **53**, 1951 (1984).

[4] D. Levine and P. J. Steinhardt. Quasicrystals: A new class of ordered structures. *Phys. Rev. Lett.* **53**, 2480 (1984).

[5] D. Levine and P. J. Steinhardt. Quasicrystals. I. Definition and structure. *Phys. Rev. B* **34**, 596 (1986).

[6] L. Binde, P. J. Steinhardt, N. Yao, and P. J. Lu. Natural Quasicrystals. *Science* **324**, 1306 (2009).

9 Entropie und entropische Kräfte

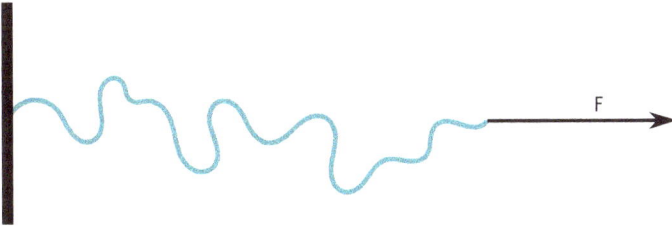

Die Entropie hat ihren Ursprung in der Thermodynamik und wird dort auf phänomenologische Weise eingeführt, findet ihre Verwendung aber auch in der Informatik,
im Zusammenhang mit dem Zeitpfeil und in der Biophysik. Ein grundlegendes Verständnis wird in der statistischen Physik möglich. Dieser Zweig der Physik beschäftigt
sich mit Vorgängen, die zwar prinzipiell deterministisch, aber nicht mehr berechenbar ablaufen, da das Zusammenspiel sehr vieler Teilchen dies nicht mehr zulässt und
es auch gar nicht sinnvoll ist, beispielsweise 10^{23} Bewegungsgleichungen zu lösen.
Man kommt daher um statistische Aussagen wie Mittelwerte, Varianzen oder Wahr-
scheinlichkeitsverteilungen nicht herum. Letztere sind es, welche in mesoskopischen
Systemen wie beispielsweise Kolloiden oder Makromolekülen für effektive Kräfte sorgen. Statistisch gesehen nimmt ein System immer den Zustand mit der größten Wahrscheinlichkeit an, was nicht weiter verwundern wird. Die Entropie ist ein Maß für die
Anzahl der mikroskopischen Realisierungsmöglichkeiten. Somit kann man auch sagen, dass ein System immer den Zustand größtmöglicher Entropie anstrebt. Die Maximierung der Entropie macht sich uns nun so bemerkbar, als seien Kräfte am Werk,
die das System in einen bestimmten Zustand treiben. Dieses Verhalten ist rein statistischer Natur, es gibt keine Kraft im herkömmlichen Sinn, die dafür verantwortlich
wäre, wie etwa die elektrische oder die Gravitationskraft. In diesem Kapitel wollen wir
die Entropie näher kennenlernen und die dadurch verursachte effektive Kraftwirkung
in bestimmten mesoskopischen Systemen untersuchen. Wir erschließen auch damit
das spannende Gebiet der weichen Materie und der Biophysik.

https://doi.org/10.1515/9783111260570-009

9.1 Worum es geht

Zusammenfassung:

Die Entropie ist eine thermodynamische Größe, welche den Zustand eines Systems charakterisiert. Man stößt auf diese Größe bei der Untersuchung von Wärmekraftmaschinen und findet dabei heraus, dass Entropie niemals abnehmen kann, sondern allenfalls konstant bleibt, während ein System seinen thermodynamischen Zustand verändert. Man kann Entropie sowohl von der Seite der klassischen Thermodynamik betrachten, wo man die Begriffe Wärme und Temperatur benötigt, als auch eine statistische Sichtweise annehmen und Entropie als Maß für die Anzahl mikroskopischer Realisierungsmöglichkeiten sehen. Die Tatsache, dass Entropie niemals abnehmen kann und üblicherweise sogar zunimmt, treibt thermodynamische Systeme auch ohne die Anwesenheit einer der bekannten elementaren Wechselwirkungen automatisch in bestimmte Zustände, was sich effektiv als Kraft bemerkbar macht.

9.1.1 Entropie an einem einfachen Beispiel

Um uns dem Begriff der Entropie zu nähern, schauen wir uns ein Beispiel an, welches schon zu Beginn des 19. Jahrhunderts von SADI CARNOT untersucht und später auch nach ihm benannt wurde: den Carnot-Prozess. Zu Zeiten CARNOTS war die Dampfmaschine gerade erst erfunden, es fehlte aber an einem grundlegenden theoretischen Verständnis der darin ablaufenden Vorgänge. CARNOT hat diese Lücke gefüllt, indem er einen sehr einfachen thermodynamischen Prozess entworfen hat, der nicht nur die Dampfmaschine, sondern jede Art von Maschine, welche Wärme in mechanische Arbeit umwandelt, abstrakt beschreibt. Diesen Prozess wollen wir einmal kurz untersuchen, da man davon ausgehend zum Begriff der Entropie kommen kann.

In der Thermodynamik beschäftigt man sich unter anderem mit dem Verhalten von Gasen. Speziell betrachtet man oft sogenannte ideale Gase, welche sich auf mikroskopischer Ebene dadurch auszeichnen, dass die Moleküle oder Atome als punktförmig angesehen werden können und keine Kräfte zwischen ihnen wirken, außer bei zentralen Stößen.

ℹ️ Selbst Atome besitzen eine endliche Ausdehnung und spüren sich gegenseitig auch ein wenig, wenn sie sich nahe genug kommen. Doch in einem Gas sind die Teilchen im Mittel so weit voneinander entfernt, dass sie sich anschaulich gesprochen nur aus weiter Ferne sehen, wodurch sie sich als kleine Punkte wahrnehmen. Da sie sich auch immer nur kurzzeitig und eher selten treffen, kann man die Wechselwirkung auf zentrale Stöße reduzieren. Ein realistischeres Modell von Gasen bezieht genau diese beiden Aspekte einer endlichen Ausdehnung und einer internen Wechselwirkung mit ein. Dies wird eben dann wichtig, wenn man ein Gas komprimiert oder hinreichend abkühlt.

Wir wollen nun ein ideales Gas für die Verrichtung mechanischer Arbeit nutzen. Das Gas soll sich in einem Zylinder mit einem beweglichen Kolben befinden. Dadurch, dass der Kolben hin- und herbewegt werden kann, lässt sich daraus Arbeit gewinnen. Jedes Automobil mit Verbrennungsmotor nutzt derzeit dieses Prinzip, um die Räder anzutreiben. Doch warum sollte sich der Kolben bewegen? Die Alltagserfahrung sagt uns, dass ein Gas sein Volumen vergrößert, wenn man es erwärmt. Also werden wir dem Gas Wärme zuführen müssen, brauchen also eine (heiße) Wärmequelle. Wie diese genau gestaltet ist, soll uns gerade nicht interessieren, wir denken hier sehr abstrakt. Es sei uns einfach ein Wärmereservoir mit einer bestimmten festen Temperatur gegeben. Diese Temperatur nennen wir T_1. Koppelt man das Gas also an das Wärmereservoir, so haben wir schon die Möglichkeit geschaffen, dass es sich ausdehnen kann. Wie man aber vom Auto weiß, muss aus dem Motor auch wieder Wärme abgeführt werden, wozu es ja den Kühler gibt. Dieser wird von der Außenluft durchströmt und gibt dabei Wärme an die Umgebung, welche im Vergleich zum Motor kalt ist, ab. Auch für unsere abstrakte Maschine wollen wir ein solches Wärmereservoir mit einer niedrigen Temperatur T_2 vorhalten, damit Wärme aus dem Gas auch wieder abgeführt werden kann. Ziel ist nun, eine Abfolge zu finden, wie man dem Gas Wärme und Arbeit zuführen und entnehmen kann, sodass sich nach einem solchen Ablauf das Gas wieder im ursprünglichen Zustand befindet. Der ursprüngliche Zustand wird dabei festgelegt durch die Temperatur, den Druck und das Volumen. Wenn wir eine solche Abfolge finden, können wir sie nämlich periodisch immer wieder durchlaufen und der Motor arbeitet. Genau diesen Vorgang hat sich nun CARNOT überlegt.

Grundsätzlich spielen dabei nur zwei Änderungen am Zustand des Gases eine Rolle. Die eine nennt man isotherm, die andere adiabatisch. Bei einer isothermen Zustandsänderung werden Druck und Volumen des Gases variiert, wobei die Temperatur konstant gehalten wird. Dies lässt sich realisieren, indem man das Gas an ein Wärmereservoir mit einer festen Temperatur anschließt und die Wärmeleitung zwischen Gas und Reservoir so groß wird, dass das Gas immer die gleiche Temperatur besitzt. Adiabatisch hingegen stellt das Gegenteil dazu dar, hier wird gar keine Wärme zwischen Gas und Wärmereservoir ausgetauscht. Die thermische Isolierung ist also sehr hoch. Alternativ kann man die Zustandsänderung auch sehr schnell ablaufen lassen, sodass in der kurzen Zeit so gut wie keine Wärme fließen kann. Bei einer adiabatischen Zustandsänderung werden sich also Druck, Volumen und Temperatur verändern.[45]

Beim Carnot-Prozess beginnt man nun beispielsweise damit, dass sich das Gas im heißen Zustand T_1 bei einem hohen Druck und einem kleinen Volumen befindet.

---

45 Die genannten drei Größen sind nicht unabhängig, sondern werden über eine sogenannte Zustandsgleichung verknüpft. Kennt man zwei Größen, kann man also die dritte berechnen.

1. Isotherme Expansion

2. Adiabatische Expansion

3. Isotherme Kompression

4. Adiabatische Kompression

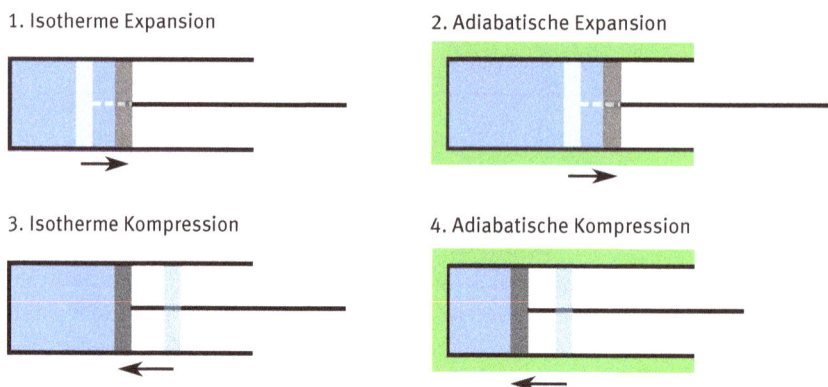

Abb. 9.1: Eine graphische Darstellung des Carnot-Prozesses. Er besteht aus einer Abfolge isothermer und adiabatischer Expansionen und Kompressionen, wobei insgesamt Wärme aus dem heißen Reservoir entnommen, teilweise in Arbeit umgesetzt bzw. als Wärme an das kältere Reservoir abgegeben wird. Die Reservoirs sind hier nicht eingezeichnet. Bei den adiabatischen Prozessen wird der Zylinder jeweils in eine Isolierung gesteckt (grün dargestellt).

Dann dehnt man im ersten Prozessschritt das Gas bei dieser Temperatur isotherm aus. Im zweiten Schritt isoliert man das Gas von der Umgebung und dehnt es weiter aus, wobei die Temperatur absinken muss. Der Schritt geht soweit, bis das Gas die Temperatur T_2 erreicht. Anschließend geht es in der anderen Richtung weiter. Im dritten Schritt komprimiert man das Gas isotherm bei der Temperatur T_2, und geht im vierten und letzten Schritt mit der Kompression adiabatisch bis zum Ausgangszustand weiter, das Gas befindet sich dann also wieder bei der Temperatur T_1. Diese Schrittfolge ist auch in Abbildung 9.1 dargestellt. In den beiden Schritten, in denen sich das Gas ausdehnt, wird mit dieser Maschine Arbeit nach außen verrichtet, diese ist also in unserem Sinne nutzbar. Bei der Kompression muss hingegen von außen Arbeit zugeführt werden. Man kann nun eine einfache Rechnung anstellen und sieht dabei, dass über den gesamten Prozess mehr Arbeit vom Gas verrichtet wird, als man wieder hineinstecken muss. Netto erhält man also mechanische Arbeit, die wir mit ΔW bezeichnen wollen. Allerdings bezahlt man dafür natürlich, und zwar im ersten Schritt. Dort führt man dem Gas Wärme zu, damit es beim Ausdehnen seine Temperatur halten kann. Wir wollen sie mit ΔQ_1 bezeichnen. Diese Wärme kostet bei einem Auto Geld, da sie beim Verbrennen des Treibstoffs frei wird, und für diesen Energieträger bezahlt man an der Tankstelle. Wie die Rechnung ebenfalls zeigt, wird die aufgewendete Wärme nicht vollständig in Arbeit umgewandelt, sondern nur zu einem gewissen Anteil. Es bleibt also noch ein Rest Energie übrig, und zwar ebenfalls in Form von Wärme. Diese wird im dritten Schritt bei der Temperatur T_2 an das kältere Reservoir abgegeben, und wir nennen sie entsprechend ΔQ_3. Um wieder den Vergleich mit dem Auto zu ziehen: Das ist die Abwärme aus dem Motorraum, die man nicht in mechanische Ar beit umwandeln konnte, sondern die an die kalte Umgebung abgegeben wird.[46] Dieses Ergebnis muss man sich noch einmal vor Augen halten. Die zugeführte Wärme wird im Carnot-Prozess nicht vollständig in Arbeit umgewandelt, sondern nur zum Teil. Warum sollte das so sein? Mit der Energieerhaltung hat das nichts zu tun, denn diese würde eine vollständige Umwandlung nicht verbieten. Tatsächlich wird auch im ersten Schritt die zugeführte Wärme vollständig in Arbeit umgesetzt, das ist bei jedem isothermen Vorgang der Fall. Aber nur mit diesem Schritt kann man keinen Motor laufen lassen. Ein Motor arbeitet periodisch, und genau deshalb schafft man es nicht, nur Wärme in Arbeit zu verwandeln. Man muss das Gas auch wieder komprimieren, und zumindest im isothermen Prozessschritt geht das nicht ohne Wärmeabfuhr an die kalte Umgebung. Es gibt keine periodisch arbeitende Maschine, die nichts weiter tut, als Wärme in Arbeit umzuwandeln! Dieses Resultat ist so bedeutend, dass man es zum sogenannten zweiten Hauptsatz der Thermodynamik erhoben hat. Im Rahmen des Carnot-Prozesses kommt man auf ganz natürliche Weise auf dieses Ergebnis, man trifft keinerlei zusätzliche Annahmen. Um zu verstehen, dass es sich tatsächlich um eine sehr weitreichende Aussage handelt, muss man wissen, dass es nicht nur den Carnot-Prozess betrifft, sondern ganz allgemein jeden thermodynamischen Kreisprozess, egal wie raffiniert er auch entworfen sein mag. Wärme kann in Kreisprozessen immer nur zu einem Teil in Arbeit umgewandelt werden. Um eine Aussage machen zu können, wie groß dieser Anteil denn ist, definiert man den Wirkungsgrad η als das Verhältnis der genutzten Energie (in diesem Fall die Arbeit ΔW) zur aufgewendeten Energie (also hier die Wärmemenge ΔQ_1). Man kann wieder mit elementaren Mitteln folgendes Ergebnis ableiten:

$$\eta = \frac{\Delta W}{\Delta Q_1} = \frac{T_1 - T_2}{T_1} = 1 - \frac{T_2}{T_1} < 1. \tag{9.1}$$

Von dieser Definition des Wirkungsgrades können wir zu einer Definition der Entropie im Sinne der klassischen Thermodynamik kommen (eine weitere Definition aus der Sicht der statistischen Physik folgt weiter unten). Die Arbeit ΔW wird im ersten und dritten Schritt erbracht. Beides sind isotherme Prozesse, sodass hier Wärme in das Gas hineingesteckt (ΔQ_1) bzw. dem Gas entzogen wird (ΔQ_3) und in gleicher Menge Arbeit vom bzw. am Gas verrichtet wird. Die insgesamt erbrachte Arbeit ist also die Summe der beiden Wärmemengen ΔQ_1 und ΔQ_3. Damit kann man die beiden Wärmemengen mit den jeweils herrschenden Temperaturen in Verbindung bringen:

$$\frac{\Delta Q_1 + \Delta Q_3}{\Delta Q_1} = \frac{T_1 - T_2}{T_1} \quad \Leftrightarrow \quad \frac{\Delta Q_1}{T_1} + \frac{\Delta Q_3}{T_2} = 0. \tag{9.2}$$

Damit sind wir nun an dem Punkt angelangt, an dem wir die Entropie definieren können. Genauer soll es uns um eine Entropiedifferenz gehen. Man kann (9.2) ja auch wie

---

46 Das stimmt heute natürlich nicht ganz. Zum einen erwärmt man damit im Winter den Innenraum des Fahrzeugs, zum anderen kann man daraus immer noch weitere Arbeit entnehmen. Aber auch dies geht nicht vollständig, sodass letztlich immer ein großer Teil Wärme verloren geht.

folgt lesen: Es gibt eine Größe $\Delta Q / T$, welche im ersten Schritt dem heißen Wärmereservoir entnommen und im dritten Schritt in gleicher Menge dem kalten Reservoir wieder zugeführt wird, sodass die Summe von beiden[47] Null ist. Diese Größe ist die Entropie, welche wir mit dem Buchstaben S bezeichnen. Die in einem Prozessschritt übertragene Entropiemenge ΔS ist also definiert durch

$$\Delta S = \frac{\Delta Q}{T}. \tag{9.3}$$

Für den Carnot-Prozess gilt nun, dass insgesamt, also unter Einbeziehung des Gases und der beiden Wärmereservoirs, Entropie nur transportiert wird. Die gesamte Entropiemenge ändert sich nicht. Diese Eigenschaft der neu eingeführten Größe passt zu der oben getroffenen Definition des zweiten Hauptsatzes. Wenn dem heißen Wärmereservoir Entropie entnommen wird, so muss diese auch wieder irgendwo hin. Da der bewegliche Kolben keine Entropie aufnehmen kann brauchen wir zwingend ein zweites Wärmereservoir mit einer geringeren Temperatur. Und damit ist es eben nicht möglich, die entnommene Wärme vollständig in Arbeit zu verwandeln. Entropie kann in einem abgeschlossenen thermodynamischen System niemals abnehmen! In unserem Beispiel ist die Änderung der Entropie genau Null, was daran liegt, dass der Carnot-Prozess vollständig umkehrbar ist. Würden wir Reibungseffekte mit einbeziehen, hätte der Prozess sogenannte irreversible Anteile und wäre nicht umkehrbar. Durch Reibung wird zusätzlich Wärme erzeugt, und damit auch Entropie. Damit kann man den zweiten Hauptsatz der Thermodynamik noch etwas allgemeiner fassen und sagen, dass die Entropie in einem abgeschlossenen System niemals abnimmt:

$$\Delta S \geq 0. \tag{9.4}$$

Man kann anhand der Reibung auch leicht eine intuitive Vorstellung der Unumkehrbarkeit gewinnen. Lässt man einen Holzklotz über einen ebenen Tisch rutschen, wird der Klotz irgendwann stehen bleiben, da er seine Bewegungsenergie vollständig in Wärme umgewandelt, also Entropie erzeugt hat. Der umgekehrte Vorgang, dass der Klotz Wärme aufnimmt und sich dann in Bewegung setzt, läuft nicht spontan ab. Prozesse werden spontan also immer so ablaufen, dass die Entropie dabei anwächst, also maximiert wird. Somit fungiert die Entropie als eine Art treibende Kraft hinter unumkehrbaren Vorgängen in der Natur, womit wir den Titel dieses Kapitels erfasst haben.

Wie schon erwähnt ist die Entropie eine mengenartige Größe, welche in einem System wie einem Gas in einem gegebenen Zustand einen festen Wert besitzt:

$$\Delta S = v c_{V,\mathrm{m}} \ln \frac{T_2}{T_1} \tag{9.5}$$

Neben den beiden schon bekannten Temperaturen tauchen hierin noch die Stoffmenge v und die Wärmekapazität $c_{V,\mathrm{m}}$ auf. Im Folgenden wollen wir zunächst noch eine

---

[47] Achtung: durch die unterschiedlichen Fließrichtungen ergeben sich unterschiedliche Vorzeichen dieser Größe.

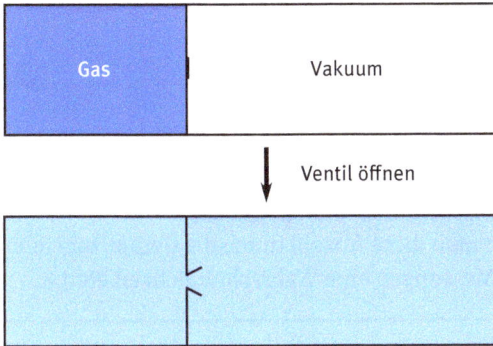

Abb. 9.2: Ein Behälter wird durch eine Trennwand in zwei Teilvolumen geteilt. Anfangs befindet sich in der einen Hälfte Gas, die andere ist evakuiert. Öffnet man das Ventil, strömt das Gas schnell in den leeren Bereich, bis es sich gleichmäßig verteilt hat. Der Grund ist rein statistischer Natur.

weitere Sicht auf die Entropie bekommen, indem wir uns etwas mit Wahrscheinlichkeiten beschäftigen. Danach schauen wir uns die Anwendung auf realistische Systeme an, welche auch im Labor untersucht werden können.

9.1.2 Eine statistische Sichtweise

Wir wollen nun ein ganz einfaches Beispiel betrachten, das intuitiv sofort klar ist, aber eine der treibenden Kräfte hinter den Vorgängen in Vielteilchensystemen beleuchtet. Dazu soll uns eine abgeschlossene Box dienen, in welcher sich Gasteilchen befinden (s. Abbildung 9.2). Nehmen wir an, es seien N solcher Teilchen, wobei N typischerweise in der Größenordnung 10^{23} liegt. Weiterhin wird die Box durch eine Trennwand in zwei Hälften unterteilt. In der Trennwand gibt es ein Ventil, durch welches die Gasteilchen hindurch strömen können, wenn man es öffnet. Zu Beginn des Versuchs seien nun alle Teilchen in der linken Hälfte und das Ventil sei geschlossen. Rechts herrscht also ein perfektes Vakuum. Es ist sofort klar, was passiert, wenn man das Ventil öffnet: Das Gas wird durch das Loch in die rechte Hälfte der Box strömen, bis sich in beiden Hälften der gleiche Druck eingestellt hat. Niemals wieder werden wir beobachten, dass sich die Teilchen aus der rechten Hälfte wieder zurück bewegen. Doch warum passiert das nicht? Ist das nicht möglich? Die Antwort lautet ganz einfach: Es ist möglich, aber extrem unwahrscheinlich. So unwahrscheinlich, dass sich diese Verteilung praktisch niemals von selbst ergeben wird. Man wird das Ventil zwangsweise schließen und den einen Teil der Box unter Aufwand von Arbeit evakuieren müssen. Die Wahrscheinlichkeiten für die beiden Zustände wollen wir nun einmal berechnen. Um uns zurecht zu finden, nennen wir das linke Teilvolumen V_A und das rechte V_B. Vor dem Öffnen des Ventils ist die Wahrscheinlichkeit, irgend eines der Gasmoleküle im Volumen V_A zu finden, genau 1. Nach dem Öffnen, wenn sich das Gas gleichmäßig verteilt hat, wird man das Molekül mit der Wahrscheinlichkeit

$$w_1 = \frac{V_A}{V_A + V_B} \tag{9.6}$$

im Volumen V_A finden. Dabei soll der Wahrscheinlichkeitsbegriff auf einem zeitlichen Mittelwert basieren. Man misst ständig den Aufenthaltsort des Teilchens und zählt jedes Mal, wenn man das Teilchen in V_A vorfindet, die Häufigkeit für dieses Teilvolumen um 1 hoch. Am Ende der Messreihe teilt man diese Anzahl durch die Gesamtzahl aller Messungen, was bei unendlich vielen Messungen eine Wahrscheinlichkeit ergibt.

---

i Es mag nahe liegen, auf diese Art eine Wahrscheinlichkeit zu definieren. Es gibt jedoch noch die zweite Möglichkeit, die Messung nur zu einem einzigen Zeitpunkt durchzuführen, dafür aber unendlich viele gleichartige Gasbehälter zu betrachten. Die Mittelung erfolgt dann über das Ensemble aller dieser Behälter. Dabei wird sich die gleiche Wahrscheinlichkeit ergeben wie bei einer zeitlichen Mittelung. Allerdings kann man dies nicht beweisen, statt dessen wird in der statistischen Physik die Gleichheit der Mittelwerte über ein Ensemble und über die Zeit als ein Postulat eingeführt.

Nun gehen wir einen Schritt weiter und bringen etwas Kombinatorik ins Spiel. Die Wahrscheinlichkeit, alle Moleküle im Volumen V_A zu finden, also Molekül 1 und Molekül 2 und Molekül 3 usw. ist das Produkt der Wahrscheinlichkeiten, jedes einzelne Molekül dort anzutreffen, also

$$w_N = \left(\frac{V_A}{V_A + V_B} \right)^N . \tag{9.7}$$

Wie winzig diese Wahrscheinlichkeit bei 10^{23} Molekülen wird, wenn V_A beispielsweise 99% des Gesamtvolumens ausmacht, kann man leicht ausrechnen. Sie liegt etwa bei $10^{-4,3 \cdot 10^{20}}$. In Worte gefasst bedeutet dies: Es wird praktisch niemals vorkommen, alle Moleküle gleichzeitig im linken Teilvolumen V_A vorzufinden. Da jedoch derartig extreme Größenordnungen nicht nur jede Vorstellung übersteigen, sondern auch schon beim Aufschreiben Probleme machen, nutzt man den Logarithmus, um damit zumindest ein wenig besser umgehen zu können. Zudem multipliziert man das Ergebnis nach dem Logarithmieren noch mit einer weiteren sehr kleinen Zahl, der Boltzmann-Konstante k_B. Diese besitzt in SI-Einheiten den Wert $1,38 \cdot 10^{-23}$ J/k. Das liefert uns nun folgendes Zwischenergebnis:

$$k_\mathrm{B} \ln w_N = k_\mathrm{B} \ln \left(\frac{V_A}{V_A + V_B} \right)^N . \tag{9.8}$$

Man kann dies auch ein wenig umdeuten: Im Logarithmus steht das Verhältnis zweier Wahrscheinlichkeiten, und zwar die Wahrscheinlichkeit, alle Teilchen im linken Teilvolumen V_A zu finden, geteilt durch die Wahrscheinlichkeit, alle Teilchen im gesamten Volumen $V_A + V_B$ zu finden, da die Wahrscheinlichkeit zum Volumen proportional ist. Oder anders ausgedrückt sind dies die beiden Wahrscheinlichkeiten vor dem Öffnen des Ventils (alle Teilchen links) und nach dem Öffnen (alle Teilchen im gesamten

Volumen verteilt). In Formelsprache liest sich das dann so:

$$k_B \ln \left(\frac{V_A}{V_A + V_B} \right)^N = k_B \ln \frac{w_{\text{vor}}}{w_{\text{nach}}}. \tag{9.9}$$

Und nun kommt ein weiterer wichtiger Schritt. Wir fragen uns, woran es denn liegt, dass es wahrscheinlicher ist, alle Teilchen im gesamten Volumen vorzufinden, als nur in einem Teilvolumen. Das liegt daran, dass den Gasteilchen im gesamten Volumen mehr Möglichkeiten zur Verfügung stehen, sich zu verteilen, als in einem kleineren Teilvolumen. Diese Sichtweise ist mikroskopisch. Die einzelnen Möglichkeiten, wie sich die Moleküle gerade anordnen können, sehen wir nicht, wenn wir den Behälter als makroskopisches Objekt betrachten. Jede der möglichen Anordnungen der Teilchen ist gleich wahrscheinlich, und zwar unabhängig davon, ob sich alle Teilchen über das gesamte Volumen verteilen, oder ob sich alle in einer Ecke befinden, solange diese Anordnungen die gleiche Energie besitzen. Diese sogenannten Mikrozustände kommen ausnahmslos alle mit der gleichen Wahrscheinlichkeit vor. Dass hingegen der Makrozustand „alle Teilchen im Volumen V_A" mit einer kleineren Wahrscheinlichkeit auftritt als der Makrozustand „alle Teilchen gleichmäßig verteilt" liegt an der besagten stark unterschiedlichen Anzahl mikroskopischer Realisierungsmöglichkeiten. Genauer gesagt ist die Wahrscheinlichkeit eines Makrozustandes proportional zur Anzahl der dazu passenden Mikrozustände (wie sich die einzelnen Teilchen also anordnen), sodass wir unser Ergebnis noch einmal etwas umformulieren:

$$k_B \ln \frac{w_{\text{vor}}}{w_{\text{nach}}} = k_B \ln \frac{n_{\text{vor}}}{n_{\text{nach}}}, \tag{9.10}$$

wobei vor und nach die Anzahlen der zugänglichen Mikrozustände bezeichnen. Wir können also sagen, dass sich das Gas gleichmäßig verteilt, weil die Anzahl der Möglichkeiten für die Moleküle mit dem Öffnen des Ventils zunimmt und es aus rein statistischen Gründen sehr selten vorkommen wird, einen Makrozustand anzutreffen, in welchem die Moleküle sehr viel weniger mikroskopische Realisierungsmöglichkeiten besitzen, sich anzuordnen.

Was die Formelsprache angeht, sind wir schon fast bei der statistischen Definition der Entropie angelangt. Bis jetzt haben wir immer das Verhältnis zweier Wahrscheinlichkeiten bzw. Realisierungsmöglichkeiten betrachtet. Die Entropie selbst beschreibt die absolute Anzahl von Möglichkeiten, die einem System auf mikroskopischer Ebene gerade zur Verfügung steht:

$$S = k_B \ln n. \tag{9.11}$$

Unser bisheriges Zwischenergebnis beinhaltet im Logarithmus das Verhältnis zweier Anzahlen. Da die Entropie selbst schon über den Logarithmus definiert wird, haben wir bisher also immer die Differenz zweier Entropiewerte betrachtet, nämlich die zwischen der Entropie vor und nach der Expansion des Gases. Da nach der Expansion das Gas mehr mikroskopische Realisierungsmöglichkeiten besitzt, steigt nach dem Öffnen die Entropie an. Wir können die statistische Kraft, welche die Teilchen in das leere Volumen hinein treibt, also auch als Entropiekraft oder entropische Kraft bezeichnen, welche derart wirkt, dass sie ein physikalisches System immer in Richtung größerer Entropie treibt.

Nun haben wir also noch einmal die Entropie definiert, und zwar aus einer statistischen Betrachtung heraus. Wie man nun am Beispiel eines idealen Gases gut zeigen kann, stimmen beide hier vorgestellten Definitionen der Entropie überein, auch wenn es sich um ganz verschiedene Berechnungsvorschriften handelt. Dieser Sachverhalt ist sehr wichtig, da es damit eine Anbindung der Statistik an die rein phänomenologische Thermodynamik gibt. Ohne diese Verbindung könnte man alles, was mit Wärme zu tun hat, nicht tiefer verstehen. Den zweiten Hauptsatz der Thermodynamik kann man deshalb auch ganz einfach verstehen: Die Entropie eines Systems nimmt niemals ab, sondern meistens zu, da es sehr unwahrscheinlich ist, das System in einem Makrozustand mit einer nicht maximalen Anzahl von Mikrozuständen vorzufinden.

---

i Wer diesen Satz genau liest, der erkennt auch die Einschränkung des zweiten Hauptsatzes durch die Statistik: Die Aussage $\Delta S \geq 0$ ist nur sehr wahrscheinlich, aber $\Delta S < 0$ kann durch kleine Fluktuationen auch vorkommen. Dies ist jedoch ein ganz eigenes Kapitel innerhalb der statistischen Physik.

9.1.3 Statistische Mechanik

Wir haben oben bereits erwähnt, dass zwei verschiedene Mikrozustände mit der gleichen Wahrscheinlichkeit realisiert werden, wenn sie die gleiche Energie besitzen. In der statistischen Mechanik kann man auch noch eine Aussage darüber treffen, wie wahrscheinlich ein Mikrozustand ist. Betrachtet man ein Gas als eine Ansammlung sehr vieler Teilchen, so ist die mechanische Beschreibung des Zustands des Gases die, dass man zu einem gegebenen Zeitpunkt die Orte und die Impulse aller Teilchen angibt. Kennt man diesen Zustand, so ist die weitere zeitliche Entwicklung (aus rein mechanischer und natürlich rein theoretischer Sicht) vollständig bestimmt. Diese Information über den momentanen Zustand verpackt man üblicherweise in der sogenannten Hamilton-Funktion H. Diese hängt ab von den Positionen $\boldsymbol{q}$ und den Impulsen $\boldsymbol{p}$ aller Teilchen und man lernt in der klassischen Mechanik, wie man daraus auf die Bewegungen der Teilchen schließen kann. Die Hamilton-Funktion hat auch unter bestimmten Umständen eine ganz anschauliche Bedeutung: Sie stellt gerade die Gesamtenergie eines mechanischen Systems dar. Die Wahrscheinlichkeit w, einen ganz bestimmten Mikrozustand vorzufinden, welcher ja durch die Angabe aller Positionen $\boldsymbol{q}$ und Impulse $\boldsymbol{p}$ bestimmt ist, wird nun durch die sogenannte Boltzmann-Verteilung beschrieben:

$$w(\boldsymbol{q}, \boldsymbol{p}) = \frac{1}{Z} e^{-\frac{H(\boldsymbol{p}, \boldsymbol{q})}{k_B T}}, \tag{9.12}$$

wobei hier noch ein Normierungsfaktor Z eingeht:

$$Z = \int \mathrm{d}\boldsymbol{q} \, \mathrm{d}\boldsymbol{p} \, e^{-\frac{H(\boldsymbol{p},\boldsymbol{q})}{k_B T}} \tag{9.13}$$

Die Wahrscheinlichkeit hängt also von der Energie eines Zustands ab. Das Z basiert auf einer Funktion, welche alle mechanische Information enthält und ist für die statistische Physik fundamental. Kennt man Z, so ist das thermische Verhalten des Systems vollständig bestimmt. Man nennt diese Funktion Zustandssumme. Sie dient dazu, dass die Wahrscheinlichkeit, das Gas in irgend einem Zustand zu finden (also alle Teilchen bei beliebigen Positionen und Impulsen), 1 ergibt.

Nun hat man sich aus der mechanistischen Sicht heraus gewissermaßen eine weitere Größe geschaffen, die genauso fundamental wie die Entropie ist. Wie passt das nun damit zusammen, dass wir doch über entropische Kräfte sprechen und nicht über solche, die sich aus einer Zustandssumme ergeben? Die Antwort lautet, dass man keine neue Information mit der Zustandssumme erschaffen hat, sie ist völlig äquivalent zur Entropie. Denn wie man in der statistischen Physik zeigen kann, erhält man die Entropie eines Systems durch Ableiten aus der Zustandssumme:

$$S = \frac{\partial}{\partial T} \left(k_B T \ln Z \right). \tag{9.14}$$

Dieses Vorgehen, aus einer Funktion eine weitere zu generieren, welche die gleiche Information über das thermodynamische System trägt, kommt in der Thermodynamik häufig vor. Eine weitere zur Entropie äquivalente Funktion ist die Freie Energie, welche eine Differenz der Inneren Energie U und einem Entropieterm ist:

$$F = U - TS. \tag{9.15}$$

Auch die Freie Energie lässt sich natürlich wieder aus der Zustandssumme berechnen:

$$F = -k_B T \ln Z. \tag{9.16}$$

Die Freie Energie zeigt wie auch die Entropie das Verhalten, zu einem Extremwert gelangen zu wollen. Allerdings wird im Gegensatz zur Entropie ein Minimum angestrebt, was man daran erkennen kann, dass die Entropie negativ zur Freien Energie beträgt.

Diese Zusammenhänge brauchen wir nun in der Anwendung, also beim Blick auf einige Forschungsthemen.

a)   b)

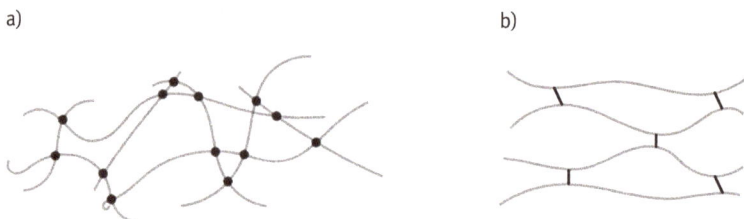

Abb. 9.3: Beispielhafte Darstellung der makromolekularen Struktur von Kunststoffen. Die Art der Verbindung der langen Kettenmoleküle bestimmt die physikalischen Eigenschaften. Bei vielen Verbindungspunkten wie in Teilbild a) gezeigt wird der Kunststoff sehr fest, Teilbild b) zeigt eine lineare Struktur mit einer weitmaschigen Verknüpfung. Diese wird die Eigenschaften von Gummi aufweisen.

9.2 Einblicke in Forschung und Anwendung

Zusammenfassung:

Entropische Kräfte werden in der Forschung eingehend untersucht. Prominente Modellsysteme sind Kolloide und Polymere. Hier treten allein durch die Maximierung der Entropie unerwartete Effekte auf, und diese zu untersuchen stellt sowohl die Experimentatoren als auch die Theoretiker vor Herausforderungen. In diesem Abschnitt werden die genannten Modellsysteme vorgestellt, wobei in der Diskussion auch gezeigt werden soll, wie sich die Mittel der statistischen Physik dort anbringen lassen.

9.2.1 Ein Ausflug in die Polymerphysik

Kunststoffe sind aus dem Alltag nicht mehr wegzudenken. Sie finden Verwendung als Baustoffe, Spielsachen und Verpackungsmaterial. Ihre Eigenschaften sind vielfältig, worauf auch ihr breiter Einsatzbereich basiert. Kunststoffe lassen sich beispielsweise als amorphe, glasartige Stoffe, als Schäume oder als elastisches Gummi herstellen. Alle diese verschiedenen Strukturen haben eines gemeinsam: Sie bestehen aus sehr langen Makromolekülen. Beispielhaft sind solche langkettigen Strukturen in Abbildung 9.3 dargestellt. Chemisch entstehen solche Ketten aus kleinen Molekülen wie beispielsweise Ethen (Summenformel: C_2H_4), indem die Doppelbindung zwischen den Kohlenstoffatomen gelöst und die kleinen Moleküle (die Monomere) zu einem langen Riesenmolekül, einem Polymer, verbunden werden. Diese Ketten sind für uns im wesentlichen in ihrer Gesamtheit, nicht mehr auf der Ebene der einzelnen Atome interessant, weswegen wir sie auch als Linien darstellen. Die Verbindungen der Atome entlang der Kette sind flexibel. Doch man kann die einzelnen Polymere auch miteinan-

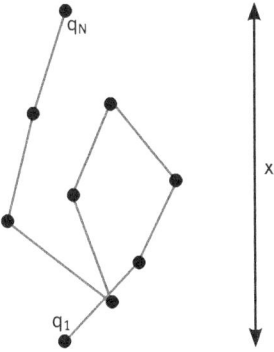

Abb. 9.4: Ein einfaches Modell eines Polymers. Es besteht aus einer Kette mehrerer Atome, welche in festem Abstand zueinander verbunden sind. Die Verbindungen sind jedoch beweglich, sodass sich verschiedene Konfigurationen des gesamten Moleküls ergeben können. Alle diese Konfigurationen besitzen die gleiche Energie. Gibt man eine bestimmte Länge x vor, gibt es jedoch unterschiedlich viele Konfigurationen und damit eine von x abhängige Entropie.

der weiter verknüpfen. Die Art dieser Verknüpfung bestimmt dann, ob der Kunststoff fest, plastisch verformbar oder elastisch wird.

Doch nicht nur Kunststoffe bestehen aus solchen Riesenmolekülen. Wir tragen unsere Erbinformation in jeder Zelle mit uns herum, gespeichert in der DNA. Auch dabei handelt es sich um Moleküle, welche aus Millionen von Atomen bestehen. Sie sind ebenfalls linear aufgebaut und jeweils zwei Ketten bilden eine Doppelhelix. Durch ihre Biegsamkeit können DNA-Stränge platzsparend in den Chromosomen aufgewickelt werden.

Wir wollen uns hier mit einem einfachen Modell eines Polymers von der physikalischen Seite befassen. Ein solches Modell sehen wir in Abbildung 9.4 dargestellt. Es geht wieder um eine Kette von Atomen, welche einen festen Abstand zueinander haben, aber beweglich verbunden sein sollen. Damit wird es der Kette möglich, sich weitgehend beliebig zu verformen, nur die geometrische Einschränkung des festen relativen Atomabstands muss dabei berücksichtigt werden. Die Positionen der Atome sind mit q_1 bis q_N bezeichnet. Nun geben wir vor, dass das erste und das letzte Atom festgehalten werden und einen Abstand x besitzen sollen. Wie groß ist die Wahrscheinlichkeit, dass eine Konfiguration die Länge x besitzt? Hier geht wieder die Statistik los: Da es sich um ein rein mechanisches System handelt, also um Teilchen mit bestimmten Positionen und Impulsen, wird man versuchen, mit der Wahrscheinlichkeitsverteilung (9.12) weiter zu kommen. Diese bezieht aber noch die Positionen und Impulse aller Atome ein. Wir sind aber an einem speziellen Makrozustand interessiert, wenn wir nämlich die Gesamtlänge der Kette festhalten. Anders ausgedrückt fragen wir nach der Wahrscheinlichkeit, Atom 1 und Atom N bei den Positionen q_1 und q_N zu finden, während die anderen Atome sich bei irgendwelchen anderen gültigen Positionen aufhalten. Das sind also mehrere Konfigurationen, jeweils mit einer eigenen Wahrscheinlichkeit $w(\boldsymbol{q}', \boldsymbol{p}, x)$. Der Vektor $\boldsymbol{q}'$ stellt die Positionen der Atome 2 bis $N-1$ dar, und die Abhängigkeit von x bedeutet, dass die Länge der Kette als geometrische Einschränkung bei der Berechnung der Wahrscheinlichkeit berücksichtigt werden muss. Doch wir wollen ja nur wissen, wie wahrscheinlich es ist, bei irgend einer Konfiguration $\boldsymbol{q}'$ eine bestimmte Kettenlänge x vorzufinden. Mathematisch bedeutet dies, dass wir die Wahrscheinlichkeiten aller dazu gehörender Konfigurationen zusammenzählen müssen. Noch etwas genauer müssen wir nicht summieren, sondern integrieren, da die Positionen und Impulse kontinuierliche Werte annehmen können. In Formelsprache ausgedrückt lautet unser Ergebnis also:

$$w(x) = \frac{1}{Z} \int \mathrm{d}\boldsymbol{q}'\, \mathrm{d}\boldsymbol{p}\, e^{-\frac{H(\boldsymbol{q}', \boldsymbol{p}, x)}{k_B T}}.$$ (9.17)

Üblicherweise hat die Hamilton-Funktion eine bestimmte Gestalt. Da sie die Gesamtenergie repräsentiert ist sie die Summe aus kinetischer und potentieller Energie, also $H(\boldsymbol{q}', \boldsymbol{p}) = E_{\mathrm{kin}}(\boldsymbol{p}) + E_{\mathrm{pot}}(\boldsymbol{q})$. Wenn in einer Exponentialfunktion eine Summe steht, so kann man daraus auch ein Produkt zweier Exponentialfunktionen schreiben mit je einem der beiden Summanden als Exponent. Das Integral über die Impulse kann damit unabhängig vom Integral über die Positionen gelöst werden. Letzteres lässt sich nochmal vereinfachen, da ja über alle Positionen außer die erste und die letzte integriert wird. Das führt dazu, dass effektiv nur noch eine Funktion, die von x abhängt, übrig bleibt, welche die folgende Struktur besitzt:

$$w(x) = \frac{1}{Z} e^{-\frac{U(x)}{k_B T}}.$$ (9.18)

Hierin ist $U(x)$ eine Energie, welche nur von einer Länge abhängt, nicht von einer Geschwindigkeit. Eine solche Energie bezeichnet man als Potential, und nach diesem kann man nun auflösen:

$$U(x) = -k_B T \ln Z w(x).$$ (9.19)

Nun kommt der letzte Schritt. In der Mechanik lernt man, dass eine ortsabhängige potentielle Energie mit einer Kraft verknüpft ist. Letztere ergibt sich als negative Ableitung der potentiellen Energie nach dem Ort.

---

i Bekannte Beispiele aus der Schule sind die potentielle Energie einer Feder und die potentielle Energie im Schwerefeld nahe der Erdoberfläche. Schaut man sich einmal die zugehörigen Formeln an, leitet diese nach der Ortsvariablen ab und setzt noch ein Minuszeichen vorne dran, stellt man fest, dass sich daraus genau die Federkraft $-Dx$ bzw. die Schwerkraft $-mg$ ergeben. Das ist kein Zufall, sondern die Potentiale werden genau so konstruiert, was seinen Ursprung in der Herleitung des Energiesatzes findet.

Wir haben jetzt ein effektives Potential aufgestellt und können daher fragen, welche Kraft damit verbunden ist. Dazu müssen wir unser Ergebnis nur noch einmal nach x ableiten und ein Minuszeichen hinzufügen:

$$F(x) = -\frac{\mathrm{d}U(x)}{\mathrm{d}x} = k_B T \frac{w'(x)}{w(x)}.$$ (9.20)

An dieser Stelle sieht man direkt, wie die Wahrscheinlichkeitsverteilung zu einer (effektiven) Kraft führt. Die Wahrscheinlichkeit, eine bestimmte Länge des Polymers zu finden, hängt auf bestimmte Weise von der Länge selbst ab und bewirkt dadurch ein effektives Potential. Wir wissen nun schon, dass ein thermodynamisches System immer den Makrozustand mit der maximalen Wahrscheinlichkeit anstrebt, also jenen mit der größten Zahl zugehöriger Mikrozustände bzw. mit der größten Entropie. Das bedeutet hier, dass die effektive potentielle Energie U dadurch minimiert wird, was man leicht an (9.19) sehen kann. Die Kraft zeigt immer in Richtung dieses Minimums und somit in Richtung des Zustandes maximaler Entropie. Der Zusatz „effektiv" kommt dadurch zustande, dass wir über die Positionen aller anderen Teilchen außer die des ersten und letzten integriert haben, wodurch das Ergebnis nur noch von der Länge x abhängt. Eine Kraft im Sinn einer fundamentalen Wechselwirkung liegt hier nicht vor. Effektiv wird das System in den Zustand maximaler Entropie getrieben, was man letztlich als Kraft wahrnimmt.

Doch welcher Zustand besitzt nun eine maximale Entropie bzw. welche Länge wird sich denn nun ergeben? Wir können die Integrale hier nicht lösen, aber qualitativ lässt sich das Ergebnis doch verstehen. Betrachten wir einmal den Zustand maximaler Länge. Welche Möglichkeiten bleiben den Atomen im Polymer dann noch, sich anzuordnen? Die Antwort ist einfach: Es gibt nur noch einen einzigen Zustand, jede Auslenkung wird durch die geometrischen Einschränkungen verboten. Hingegen bietet ein Knäuel eine große Zahl von Konfigurationen. Das Polymer wird sich also einer Dehnung mit einer entropischen Kraft widersetzen. Das ist der Grund, warum ein Gummiband elastisch ist. Und man kann neben der Kraft sogar noch die Beobachtung machen, dass sich das Band beim Dehnen erwärmt. Denn nach (9.3) ist eine Entropieänderung mit einem Wärmetransport verbunden. Und wenn das Band Entropie abgibt, muss es folglich auch Wärme loswerden.

Doch nicht nur bei Gummibändern kann man die Kraftwirkung beobachten, auch in der Biophysik bei der Untersuchung von DNA-Molekülen kann man entropische Kräfte messen. Diese sind im Vergleich zum Gummiband natürlich winzig und bewegen sich im Bereich von 10^{-12} Newton und darunter, lassen sich aber mit Hilfe kleiner magnetischer Kügelchen, welche an die DNA angedockt werden, noch vermessen [1]. Nimmt man das Molekül nicht wie in unserem einfachen Beispiel als eine Kette von Atomen mit starren Verbindungen an, sondern vergröbert die Beschreibung hin zu einem elastischen Band, so kann man einen analytischen Ausdruck für die Kraft in Abhängigkeit von der Länge angeben:

$$F(x) = \frac{k_B T}{P} \left(\frac{1}{4\left(1 - \frac{x}{L}\right)^2} + \frac{x}{L} - \frac{1}{4} \right). \tag{9.21}$$

Hierin ist L die gesamte Länge des Moleküls und P ist ein Parameter, welcher die Festigkeit des Moleküls angibt. Genauer beschreibt er, welchen Abstand die Windungen des Moleküls haben müssen, damit sie als unabhängig betrachtet werden können. Der Kraftverlauf ist in Abbildung 9.5 dargestellt. Diese Kurve lässt sich an Messdaten

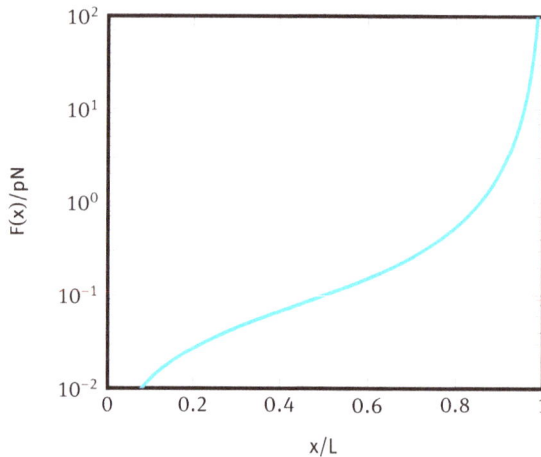

Abb. 9.5: Der Kraftverlauf beim Dehnen eines DNA-Moleküls in Abhängigkeit der Länge x, hier noch skaliert auf die maximale Länge L. Die Kraft wird auf einer logarithmischen Skala in der Einheit 10^{-12} Newton angegeben.

anpassen, sodass man letztlich den Festigkeitsparameter P und damit eine physikalische Eigenschaft des Moleküls bestimmen kann. Das Modell passt sehr gut zu den in [1] aufgenommenen Messdaten, was wiederum Einblicke in das komplexe Verhalten der DNA ermöglicht.

9.2.2 Die Asakura-Oosawa-Wechselwirkung

Auf welche Weise können kleine harte Kügelchen, sogenannte Kolloide, verteilt in einer Flüssigkeit, miteinander wechselwirken? Die Kügelchen sollen in zwei unterschiedliche Größen vorliegen, weniger als ein Mikrometer klein, die Flüssigkeit dient nur dazu, dass die Teilchen sich auch bewegen können. Da das Material hart ist, können die Teilchen sich rein mechanisch betrachtet nur abstoßen, wenn sie sich nämlich so nahe kommen, dass sie sich berühren. Das ist auch schon alles, insbesondere herrscht keine anziehende Kraft in diesem System. Und dennoch kann man eine sehr interessante und im Grunde einfach zu erklärende Beobachtung machen. Die zwei Teilchensorten verteilen sich bei hohen Dichten nicht mehr gleichmäßig über die gesamte Flüssigkeit, sondern die größeren Kügelchen neigen zur Bildung von kleinen Flocken. Man kann diese Separation als einen Phasenübergang bezeichnen. Doch woher kommt dieses Phänomen? Diesem sicher unerwarteten Verhalten wollen wir nun auf den Grund gehen.

Betrachten wir die Situation der leichteren Darstellung halber in zwei Dimensionen. Die beiden Kugelgrößen sollen sehr unterschiedlich sein (den Radius der kleinen Kugel nennen wir r_k und den der großen r_g), aber beide etwa den gleichen Anteil am

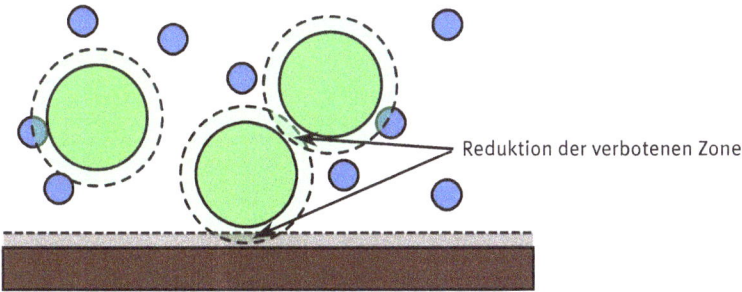

Abb. 9.6: Kleine und große Kügelchen bewegen sich durch eine Flüssigkeit, wobei ihnen nicht das gesamte Volumen zur Verfügung steht. Neben dem Eigenvolumen muss man noch den Raum um die großen Kugeln abziehen, welcher durch die gestrichelte Umrandung dargestellt ist. Der Radius dieser Kugel ist gleich der Summe der beiden Radien der kleinen und großen Kugel. Kommen sich zwei große Kugeln ausreichen nahe, so überlappen die verbotenen Bereiche und der Raum, der allen Teilchen nun zur Verfügung steht, vergrößert sich. Das gleiche gilt, wenn sich die großen Kugeln in der Nähe der Wand aufhalten. Dadurch wächst die Entropie und es kommt zu einer Phasenseparation.

gesamten Volumen besitzen. Das bedeutet, dass es sehr viel mehr kleine als große Kügelchen gibt. Zudem sind dann die kleinen Kügelchen ausschlaggebend für die Entropie. Welcher Platz steht den kleinen Kügelchen nicht zur Verfügung? Die erste Antwort auf diese Frage ist wahrscheinlich, dass die großen Teilchen ein Eigenvolumen besitzen, und damit der Raum, der von einem Teilchen gerade beansprucht wird, nicht auch noch von einem zweiten eingenommen werden kann. Unsere Voraussetzung war ja, dass es sich um harte Kugeln handelt. Doch das ist bei genauem Hinsehen nur ein Teil der Antwort. Das Zentrum einer kleinen Kugel muss zu einer großen Kugel einen Abstand einhalten, welcher größer ist als der Kugelradius r_g. Das bedeutet, dass man um jede große Kugel herum noch einen weiteren Bereich ziehen kann, in den keine andere kleine Kugel vollständig eindringen kann. Dieser Bereich wird auch als „Halo" bezeichnet. Genau dieser Bereich ist nun von entscheidender Bedeutung, wenn es um die Verteilung der kleinen Kügelchen geht. Er verringert den Platz, der dieser Teilchensorte noch zur Verfügung steht, doch hängt er auch gleichzeitig davon ab, wie sich die großen Teilchen anordnen. Zur Illustration betrachten wir die Abbildung 9.6. Kommen sich zwei große Teilchen nahe, so überlappen die verbotenen Bereiche, sodass das Halo insgesamt schrumpft. Dies geschieht auch, wenn sich große Teilchen in der Nähe der Wände des Gefäßes befinden. Welche Konsequenz hat das nun? Wenn sich die großen Teilchen so anordnen, dass der verbotene Bereich möglichst klein wird, wächst gleichzeitig die Anzahl der Möglichkeiten für die kleinen Teilchen, sich in der Flüssigkeit zu verteilen. Mit anderen Worten: durch das Zusammenballen der großen Kügelchen steigt die Entropie des gesamten Systems. Und somit scheint es qualitativ schon klar, dass hier ein neues und spannendes Phänomen zu erwarten ist. Die Entropiemaximierung wird zur Bildung von Klumpen führen. Genauer: Es findet eine Phasenseparation statt, da die großen Kügelchen nicht mehr homogen über die Flüs-

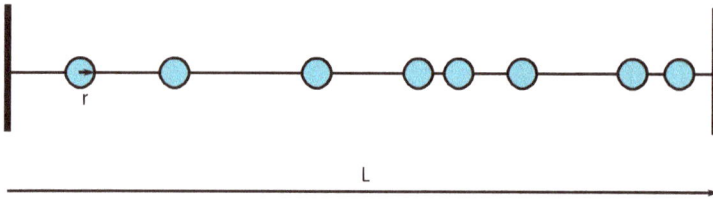

Abb. 9.7: Zur Untersuchung der mittleren Dichte von Kugeln auf einer Linie.

sigkeit verteilt sind. Die ersten Untersuchungen hierzu stammen von ASAKURA und OOSAWA [2, 3] und datieren in die 1950er Jahre. Hier wurden ebenfalls zwei Sorten von Teilchen betrachtet: die (vergleichsweise) großen Kügelchen und deutlich kleinere Makromoleküle, welche in einer Flüssigkeit gelöst[48] sind. Der Grundgedanke bleibt jedoch: Dadurch, dass die Halos der Kügelchen überlappen, entsteht zwischen ihnen eine effektive Wechselwirkung, die man heute als Asakura-Oosawa-Wechselwirkung oder auch Verarmungswechselwirkung (englisch: depletion interaction) bezeichnet. Der Zusatz „effektiv" bedeutet dabei, dass es rein mechanisch gesehen keine Wechselwirkung außer die unendlich große Abstoßung gibt, welche verhindert, dass sich die Kügelchen durchdringen. Die effektive Anziehung ergibt sich erst dadurch, dass man eine statistische Mittelung des (rein mechanischen) Wechselwirkungspotentials durchführt: Die Ursache, dass ein System aus vielen Teilchen in einen bestimmten Makrozustand getrieben wird, ist effektiv betrachtet eine Kraft!

Doch neben der reinen Theorie ist natürlich auch immer das Experiment entscheidend. Lässt sich die Wirkung dieser entropischen Kraft auch beobachten? Tatsächlich ist das möglich und ein entsprechendes Experiment wurde beispielsweise von Kaplan et *al.* [4] durchgeführt. In dieser Untersuchung ging es wieder um Kolloide in einer Flüssigkeit, wobei immer zwei verschiedene Kugelgrößen im Bereich von unter einem Mikrometer gemischt wurden. Dadurch konnten verschiedene Größenverhältnisse von 3,4 bis 14,5 untersucht werden. Das Ergebnis dieser Studie ist insofern interessant, als dass zwischen zwei verschiedenen Phasenseparationen unterschieden werden konnte: Die großen Kügelchen konnten sowohl innerhalb der Flüssigkeit Klumpen bilden als auch in der Nähe der Wand. Außerdem wurden diese Phasen abhängig von der Konzentration der beiden Teilchensorten sowohl einzeln als auch gemischt beobachtet.

Bisher haben wir rein qualitativ erklärt, warum es zur Bildung von Klumpen in kolloiden Systemen kommt. Die geometrischen Argumente sind anschaulich und damit auch im Grundsatz leicht zu verstehen. Daneben gibt es jedoch Feinheiten, die man weniger leicht oder intuitiv vielleicht auch gar nicht verstehen kann. In einer Untersuchung von Götzelmann et *al.* [5] wurde die Teilchendichte im Abstand zur Wand

---

48 Genauer: Welche eine Suspension bilden.

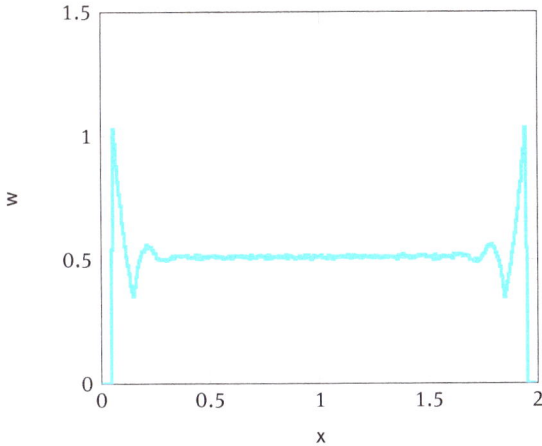

Abb. 9.8: Histogramm der Verteilung von harten Kugeln auf einer geraden Linie, die rechts und links jeweils begrenzt wird. Am Rand sieht man ein Maximum der Häufigkeit, aber auch noch Oszillationen, welche mit zunehmendem Abstand zur Wand schnell abnehmen.

mit verschiedenen numerischen Methoden untersucht, mit dem Ergebnis, dass die Dichte nicht nur unmittelbar an der Wand am größten ist und dann abfällt, sondern dabei sogar noch oszilliert. Eine solche Struktur ist mit einfachen qualitativen Argumenten leider nicht mehr erklärbar, aber man kann mit relativ wenig Aufwand an einem noch einfacheren System auch schon eine derart reichhaltige Struktur entdecken. Man reiht dazu Kugeln vom Radius r auf einer Strecke der Länge L auf. Links und rechts ist eine Begrenzung (s. Abbildung 9.7). Die Kugeln werden vollkommen zufällig verteilt. Auch hier wird man nun im Mittel eine erhöhte Dichte an den Rändern vorfinden, welche mit zunehmendem Abstand von der Wand oszillierend kleiner wird. (s. Abbildung 9.8). Eine ausführliche Diskussion dieses Beispiels findet man in [6]. Die zugrunde liegende Simulationstechnik nennt man Monte-Carlo, eine häufig genutzte Methode für die Untersuchung von Systemen mit vielen Teilchen. Es ist sehr illustrativ zu sehen, wie eng verzahnt die Methoden der statistischen Mechanik und der Computerphysik sind.

9.3 Ausblick

Wir haben nun an einfachen Beispielen gesehen, dass sich die Entropie tatsächlich in Form von effektiven Kräften bemerkbar macht. In unserer Diskussion sind wir nicht näher darauf eingegangen, wie mesoskopische Partikel experimentell überhaupt kontrolliert werden können. Hier lautet das Stichwort „optische Pinzette". DNA-Moleküle sind sehr komplex aufgebaut, und es ist in diesem Fall notwendig, von der Ebene einzelner Atome überzugehen zu einer effektiven Beschreibung des gesamten Moleküls.

Da hier auch die mechanischen Eigenschaften der DNA eine Rolle spielen, sind Experimente wie das besprochene wichtig. Modell und Experiment gehen hier wieder einmal Hand in Hand. Um eine Anwendung geht es hier nicht, bei derart komplexen Strukturen steht das Verständnis von Mechanismen im Vordergrund. Und mit der Untersuchung von Riesenmolekülen steht man ja auch schon mitten drin in der Biophysik, wo es um alle möglichen biologischen Prozesse auf Zellebene geht, untersucht eben mit den Methoden der statistischen Physik. Eine Frage lautet dann: Warum laufen manche Prozesse ab? Welche treibende Kraft steckt dahinter? Im Fall eines DNA-Moleküls könnte man beispielsweise nach dem Mechanismus des Replikationsprozesses fragen, ein sehr umfassendes und spannendes Thema, welches sicher noch nicht vollständig geklärt ist.

Die theoretischen Methoden umfassen neben den analytischen Modellen auch die angesprochenen Monte-Carlo-Simulationen. Diese gehören zu den numerischen Methoden, sind aber nicht deterministisch. Das bedeutet, dass der Zufall genutzt wird, um Ergebnisse im Rahmen einer statistischen Schwankung zu erzielen. Die Grundlagen sind nicht schwer zu verstehen, doch im Laufe der Jahre haben sich in unterschiedlichen Bereichen spezialisierte Algorithmen entwickelt, und damit landet man bei einem ganz eigenen Forschungsgebiet.

Literatur

[1] C. Bustamante, S. B. Smith, J. Liphardt, and D. Smith. Single-molecule studies of DNA mechanics. *Curr. Opin. Struct. Biol.* **10**, 279 (2000).

[2] S. Asakura and F. Oosawa. On Interaction between Two Bodies Immersed in a Solution of Macromolecules. *J. Chem. Phys.* **22**, 1255 (1954).

[3] S. Asakura and F. Oosawa. Interaction between Particles Suspended in Solutions of Macromolecules. *J. Polym. Sci.* **33**, 183 (1958).

[4] P. D. Kaplan, J. L. Rouke, A. G. Yodh, and D. J. Pine. Entropically Driven Surface Phase Separation in Binary Colloidal Mixtures. *Phys. Rev. Lett.* **72**, 582 (1994).

[5] B. Götzelmann, A. Haase, and S. Dietrich. Structure factor of hard spheres near a wall. *Phys. Rev. E* **53**, 3456 (1996).

[6] W. Krauth. *Statistical Mechanics: Algorithms and Computations*. Oxford University Press (2006).

10 Kernfusion

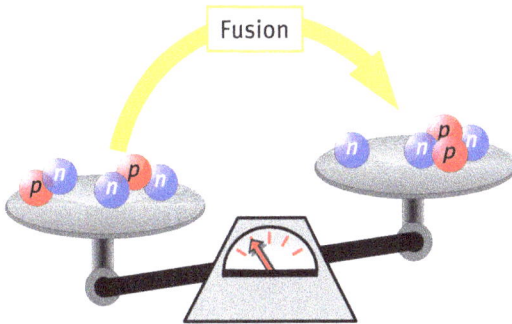

Zwar gibt es immer mehr Geräte in Alltag und Beruf, die zu den Energiesparsamen gehören, wenn man einmal dem Etikett glauben mag, dennoch verbrauchen immer mehr Menschen in den Industrienationen, den hinzukommenden Schwellenländern, aber auch in den Entwicklungsländern immer mehr Energie, da einfach die Anzahl der Verbraucher steigt. Die Frage ist nun, wie dieser Energiebedarf gedeckt werden kann, ohne dass wir uns die eigenen Lebensgrundlagen entziehen und die Ressourcen unseres Planeten weiter und letztendlich final ausbeuten? Die Abkehr von Kohle und Erdöl als Energielieferanten ist in vielen Regionen bereits seit Jahren im Gange, auch wenn es immer wieder Ewiggestrige gibt und geben wird, die versuchen dem entgegenzuwirken. Vorausschauend zu handeln, planen zu können und auch für künftige Generationen, nicht nur die eigene oder die nächste, zu sorgen, das ist eigentlich eine grundlegende Fähigkeit des Menschen. Insofern sind wir es den nachfolgenden Generationen auch schuldig, mit den uns gegebenen Ressourcen verantwortungsvoll und möglichst sparsam umzugehen. Zumal die Vorräte an Kohle und Erdöl endlich sind, sollten wir uns um Alternativen bemühen. Derzeit lässt sich die benötigte Energie mit Windkraft- und Solaranlagen, Wasser- und Atomkraftwerken, um nur ein paar zu nennen, bereitstellen. Von besonderem Interesse für uns, im Zusammenhang mit diesem Kapitel, sind für den Einstieg die Atomkraftwerke. Mit ihnen sind wir in der Lage, relativ sauber, relativ viel Energie mit nur einem Kraftwerk zu erzeugen. Allerdings wird nicht umsonst gegen diese Form der Energiegewinnung, die uns seit der Mitte der 50-er Jahre des 20. Jahrhunderts zur Verfügung steht, häufig und teils sehr heftig demonstriert, da es einige offensichtliche Schwächen bzw. Probleme hierbei gibt. Zum einen kann es im laufenden Betrieb zu nicht unerheblichen Störfällen oder sogar zum GAU oder Super-GAU, dem größten anzunehmenden Unfall, kommen. Dieser hat nicht nur unmittelbare, sondern auch sehr langfristige Konsequenzen für die Gesundheit und die betroffene Region (die abschreckendsten Beispiele sind Tschernobyl (26. April 1986) und Fukushima (11. März 2011)). Zum anderen fällt im Kernreaktor, dem

https://doi.org/10.1515/9783111260570-010

Herzstück des Kraftwerks, hochradioaktives Material als Abfall an, das entsprechend seiner Halbwertszeit sicher gelagert werden muss. Ein solches Endlager, das nach dem BMU (Bundesministerium für Umwelt, Naturschutz, Bau und Reaktorsicherheit) u. a. garantieren muss, dass für die nächste Million Jahre allenfalls geringe Schadstoffmengen in die Umwelt gelangen können, ist noch nicht gefunden. Und selbst wenn, wird es immer wieder die Frage nach der Sicherheit der Anlage geben, da es ein sensibles Thema in der Öffentlichkeit darstellt. Wenden wir uns aber dem Grund zu, warum wir mit der Atomkraft einsteigen wollen. Hier wird Energie durch die Spaltung schwerer und mittelschwerer Atomkerne erzeugt. Bei der uns eigentlich interessierenden Fusion fügen wir Kerne wieder zusammen und gewinnen dadurch die Energie. Wir wollen uns, um die Unterschiede sauberer herausarbeiten zu können, zu Beginn die „alte" Technologie Atomkraft kurz anschauen und mit deren physikalischen Grundlagen die andere Form der Kernenergiegewinnung, die Fusion, verstehen, abgrenzen und entsprechend beurteilen zu versuchen.

10.1 Worum es geht

Zusammenfassung:

Wir haben prinzipiell zwei Möglichkeiten mit Atomen bzw. deren Kernen Energie zu erzeugen: Wir können sie spalten oder zusammenfügen. Die Technologien hierzu sind allerdings grundverschieden. Um die möglichen Vorteile der Fusion besser herauszuarbeiten, aber auch um eventuelle Risiken vergleichen zu können, setzen wir uns zu Beginn mit der Kernspaltung auseinander, um dann die Prinzipien der Kernfusion zu erläutern und den aktuellen Stand der Entwicklung hin zum Kraftwerk zu betrachten.

10.1.1 Atomkraftwerke und die grundlegenden Kräfte der Physik

Derzeit sind weltweit mehr als 400 Atomkraftwerke, kurz AKW, in Betrieb. Sie erzeugen zusammen eine fast ebenso große Nettoleistung in Gigawatt (1 GW = 10^9 W). Grundsätzlich ist zwischen Leistungs- und Forschungsreaktoren zu unterscheiden. Letztere dienen v. a. zur Erzeugung freier Neutronen, die zu experimentellen Zwecken in der Medizin oder Materialforschung genutzt werden. Die Leistungsreaktoren generieren durch die Spaltung von Uran oder Plutonium Wärme, womit Wasserdampf erzeugt wird, der über eine Turbine dann den benötigten Strom liefert. Dass durch Spaltung Energie erzeugt werden kann, liegt an den wirkenden Kräften. Die Physik lehrt uns vier Grundkräfte:
- Die Gravitationskraft,

- die elektromagnetische Kraft oder Coulombkraft,
- die schwache Kernkraft und
- die starke Kernkraft.

Die Stärken der aufgelisteten Kräfte werden mittels Kopplungskonstanten (in den Formeln ein α mit entsprechendem Index) beschrieben. Die Vermittlung der beobachteten Wechselwirkungen erfolgt über sog. Austauschteilchen oder Eichbosonen[49]. Für die Gravitationskraft ist es das (derzeit noch hypothetische) Graviton, bei der elektromagnetischen Wechselwirkung fungiert das Photon γ als Austauschteilchen, die schwache Kernkraft wird durch W^+-, W^-- und Z^0-Bosonen vermittelt und bei der starken Kernkraft haben wir es mit den Gluonen zu tun (hier sind acht verschiedene am Werk).

Die Physik verfügt über einen ganzen Teilchenzoo, wobei jedes Teilchen seine spezifische Charakterisierung und besonderen Eigenschaften besitzt. Wir haben es hier u. a. mit Bosonen, Fermionen und Anyonen, sowie Gluonen zu tun. Eines der in der Presse prominentesten Teilchen war in den letzten Jahren das Higgs-Boson, benannt nach dem Physiker, der es postulierte, PETER HIGGS und in den Medien so sehr vertreten, wegen der Suche am LHC (Large Hadronen Collider) danach. Eine Auflistung der jeweils wesentlichen Teilchen für eine bestimmte Problematik, ihrer Eigenschaften und ihres Einsatzbereichs finden Sie in der entsprechenden Literatur (z.B. in [1]). Auswendig müssen Sie diese dann nicht sofort können, jeder Professor wird Ihnen in der entsprechenden Vorlesung früh genug mitteilen, von welchen Teilchen Sie schon einmal etwas gehört haben sollten. Also bietet es sich vielleicht an, jetzt schon einmal ein wenig zu recherchieren.

Die Gravitation und die elektromagnetische Wechselwirkung sind in ihrer Reichweite nicht begrenzt, sodass wir den Wirkungsabstand $r = \infty$ setzen können. Die schwache und die starke Wechselwirkung sind um ein Vielfaches eingeschränkter in ihren Reichweiten. So wirkt die starke Wechselwirkung bis zu einem Abstand von etwa 10^{-15} Metern und die schwache Wechselwirkung liegt sogar noch etwas unter diesem Wert. Die Gravitation und ihr Wirkungsbereich sind uns aus dem Alltag bekannt. Die Schwerkraft hilft uns dabei, auf dem Teppich zu bleiben (zumindest aus physikalischer Sicht). Sie bestimmt die Bahn der Planeten und die Interaktionen im großen Maßstab, d. h. die Gestalt unseres Universums wird durch sie festgelegt, auf Grund der Masse der Objekte im Zusammenspiel miteinander. Sie hat eine stets anziehende Wirkung, was sie sehr von der zweiten Grundkraft unterscheidet und weswegen sie nicht abgeschirmt werden kann. Mit der elektromagnetischen Wechselwirkung beschäftigen wir uns, wenn es um die Phänomene der Elektrostatik und der Elektrodynamik geht. Die Arbeiten von JAMES CLERK MAXWELL ermöglichen es uns, seit der Mitte des 19. Jahrhunderts die Elektrizität, den Magnetismus, aber auch die Optik mit Hilfe von vier Gleichungen, den Maxwell-Gleichungen, zu beschreiben. Elektrische Felder wer-

---

49 Über Bosonen sprechen wir auch hin und wieder, z.B. im Kapitel über das Graphen.

den von positiven und negativen elektrischen Ladungen erzeugt. Gleichnamige Ladungen stoßen sich ab, ungleichnamige ziehen sich an. Daher ist hier eine Abschirmung im Gegensatz zur Gravitation möglich.

Bliebe es bei diesen beiden Kräften, dann hätten wir ein Problem mit dem Aufbau unserer Atome und Moleküle. Besteht ein Kern aus mehr als einem Proton, einem positiv geladenen Kernteilchen, so stoßen sich diese ab, der Kern zerfällt. Dass dem nicht so ist, dafür sorgt die starke Wechselwirkung. Sie ermöglicht es, dass Neutronen und Protonen Atomkerne bilden, sie ist auch dafür verantwortlich, dass sich diese Kernbauteile aus Quarks überhaupt zusammensetzen. Sie bestimmt also die Bindungsenergie in den Atomkernen und ist daher auch maßgebend für die bei Kernreaktionen benötigten und frei werdenden Energien. Die noch fehlende schwache Wechselwirkung ist zur Beschreibung und Erklärung der Betaradioaktivität relevant. Die dabei entstehende Betastrahlung (auch geschrieben als β-Strahlung) ist eine Teilchenstrahlung, je nach Art bestehend aus Elektronen (β^-) oder Positronen (β^+). Sie existiert neben der Alphastrahlung[50] und der Gammastrahlung[51]. Diese Einteilung ist historisch bedingt und erfolgte nach der Fähigkeit der Strahlen, Materie zu durchdringen. Hierbei haben die stärker geladenen Alpha- und Betateilchen natürlich einen Nachteil gegenüber der aus ungeladenen Teilchen bestehenden Gammastrahlung. Die schwache Wechselwirkung ist wegen der Betastrahlung unverzichtbar für notwendige Zwischenschritte bei der Kernfusion von Wasserstoff zu Helium, wie wir noch sehen werden. Sie ist auch als einzige Fundamentalkraft in der Lage, Teilchenarten ineinander umzuwandeln. Z.B. unterliegt ein freies Neutron dem Betazerfall, der eine Lebensdauer von etwas weniger als 15 Minuten besitzt. Beim Übergang

$$n \rightarrow p + e^- + \bar{\nu}_e \qquad (10.1)$$

wird ein Neutron in ein Proton p, ein Elektron e^- und ein Antineutrino $\bar{\nu}_e$ zerlegt. Letzteres wird als Betastrahlung nachgewiesen.

ℹ️ Ein Neutrino ist ein elektrisch neutrales Elementarteilchen (wieder ein Bewohner für den Teilchenzoo), welches eine nur sehr geringe Masse besitzt. Der Name Neutrino geht auf ENRICO FERMI zurück. Neben dem Elektron-Neutrino existieren das Myon- und das Tau-Neutrino nebst ihren Anti-Neutrinos. WOLFGANG PAULI nahm diese neuen Teilchen als erster an, um erklären zu können, warum es beim Beta-Minus-Zerfall scheinbar zu einer Verletzung des Energieerhaltungssatzes kommt und die Elektronen zu wenig Bewegungsenergie haben. Der Nachweis von Neutrinos geschah erst ein Vierteljahrhundert nach der Postulierung durch die Theoretiker und zwar Mitte der 50-er-Jahre durch FREDERICK REINES und MARTIN L. PERL. Beide erhielten für ihre Arbeiten 1995 den Nobelpreis für Physik.

Nachdem wir nun ein wenig von den Kräften, die die Welt im Innersten zusammenhalten, gehört haben, können wir uns kurz mit der Funktionsweise eines handelsüb-

---

50 Alphateilchen bestehen aus zwei Protonen und zwei Neutronen.
51 Energiereiche Photonen oder Quanten.

lichen Kernreaktors auseinandersetzen, sodass wir danach auch in der Lage sind, die Voraussetzungen für einen Fusionsreaktor entsprechend zu würdigen und zu beurteilen. Wir haben bereits Leistungsreaktoren zur Erzeugung elektrischer Energie und Forschungsreaktoren zu experimentellen Zwecken durch Erzeugung bestimmter Teilchen unterschieden. Die Leistungsreaktoren lassen sich in die beiden Klassen Druckwasserreaktor und Siedewasserreaktor einteilen. Beides sind Leichtwasserreaktoren. Das bedeutet, dass als Kühlmittel leichtes Wasser (nicht mit Deuterium oder Tritium, Isotope des Wasserstoffs, zusätzlich versetzt) verwendet wird.

Tatsächlich können wir Wasser auf Grund der an der Summenformel beteiligten Atomen in vier(!) Schweretypen einteilen. Diese sind:

- **Leichtes Wasser:** Unser normales Wasser, also H_2O.
- **Schweres Wasser:** Die Summenformel lautet D_2O, wobei das D für Deuterium steht, ein Isotop des Wasserstoffs. Im Gegensatz zum normalen Wasserstoff, der im Kern nur ein Proton besitzt, verfügt Deuterium über ein Proton und ein Neutron und ist damit etwa doppelt so schwer wie das normale H-Atom. Es spielt eine wesentliche Rolle bei der Sternentstehung. In Protosternen, einer Vorform von Sternen, wird die Energie trotz sehr geringer Konzentration des Deuteriums durch das sog. Deuterium-Brennen gewonnen, da für den Start der Fusion eine geringere Temperatur von nur etwa 10^6 Kelvin notwendig ist. Der Schmelz- und der Siedepunkt von schwerem Wasser liegen geringfügig höher als beim normalen Wasser.
- **Halbschweres Wasser:** Hier ist die Summenformel HDO, eine Mischung aus den ersten beiden Varianten.
- **Überschweres Wasser:** Hier wird der Wasserstoff durch Tritium T ersetzt, sodass wir T_2O vorliegen haben. Der Kern von Tritium besteht aus einem Proton und zwei Neutronen, womit wir ein etwa dreimal so großes Gewicht wie beim normalen Wasserstoff haben. Tritium entsteht vor allem in der Stratosphäre unseres Planeten. Dabei reagiert Stickstoff mit freien Neutronen zu Kohlenstoff und Tritium. Dieses ist ein Betastrahler mit einer Halbwertszeit von etwas mehr als 12 Jahren.

10.1.1.1 Druckwasserreaktor

Die Funktionsweise und der Aufbau eines Druckwasserreaktors wird mit Abbildung 10.1 beschrieben. Im Reaktorkern befinden sich etwa 100 Tonnen Uran, verteilt auf knapp 200 vier Meter lange Brennelemente, wobei jedes aus etwa 300 Brennstäben besteht. Der Reaktordruckbehälter ist aus besonderem Stahl mit einem Gewicht von etwa 500 Tonnen gefertigt. Über hängende Regelstäbe aus einer Silber-Indium-Cadmium-Legierung, die im Notfall alleine durch die Schwerkraft in den Kern fallen und die Kettenreaktion stoppen, ist die Anlage in erster Instanz gesichert.

10.1.1.2 Siedewasserreaktor

Bei diesem Bautyp wird der Dampf unmittelbar im Reaktorkern erzeugt. Es kommen knapp 800 Brennelemente zum Einsatz, die aus 60 bis 80 Brennstäben bestehen. Dadurch spart man sich einen zweiten Kreislauf mit dem beim Druckwasserreaktor not-

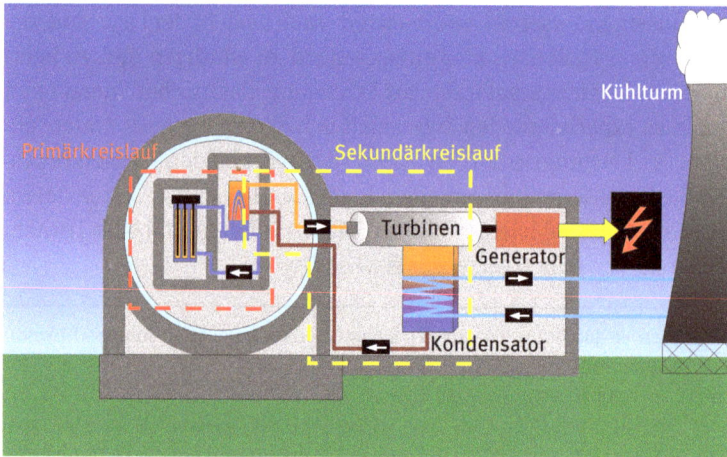

Abb. 10.1: Druckwasserreaktor mit Primär- und Sekundärkreislauf, sowie angedeuteter Kühleinheit (Fluss und/oder Kühlturm). Das borhaltige Wasser im Primärkreislauf steht unter einem Druck von 16 MPa (Mega-Pascal), was zur Namensgebung des Reaktors führt. Dieses verlässt den Druckbehälter mit etwa 590 bis 600 Kelvin. Hiermit wird in den Dampferzeugern 540 Kelvin heißer (natürlich nichtradioaktiver) Dampf mit etwa 7 MPa Druck erzeugt, der die Turbinen antreibt. Aus 3700 MW (Mega-Watt) Wärmeenergie werden so ca. 1300 MW elektrische Energie erzeugt.

wendigen, zwischengeschalteten Wärmetauschern. Auf Grund der Konstruktion müssen die Steuerstäbe von unten eingeschoben werden und auch die Rolle der Neutronenabsorber zur Steuerung der Reaktion übernehmen.

Beiden Typen ist die grundlegende Funktionsweise der Kernspaltung gemein, die als kontrollierte Kettenreaktion ablaufen soll. Diese wird durch freie Neutronen ausgelöst. Dabei ist die folgende Erkenntnis, die auf den Untersuchungen von OTTO HAHN, FRITZ STRASSMANN und LISE MEITNER im Jahr 1938 basiert, das wesentliche Element zur Nutzung der Kernenergie: Löst ein Neutron eine Kernspaltung aus, so zerfällt der beschossene Kern im Allgemeinen in zwei größere Kernbruchstücke und begnügt sich nicht nur damit, einzelne Nukleonen oder α-Teilchen auszusenden. Neben den größeren Bruchstücken entstehen weitere freie Neutronen, die wiederum eine Kernspaltung eines nahen Kerns gleicher Bauart oder der Zerfallsprodukte auslösen können. Dadurch ist die Kettenreaktion in Gang gebracht. Diese wird in Kernreaktoren wie folgt genutzt und gesteuert:

– Die Spaltmaterialien sind hierbei ^{235}U (Uran235), welches zu 0,72 % im Natururan vorkommt und die künstlich erzeugten Nuklide ^{233}U und ^{239}Pu (Plutonium239). Da ^{235}U nur in sehr geringen Mengen im Natururan vorkommt, man aber etwa eine fünfmal so hohe Konzentration benötigt (etwa 3,5 %), verwendet man als Brennstoff keramisches Uranoxid (UO$_2$), das bis zur benötigten Menge angereichert wird.

- Durch den angereicherten Brennstoff liegt immer noch ein Urangemisch vor, welches im Wesentlichen aus ^{235}U und ^{238}U besteht. Wechselwirkt letzteres mit einem Neutron, kommt es lediglich zur Absorption, nicht zur Spaltung. Relevant hierfür ist nur das ^{235}U. Wechselwirken Teilchen miteinander, so beschreibt man dies mit Hilfe des Wirkungsquerschnitts σ. Dieser ist energieabhängig und nimmt für bestimmte Energien besonders hohe Werte an. Langsamere Neutronen sind für ^{235}U besser geeignet und daher bremst man sie möglichst zügig auf sog. thermische Energien von ca. $\frac{1}{40}$ Elektronenvolt (eV) ab. Dies geschieht durch Stöße und das sollten möglichst wenige sein, sonst werden die Neutronen absorbiert und stehen nicht mehr zur Spaltung zur Verfügung. Mit Hilfe von Moderatoren gelingt dies. Deren Kerne müssen den Neutronen nur einen kleinen Einfangquerschnitt zur Verfügung stellen und in ihrer Masse mit ihnen vergleichbar sein. Dann wird bei den elastischen Stößen viel Energie übertragen und die Neutronen werden schnell abgebremst. Verwendet man z.B. leichtes Wasser (H_2O), so wird ein Neutron nach 18 Stößen die gewünschte Energie aufweisen. Mittels Reflektoren kann man den Reaktor verlassende Neutronen dem Spaltmaterial wieder zuführen und die Kettenreaktion effektiver gestalten. Gesteuert wird sie zusätzlich durch neutronenabsorbierende Materialien wie beigemischtem Bor und speziell legierten Steuerstäben.
- Etwa $\frac{4}{5}$ der entstehenden Energie liefert die kinetische Energie der Kernbruchstücke. Diese wird u. a. mittels Wasser, Wasserdampf und flüssigem Natrium abgeführt. Zum Schutz vor der entstehenden Neutronen- und γ-Strahlung ist der Reaktor mit einer dicken Wand aus Beton ummantelt. Diese senkt bei einem Meter Dicke die Intensität der γ-Strahlung um den Faktor 10^5.

Egal also ob ein Siedewasser- oder ein Druckwasserreaktor verwendet wird, die Sicherheitsmaßnahmen sind ebenso enorm, wie die Mengen des anfallenden hochradioaktiven Materials, das teils über viele, viele Jahrtausende nach der Nutzung sicher verstaut werden muss. So ist die Kernspaltung in der Anschaffung auch sehr teuer, der laufende Betrieb gestaltet sich aber wesentlich preiswerter. Je länger sie also ohne Zwischenfall laufen, desto kostengünstiger wird der Strom erzeugt. Eine Lösung für das Endlagerproblem ist damit aber noch nicht gegeben. So können wir v. a. die hochradioaktiven Materialien, die genutzt werden und ebenso während des Betriebs entstehen und bei einem Störfall eventuell die umliegenden Regionen für eine sehr lange Zeit schädigen können, sowie die Endlagerproblematik über viele Generationen als Hauptprobleme festhalten. Das muss bei einer neuen Kerntechnologie auf jeden Fall optimiert werden oder gar nicht erst auftreten. Des Weiteren ist das Verhältnis von in Energie umgewandelter Masse zur Gesamtmasse der beteiligten Kerne mit 1 zu 1000 durchaus verbesserungsfähig.

10.1.2 Die Grundlagen der Kernfusion

Wie müsste die ideale Energiequelle aussehen bzw. funktionieren? Dazu gibt es viele Argumente, aber die folgenden drei sind sicher mit die wichtigsten vor dem Hintergrund des bisher Gesagten. So können wir festhalten, dass sie

- kein oder kaum CO_2 emittieren sollte (Treibhauseffekt),
- keine oder nur sehr geringe Radioaktivität erzeugen sollte und
- dass der oder die Brennstoffe in ausreichender Menge für den Energiebedarf der Menschheit in dieser und in den kommenden Generationen vorhanden sind.

Ob dies eine einzige Energiequelle oder eine einzige Technologie vor dem Hintergrund des derzeitigen und zukünftigen Energieverbrauchs der Menschheit leisten kann, das wird sich erst noch zeigen. Für eine Prognose ist es definitiv zu früh. Aber mit der Kernfusion hätten wir wahrscheinlich ein Instrument zur Hand, das die Punkte annähernd erfüllen kann, vielleicht auch noch ein paar mehr. Bei der Kernfusion verschmelzen zwei Atomkerne (Nukleonen) zu einem, wobei wir feststellen, dass die neue Kernmasse geringer ist als die Summe der beiden beteiligten Nukleonenmassen.[52] Die fehlende Masse bezeichnen wir als Massendefekt Δm. Nach den Erkenntnissen ALBERT EINSTEINS gilt

$$\Delta E = \Delta m \cdot c^2. \tag{10.2}$$

Wir bezeichnen diese Energie als **nukleare Bindungsenergie**. Um sie geht es, wenn wir von der Energieerzeugung mittels Fusion reden. Eine halbempirische Formel zur Berechnung wurde erstmals 1935 von CARL FRIEDRICH VON WEIZSÄCKER aufgestellt und durch HANS BETHE ein Jahr später weiterentwickelt. Die Bethe-Weizsäcker-Formel berechnet die Bindungsenergie nach dem sog. Tröpfchenmodell, das einen Atomkern als Flüssigkeitstropfen beschreibt. In ihm wird davon ausgegangen, dass sich auf Grund der kurzen Reichweite der Kernkräfte nur direkte Nachbarnukleonen mittels dieser beeinflussen und so die Massendichte bei allen Atomkernen annähernd identisch ist. Die zwischen den Protonen wirkende Coulombkraft ist hier ein konkurrierender Prozess, da sie abstoßend wirkt. Das ist für direkte Nachbarn auf Grund ihrer geringeren Stärke unerheblich, durch ihre lange Reichweite erfasst sie aber auch weiter entfernte Nachbarn im selben Kern. Somit sind größere Kerne instabiler als kleine. Berücksichtigt man alle möglichen Wechselwirkungen, so ergibt sich die Bethe-Weizsäcker-Formel zu

$$E_B = a_V A - a_S A^{\frac{2}{3}} - a_C Z^2 A^{-\frac{1}{3}} - a_A \frac{(N-Z)^2}{A} + E_P. \tag{10.3}$$

Die Größe A beschreibt dabei die zum Kernvolumen proportionale Anzahl der Nukleonen. Die Parameter a_V, a_S, a_C, a_A und das in der Formel für E_P versteckte a_P sind

---

[52] Dies illustriert auch die Abbildung am Anfang dieses Kapitels.

empirische Konstanten, die durch Anpassung an die experimentell ermittelten Werte berechnet werden müssen. Je nach verwendetem Massenbereich weichen die Werte daher in der Literatur etwas voneinander ab.[53] Die einzelnen Energien, die zur Bindungsenergie in diesem Modell beitragen, sind:

- Volumenenergie E_V, die durch die Vereinigung der Nukleonen zum Kern frei wird. Sie ist proportional zur Anzahl A der Nukleonen, die wiederum proportional zum Kernvolumen ist.
- Oberflächenenergie E_S, die den Energiebetrag verringert, da bei dem im Modell angenommenen Tropfen die Bindung der Nukleonen an der Oberfläche desselben weniger stark ist.
- Coulombenergie E_C, die den Energiebetrag ebenso verringert wie die Oberflächenenergie, da es durch die beteiligten Protonen (Anzahl Z) zur Abstoßung untereinander kommt, was der Bindungsenergie entgegenwirkt.
- Asymmetrieenergie E_A, die sich mit steigender Nukleonenzahl A bemerkbar macht. Der zunehmende Neutronenüberschuss bei größeren Kernen verringert die Bindungsenergie durch eine Veränderung des symmetrischen Aufbaus. N ist dabei die Anzahl der Neutronen, Z die der Protonen.
- Paarungsenergie E_P, die sich mit dem Tröpfchenmodell nicht erklären lässt, sondern erst mit dem Schalenmodell für Atomkerne. Sie basiert darauf, dass gepaarte Nukleonen einer Sorte eine sehr hohe Bindungsenergie aufweisen. Für den Beitrag kommt es darauf an, welche Paare möglich sind. Bei geraden Neutronen- und Protonenzahlen (*gg*-Kern) bleiben keine „Restnukleonen" übrig, die dann locker gebunden wären. Daher sind solche *gg*-Kerne besonders fest gebunden und stabil, *uu*-Kerne haben eine deutlich schwächere Bindung. In der Formel für die Bindungsenergie trägt die empirisch gefundene Formel

$$E_P = \begin{cases} \delta \approx a_P \cdot A^{-\frac{1}{2}} & \text{für } gg\text{-Kerne} \\ 0 & \text{für } ug\text{- oder } gu\text{-Kerne} \\ -\delta \approx -a_P \cdot A^{-\frac{1}{2}} & \text{für } uu\text{-Kerne} \end{cases} \qquad (10.4)$$

diese Erkenntnis mathematisch bei. Wir erkennen durch den negativen Exponenten bei der Nukleonenzahl, dass mit deren Zunahme bei größeren Kernen der Effekt abnimmt.

Je nach verwendetem Bereich zum Fitten der Konstanten weichen diese in den einzelnen publizierten Sätzen leicht ab. Eine Anregung wäre, einen Wertesatz zu recherchieren und dann z.B. die Bindungsenergie für ^{56}Fe oder ^{12}C zu berechnen, wobei die gezeigte Formel verwendet wird. Diese können dann mit den gemessenen Werten verglichen werden, um sich von der Brauchbarkeit der Formel zu überzeugen.

---

53 Einen Satz für einen weiten Massenbereich findet man z.B. in [2].

Bei der Fusion versucht man nun, durch Verschmelzung frei werdende Bindungsenergie als Energiequelle zu nutzen. Um Energie überhaupt gewinnen zu können, muss der Fusionsprozess in Gang gesetzt, d. h. die Atomkerne müssen nahe genug zueinander gebracht werden. Denn dann dominiert die starke Kernkraft und die Kerne verschmelzen. Bei größerer Entfernung ist die Coulombkraft dominant und die Protonen der verschiedenen Kerne stoßen sich ab. Bringen wir sie so nahe zusammen, dass sich die Kerne berühren, so ergibt sich die potentielle Energie aus der wirkenden Coulombkraft zu

$$E_{\text{Coulomb}} = \frac{1}{4\pi\varepsilon_0} \cdot \frac{Z_1 Z_2 e^2}{r_1 + r_2}. \tag{10.5}$$

Dabei sind Z_1 und Z_2 die Kernladungszahlen der beiden beteiligten Kerne und r_1 und r_2 ihre Radien. Die Kreiszahl π und die elektrische Feldkonstante ε_0 bilden den Vorfaktor. Diese Energie muss ein sich bewegender Kern mindestens in kinetischer Form aufbringen, um überhaupt mit einem anderen Kern fusionieren zu können (Überwindung der Coulombbarriere). Da die in die Formel einzusetzenden Kernradien in der Größenordnung von Femtometern (10^{-15} Meter) zu suchen sind, liegt die notwendige Energie im Megaelektronenvolt-Bereich (1 eV $= 1{,}602 \cdot 10^{-19}$ J), womit die Teilchen sehr schnell sein müssen. Ab Abständen dieser Größenordnung dominiert die starke Kernkraft und die Kerne können sich verbinden.

ℹ️ Als Anregung könnten Sie doch einmal die Kern- und Atomradien einiger Elemente (Wasserstoff, Deuterium, Tritium, Helium, Kohlenstoff, ...) recherchieren. Rechnen Sie damit die notwendige Energie nach Coulomb aus und ermitteln Sie damit die notwendige Geschwindigkeit der Kerne in Metern pro Sekunde. Es ergeben sich da durchaus beeindruckende Zahlen, die einem klar machen, welche technische Herausforderung es ist, Teilchen dieser Größe und Geschwindigkeit in einem bestimmten Raumbereich zu halten, was bei der räumlichen Begrenzung eines Plasmas eben die Problematik darstellt.

Wir wissen nun, dass die Kerne recht schnell unterwegs sein müssen. Doch welche Kerne sind für eine effektive Fusion, so sie denn überhaupt möglich ist, zu verwenden? Bei der Kernspaltung kommen bekanntermaßen sehr schwere Kerne zum Einsatz, eine Kettenreaktion, aufrecht erhalten von den Spaltprodukten, liefert die gewünschte Energie. Bei der Fusion gibt es keine solche Kettenreaktion im Sinne der Kernspaltung, die den Prozess der Energiegewinnung aufrechterhält. Wir unterscheiden hier aber endotherme und exotherme Fusionsreaktionen. Eine endotherme Reaktion muss Energie aufnehmen, um fortbestehen zu können, eine exotherme Reaktion kann Energie abgeben, nachdem man sie in Gang gesetzt hat. Dieser Reaktionstyp ist derjenige, denn wir für die Fusion im Sinne einer Nutzung in einem Kraftwerk benutzen, denn wir benötigen frei werdende Energie, die dann verwertet werden kann (kurz gesprochen: Verdampfen von Wasser zum Antreiben von Turbinen und Einspeisung des erzeugten Stroms ins Netz). Einige Fusionsreaktionen, die im Zusammenhang mit einer

Nutzung in einem möglichen Kraftwerk relevant sein könnten, sind:

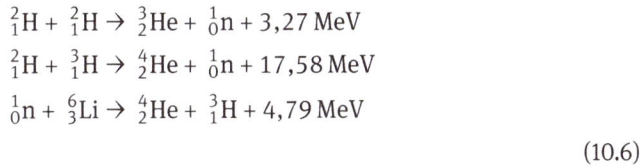

$$\,^2_1\text{H} + \,^2_1\text{H} \rightarrow \,^3_2\text{He} + \,^1_0\text{n} + 3{,}27\,\text{MeV}$$

$$\,^2_1\text{H} + \,^3_1\text{H} \rightarrow \,^4_2\text{He} + \,^1_0\text{n} + 17{,}58\,\text{MeV}$$

$$\,^1_0\text{n} + \,^6_3\text{Li} \rightarrow \,^4_2\text{He} + \,^3_1\text{H} + 4{,}79\,\text{MeV}$$

$$(10.6)$$

Neben der Energie, die man anfänglich auf jeden Fall bereitstellen muss, um den beteiligten Nukleonen genügend kinetische Energie mitzugeben, um sich nahe genug kommen zu können, ist das Eintreten einer Fusion auch und vor allem vom Wirkungsquerschnitt σ abhängig. Dieser ist ein Maß für die Wahrscheinlichkeit des Eintretens der jeweils gewünschten Reaktion. Einen besonders guten Wirkungsquerschnitt besitzt die Deuterium-Tritium-Reaktion ($\,^2_1\text{H}$ mit $\,^3_1\text{H}$), welche daher ein Kandidat für die Nutzung in einem auf Dauerbetrieb ausgelegten Kraftwerk ist.[54]

10.1.3 Bereitstellung freier Teilchen — Das Plasma

Um Kerne bzw. freie Teilchen für die Fusionsreaktion bereitstellen zu können, verwendet man den Plasmazustand von Materie. Ein Plasma besteht aus teilweise aufgebrochenen Atomen, sodass sich Kerne und Elektronen unabhängig voneinander bewegen können. Dieser Zustand wird z.B. durch das starke Erhitzen von Materie erzeugt, sodass man in den Bereich jenseits der drei klassischen Aggregatzustände fest, flüssig und gasförmig gelangt. Aus diesem Grund bezeichnet man das Plasma auch als den vierten Aggregatzustand. Auf der Erde ist dieser Zustand seltener anzutreffen, auch wenn Blitze und die Nordlichter hier als Beispiele zu nennen sind. In den Weiten des Universums befinden sich aber schätzungsweise 99 % der Materie im Plasmazustand (Sterne, interstellare Nebel). Diese Plasmen kommen ganz natürlich vor und decken einen weiten Temperatur- und Dichtebereich ab, sodass sie auf vielfältige Weise in Erscheinung treten. Für die Kernfusion auf der Erde ist die Herstellung von technischen Plasmen relevant. Diese werden ganz allgemein dadurch erzeugt, dass man Gasen elektrische Leistung zuführt und diese damit heizt.

Stichworte für die technische Erzeugung von Plasmen sind für den interessierten Leser die folgenden: **i**
- Glimmentladung
- Bogenentladung
- Funkendurchbruch
- Korona-Entladung
- Barriere-Entladung

---

54 Diese ist auch Grundlage der Abbildung am Anfang des Kapitels, da auf der linken Waagschale eine Deuterium- und ein Tritiumkern liegen.

Auf diese gehen wir nicht näher ein, weisen aber auf sie hin, um Sie zur weiteren Recherche zu motivieren.

Wir wollen den Begriff des Plasmas, der für die Kernfusion die zentrale Rolle spielt, noch ein wenig genauer betrachten. Um bei einer Flüssigkeit oder einem Gas von einem Plasma sprechen zu können, müssen, wie erwähnt, freie Ladungsträger in Form von Ionen oder ungebundenen Elektronen in so ausreichender Zahl vorkommen, dass die physikalischen Eigenschaften des Mediums wesentlich von ihnen beeinflusst werden. Jedoch können nicht nur Gase und Flüssigkeiten Plasmaeigenschaften aufweisen, auch in metallischen Festkörpern können diese durch Ionen und freie Elektronen beobachtet werden. In diesem Fall spricht man von einem Festkörperplasma. Um generell ein Medium als Plasma bezeichnen zu können, müssen im Wesentlichen zwei Eigenschaften erfüllt sein:

– Es muss zu elektromagnetischen Wechselwirkungen zwischen den Ladungsträgern kommen.
– Die Anzahlen der negativen und der positiven Ladungsträger können zwar beliebige Größen annehmen, sollten sich jedoch annähernd ausgleichen.

Diese beiden Eigenschaften wollen wir noch etwas näher betrachten: Ein Plasma enthält laut dem ersten Punkt geladene und ungeladene Teilchen, die allerdings ein kollektives Verhalten auf Grund der Wechselwirkungen zwischen ihnen zeigen. Trotz des Vorhandenseins von geladenen Teilchen ist ein Plasma laut dem zweiten Punkt quasineutral. Das bedeutet, dass einzelne Regionen sehr wohl eine deutliche elektrische Ladung aufweisen können, das Plasma als Ganzes jedoch nach außen hin neutral ist, da sich positive und negative Ladungsträger von ihren Anzahlen her gerade bzw. annähernd ausgleichen.

10.1.3.1 Die Debye-Länge

Eine charakteristische Eigenschaft eines Plasmas ist, dass es eine von außen eingeführte elektrische Ladung sofort abschirmt. Man kann sich das ungefähr wie folgt vorstellen: Möchte man ein elektrisches Feld in einem Plasma aufbauen, indem man zwei geladene Kugeln einführt, die eine positiv, die andere negativ, beide zu einer Art Batterie verbunden, so werden diese auf Grund ihrer Anziehungskräfte von entgegengesetzt geladenen Teilchen umgeben. Dies geschieht, da Elektronen und Ionen in freier Form im Plasma vorkommen. Letztendlich werden die Kugeln von einer Elektronen- bzw. Ionenwolke umgeben.

Nimmt man an, dass das Plasma „kalt" [55] vorliegt, so dass keine thermischen Bewegungen der Teilchen existieren, so würden sich an den Oberflächen der Kugeln ex-

---

55 Für die Fusion nicht geeignet.

akt so viele Ladungen anlagern, wie in ihnen selber vorkommen. In diesem Falle wäre die Abschirmung absolut perfekt und man könnte kein elektrisches Feld außerhalb der Ladungswolken beobachten. Im Falle einer endlichen Temperatur jedoch, sind Teilchen am Rand der Ladungswolke in der Lage durch ihre thermisch verursachte Bewegung dem dort sehr schwachen elektrischen Feld zu entkommen. Damit ist der Rand der Wolke also genau dann erreicht, wenn die Raumladungseffekte gleich den durch die Wärmebewegung verursachten Effekten sind. Mit diesem Ansatz kann man die sog. Debye-Länge herleiten. Sie ergibt sich zu

$$\lambda_D = \sqrt{\frac{\varepsilon_0 k_B T_e}{n_e e^2}} \tag{10.7}$$

Diese Formel kann man wie folgt interpretieren:
- Abhängigkeit von T_e:
  Es wird die Temperatur der Elektronen verwendet. Auf Grund ihrer geringeren Masse sind diese beweglicher als die ebenfalls vorhandenen Ionen. Nimmt die Temperatur zu, so verfügen die Ladungsträger über eine höhere thermische Beweglichkeit, wodurch sich der Radius der zur Abschirmung dienenden Ladungskugel vergrößert, da die Teilchen leichter entkommen können. Analog erfolgt die Argumentation für eine Abnahme der Temperatur.
- Abhängigkeit von n_e:
  Die Elektronen- und die Ionendichten sind nahezu gleich, d. h. $n_i \approx n_e = n$. Dadurch ist es eigentlich irrelevant, welche der Größen man verwendet. n wird als Plasmadichte bezeichnet. Ist diese nun höher, so können sich mehr Teilchen pro Volumen an der Kugel anlagern, wodurch der Radius der Abschirmungswolke abnimmt, da die Kompensation durch die höhere Dichte schneller erfolgen kann. Analog erfolgt die Argumentation für geringere Dichten.
- Die restlichen an der Formel beteiligten Größen sind physikalische Konstanten: e ist die Elektronenladung, k_B die Boltzmannkonstante und ε_0 die elektrische Feldkonstante.

10.1.3.2 Plasmakriterien

Wir haben ein Plasma als ein quasineutrales Gas kennengelernt, dessen Teilchen ein kollektives Verhalten aufweisen. Diese Definition erweist sich jedoch als lückenhaft, da auch andere Gase dieser genügen können ohne ein Plasma zu sein. Letztendlich wird ein Plasma nur eindeutig über die folgenden drei Plasmakriterien festgelegt:
- **Kriterium 1:** $L \gg \lambda_D$
- **Kriterium 2:** $N_D \gg 1$
- **Kriterium 3:** $\omega \tau > 1$

Diese Kriterien bedürfen bestimmt einiger kurzer Erläuterungen, da uns momentan der Kontext zu den Formelsymbolen fehlt:

- **Kriterium 1:** Um die Quasineutralität weiterhin gewährleisten zu können, muss die Ausdehnung des Plasmas, welche wir mit L bezeichnen, viel größer als die uns schon bekannte Debye-Länge sein, damit solche Ladungskonzentrationen keine Effekte auf das Plasma bewirken.
- **Kriterium 2:** Die Debye-Abschirmung wie wir sie uns angeschaut haben, gilt so nur, wenn sich genügend geladene Teilchen in der Wolke aufhalten. Darum muss eine große Zahl N_D an Teilchen dort vorhanden sein, woraus sich die Abschätzung ergibt, dass $N_D \gg 1$ (mit $\gg$ notieren wir mathematisch „viel größer").
- **Kriterium 3:** Dieses dritte Kriterium macht eine Aussage darüber, wie sich die geladenen Teilchen in Bezug auf Kollisionen mit anderen, neutralen Teilchen verhalten müssen. Diese Kollisionen dürfen nicht zu häufig vorkommen, da sonst die Bewegung der geladenen Teilchen von hydrodynamischen Kräften beeinflusst wird und nicht, wie im Plasma gefordert, durch die elektromagnetischen Kräfte. Um das zu erfüllen, fordert man mit dem dritten Kriterium, dass das Produkt der typischen Plasmafrequenz ω und der Zeit τ, die zwischen zwei Stößen eines geladenen Teilchens mit neutralen Atomen vergeht, größer als 1 sein muss. Dann verhält sich das Gas wie ein Plasma und nicht wie ein neutrales Gas.

Nach dem bereits Gesagten merken wir uns am besten, dass Plasmen aus positiv und negativ geladenen Teilchen bestehen,[56] die sich unabhängig voneinander bewegen können, aber sich natürlich gegenseitig beeinflussen (dadurch gibt es ein kollektives Verhalten). Auftretende elektrische Felder in einem Plasma können auf Grund der hohen Beweglichkeit der Komponenten sehr gut abgeschirmt werden, sodass die eigentlich vorherrschende Coulomb-Wechselwirkung nur auf einen engen Raum beschränkt wird. Das beeinflusst die Wechselwirkung der Teilchen untereinander stark, ebenso die mit einer festen Wand, die sich beim Aufbau eines Reaktors zwangsläufig ergibt. So berechnet sich das Potential eines Plasmaelektrons in der Nähe einer Ladung q im Plasma zu

$$\phi(r) = -\frac{q}{4\pi\varepsilon_0} \cdot \frac{1}{r} \cdot e^{-\frac{\sqrt{2}r}{\lambda_D}} . \tag{10.8}$$

Das Wesentliche für uns bei dieser Formel ist das Vorhandensein der Exponentialfunktion, sodass das Potential exponentiell abfällt und nicht nur, wie bei Coulomb, mit $\frac{1}{r}$. Damit geschieht eine effektive Abschirmung, welche mit Hilfe der Debye-Länge λ_D charakterisiert wird. In Fusionsplasmen gilt üblicher Weise $\lambda_D = 7 \cdot 10^{-5}$ Meter. Zum Vergleich: Im Sonneninneren finden wir $\lambda_D = 3 \cdot 10^{-11}$ Meter.

Weitere Informationen zu Plasmen, z.B. über Turbulenzen oder Überlegungen zur Stabilität eines Plasmas, finden sich in der passenden Literatur dazu. Hierzu seien z.B. [3] und als etwas älteres, aber immer noch sehr gutes Einstiegsbuch, [4] erwähnt.

---

56 Das ist zwar, wie gesehen, unpräzise, reicht aber für den Beginn als Vorstellung vollkommen aus.

10.1.4 Wie man ein Plasma zusammenhält

Ein Plasma mit einer Temperatur von 100 Millionen Kelvin und mehr für den Fusionsprozess zusammenzuhalten, ist eine technische Herausforderung. Auf der Sonne übernimmt dies ihre immense Gravitation und das gigantische Magnetfeld. Damit müssen wir auf der Erde eine andere Möglichkeit nutzen, da uns diese Gegebenheiten in Sonnenstärke nicht zur Verfügung stehen. Da das Plasma aber so heiß ist, dass Elektronen und Protonen sich getrennt in ihm bewegen, reagieren diese auf die bereits angeführten magnetischen Felder (auf elektrische auch, aber die sind hier technisch ungeeignet für die gewünschte Anwendung). Die geladenen Teilchen werden durch die Lorentzkraft auf Spiralbahnen gezwungen und durch eine geschickte Zusammenstellung der beteiligten Felder ist es tatsächlich möglich, die Plasmateilchen beieinander zu halten, d. h. sie verlassen nur selten den gewünschten Raum. Ansonsten besteht das Problem, dass die Teilchen mit hoher kinetischer Energie mit den Gefäßwänden des Reaktorinneren kollidieren, ihre Energie abgeben und so das Plasma abkühlen (weniger schnelle Teilchen) und verunreinigen. Damit ist der Fusionsprozess nicht mehr aufrecht zu erhalten. Also steht und fällt das Vorhaben, einen Fusionsreaktor zu bauen mit der technischen Fähigkeit, ein heißes Plasma beieinander zu halten. In den letzten Jahren und Jahrzehnten haben sich zwei Konzepte entwickelt, die beim Bau eines Fusionsreaktors zum Einsatz kommen können und das Prinzip des magnetischen Einschlusses eines Plasmas nutzen, wobei verdrillte Magnetfelder das Plasma zusammenhalten sollen. Neben diesen beiden aussichtsreichsten Kandidaten für den Aufbau eines künftigen Fusionsreaktors gibt es weitere Konzepte, die wir aber nicht näher betrachten wollen, da sie für die Entwicklung eines möglichen Kraftwerks derzeit keine Rolle spielen und sich eher im Bereich der Grundlagenforschung ansiedeln (z.B. Inertial- oder Trägheitsfusion).

10.1.5 Tokamak und Stellarator

Die Konzepte Tokamak und Stellarator haben beide zum Ziel, Magnetfelder zu erzeugen, die das im Reaktorinneren befindliche Plasma einschließen. Diese haben dadurch keine einfache Geometrie, sodass sie mit entsprechenden Kniffen erzeugt werden müssen. Doch worin liegt das Problem beim Plasmaeinschluss? Für die Kraft auf ein geladenes Teilchen im elektrischen und magnetischen Feld gilt die Gleichung

$$m\frac{\mathrm{d}\boldsymbol{v}}{\mathrm{d}t} = q \cdot (\boldsymbol{E} + \boldsymbol{v} \times \boldsymbol{B})\,. \tag{10.9}$$

Dabei wird die Änderung des Impulses auf der linken Seite, was einer Kraft entspricht, durch die wirkenden elektrischen und magnetischen Felder verursacht. Das magnetische Feld wird von außen an das Plasma gelegt. Da sich Elektronen und Ionen in Magnetfeldern bedingt durch die Lorentzkraft auf Schraubenlinien bewegen, deren

Radien bei Magnetfeldern von einigen Tesla und einer Plasmatemperatur im Kiloelektronenvoltbereich in der Größenordnung von Millimetern sind, ist die Querbewegung zum Magnetfeld stark eingeschränkt und die Kollisionsgefahr mit den Gefäßwänden des Reaktorinneren wird minimiert. Um ein Entweichen des Plasmas entlang des Feldes zu verhindern, konstruiert man dieses ringförmig geschlossen[57]. Im einfachsten Fall verformt man einfach eine lange gerade Spule zu einem Ring, wodurch das eingeschlossene Volumen Torusform besitzt. Das Problem dieser Konstruktion ist, dass durch die Ringform nun ein zusätzlicher vertikaler Drift hinzukommt, der ladungstrennend wirkt, da die Bewegung für positive und negative Teilchen gerade entgegengesetzt verläuft. Das resultierende elektrische Feld drängt das Plasma quer zum Magnetfeld aus dem gewünschten Einschlussbereich. Um das zu verhindern, verdreht man die Magnetfeldlinien ebenfalls schraubenförmig, wodurch Ionen und Elektronen sich abwechselnd im oberen und unteren Plasmabereich aufhalten. Dadurch kompensieren sich die Driften. Zur Umsetzung des verdrillten Magnetfeldes gibt es zwei Möglichkeiten:

– **Tokamak:** Der Name ist eine Übertragung der russischen Abkürzung für „Torodiale Kammer in Magnetspulen" . Er besteht aus dem eben erläuterten, sog. torodialen Magnetfeld. Das Plasma hat torusform und es wird zusätzlich ein Ringstrom induziert. Dieser Strom erzeugt ein poloidales Magnetfeld das mit dem bereits erwähnten die gewünschte Verdrillung ergibt. Durch den Aufbau sind das Magnetfeld und das Plasma beide axialsymmetrisch. Beispiele für Tokomaks sind ASDEX, JET, JET60 und ASDEX-Upgrade.[58] Durch den Plasmastrom besitzt ein Tokomak eine ihm innewohnende Heizung. Diese reicht aber nur bis zu einigen Kiloelektronenvolt, sodass eine Zusatzheizung für die gewünschten Energien notwendig ist. Diese kann z.B. mit eingeschossenen Wasserstoffatomen, die im Plasma ionisiert werden und dann durch Stöße ihre Energie an das Plasma abgeben, realisiert werden. Ein Problem des Tokamakonzepts ist, dass das Plasma die Sekundärwicklung eines Transformators darstellt. Die Primärspule wird im Toruszentrum ergänzt. Der Plasmastrom wird also durch elektromagnetische Induktion erzeugt. Ein Dauerstrom ist so aber nicht möglich, sodass ein Tokamak nur gepulst betrieben werden kann. Reißt der Strom ab, wirken große Kräfte im Reaktorinneren, die diesen zerstören können. Wie man passend darauf reagieren kann und den Strom länger aufrechterhält, das gilt es noch zu lösen.

– **Stellarator:** Der Name ergibt sich aus den Worten STELLAR UND (GENER)ATOR und soll die Fusion als Energiequelle der Sterne hervorheben. Das verdrillte Magnetfeld wird hier durch zusätzliche helikale Spulen erzeugt, weswegen Stellaratoren auch als helikale Systeme bezeichnet werden. Mit moderner Rechnerleis-

---

57 Es hat damit ganz grob die Form eines Donuts.

58 Einige dieser Experimente und die dort gemachten Entdeckungen werden z.B. in [5] skizziert und es wird auf einige interessante Artikel verwiesen.

tung ist es möglich, die Spulentypen zu kombinieren. Diese weisen dann eine sehr komplizierte Geometrie auf, was die Wartung zwar erschwert, den Dauerbetrieb aber leichter ermöglicht. Das Plasma wird hier bereits durch das äußere Feld eingeschlossen, einen Plasmastrom, der abreißen kann, benötigt man nicht und ist dadurch nicht auf den Pulsbetrieb angewiesen. Ein Beispiel für einen Stellarator ist der Wendelstein 7-X in Greifswald, der 2014 fertiggestellt und in dem Ende 2015 das erste Plasma erzeugt wurde. Der Entstehungsprozess und die Fragestellungen wurden z.B. in [6] zwei Jahre vor der Fertigstellung des Stellarators im Physik Journal skizziert.

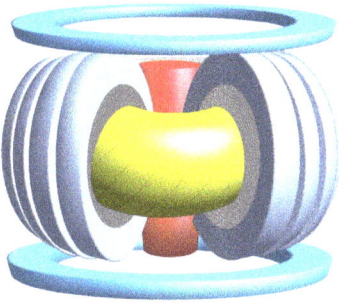

Abb. 10.2: Schematischer Aufbau eines Tokamaks mit dem eingeschlossenen Plasma (gelb) mit eingezeichneter Schraffur um den Verlauf der Magnetfeldlinien anzudeuten. Um das Plasma folgen von innen nach außen das Vakuumgefäß und die Toroidalfeldspulen. Oberhalb und unterhalb sind die Vertikalfeldspulen angebracht, sowie in der Mitte der Transformator. Eine sehr detaillierte Grafik zum Aufbau eines Tokamaks ist auf den Seiten von ITER zu finden, da die ganze Anlage bis ins Detail in 3D am Rechner geplant wurde und wird.

Wenden wir uns den aktuellen Problemen bei der Entwicklung eines Fusionskraftwerks, um die es letztendlich bei dieser Forschung geht, zu. Neben der Benennung einiger der aktuellen Probleme, gehen wir auch kurz auf die derzeit prominenteste, aber noch im Bau befindlichen Forschungseinrichtung bezüglich der Fusionsforschung ein, ITER.

10.1.6 Die Einschlusszeit und der Plasmarand

Damit ein Fusionskraftwerk tatsächlich funktioniert, muss das verwendete Fusionsplasma zünden und Energie liefern. Hierzu muss das Produkt aus Dichte, Temperatur und Energieeinschlusszeit über einem bestimmten Schwellenwert liegen. Für das sog.

Tripelprodukt gilt dann

$$nT\tau_E > 6 \cdot 10^{21} \, \frac{\mathrm{m}^{-3}}{\mathrm{keV\,s}}. \tag{10.10}$$

Die Plasmadichte n ist ein Maß für die Häufigkeit der Fusionsstöße, die Plasmatemperatur T zeigt, ob die Coulomb-Abstoßung überwunden wird und die Energieeinschlusszeit τ_E wird als Maß für die Qualität der thermischen Isolation des magnetischen Einschlusses verwendet. Der Weg dorthin soll mit dem Fusionsexperiment ITER gefunden und Probleme wie Austauschinstabilitäten und Driftwellenturbulenzen genauer untersucht werden. Für letztere Begriffe verweisen wir z.B. auf [3].

Der definierte Rand des Plasmas[59] in einem solchen Experiment wie ITER wird durch eine magnetische Separatrix erzeugt, da es sonst zu einer unkontrollierten Verteilung desselben kommt. Diese trennt die offenen Feldbereiche der Randschicht von den geschlossenen Flussflächen im Inneren. Von der Plasmaoberfläche führen weitere Magnetfelder die Randschicht in den Divertor, eine separate Kammer, in die das entstandene Helium aus dem Fusionsprozess und die sog. Leistungsflüsse[60], resultierend aus der abgestrahlten Energie, als Asche[61] abgeführt werden. Damit werden Verunreinigungen reduziert.

10.2 Einblicke in Forschung und Anwendung

Zusammenfassung:

Im Zusammenhang mit der möglichen Nutzung der Fusionsenergie zur Deckung des Energiebedarfs der Menschheit sind noch viele Fragen offen bzw. nicht umfassend beantwortet. Eine nicht geringe Zahl derselben soll mit den Fusionsexperimenten in Greifswald und Cadarache beantwortet werden können. V. a. letzteres ist aber bei weitem nicht unumstritten und neben den physikalischen sind eine Vielzahl an organisatorischen und politischen Problemen mit diesem Großprojekt verbunden. Im Folgenden versuchen wir daher, den aktuellen Stand objektiv zu skizzieren und einen möglichst aktuellen Einblick in die vorliegenden Situationen zu geben, um dem Leser eine neutrale Basis zu bieten, sich sein eigenes Bild machen zu können.

---

59 Früher wurde dieser durch einen materiellen Limiter aus Graphit, eine Art Blende, erzeugt, was aber zu Verunreinigungen des Plasmas führt und daher für den Kraftwerksbetrieb ungeeignet erscheint.

60 Sind diese zu hoch, lassen sie sich z.B. durch das Einblasen von Argon oder Stickstoff nach unten regulieren.

61 Daher resultiert die Bezeichnung als „Aschekasten".

10.2.1 Probleme und Fragestellungen

Von ein paar der Probleme bei den unterschiedlichen Realisierungen des Plasmaeinschlusses haben wir bereits bei der Vorstellung von Tokamak und Stellarator gehört. Beide Konzepte haben aber gemeinsam, dass man nach möglichen Konfigurationen des Magnetfeldes und des Plasmas sucht, die eine lange Einschlusszeit garantieren. Nur dann ist es möglich, dass das Plasma auch zündet und Energie gewonnen werden kann und man zum Dauerbetrieb übergehen kann. Denn ein Kraftwerk das nur wenige Minuten oder Stunden Energie liefert ist kaum praktikabel. Mit den aktuellen Projekten (Wendelstein 7-X (Stellarator) und ITER (Tokamak)) müssen noch einige grundlegende Fragen für den Dauerbetrieb eines Fusionskraftwerks beantwortet werden, sowie passende Materialien z.B. für die Reaktorwand gefunden und getestet werden. So müssen u. a. folgende Probleme angegangen werden bzw. für eine industrielle Nutzung weiterentwickelt werden:
- Effektive Tritiumgewinnung aus Lithium um genügend „Brennstoff" zur Verfügung stellen zu können.
- Behebung von Materialproblemen (v. a. Wand), was auch die Untersuchung der radioaktive Belastung durch entstehende aktive Materialien beinhaltet.
- Welche Materialien sind weiterhin in einer solchen Apparatur zu verwenden und besteht die Notwendigkeit der Verwendung toxischer Materialien auf Grund bestimmter Eigenschaften derselben?
- Welches Konzept setzt sich durch und für welches sollte man sich als Konzept für einen Reaktor entscheiden (Stellarator oder Tokamak)?
- Mit welchen Kosten ist die Forschung bis zur fertigen Entwicklung eines Reaktors verbunden, sowie die Inbetriebnahme eines Kraftwerks und die Aufrechterhaltung dessen Betriebs?[62]

10.2.2 Brennstoff Tritium

Ein (sicherlich großes) Versprechen der Kernfusion ist es, aus überall vorhandenen und v. a. billigen Brennstoffen nahezu grenzenlose Energie zu erzeugen. Doch welche Rohstoffe werden benötigt? Durch die Fusion von Deuterium und Tritium entsteht bei dem verwendeten Fusionsprozess Helium. Dies geschieht bei einer Temperatur von 150 Millionen Kelvin. Tritium ist ein instabiler Brennstoff und kommt auf der Erde natürlich nur in kleinsten Mengen vor. Er soll daher direkt im Fusionsreaktor aus Lithium erbrütet werden und zwar in der Blanket (Decke, Hülle) des Kernfusionsreaktors, die

---

62 Hierüber wird natürlich heftig diskutiert, v. a. weil die Kosten für ITER in den letzten Jahren immer mehr gestiegen sind. Interessante und aktuelle Überlegungen hierzu stehen immer wieder im Physik Journal, z.B. in [7] oder [8].

innerhalb des Vakuumgefäßes um das Plasma liegt. Dabei wird die Reaktion

$$^6\mathrm{Li} + \mathrm{n} \rightarrow {}^4\mathrm{He} + {}^3\mathrm{H} + 4,8\,\mathrm{MeV} \tag{10.11}$$

genutzt.[63] Der gewünschte Brennstoff wird also mittels Neutronen gewonnen. Diese müssen anfänglich z.B. durch einen Spaltprozess aus einer Kernreaktion zur Verfügung gestellt werden. Während der Fusion werden die entstehenden Fusionsneutronen zum Tritiumbrüten verwendet, welche alleine aber noch nicht ausreichen. Durch Kernreaktionen mit z.B. Blei im Blanket findet eine zusätzliche Vermehrung der Neutronen statt, sodass ausreichend viel Tritium für die Aufrechterhaltung des Fusionsprozesses zur Verfügung steht. Die Summe der Deuterium-Litium-Fusion, des Tritiumbrütens mittels $^6\mathrm{Li}$, abzüglich der Energien zur Neutronenvermehrung und durch Neutronenverluste stellt die Energiebilanz dar, die für ein mögliches kommerzielles Fusionskraftwerk[64] zwischen 16 und 17 MeV pro Deuterium-Tritium-Fusion ergibt. Wie eine passende Blanket konzipiert sein muss, müssen zukünftige Experimente zeigen. Derzeit gibt es Entwürfe für keramische Blankets oder mit einer flüssigen Blei-Lithium-Legierung[65]. Natürlich existieren für bestehende Fusionsexperimente bereits Blankets, aber die Funktion des Tritiumbrütens besteht derzeit noch nur in der Theorie und muss im Experiment bei ausreichender Leistung untersucht werden. Tritium aus Lithium zu brüten ist ein sehr brauchbares Konzept, da Lithium zu $0,006\,\%$ in der Erdkruste vorkommt und damit kein Ressourcenproblem besteht. Recht interessante Rechenbeispiele zeigen auch, dass das Lithium aus einer Laptopbatterie zusammen mit der Deuteriummenge in einer Badewanne voll Wasser ausreichen würden, um den Energiebedarf einer durchschnittlichen Familie für 50 Jahre zu decken, wie in [9] erwähnt wird.

Durch die Fusionsneutronen würde bei einem Fusionskraftwerk Material aktiviert werden, das allerdings über eine wesentlich schwächere Radioaktivität verfügt als es bei den Abfällen von Atomkraftwerken der Fall ist. So sinkt dessen Radioaktivität in nur hundert Jahren auf ein Zehntausendstel des ohnehin geringen Anfangswerts und es entsteht keine solche Endlagerproblematik wie bei derzeitigen Kernkraftwerken. Ausgehend von bestimmten Modellen bei der Realisierung von Fusionskraftwerken wie sie die in 2006 veröffentlichte Studie „European Fusion Power Plant Conceptional Study" angibt,[66] könnte nach dem genannten Zeitraum die Hälfte des Materials

---

63 Es gibt noch eine zweite Option, mit dem deutlich häufiger vorhandenen $^7\mathrm{Li}$ Tritium zu gewinnen. Durch die höhere Energieschwelle spielt sie in aktuellen Entwürfen keine Rolle und es wird derzeit auf angereichertes $^6\mathrm{Li}$ zurückgegriffen (Anreicherung auf etwa $90\,\%$ von $7,5\,\%$ in natürlichen Vorkommen).

64 Nach dem Fusionsexperiment ITER ist der Bau eines Fusionsreaktors DEMO geplant.

65 Flüssiges Lithium alleine stellt ein Sicherheitsrisiko dar, da es v. a. mit Wasser und Luft zu heftigen Reaktionen kommen kann, die bei den benötigten Mengen in einem Reaktor nicht kalkuliert werden können.

66 Nachzulesen ist dies auf den Seiten des EFDA (European Fusion Development Agreement).

zur beliebigen Nutzung freigegeben werden. Die andere Hälfte könnte rezykliert und in anderen Kraftwerken eingesetzt werden. Hierzu sind die notwendigen Techniken allerdings noch nicht erforscht, da die Erfahrung mit der entsprechenden Menge an Material einfach noch nicht vorliegen kann. ITER und später DEMO sollten hier allerdings weitere Erkenntnisse liefern können.

10.2.3 Welches Konzept soll es sein?

Neben dem Fusionsexperiment ITER (siehe hierzu Abschnitt 10.2.5), das nach derzeitigem Stand 2025 in Betrieb genommen werden kann, gibt es eine Vielzahl kleinerer Experimente. Die meisten basieren auf dem Tokamak-Prinzip, das sich baulich leichter umsetzen lässt. Das derzeit modernste Fusionsexperiment, basierend auf dem Stellarator-Ansatz, steht in Greifswald und heißt Wendelstein 7-X (erwähnten wir bereits in Abschnitt 10.1.5). Die Anlage ist seit 2015 in Betrieb.[67] Mit Hilfe des Experiments versuchen die Forscher eine Vielzahl an Fragen zu beantworten, nicht nur zum Plasma an sich, sondern auch bezüglich der Anlage, mit der Neuland betreten wurde. Einige wichtige Vorhaben sind:

– Die Entladungsdauer des Plasmas soll von anfänglichen zehn Sekunden auf über eine halbe Stunde gesteigert werden.
– Die Frage, ob sich ein Stellarator auf Grund seines Konzeptes und der Güte des Plasmas für ein Kraftwerk eignet, soll beantwortet werden. Die positive Beantwortung wird v. a. davon abhängen, ob die auf der Theorie basierenden Erwartungen an den Plasmaeinschluss erfüllt werden können.
– Konzepte für die Heizung sollen getestet werden.
– Fragen zum Abtransport des ausgeworfenen Heliums („Heliumasche"), das an sich harmlos ist, gehören ebenso zum Forschungsprogramm.

Ähnliche Fragen werden auch bei ITER gestellt, auch wenn die Anlage in Greifswald noch deutlich kleiner ist und kein zündendes Plasma hervorbringen kann. Dennoch erhoffen sich die Forscher durch die Beantwortung der gestellten Fragen, bei Erfüllung der Erwartungen, eine Anlage in Kraftwerkgröße (eventuell mit einer Zwischenstufe) als Fernziel. Soll tatsächlich Mitte des 21. Jahrhunderts, so wie es der Fahrplan der Fusionsforschung vorsieht, ein Demonstrationskraftwerk DEMO zur Verfügung stehen, müssen die Erkenntnisse aus allen Experimenten, ob Stellarator oder Tokamak, genutzt werden. Ob spätere Kraftwerke dann auf dem Tokamak- oder dem Stellarator-Prinzip basieren oder ob beide Technologien eingesetzt werden (wie Dieselmotor und

---

67 Auch hier ist anzumerken, dass eine Inbetriebnahme nach dem offiziellen Projektstart 1996 bereits für 2006 vorgesehen war. Dieser ließ sich nicht halten, da die Anlage als Prototyp zu verstehen ist, die beim Bau viele unvorhergesehen Schwierigkeiten mit sich brachte, die aber letztendlich bewältigt werden konnten.

Benzinmotor in der Autoindustrie über einen sehr langen Zeitraum) werden die Erkenntnisse aus den Experimenten entscheiden.

10.2.4 Fusionsstrom — Eine Kostenfalle?

Ein häufiger Kritikpunkt bei der Fusionsforschung sind die bereits aufgebrachten und noch notwendigen Kosten, deren Rechtfertigung diese bei Kritikern noch nicht erbracht hat. Und durchaus hat die Forschung mit nicht wegzudiskutierenden Verzögerungen zu kämpfen und ein funktionierender Reaktor ist derzeit noch nicht realistisch. Die Idee der Energiegewinnung stammt bereits aus den 50-er-Jahren des letzten Jahrhunderts und es sind immer noch viele Hürden auf dem Weg zum fertigen Reaktor zu nehmen. In etwa 40 Jahren soll ein solcher zur Verfügung stehen, wobei häufig mit einem gewissen Sarkasmus bemerkt wird, dass die genannte Wartezeit invariant gegenüber der Zeit ist. Daher hat die Dachorganisation für Fusionsforschung EFDA[68] 2013 in einer europäischen Roadmap diskutiert, welches die notwendigen Schritte sind, um in den Jahren 2050 bis 2060 Fusionskraftwerke tatsächlich ans Stromnetz nehmen zu können. Hier kommt dem Fusionsexperiment ITER als größtem seiner Art eine zentrale Rolle zu. Neben der Kostenentwicklung beim Bau von ITER muss natürlich auch dargelegt werden können, was die Inbetriebnahme und die Aufrechterhaltung des Betriebs eines Fusionskraftwerks kosten würde und mit welchem Strompreis daher zu rechnen ist. Diesbezüglich sind derzeit aber nur Schätzungen möglich, da sich zwischen 2006 und 2016 die Kosten allein für ITER deutlich vergrößert haben. Solange das Experiment nicht wenigstens begonnen wurde, können eventuelle technische Schwierigkeiten und Neukonstruktionen nicht wirtschaftlich bewertet werden.

Was wir nennen können, ist die Entwicklung hin zum aktuellen Stand. Waren für ITER 2005 noch knapp 5 Milliarden Euro Gesamtkosten veranschlagt, lagen diese 2010 bereits bei 15 Milliarden Euro, wobei sich der europäische Anteil auf 45 % beläuft. Damals war die Inbetriebnahme des Fusionsexperiments für 2019 vorgesehen. Die jährlichen Betriebskosten wurden mit 265 Millionen Euro in 2005 beziffert. Da, nach heutigem Wissen, katastrophale Unfälle wie bei einem Atomkraftwerk unwahrscheinlich sind und die Endlagerproblematik durch Rezyklierung[69] wahrscheinlich entfällt (wobei diese Techniken noch zu entwickeln sind(!)), kommen die Verfasser der „European Fusion Power Plant Conceptional Study" u. a. zu dem Schluss, dass der Strompreis für Fusionsstrom bei 3 bis 9 Cents pro Kilowattstunde liegen könnte und mit den Preisen von Windstrom oder Kraftwerken mit kombinierten Gasturbinen vergleichbar sein dürfte. Wie es sich tatsächlich verhält, wird man aber erst sagen können, wenn genug Erfahrungswerte mit ITER vorliegen und die dann vorliegende Wirtschaftssituation berücksichtigt werden kann. Neue Hochrechnungen gehen allein von

---

68 European Fusion Development Agreement.
69 Rückführung des Materials zur Verwendung in anderen Kraftwerken.

einem europäischen Anteil von 13 bis 17 Milliarden Euro bei ITER aus, womit sich zeigt, dass hier große Unsicherheiten bezüglich der künftigen Finanzierung bestehen. Auch kursieren Zahlen von 60 bis 80 Milliarden Euro, die noch investiert werden müssen, bis wir tatsächlich in den 2050-ern Fusionsstrom nutzen könnten. Es erscheint hier noch vieles spekulativ und 40 Jahre sind eine zu lange Zeit, um verlässliche Zahlen liefern zu können, weder auf Seiten der Befürworter noch der Gegner. Sollten ITER und Wendelstein 7-X erfolgreich sein und diese Erfolge (wie auch möglich Rückschläge) verständlich publizieren können, könnte die Fusion einen wertvollen Beitrag zum Energiehaushalt der Menschheit in Zukunft beitragen. Bis dahin sollte die hier stattfindende Grundlagenforschung aber weitestgehend auch ungestört möglich sein, aber auch als solche kommuniziert werden, damit die Erwartungen der Öffentlichkeit und der Politik in einem realistischeren Rahmen bleiben.

10.2.5 ITER — Der richtige Weg?

Seit 2005 ist der Standort des nächsten großen Fusionsexperiments festgelegt. Die an dem Forschungsvorhaben beteiligten gleichberechtigten Partner China, die EU, Japan, Russland, Südkorea, Indien und die USA einigten sich auf das südfranzösische Cadarache (Standort des französischen Kernforschungszentrums), doch gab es bis zuletzt große Diskussionen um den eigentlichen Standort. Die Anfänge des Projekts liegen aber bereits in den 80-er-Jahren, als sich die USA und Frankreich auf Vorschlag Gorbatschows auf den Bau eines gemeinsamen Reaktors verständigten. Die Planungen starteten 1988 und schlossen mit einem ersten Entwurf drei Jahre später ab. Dieser sah eine dreimal so hohe Fusionsleistung (1500 MW) wie der nun im Bau befindliche finale Entwurf vor. Aus Kostengründen wurde diese nach 1998 reduziert. Die Planung, Konzeption und der Bau des Fusionsexperiments ITER (International Thermonuclear Experimental Reactor, lat. iter für „Weg") war und ist mit vielen Hürden versehen, was bereits zu deutlichen Verzögerungen und auch Kostensteigerungen bei diesem Großprojekt geführt hat.[70] Nach dem derzeitigen Vorhaben soll ITER in vielen Bereichen die Machbarkeit des Betriebs eines Fusionskraftwerks nachweisen und ein Plasma erzeugen, das mit 500 MW zehnmal mehr Energie liefert als für die Heizung desselben notwendig ist.

Wenn ITER in Betrieb geht, werden sich für viele der gestellten Fragen hoffentlich eine Antwort finden lassen. Bis dahin ist man dort weniger mit der Physik als viel mehr mit der Architektur beschäftigt. Wie sieht daher der aktuelle Stand des Projektes aus (2016), wie er z.B. in [9] sehr schön dargestellt wird?

Das Büro- und Empfangsgebäude ist seit Oktober 2012 bezogen. Auf dem 42 Hektar großen Gelände entsteht derzeit die Infrastruktur, um das Herzstück, den Tokamak,

---

70 Wobei dies bei Großprojekten, zumindest in Deutschland, ja nichts Ungewöhnliches zu sein scheint.

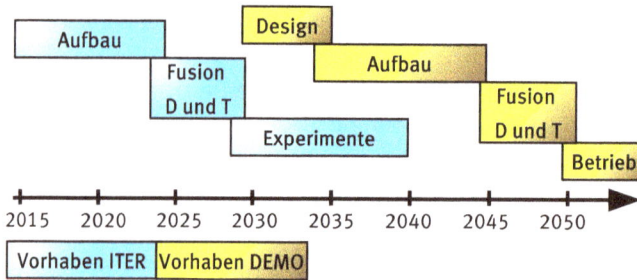

Abb. 10.3: Die derzeitige Planung, wie sie z.B. aktuell in [9] skizziert ist, sieht vor, ITER 2025 in Betrieb zu nehmen. Die Deuterium-Tritium-Fusion sollte dann in fünf Jahren realisierbar sein und zu weiteren Experimenten bezüglich Einschlusszeit, Heizung, Wandmaterial etc. führen. Gleichzeitig können erste Erkenntnisse aus dem Bau von ITER und den ersten Experimenten für das Design eines Demonstrationskraftwerks DEMO genutzt werden. Läuft alles nach diesem sehr eng getakteten Zeitplan wäre Elektrizität aus der Fusion ab 2050 im Bereich des Möglichen.

letztendlich montieren zu können. In der 60 Meter hohen und knapp 100 Meter langen Fertigungshalle, welche sich im Bau befindet, ist die Montage der supraleitenden Magnetspulen an die neun Teile des Plasmagefäßes geplant. Die Positionierung im Tokamak-Gebäude wird dann ein Kran übernehmen. Danach ist erst dessen Fertigstellung vorgesehen. Eine Begehung des Gebäudes ist derzeit daher nur in der bis ins Detail umgesetzten 3D-Simulation möglich.

Die ITER-Partner liefern ausschließlich Sachleistungen. Die Aufgaben werden in der 2006 unterzeichneten ITER-Vereinbarung beschrieben. Sie regelt ebenso die Zusammenarbeit der nationalen Behörden, ITER-Rat und ITER-Organisation. Alle Partner sollen gleichberechtigt zu den Entwicklungen auf technischer und wissenschaftlicher Ebene beitragen und die Komponenten in Kooperation bauen.[71] So entwickeln z.B. Korea und Indien die Vakuumkammer, der Mantel des Plasmagefäßes wird von der EU, Russland, China und Korea gebaut. Somit liegt eine sehr komplizierte und vielschichtige Organisationsstruktur dem Projekt zu Grunde, die die Abläufe zwar sauber zu kontrollieren versucht, aber auch Verzögerungen und Kostensteigerungen[72] erzeugt. War das erste Plasma für 2016 geplant, gehen realistische Schätzungen aktuell vom Jahr 2025 aus. Einen groben Überblick zur derzeitigen Planung gibt Abbildung 10.3, eine Liste der Meilensteine des Großprojektes findet sich auf der zugehörigen Homepage.

ℹ️ Homepages können sich ändern, aber eine Suchmaschine wird Ihnen bestimmt alle relevanten Seiten zu ITER auflisten. Es lohnt sich durchaus, regelmäßig die Seiten solcher Projekte zu besuchen, um auf

---

71 Leitgedanke des ITER-Projekts.
72 Waren anfänglich 4,6 Milliarden Euro Baukosten angenommen worden, gehen aktuelle Hochrechnungen allein von einem EU-Anteil von 13 bis 17 Milliarden Euro aus.

dem Laufenden zu bleiben und, wenn auch verzögert, miterleben zu können, wie sich die Forschung entwickelt.

Seit 2014 ist Bernard Bigot der Generaldirektor der ITER-Organisation. Seine Aufgabe wird es sein, Abläufe zu beschleunigen, für mehr Transparenz zu sorgen und so das Projekt in der Öffentlichkeit in ein besseres Licht zu rücken, sodass der Fokus nicht auf Verzögerungen und Kostensteigerungen ruht. Da der Generaldirektor nur für fünf Jahre gewählt wird, das Projekt aber weit in die 2030-er laufen soll, wird er sich auch darum bemühen müssen, seinen Nachfolgern eine möglichst reibungslose Übernahme zu ermöglichen. Trotzdem bleibt es abzuwarten, wie die möglichen Schwierigkeiten auf politischer, wirtschaftlicher und v. a. technischer Ebene sich auf die Planung auswirken und ob die Fusionsforschung in naher Zukunft mehr Akzeptanz in der Öffentlichkeit erfahren wird. Die aktuellen Projekte wie ITER und Wendelstein 7-X haben auf jeden Fall das Potential, hier Positives bewirken zu können.

10.3 Ausblick

Der Fusionsforschung stehen wichtige Jahre bevor, denn mit aktuellen Projekten wie ITER und Wendelstein 7-X sollten viele der relevanten Fragen auf dem Weg zum Fusionskraftwerk beantwortet werden können. Dennoch ist es wichtig festzuhalten, dass sie erst die Vorstufe zu einem Demonstrationskraftwerk DEMO darstellen und der Weg zur kommerziellen Nutzung dieser Technologie noch ein weiter ist. Das liegt daran, dass es tatsächlich noch einiges an Grundlagenforschung zu erledigen gibt, wofür eben gerade diese Experimente vorgesehen sind. Da es mittlerweile einfacher umsetzbare und im Vergleich kostengünstige Technologien bezüglich Entwicklung und Installation zum Erzeugen sauberer und sicherer Energie gibt, wird die Fusionsforschung bei den geschätzten Summen bis zur Inbetriebnahme des ersten realen Kraftwerks nach wie vor einen schweren Stand in der Öffentlichkeit haben. Daher sollten hier die Erwartungen an die Experimente an den relevanten politischen und wirtschaftlichen Positionen relativiert werden und zeitliche Prognosen wohlüberlegt sein. Die Technologie ist zweifellos faszinierend und räumlich kompakte Alternativen zur Wind- und Solarenergie (Solar- und Windparks sind ja auch immer wieder Streitpunkte im alltäglichen Zusammenleben) bereitstellen zu können, wäre vorausschauend gedacht. Die ersten vielversprechenden Experimente in Greifswald deuten auf eine positivere Zukunft hin, doch v. a. ITER wird unter Beobachtung stehen und es ist zu hoffen, dass wirklich in absehbarer Zeit die Anlage in Betrieb genommen werden kann, um einen großen Schritt voranzukommen.

Literatur

[1] K. Bethge, G. Walter, and B. Wiedemann. *Kernphysik*. Springer-Verlag Berlin Heidelberg New York (2001).

[2] W. Greulich. *Lexikon der Physik: in sechs Bänden*. Spektrum Akademischer Verlag GmbH Heidelberg (1998).

[3] U. Stroth. *Plasmaphysik*. Vieweg+Teubner Verlag (2011).

[4] F. Chen. *Introduction to Plasma Physics*. Springer Verlag (1974/1995).

[5] F. Wagner. Auf den Wegen zum Fusionskraftwerk. *Physik Journal* **8/9**, 35 (2009).

[6] S. Jorda. Ein komplexes Feld. *Physik Journal* **3**, 26 (2012).

[7] S. Jorda. Fusionsstrom: konkurrenzfähig und sicher? *Physik Journal* **3**, 6 (2006).

[8] S. Jorda. Der Weg am Ziel? *Physik Journal* **8/9**, 6 (2005).

[9] K. Sonnabend. Von der Vision zur Fusion. *Physik Journal* **3**, 25 (2016).

11 Giant Magnetoresistance

Ferromagnetismus ist eines der bekanntesten Phänomene in der Physik. Metalle wie Eisen, Nickel oder Cobalt besitzen die Eigenschaft permanent magnetisierbar zu sein. Wenngleich wir derart magnetische Materialien in unserem Alltag finden, so liegt der Ursprung tief in der Quantenmechanik und ist somit nur bedingt anschaulich erklärbar. Aus dem Alltag sicher weniger bekannt ist das Gegenstück, der Antiferromagnetismus. Materialien mit dieser Eigenschaft sind nicht von einem permanenten Magnetfeld umgeben, es besteht aber auf mikroskopischer Ebene dennoch eine magnetische Ordnung. Wichtig ist nun die Tatsache, dass sowohl ferromagnetische als auch antiferromagnetische Materialien elektrische Leiter sein können und die Art der magnetischen Ordnung sich stark in ihrem elektrischen Widerstand bemerkbar macht. Diesen Effekt haben ALBERT FERT und PETER GRÜNBERG [1, 2] 1988 in einer dünnen Schichtfolge von Eisen und Chrom gemessen. Durch Anlegen eines äußeren Magnetfeldes konnten sie die magnetische Ordnung beeinflussen, wodurch sich der elektrische Widerstand kontinuierlich verändern ließ. Dabei kommen zwei wichtige Eigenschaften zusammen: Die Schicht besitzt eine sehr geringe Ausdehnung (im Nanometerbereich) und die Änderung des Widerstands ist sehr deutlich ausgeprägt. Man spricht von „Giant Magnetoresistance" (GMR). Damit besitzt man den Schlüssel zu einem winzigen und empfindlichen magnetischen Sensor. Etwa 10 Jahre nach den grundlegenden Arbeiten von FERT und GRÜNBERG wurde die Physik dann technologisch nutzbar gemacht: Man verwendet diese Sensoren seither in den Leseköpfen von Festplatten und erzielt eine gesteigerte Kapazität. Für ihre Arbeiten wurden die beiden Physiker 2007 schließlich mit dem Nobelpreis ausgezeichnet.

https://doi.org/10.1515/9783111260570-011

11.1 Worum es geht

Zusammenfassung:

Unter Giant Magnetoresistance versteht man eine starke Änderung des elektrischen Widerstands durch ein äußeres Magnetfeld. Dieser Effekt tritt beispielsweise in dünnen Schichten von Eisen und Chrom auf, wobei die beiden Elemente abwechselnd übereinander geschichtet werden. Die verschiedenen Metalle sind nötig, damit sich über benachbarte Eisenschichten hinweg eine antiferromagnetische Ordnung einstellt, welche durch ein äußeres Magnetfeld in eine Sättigungsmagnetisierung übergeht. Abhängig von der magnetischen Ordnung streuen die Elektronen beim Durchgang durch die verschiedenen Schichten unterschiedlich stark und der Widerstand variiert dadurch um bis zu 50%.

11.1.1 Entdeckung des GMR

Im Jahr 1988 wurde GMR unabhängig durch zwei Arbeitsgruppen entdeckt. Die erste Gruppe um PETER GRÜNBERG [2] stellte dazu Proben her, die aus zwei Eisenschichten mit einer Schichtdicke von 12 nm bestanden, welche durch eine 1 nm dicke Schicht Chrom getrennt waren. Diese sehr dünne Schicht Chrom sorgt für eine antiferromagnetische Kopplung der beiden Eisenschichten. Das bedeutet, dass die magnetischen Momente der beiden Schichten einander entgegen gerichtet sind. Die Messung ergab an diesem System, dass bei einer äußeren Feldstärke von etwa 30 mT der elektrische Widerstand um etwa 1,5% abnimmt. Das mag zunächst klein erscheinen, doch bezogen auf den normalen sogenannten anisotropen Magnetowiderstand, welcher in reinem Eisen vorkommt und sich im Bereich von etwa 0,1% bewegt, ist dieser Wert sehr groß. Zudem konnte der Widerstand noch weiter verringert werden, wenn nicht nur zwei, sondern drei Eisenschichten übereinander gelegt wurden. Bis zu 10% konnten schließlich durch starkes Abkühlen der Probe auf 5 K erzielt werden. Zur Definition dieser relativen Änderung wird der folgende Zusammenhang bemüht:

$$\frac{\Delta R}{R} = \frac{R_{\uparrow\downarrow} - R_{\uparrow\uparrow}}{R_{\uparrow\uparrow}}. \tag{11.1}$$

Dabei ist $R_{\uparrow\downarrow}$ der Widerstand der antiparallelen Konfiguration und $R_{\uparrow\uparrow}$ gehört entsprechend zur ferromagnetischen Phase.

Parallel zu GRÜNBERG konnte die Gruppe um ALBERT FERT eine ganz ähnliche Entdeckung machen [1]. Verwendet wurden ebenfalls Eisen und Chrom, allerdings in bis zu 60 Schichten. Gekühlt wurde das ganze mit flüssigem Helium auf 4,2 K. Dabei wurde ein noch viel stärkerer Abfall des elektrischen Widerstands gemessen, fast 50% konnten an einer Probe von 60 Eisen-Chrom-Schichten bei einer Stärke von 3 nm für Eisen und 0,9 nm für Chrom beobachtet werden. Doch auch bei Raumtemperatur war

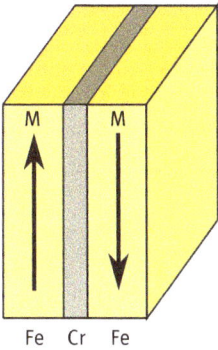

Abb. 11.1: Die Schichtfolge, wie sie von der Gruppe um Peter Grünberg zur Messung des GMR verwendet wurde. Die beiden Eisenschichten werden durch die dünne (und nichtmagnetische) Chromschicht dazwischen antiferromagnetisch gekoppelt, die magnetischen Momente *M* zeigen also in entgegengesetzte Richtungen. Albert Fert hat die gleichen Metalle verwendet, aber bis zu 60 Schichten übereinander gelegt.

der Effekt immer noch stark ausgeprägt. Hinter dieser Entdeckung steckt eine ganze Menge interessanter Festkörperphysik, die wir uns im folgenden erarbeiten wollen. Die Folgen dieser physikalischen Grundlagenforschung und den Stand der Dinge besprechen wir anschließend in Abschnitt 11.2.

11.1.2 Ferromagnetismus und Antiferromagnetismus

Um einen tieferen Einblick in den Ursprung des GMR bekommen zu können, wollen wir mit einem Ausflug in den Magnetismus beginnen und zuerst darüber ein Verständnis erarbeiten. Die bekannteste Art des Magnetismus ist sicher der Ferromagnetismus, der in reinen Metallen wie Eisen, Nickel und Cobalt auftritt. Diese Stoffe lassen sich durch ein äußeres Magnetfeld dauerhaft magnetisieren, sind also permanent von einem starken Magnetfeld umgeben. Dieses Phänomen sowie das Gegenstück, den Antiferromagnetismus, wollen wir nun etwas näher betrachten. Es soll aber erwähnt werden, dass es auch noch einige andere Arten von Magnetismus gibt, wie beispielsweise den Paramagnetismus, welcher auch in Flüssigkeiten und Gasen auftritt, sowie den Diamagnetismus, den wir noch im Zusammenhang mit Supraleitern kennen lernen werden. Damit ein Material in irgend einer Weise magnetisch wechselwirken kann, ist es nötig, dass sich magnetische Momente darin ausbilden oder schon intrinsisch darin befinden. Wenn wir ferromagnetische Stoffe untersuchen, geht es uns immer um die darin befindlichen Elektronen, da diese von Haus aus ein magnetisches Moment mitbringen.

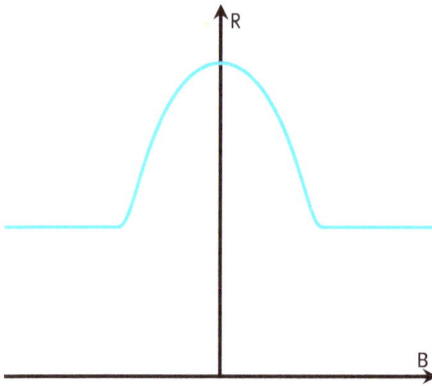

Abb. 11.2: Schematische Darstellung des gemessenen Widerstands in Abhängigkeit des äußeren Magnetfeldes. Bei verschwindendem äußerem Feld ist der elektrische Widerstand maximal und sinkt bei betragsmäßig stärker werdendem Feld auf einen Restwert ab. Bei B = 0 ist die Schichtfolge antiferromagnetisch, ein äußeres Feld richtet die magnetischen Momente in den Eisenschichten alle parallel aus.

---

i Ein magnetisches Moment ist für eine Stromschleife das Produkt aus der Stromstärke und der umschlossenen Fläche. Es bestimmt die Wechselwirkungsenergie der Stromschleife (oder des Elektrons) mit einem äußeren Magnetfeld und ist dadurch eine relevante Größe bei der Untersuchung der magnetischen Ordnung. Man kann sich im Falle eines Elektrons das magnetische Moment wie einen winzigen Stabmagneten vorstellen, welcher seinerseits wieder von einem Magnetfeld umgeben ist.

Ein Elektron besitzt neben seiner Eigenschaft, ein elektrisch geladenes Teilchen zu sein, auch noch einen Drehimpuls, den sogenannten Spin. Klassisch könnte man sich also vorstellen, dass ein Elektron einen winzigen Kreisstrom darstellt, welcher dann zu einem kleinen Magnetfeld führt, welches immer vorhanden ist, wie auch der Spin selbst. Der Spin besitzt allerdings eine Richtung, und das Magnetfeld ist fest mit dieser Richtung verbunden. Da der Spin wie ein Drehimpuls gehandhabt wird, kann er nach den Gesetzen der Quantenmechanik nur in ganz bestimmten Richtungen orientiert sein. Speziell hat ein Elektronenspin nur zwei mögliche (und einander entgegengesetzte) Orientierungen, sodass das von vielen Elektronen resultierende Magnetfeld davon abhängt, ob es eine Mehrheit von Elektronen mit einer bestimmten Ausrichtung des Spins gibt.

Die magnetischen Momente der Elektronen in einem Metall bilden die Ursache vieler kleiner Magnetfelder, und jedes Elektron befindet sich also selbst im Feld der anderen Elektronen. Wie wir schon bei den Bose-Einstein-Kondensaten mit einer Dipol-Dipol-Wechselwirkung gesehen haben, ist es energetisch günstig, wenn sich zwei nebeneinander liegende magnetische Momente (und damit auch: Spins) antiparallel ausrichten. Wenn sie übereinander liegen, wird eine parallele Anordnung bevorzugt. Wenn sich also eine bestimmte Ordnung einstellen soll, wird diese wohl aus Energiegründen gewählt (vorausgesetzt, wir lassen thermische Effekte erst einmal beiseite, denn diese zerstören die Ordnung nach Möglichkeit). Nun muss man aber wissen, dass die reine magnetische Wechselwirkung der Elektronenspins viel zu schwach ist, als dass sie für eine permanente magnetische Ordnung verantwortlich sein könnte. Ein Metall wie Eisen verliert seine permanente Magnetisierung erst bei einer Temperatur von $766\,°C$, die Dipol-Dipol-Wechselwirkung würde aber schon bei viel kleineren Temperaturen ($1\,K$ und darunter) durch die thermischen Anregungen dominiert und es könnte sich keine ferromagnetische Ordnung einstellen. Es stellt sich also die Frage, wie die Energie der Elektronen in einer ferromagnetischen Phase soweit abgesenkt werden kann, dass diese Ordnung den Grundzustand des Systems darstellt.

Um das beantworten zu können, müssen wir uns mit einer der grundlegenden Eigenschaften quantenmechanischer Vielteilchensysteme auseinandersetzen. Elektronen sind voneinander völlig ununterscheidbar. Das bedeutet nicht nur, dass sie identische Eigenschaften besitzen. Klassische Teilchen wie beispielsweise zwei gleichfarbige Billardkugeln sind ebenfalls identisch. Doch lassen sie sich auch bei einem Zusammenstoß immer noch getrennt voneinander verfolgen. Bei Elektronen ist das unmöglich, es gibt nur noch eine einzige Wellenfunktion, welche alle Teilchen beschreibt. Wie bei jeder Wellenfunktion gibt das Betragsquadrat eine Wahrscheinlichkeitsdichte beispielsweise für den räumlichen Aufenthalt der Elektronen an, also ein Elektron am Ort $\boldsymbol{r}_1$ zu finden, ein anderes Elektron bei $\boldsymbol{r}_2$ usw. Bei identischen Teilchen wie Elektronen wird jedoch eine konkrete Bedingung an die Wellenfunktion gestellt: Bei Vertauschung zweier beliebiger Teilchen muss die Wellenfunktion ihr Vorzeichen wechseln, also antisymmetrisch sein:

$$\psi(\boldsymbol{r}_1, \boldsymbol{r}_2, \ldots, \boldsymbol{r}_N) = -\psi(\boldsymbol{r}_2, \boldsymbol{r}_1, \ldots, \boldsymbol{r}_N). \tag{11.2}$$

Diese Eigenschaft folgt aus dem sogenannten Spin-Statistik-Theorem von WOLFGANG PAULI. Teilchen, welche durch eine antisymmetrische Wellenfunktion beschrieben werden, nennt man Fermionen. Die Natur hat nur noch eine einzige weitere Art von Teilchen realisiert: Bosonen werden durch Wellenfunktionen beschrieben, welche bei Vertauschung zweier Teilchen das Vorzeichen nicht wechseln. Die Eigenschaften von Bosonen haben wir schon bei den Bose-Einstein-Kondensaten diskutiert und werden im Rahmen der Supraleitung auch wieder auf sie zurück kommen. Während Bosonen wie schon besprochen zur „Rudelbildung" tendieren, zeigen Fermionen das gegenteilige Verhalten. Sie dürfen aufgrund des Pauli-Prinzips keine gleichen Zustände teilen, da sonst die Wellenfunktion verschwinden würde, was physikalisch nicht sinnvoll ist.

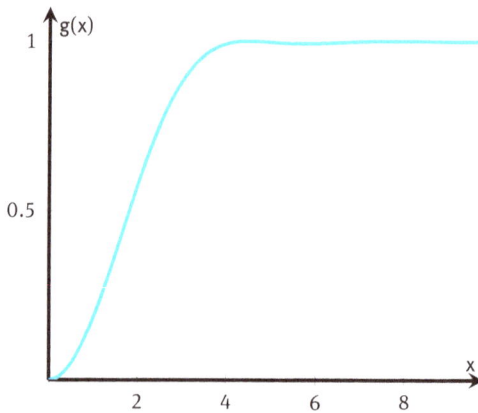

Abb. 11.3: Die Paarverteilungsfunktion g(x) für ein homogenes Elektronengas und parallele Spins. Bei x = 0 befindet sich ein Elektron, die Paarverteilung gibt die Wahrscheinlichkeit dafür an, im Abstand x/k_F noch ein weiteres Elektron zu finden (k_F ist die Fermi-Wellenzahl). Für den Abstand Null verschwindet diese Wahrscheinlichkeit, wächst dann an und oszilliert immer schwächer unterhalb 100%. In unendlich großem Abstand wird man also mit Sicherheit ein weiteres Elektron finden.

Man kann leicht an einem Beispiel sehen, dass eine fermionische Vielteilchen-Wellenfunktion es nicht gestattet, dass sich zwei Teilchen im gleichen Zustand befinden. Dazu betrachten wir die beiden Zustände φ_1 und φ_2, aus welchen wir eine antisymmetrische Wellenfunktion für zwei Teilchen wie folgt aufbauen können:

$$\psi(r_1, r_2) = \varphi_1(r_1)\varphi_2(r_2) - \varphi_1(r_2)\varphi_2(r_1). \tag{11.3}$$

Vertauscht man darin die beiden Koordinaten, so wechselt die gesamte Wellenfunktion dadurch ihr Vorzeichen. Sind die beiden Zustände φ_1 und φ_2 jedoch gleich, verschwindet die Gesamtwellenfunktion, wodurch kein physikalischer Zustand mehr beschrieben wird.

Insbesondere können zwei Elektronen nicht am gleichen Ort sitzen, wenn sie zusätzlich den gleichen Spin haben. Ein solches Phänomen nennt man eine Korrelation. Das ist vollkommen unabhängig von der elektrischen Ladung und der resultierenden abstoßenden Wechselwirkung der Elektronen, welche auch noch berücksichtigt werden könnte. Allein das Pauli-Prinzip erzwingt die Abwesenheit eines Elektrons an einem bestimmten Ort, wenn sich dort schon ein anderes Elektron befindet. Man kann das sogar noch genauer quantifizieren und im Falle eines homogenen Elektronengases eine Wahrscheinlichkeit dafür angeben, ein Elektron an einem Ort r zu finden, wenn sich am Ursprung des Koordinatensystems bereits ein Elektron befindet. Eine solche Funktion, die Paarverteilungsfunktion $g(x)$, ist in Abbildung 11.3 dargestellt. Man erkennt das Korrelationsloch am Ursprung. Hier wird man also niemals das zweite Elektron finden. Dann steigt die Wahrscheinlichkeit mit wachsendem Abstand auf 1 an und oszilliert dann leicht. Analytisch findet man dafür folgenden Ausdruck:

$$g(x) = 1 - \frac{9}{x^6}(\sin x - x \cos x)^2, \tag{11.4}$$

wobei hier die Abkürzung

$$x = k_\text{F} |\boldsymbol{r} - \boldsymbol{r}'| \tag{11.5}$$

verwendet wurde. Hierin ist k_F die Wellenzahl der Elektronen im höchsten noch besetzten Zustand bei der Temperatur $T = 0$, was auch in Abbildung 11.4 zu sehen ist. Man nennt k_F auch die Fermi-Wellenzahl.

Die Paarverteilungsfunktion (11.4) gilt in dieser Form nur für Elektronen mit gleich ausgerichtetem Spin. Wenn die beiden betrachteten Teilchen ihre Spins antiparallel ausgerichtet haben, dürfen sie sich auch am gleichen Ort befinden, da sie ja durch die verschiedenen Spinzustände letztlich nicht denselben Gesamtzustand einnehmen. Tatsächlich ist die Paarverteilungsfunktion in diesem Falle 1. Das hat nun eine wichtige Konsequenz, wenn wir die elektrische Wechselwirkung zweier Elektronen berücksichtigen. Bei parallel ausgerichteten Spins wird durch das Austauschloch die Coulomb-Abstoßung kleiner, schließlich kommen sich die beiden Elektronen nicht mehr so nah wie bei antiparallel ausgerichteten Spins. Die Antisymmetrie der Wellenfunktion sorgt also für die Möglichkeit einer Energieabsenkung bei einer ferromagnetischen Ordnung. Die Überlegung ist jedoch nicht ganz so einfach wie es scheint, schließlich gibt es neben der ferromagnetischen auch die antiferromagnetische Ordnung.

Der Beitrag der Coulomb-Energie zur Gesamtenergie wird hervorgerufen durch die Antisysmmetrie der Wellenfunktion, was mit dem Vertauschen der Teilchen zu tun hat. Daher nennt man diesen Energiebeitrag die Austauschwechselwirkung. Bei Molekülen beispielsweise sorgt sie für die chemische Bindung. Wir wollen nun diese Energiedifferenz zwischen den Zuständen mit parallelen und antiparallelen Spins kurz anhand eines Wasserstoffmoleküls erläutern. Ein Wasserstoffatom besitzt ein einzelnes Elektron in einem s-Zustand. Sollen zwei Wasserstoffatome aneinander binden, so müssen sich die Elektronen eine gemeinsame Wellenfunktion teilen (wir nennen sie im folgenden ψ). Diese setzt sich aus einem räumlichen Anteil und einem Spinanteil zusammen. Da die Wellenfunktion insgesamt antisymmetrisch sein muss, gibt es zwei Möglichkeiten: Entweder sind die Spins parallel ausgerichtet, dann muss die Ortswellenfunktion antisymmetrisch sein, oder die Spins sind antiparallel, dann wird die räumliche Wellenfunktion symmetrisch. Wenn wir nur den für uns interessanten räumlichen Teil der Wellenfunktion ψ betrachten, dann sieht dieser in den beiden Fällen wie folgt aus:

$$\psi_{\uparrow\uparrow} = \varphi_1(\boldsymbol{r}_1)\varphi_2(\boldsymbol{r}_2) - \varphi_1(\boldsymbol{r}_2)\varphi_2(\boldsymbol{r}_1), \tag{11.6}$$

$$\psi_{\uparrow\downarrow} = \varphi_1(\boldsymbol{r}_1)\varphi_2(\boldsymbol{r}_2) + \varphi_1(\boldsymbol{r}_2)\varphi_2(\boldsymbol{r}_1). \tag{11.7}$$

Wie in der Quantenmechanik üblich bildet man für die Berechnung der Energie des Moleküls nun den Erwartungswert des Hamilton-Operators H im jeweiligen Zustand:

$$E_{\uparrow\uparrow} = \iint \mathrm{d}^3 r_1 \mathrm{d}^3 r_2 \, \psi_{\uparrow\uparrow}^* \, H \, \psi_{\uparrow\uparrow}, \tag{11.8}$$

$$E_{\uparrow\downarrow} = \iint \mathrm{d}^3 r_1 \mathrm{d}^3 r_2 \, \psi_{\uparrow\downarrow}^* \, H \, \psi_{\uparrow\downarrow}. \tag{11.9}$$

Diese beiden Energiewerte sind unterschiedlich. Während im Zustand paralleler Spins der Wert um die sogenannte Austauschenergie J gegenüber dem Grundzustand der einzelnen Wasserstoffatome erhöht ist, wird die Energie bei antiparallelen Spins genau um J abgesenkt:

$$E_{\uparrow\uparrow} = E_0 - J, \tag{11.10}$$

$$E_{\uparrow\downarrow} = E_0 + J. \tag{11.11}$$

Das Vorzeichen von J entscheidet nun darüber, welche Spinkonfiguration energetisch bevorzugt wird, und dies hängt letztlich von den Wellenfunktionen ab. Bei der Molekülbindung wie in einem Wasserstoffmolekül wird das Austauschintegral negativ, sodass der Zustand mit zwei Elektronen entgegengesetzten Spins energetisch tiefer liegt.

In Metallen sieht dies etwas anders aus. Man muss hier generell berücksichtigen, dass man nicht mehr einzelne Energieniveaus wie in Atomen oder Molekülen mit Elektronen besetzen muss, sondern dass ganze Energiebänder zur Verfügung stehen.

---

i Die Bandstruktur rührt in Metallen daher, dass die vielen Atomrümpfe ein periodisches Potential bilden, in welchem sich die Elektronen bewegen. Jedes Energieband besteht aus einer extrem großen Zahl einzelner Energieniveaus, deren Abstand aber so gering ist, dass man von einem Kontinuum spricht. Jedes Band besteht aus Unterbändern, die aus den verschiedenen Orbitalen der beteiligten Atome gebildet werden. Speziell bei Metallen wie Eisen oder Nickel sind die Elektronen aus den $4s$-, $4p$- und $3d$-Orbitalen relevant, welche jeweils von allen Atomen beigesteuert werden und die gleichnamigen Unterbänder bilden.

Die Energiebänder werden nun mit allen vorhandenen Elektronen besetzt. Dabei gilt wieder das Pauli-Verbot, sodass jedes einzelne Energieniveau innerhalb eines Bandes mit zwei Elektronen besetzt werden darf, welche dann ihre Spins antiparallel ausrichten. Wie oben schon erwähnt, besteht nun die Möglichkeit einer Energiereduktion, wenn Elektronen ihre Spins parallel ausrichten. Das bedeutet jedoch sofort, dass man die Elektronen in den Bändern umschichten muss. Teilen wir dazu jedes Band in zwei Teilbänder auf, je eines für eine der beiden Spinrichtungen (s. hierzu auch Abbildung 11.5). Dann bedeutet das Umschichten, dass ein Elektron aus dem einen Teilband entnommen und über das höchste besetzte Energieniveau des anderen Teilbandes gesetzt wird. Dadurch wird die Energie dieses Elektrons wieder erhöht. Nun müssen die Elektronen also einen Zustand aushandeln, der energetisch besonders günstig

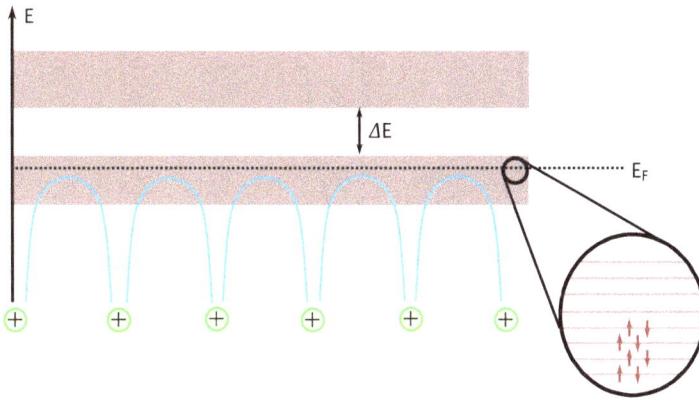

Abb. 11.4: Ein vereinfachtes Bild des Energiespektrums in einem Metall. Die Atome (bzw. deren Rümpfe, nachdem sie die äußersten Elektronen abgeben) ordnen sich auf einem regelmäßigen Gitter an und die Bindung kommt zustande, weil die Elektronen aus den höchsten Energieniveaus der Atome sich über den gesamten Kristall verteilen können. Die Periodizität des Gitters sorgt dafür, dass es ganze Energiebereiche oder Bänder gibt, die den Elektronen zur Verfügung stehen. Dazwischen gibt es Lücken, diese Energiewerte können Elektronen nicht annehmen. Wenn man genau hinschauen würde, könnte man die sehr eng beieinander liegenden einzelnen Energieniveaus sehen. Jedes dieser Niveaus wird nun mit maximal zwei Elektronen besetzt, jeweils mit entgegengesetztem Spin. Am absoluten Temperaturnullpunkt werden alle zur Verfügung stehenden Elektronen vom niedrigsten Niveau beginnend auf die Bänder verteilt. Die höchste Energie, bis zu der die Elektronen aufgefüllt werden, heißt Fermi-Energie E_F. Ein Energieband kann aus mehreren Teilbändern bestehen, die von den verschiedenen Orbitalen der Atome gebildet werden und die auch überlappen können.

ist. Und hier kommt noch die Zustandsdichte ins Spiel, welche uns auch schon bei der Bose-Einstein-Kondensation begegnet ist. Die einzelnen Energieniveaus innerhalb eines Bandes liegen bei verschiedenen Energiewerten unterschiedlich dicht beisammen. Das bedeutet, dass ein Elektron seine Energie gar nicht so stark erhöhen muss, wenn die Zustandsdichte groß ist. Dann liegt nämlich das nächste Energieniveau nahe am höchsten besetzten Niveau. Umgekehrt bedeutet eine kleine Zustandsdichte in der Nähe dieses Niveaus einen größeren Energieaufwand. Dieses Wechselspiel zwischen dem Gewinn an Austauschenergie und den Kosten für die Umverteilung wird nun bei den Übergangsmetallen Eisen, Nickel und Cobalt zugunsten der ferromagnetischen Ordnung entschieden. Die Zustandsdichten sind hier gerade so beschaffen, dass es weniger kostet, Elektronenspins auszurichten (also umzuschichten), als man aufgrund der Coulomb-Wechselwirkung gewinnt.

Wie man nun in (11.10) und (11.11) sieht, ist aber auch das Vorzeichen der Austauschenergie relevant. Bei einem Ferromagneten sind die Wellenfunktionen so beschaffen, dass sich ein positiver Wert von J ergibt. Es gibt aber auch Fälle, bei denen dieses Integral negativ wird. Das bedeutet aber, dass es energetisch günstig ist, wenn sich die Spins der Elektronen räumlich periodisch antiparallel ausrichten. Auch das ist wie-

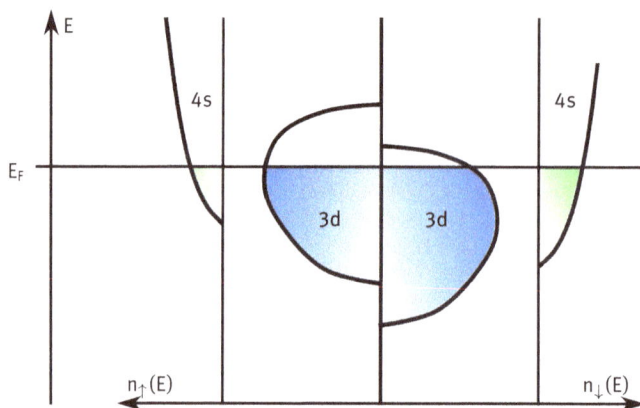

Abb. 11.5: Schematische Zustandsdichten der 4s- und 3d-Elektronen in einem Ferromagneten. Es wird unterschieden zwischen den beiden Spineinstellungen der Elektronen. Die Zustandsdichten sind jeweils gleich, aber zueinander verschoben, sodass ein Mehrheitsverhältnis entsteht und sich dadurch ein permanentes Magnetfeld entwickelt. Die hohe Zustandsdichte in der Nähe der Fermi-Energie ist notwendig, da der Energiegewinn durch die Umverteilung den Verlust durch die zusätzlich aufzuwendende kinetische Energie überkompensiert. Die 4s-Elektronen sind nur schwach gebunden und bewegen sich fast frei durch den Kristall. Die Zustandsdichte eines Gases freier Elektronen ist proportional zu $\sqrt{E}$. Hingegen sind die 3d-Elektronen stärker gebunden und es gilt entsprechend eine kompliziertere Zustandsdichte (hier nur vereinfacht dargestellt).

der eine magnetische Ordnung, nur dass sich die magnetischen Momente dabei zu Null addieren und sich kein permanentes Magnetfeld einstellen kann. Das kann nun mehrere Ursachen haben. Sind nur die beiden Wellenfunktionen der Elektronen beteiligt, spricht man von einer direkten Austauschwechselwirkung. Es kann aber auch noch eine Art Vermittler existieren, welcher dafür sorgt, dass benachbarte Elektronen ihre Spins antiparallel ausrichten. Diese indirekte Wechselwirkung tritt bei GMR auf, da benachbarte Eisenschichten durch Chrom getrennt sind. Dieses Material dazwischen sorgt dafür, dass die Ordnung über die Eisenschichten hinweg eine antiferromagnetische ist. Auch bei der Supraleitung tritt dieses Phänomen auf, speziell bei den Hochtemperatur-Supraleitern gibt es Oxidgruppen im Kristallgitter, welche dafür verantwortlich sein sollen, dass das Material ein Antiferromagnet ist.

Man kann also sehen, dass der vertraute Magnetismus bei einer detaillierten Betrachtung alles andere als ein simples Alltagsphänomen ist. Die Quantenmechanik spielt die zentrale Rolle, wobei speziell das Pauli-Verbot als klassisch nicht erklärbares Prinzip darüber entscheidet, welche Art von magnetischer Ordnung sich in einem elektronischen System einstellt, wenn es überhaupt eine solche Ordnung gibt. Doch der Magnetismus ist nur die eine Hälfte von GMR. Der elektrische Widerstand ist die zweite Komponente, und dieser soll nun von der magnetischen Ordnung abhängen. Wie man dies verstehen kann, wollen wir im nächsten Abschnitt untersuchen.

11.1.3 Ursprung des GMR

In einem Metall wie Eisen spielen wie erwähnt die $4s$-, $4p$- und $3d$-Bänder eine zentrale Rolle sowohl für den Magnetismus als auch für den Ladungstransport. Die s- und p-Bänder formen dabei ein sogenanntes Hybridband, was bedeutet, dass die Orbitale mischen und neue Orbitale bilden, welche schließlich ein sp-Band formen. Die Elektronen in diesem Band sind stark delokalisiert, können sich also frei über den gesamten Kristall bewegen und sorgen für eine gute Leitfähigkeit. Hingegen sind die d-Elektronen stärker an „ihre" Atomrümpfe gebunden, also lokalisiert und somit auch weniger beweglich. Sie sorgen jedoch für die magnetischen Eigenschaften, da im $3d$-Band als am höchsten besetzten Band die Umverteilung der Elektronen stattfindet. Hier wird zahlenmäßig zwischen Elektronen der unterschiedlichen Spinrichtungen unterschieden. Man spricht auch von Majoritäts- und Minoritätselektronen. Der Symmetriebruch hat in einem Ferromagneten zur Folge, dass die Minoritätselektronen in ihrer Energie nach oben verschoben werden, da sie ja ungünstig in dem Magnetfeld ausgerichtet sind, welches von den Majoritätselektronen erzeugt wird. Da durch den energetischen Versatz der Bänder diese auch unterschiedlich stark besetzt sind, kommt es zu einer Differenz der Leitfähigkeiten der Elektronen verschiedener Spins. Minoritätselektronen bewegen sich schlechter durch das Metall, da für diese Spineinstellung gerade das d-Band teilbesetzt ist.

Der Versatz der Teilbänder macht sich nun bemerkbar, wenn man abwechselnd Eisen und das nichtmagnetische Chrom schichtet. Die Schichtdicken bewegen sich im Bereich von Nanometern. In Chrom sind die Teilbänder nicht versetzt, in Eisen liegen die Majoritätselektronen energetisch auf einem ähnlichen Niveau wie in Chrom. Die Minoritätselektronen in Eisen hingegen sind energetisch zu den Elektronen in Chrom versetzt, sie erfahren also beim Übergang vom einen Metall ins andere einen Potentialsprung. In der Quantenmechanik lernt man, dass dabei die einlaufende Elektronenwelle nicht vollständig in die nächste Schicht wandert, sondern dass ein Teil davon reflektiert wird. Das heißt also, dass die Minoritätselektronen einen Widerstand erfahren. Über mehrere Schichten hinweg und bei einer ferromagnetischen Ordnung sind die Majoritätselektronen für eine gute Leitfähigkeit verantwortlich. Bei einer antiferromagnetischen Ordnung hingegen durchlaufen Elektronen unabhängig von ihrer Spinrichtung mindestens bei jedem zweiten Schichtwechsel einen Potentialsprung, sodass die Leitfähigkeit gegenüber der ferromagnetischen Ordnung reduziert wird. Hierin liegt ein Grund für eine von der Magnetisierung abhängige Leitfähigkeit. Weiterhin streuen die Elektronen auch innerhalb einer Schicht abhängig von ihrem Spin. In der antiferromagnetischen Phase werden Elektronen beider Spinrichtungen inelastisch gestreut, hingegen ist im Fall der Sättigung der Magnetisierung nur eine der beiden Richtungen von der Streuung betroffen. Die anderen Elektronen gehen (bis auf eine immer vorhandene Streuung an unterschiedlichen Streuzentren) durch beide Eisenschichten einfach durch. Dieses Argument wurde auch schon in der Veröffentlichung von Baibich et *al.*verwendet, um die relative Änderung des elektrischen Widerstands zwischen den beiden verschiedenen Magnetisierungen zu deuten. Wie man sieht, ist die Physik hinter diesem scheinbar einfachen Effekt sehr reichhaltig und man taucht dabei tiefer in die Theorie elektronischer Vielteilchensysteme ein. Doch nicht nur die Grundlagenforschung ist ein spannendes Feld. Heutzutage basiert ein ganzer Industriezweig auf diesen Arbeiten, und die Entwicklung ist noch nicht abgeschlossen.

11.2 Einblicke in Forschung und Anwendung

Zusammenfassung:

GMR war zur Zeit seiner Entdeckung reine Grundlagenforschung, hat jedoch sehr schnell eine massenhafte Anwendung im Bereich der Computertechnologie ermöglicht. Seit Ende der 1990er Jahre basiert jede Festplatte auf diesem Effekt. Weiterhin ist die Spintronic ein aktuelles Thema und sogar in der Biophysik kommen magnetische Sensoren auf Basis des GMR zum Einsatz.

11.2.1 Hard Disk Drives

Der von FERT und GRÜNBERG entdeckte Effekt erlaubt es, kleine Magnetfelder zu messen. Das physikalische System, also die hergestellte Probe, ist mit einer Ausdehnung im Bereich von 100 nm winzig. Dadurch wurde GMR schnell für die Computerindustrie interessant, da ein möglicher Fortschritt im Bereich der Speichertechnologie zu erwarten war. Festplatten basieren darauf, dass ein Schreiblesekopf in geringem Abstand über einer ferromagnetischen rotierenden Platte schwebt und kleine Bereiche darauf in eine von zwei möglichen Richtungen magnetisiert bzw. diese Magnetisierung ausliest. Der Schreibprozess läuft dabei so ab, dass durch eine kleine Spule ein Magnetfeld erzeugt wird, welches die Platte magnetisiert, wodurch letztlich Information kodiert wird. Beim Lesen kann die gleiche Spule verwendet werden. Die magnetischen Momente in der Platte induzieren dann einen Strom, während sie sich unter der Spule hinweg bewegen. Dieser kann gemessen werden und man erhält dadurch die geschriebene Information zurück. GMR ermöglicht nun das Auslesen auf eine neue Art und Weise. Die gespeicherten Bits (also die magnetischen Momente mit ihren zwei Ausrichtungsmöglichkeiten) können die Elektronenspins im Sensor umrichten. Wie wir nun wissen, variiert der elektrische Widerstand des Sensors mit der magnetischen Ordnung. Koppeln die magnetischen Schichten über eine Zwischenschicht miteinander, stößt man aber auf das Problem, dass man die Daten so nicht auslesen kann, da das Magnetfeld, welches ein Bit erzeugt, nicht verschwinden kann. Man hat im Sensor also immer eine Sättigungsmagnetisierung vorliegen, je nach Bit in die eine oder andere Richtung. Der elektrische Widerstand wird dadurch aber nicht beeinflusst. Dieses

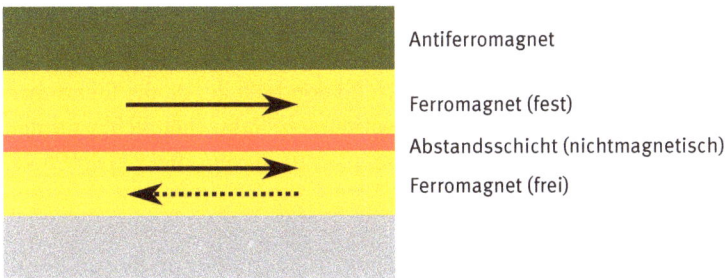

Abb. 11.6: Schematischer Aufbau eines Spin Valve. Man benötigt zwei ferromagnetische Schichten, wobei die eine in ihrer Magnetisierung festgehalten wird und die andere durch ein äußeres Feld die Richtung ihrer Magnetisierung ändern kann. Beim Spin Valve wird das „Festhalten" durch eine Kopplung an eine antiferromagnetische Schicht erzielt. Das Pseudo Spin Valve funktioniert ähnlich, nur wechselt die eine ferromagnetische Schicht erst bei großen Feldstärken die Richtung ihrer Magnetisierung, die andere Schicht ist hingegen weichmagnetisch.

Problem kann man auf verschiedene Arten lösen. Entweder verwendet man zwei verschiedene magnetische Materialien, wobei eines weich-, das andere hartmagnetisch ist. Hier bedeutet „hart" bzw. „weich" wie groß die Feldstärke (das sogenannte Koerzitivfeld) sein muss, damit die Magnetisierung ihre Richtung ändert. Beide Schichten sind durch eine nichtmagnetische Zwischenschicht getrennt. Diese Konfiguration nennt man Pseudo Spin Valve. Der hartmagnetische Stoff wird durch das Feld eines Bits auf der Platte nicht verändert und dient damit als Referenz. Die leicht magnetisierbaren Zwischenschichten werden jedoch je nach Bit unterschiedlich ausgerichtet, sodass sich für die beiden Informationswerte eine ferromagnetische oder eine antiferromagnetische Ordnung im Sensorelement einstellt. Die zweite Möglichkeit ist das Spin Valve. Das funktioniert ähnlich, man verwendet auch hier einen leicht magnetisierbaren Stoff für die eine Schicht und hält die andere Schicht in ihrer Magnetisierung fest. Dies geschieht aber durch Kopplung mit einer weiteren antiferromagnetischen Schicht. Beschrieben wurde das Spin Valve zuerst von Dieny et *al.* [3], und das schon in den Anfangszeiten des GMR. Der Effekt ist hier zwar nicht so stark ausgeprägt wie in den vielschichtigen Proben, die FERT verwendet hatte (der elektrische Widerstand ändert sich nur etwa um 5%), der Vorteil ist jedoch, dass die Empfindlichkeit höher ist. Während im Jahr 1997 mit der Herstellung der ersten Festplatte auf GMR-Basis noch wenige Gigabyte pro Platte zur Verfügung standen, kann man heute fast 1000 mal mehr Daten auf den magnetischen Scheiben unterbringen. Dabei kommt auch die Technik zum Einsatz, Bits nicht nur nebeneinander, sondern auch übereinander zu schreiben. Die nötige Empfindlichkeit beim Auslesen wäre ohne GMR nicht möglich.

Tatsächlich hat man den ursprünglichen Effekt sogar schon überholt und nutzt heutzutage den sogenannten Tunneling Magnetoresistance (TMR). Auch hier verwendet man ferromagnetische Schichten, die allerdings durch extrem dünne Isolatorschichten voneinander getrennt sind. Während bei GMR der Widerstand dadurch zustande kommt, dass Elektronen an den Grenzschichten und innerhalb der Schichten streuen, spielt bei TMR der Tunneleffekt die entscheidende Rolle, da die Elektronen nur noch aufgrund einer quantenmechanisch bestimmten Wahrscheinlichkeit durch die Isolationsschicht wandern können. Wir kommen auf diesen Effekt gleich noch einmal im Rahmen von MRAM zurück.

11.2.2 Biosensorik

Eine sehr trickreiche Anwendung findet GMR in der Biophysik. Eine Fragestellung ist die Detektion von Biomolekülen, also langkettigen Molekülen wie beispielsweise DNA. Wie hoch ist deren Konzentration in einer gegebenen Lösung? Diese Frage lässt sich beispielsweise mit Hilfe der Rasterkraftmikroskopie (englisch: Atomic Force Microscopy, AFM) beantworten. Man heftet dazu die DNA (oder welche Moleküle man untersuchen möchte) an ein Substrat an. Dann fährt die Spitze eines AFM über dieses Substrat. Durch adhäsive Kräfte bleibt die Spitze an einem Molekül hängen, sobald sie sich über einem solchen befindet. Bewegt man die Spitze nun senkrecht zur Oberfläche, dehnt sich das Molekül und es entsteht eine Kraftwirkung, welche man messen kann. Typischerweise sind die Kräfte von der Größenordnung 100 – 1000 pN. Danach reißt das Molekül auseinander und man misst einen scharfen Peak. Rastert man nun das Substrat ab, kann man die Moleküle einzeln zählen und erhält einen Rückschluss auf deren Konzentration in der Lösung. Der Nachteil ist allerdings, dass man seriell vorgehen muss, was zeitintensiv ist. Außerdem kann mit der Zeit die Spitze auch verunreinigt werden, sodass man sie auswaschen muss.

Baselt und Kollegen [4] haben 1998 einen Sensor entwickelt, welcher auf Basis des GMR eine schnelle parallele Messung erlaubt. Der Trick besteht nun in zwei Schritten. Zum einen verwendete die Gruppe magnetische Markierungsteilchen, welche an die Moleküle anlagern und anschließend gezählt werden können. Zum anderen wurden die Marker nicht mit Hilfe eines optischen Mikroskops detektiert, sondern durch das von ihnen erzeugte Magnetfeld. Die Marker sind kugelförmig, haben eine Ausdehnung von $2{,}8\,\mu$m und bestehen aus Eisenoxid, überzogen von einem Polymer. Die Kügelchen sind nicht ferromagnetisch, sondern werden erst durch ein äußeres Feld magnetisiert. Man nennt dies Paramagnetismus.

Man bringt nun diese kleinen Kügelchen in die Lösung, sodass sie sich an die Biomoleküle anlagern können, jeweils ein Marker pro Molekül. In einem ersten Schritt werden dann die Marker entfernt, welche nirgends anhaften. Nun legt man ein homogenes Magnetfeld senkrecht zur Substratebene an, sodass die Marker magnetisiert werden. Das äußere Feld hat eine Stärke von etwa 10 mT, die Kügelchen sind (in der Substratebene) von einem Feld der Stärke $0{,}3$ mT umgeben. Senkrecht zur Ebene wird also das äußere Feld dominieren. Im Substrat befinden sich aber GMR Sensoren, welche das Feld parallel zur Ebene messen. Dieses kleine Feld eines magnetischen Parti-

$B^{ext} = 0$
$B^{ext} \neq 0$

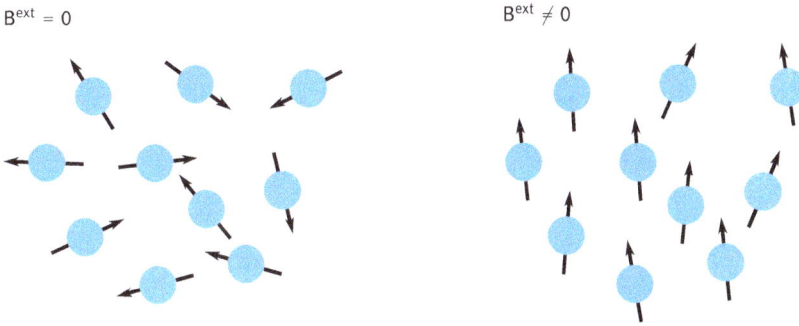

Abb. 11.7: Veranschaulichung des Paramagnetismus. Voraussetzung sind magnetische Momente, die von Elektronen, Atomen oder ganzen Molekülen getragen werden können (beispielsweise auch in einer Flüssigkeit). Ohne äußeres Magnetfeld B^{ext} sind die Momente ungeordnet (aufgrund thermischer Anregungen). Schaltet man ein externes Magnetfeld an, so richten sich die Magneten immer mehr aus. Da jeder einzelne Elementarmagnet von einem eigenen magnetischen Feld umgeben ist, ergibt sich eine Nettomagnetisierung und damit ein makroskopisch messbares Feld. Dessen Stärke hängt vom äußeren Feld ab.

kels genügt, um den Widerstand messbar zu verändern. Der gesamte Sensor besteht zudem aus sehr vielen einzelnen GMR Sensoren, sodass über dem Substrat ein Raster entsteht, und in jedem Rasterpunkt eine Messung stattfindet. Dies erlaubt eine hohe Parallelisierung und damit auch eine Detektion in kurzer Zeit. Schotter et *al.* [5] konnten damit Empfindlichkeiten von $16\,pg/\mu l$ erreichen. Solche Sensoren lassen sich auch noch effizient herstellen, da es wie auch bei Festplatten etablierte Prozesse gibt, die genutzt werden können (auch wenn der Absatz des entstehenden Produkts nicht vergleichbar ist). Ein solches Labor im Miniaturformat nennt man auch „Lab on a Chip" . Auch in anderen Bereichen lassen sich physikalische Messungen auf diese Weise industrialisieren.

11.2.3 MRAM und Spintronic

Neben den schon besprochenen Festplatten gibt es weitere Speichertypen in heutigen Computern, wie den (flüchtigen) Arbeitsspeicher oder die mittlerweile immer häufiger eingesetzten (nichtflüchtigen) SSD (Solid State Device), welche zu den magnetischen Festplatten in Konkurrenz treten. Sowohl SSDs als auch Arbeitsspeicher nutzen die Ladung des Elektrons, um Information zu halten. Einfach ausgedrückt werden in RAM-Modulen Ladungen auf winzigen Kapazitäten gespeichert, während auf einer SSD Ladungen in Zellen festgehalten werden, die von einer isolierenden Schicht umgeben sind. Einmal in diese Zelle eingebracht bleibt die Ladungsmenge theoretisch unendlich lange dort erhalten und man kann wie auch bei einer Magnetplatte Information dauerhaft ablegen. Um die Information zu lesen, misst man die Auswir-

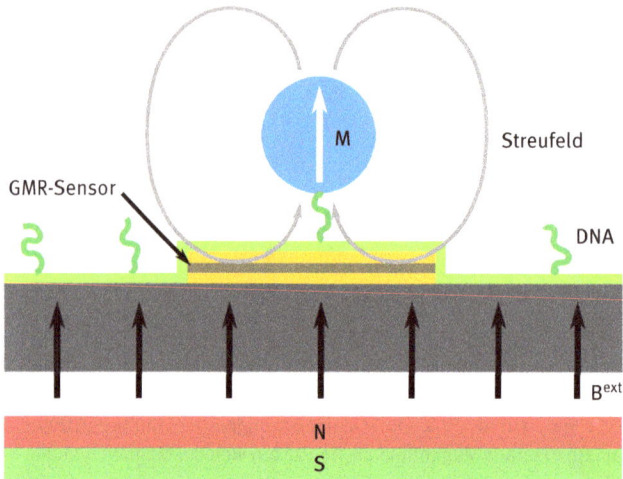

Abb. 11.8: Ein Sensor zur Messung der Konzentration bestimmter Biomoleküle. Die Moleküle werden auf ein Substrat gebracht und haften daran fest. Unter dem Substrat befindet sich ein GMR-Element. Als Marker werden zusätzlich paramagnetische Kügelchen auf der Oberfläche verteilt, welche sich an den freien Enden der Biomoleküle anlagern. Legt man ein äußeres Magnetfeld an, so richten sich die magnetischen Momente der Marker aus und erzeugen ihrerseits ein Feld, welches in der Ebene des GMR-Elements parallel zur Magnetisierung der Schichten verläuft. Die hervorgerufene Widerstandsänderung weist also die Marker nach und damit indirekt auch die vorhandenen Moleküle.

kung des von der Ladung erzeugten elektrischen Feldes. Beim Schreiben muss die Ladung durch die Isolationsschicht in die Zelle hinein tunneln, was klassisch verboten ist und nur durch den quantenmechanischen Tunneleffekt ermöglicht wird. Der Nachteil dabei ist, dass bei jedem Schreibvorgang die Isolationsschicht degeneriert, sodass die Zelle irgendwann ausfällt. RAM ist flüchtiger Speicher, da sich alle Kondensatoren nach dem Ausschalten des Rechners (aber auch schon während des Betriebs allmählich) entleeren und die Information verloren geht. Allerdings sind beide Speichertypen seit Jahren etabliert, kostengünstig herzustellen und die Nachteile lassen sich gut kompensieren.

Dennoch gibt es Versuche, alternative Speichertechnologien zu entwickeln. Dazu versucht man, den Spin des Elektrons zu nutzen, da auch in diesem klassische Information kodiert werden kann.

---

i Klassisch gesehen besitzt der Spin zwei Einstellungsrichtungen, welche verwendet werden können, um die beiden verschiedenen Bits 0 und 1 darzustellen. Quantenmechanisch gesehen sind auch noch alle Mischzustände zu betrachten, besonders bei mehreren verschränkten Spins. Diese Diskussion gehört jedoch in das Kapitel über den Quantencomputer.

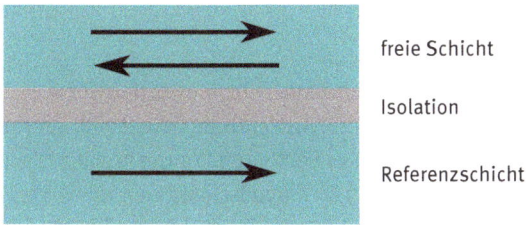

Abb. 11.9: Ein magnetisches Tunnelelement. Zwei magnetische Schichten, wovon die untere eine feste Magnetisierung besitzt und die obere umschaltbar ist, werden durch eine sehr dünne Isolationsschicht (etwa 1 nm) getrennt. Elektronen fließen bei Anlegen einer Spannung nur aufgrund des Tunneleffekts durch die Isolation hindurch. Abhängig von der Magnetisierung der freien Schicht ist der Widerstand dabei größer oder kleiner.

Wir wollen hier die Entwicklung des sogenannten STT-MRAM [6] beleuchten, also Speicher, der auf magnetischen Eigenschaften beruht und welcher seit einigen Jahren auch von größeren Firmen entwickelt wird.

Wie immer im Kontext von GMR misst man unterschiedliche Widerstände, wenn Elektronen durch zwei magnetische Schichten hindurch wandern, abhängig davon, ob die Magnetisierungen in den benachbarten Schichten parallel oder antiparallel ausgerichtet sind. Zwischen die beiden Schichten kommt nun aber eine Isolation, sodass Elektronen nur aufgrund des quantenmechanischen Tunneleffekts durch diese Schicht wandern können. Diesen magnetischen Tunnelwiderstand haben wir oben schon einmal angesprochen, siehe dazu auch Abbildung 11.9. Durch Messung des elektrischen Widerstands lässt sich also die Information, welche in der freien Schicht gespeichert ist, auslesen. Doch man kann mittels elektrischem Strom auch Information schreiben. Abhängig davon, ob der Strom in der einen oder der anderen Richtung durch das Tunnelelement fließt, wird oberhalb einer bestimmten Stromstärke die Magnetisierung der freien Schicht umgedreht, da die Elektronen ihren Spin übertragen (und dabei ebenfalls umklappen). Um einen Spin, also einen Drehimpuls, zu ändern, benötigt man ein Drehmoment (englisch: torque). Da von den Elektronen nun ein Drehimpuls übertragen wird, nennt man den Effekt Spin-Transfer Torque (STT). Eine nach diesem Prinzip arbeitende Speicherzelle heißt entsprechend STT-MRAM. Beim Schreiben wird die Isolationsschicht nicht beschädigt, was einen Vorteil gegenüber dem bisher verwendeten Flash Speicher bedeutet. Außerdem ist STT-MRAM nicht flüchtig, sodass man während des Betriebs keine Energie aufwenden muss, um die Information zu halten. STT-MRAM ist einzuordnen in das Gebiet der Spintronic, was bedeutet, dass man elektronische Bauelemente realisiert, deren Arbeitsweise auf dem Spin des Elektrons basiert.

11.3 Ausblick

Mittels GMR ist man in der Lage, winzige und sehr empfindliche Magnetfeldsensoren herzustellen. Die erste und derzeit größte kommerzielle Anwendung macht sich genau diese Tatsache zunutze. Die Dichte der Daten auf einer Festplatte konnte somit in den letzten 20 Jahren kontinuierlich gesteigert werden. Die Frage ist, wie weit diese Steigerung noch gehen kann und ob Magnetplatten konkurrenzfähig bleiben. STT-MRAM ist als Speichertyp noch nicht etabliert und somit derzeit relativ teuer, sodass er nur in speziellen Fällen eine Anwendung findet. Allerdings kann STT-MRAM hinsichtlich Skalierbarkeit und Energiebedarf punkten, und besonders das letzte Argument gewinnt bei mobilen Anwendungen immer größeren Stellenwert. Die Spintronic ist ein aktives Forschungsgebiet mit einer sehr großen Nähe zur Anwendung, sodass man einerseits die physikalischen Grundlagen beherrschen und diese gleichzeitig in neuen Produkten nutzbar machen muss.

Weitere Anwendungen des GMR liegen in der Automobilindustrie, wo verschiedenste Sensoren zum Einsatz kommen, wie beispielsweise für die Positionsbestimmung oder die Messung von Geschwindigkeiten. Allerdings stellt dieser Industriezweig sehr hohe Anforderungen an die verwendeten Bauteile, beispielsweise hinsichtlich Temperaturbeständigkeit oder Lebensdauer. Außerdem hat das Thema funktionale Sicherheit gerade im Automobilbereich eine hohe Relevanz, welche in der Zukunft noch gesteigert werden wird. Auch hier kommt man weit weg von den eigentlichen Grundlagen des GMR hin zu einer rein anwendungsorientierten Industrie, sodass man sich immer in einem Spannungsfeld befindet zwischen dem physikalischen Verständnis und hochgesteckten Anforderungen an eine neue Technik.

Literatur

[1] M. N. Baibich, J. M. Broto, A. Fert, F. Nguyen Van Dau, F. Petroff, P. Eitenne, G. Creuzet, A. Friederich, and J. Chazelas. Giant Magnetoresistance in (001)Fe/(001)Cr Magnetic Superlattices. *Phys. Rev. Lett.* **61**, 2472 (1988).

[2] G. Binasch, P. Grünberg, F. Saurenbach, and W. Zinn. Enhanced magnetoresistance in layered magnetic structures with antiferromagnetic interlayer exchange. *Phys. Rev. B* **39**, 4828 (1989).

[3] B. Dieny, V. S. Speriosu, S. S. P. Parkin, B. A. Gurney, D. R. Wilhoit, and D. Mauri. Giant magneto-resistive in soft ferromagnetic multilayers. *Phys. Rev. B* **43**, 1297(R) (1991).

[4] D.R. Baselt, G.U. Lee, M. Natesan, S.W. Metzger, P.E. Sheehan, and R.J Coltona. A biosensor based on magnetoresistance technology. *Biosens. Bioelectr.* **13**, 731 (1998).

[5] J. Schotter, P.B. Kamp, A. Becker, A. Pühler, G. Reiss, and H. Brückl. Comparison of a prototype magnetoresistive biosensor to standard fluorescent DNA detection. *Biosens. Bioelectr.* **19**, 1149 (2004).

[6] D. Apalkov, A. Khvalkovskiy, S. Watts, V. Nikitin, X. Tang, D. Lottis, K. Moon, X. Luo, E. Chen, A. Ong, A. Driskill-Smith, and M. Krounbi. Spin-Transfer Torque Magnetic Random Access Memory (STT-MRAM). *ACM J. Emerg. Technol. Comput. Syst.* **9**, 13 (2013).

[7] H. Ehrenreich and F. Spaepen. *Solid State Physics*. Academic Press (2001).

12 Graphen

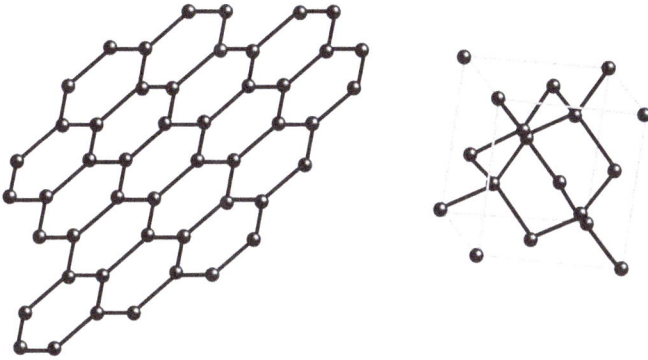

Das Periodensystem der Elemente mit seinen mittlerweile 118 Mitgliedern[73] ist seit knapp 150 Jahren einer der Eckpfeiler der Chemie und der Physik. Die Entdeckung eines jeden Elements muss man als etwas Besonderes sehen, die Einordnung in ein allgemein gültiges Schema, welches es einem ermöglicht, festzustellen, ob noch Elemente fehlen, als große Errungenschaft. Dies gilt es zu betonen, da es doch anscheinend Elemente gibt, die „wichtiger" als andere sind. Zumindest hört man von ihnen auch im Alltag mehr, als von den anderen. So ist Xenon erst richtig im Wortschatz der meisten Menschen angekommen, seit es eben Xenon-Licht bei fast allen Fahrzeugen gibt. Gold, lat. aurum, ist schon seit jeher in aller Munde, wegen ihm wurden sogar Kriege geführt und Völker vernichtet. Silizium hat die Halbleitertechnologie revolutioniert und damit die Technik ermöglicht, die wir Tag für Tag nutzen und die unser Leben in den letzten 30 Jahren so grundlegend verändert hat, v. a. bei der Erzeugung und Verarbeitung von Informationen, sowie bei deren Zugänglichkeit. Natürlich sind es nicht nur die Elemente allein, die den technischen Fortschritt ausmachen. In mindestens gleichem Maße kommt es auf die entdeckten möglichen Verbindungen an, auf faszinierende Moleküle und Festkörper. So kommt die organische Chemie im wesentlichen mit Kohlenstoff (C), Sauerstoff (O) und Wasserstoff (H) aus, womit komplexere Strukturen wie Kohlenhydrate oder Fette gebaut werden können. Die Eigenschaft von Wasser, im festen Zustand leichter zu sein als im flüssigen, lässt Eisberge an der Meeresoberfläche treiben und verhindert, dass zuerst der Meeresgrund zufriert. Und dies nur, weil es ein Kristallgitter mit vielen Hohlräumen und wunderbaren fraktalen Strukturen bildet. Warum fangen wir dieses Kapitel mit so allgemeinen Gedankengängen an?

---

[73] Das letzte, die Nummer 118, wurde im Jahr 2006 gefunden bzw. nachgewiesen und erhielt letztendlich den Namen Oganesson im Jahr 2016 nach einem seiner Entdecker.

https://doi.org/10.1515/9783111260570-012

Es ist einfach so, dass mit dem Periodensystem und den möglichen Verbindungen der Elemente untereinander eigentlich schon alle Karten auf dem Tisch liegen, wie man so schön sagt. Und trotzdem findet man immer wieder Strukturen und Verbindungen oder Eigenschaften unter extremen Bedingungen (hoher Druck, tiefe Temperaturen nahe des absoluten Nullpunkts, unerwartete Stabilitäten, ...), die über erstaunliche Eigenschaften mit der Möglichkeit zur technischen Nutzung verfügen. Und dies ist der Einstieg in dieses Kapitel, das sich mit **Graphen** auseinandersetzt und dieses etwas näher beleuchten soll. Überschreiben könnte man das ganze Kapitel eigentlich damit, dass es nur darauf ankommt, wie man die Kohlenstoffatome anordnet. Und in dieser Hinsicht ist Kohlenstoff tatsächlich als recht flexibel anzusehen.

Motivieren können die hier gezeigten Inhalte den Leser z.B. sich mit den Inhalten von Vorlesungen über Festkörper- oder Molekülphysik auseinanderzusetzen oder auch im Bereich der Halbleiterphysik. Es bleibt dies hier zwar nur ein Überblick, aber weiterführende Informationen wären genau in solchen Veranstaltungen zu finden. Bevor wir einen Blick auf die Eigenschaften von Graphen werfen wollen und im Anschluss kurz auf die Geschichte und der Herstellung eingehen, stellen wir anhand des Kohlenstoffatoms ein paar Begrifflichkeiten bereit, die in diesem Zusammenhang nützlich sein werden.

12.1 Worum es geht

Zusammenfassung:

Sind Kohlenstoffatome bei Diamanten räumlich angeordnet, basiert Graphen auf einer ebenen Anordnung der Atome und Verbindungen (einlagig!). Jedes Kohlenstoffatom (C) ist dabei mit drei weiteren verbunden, einfach oder doppelt. Dies geschieht durch die vier möglichen Bindungen (Vierwertigkeit) eines jeden Kohlenstoffatoms. Stapelt man Graphenschichten, so spricht man von Graphit, das heute z.B. in Bleistiftspitzen zum Einsatz kommt, dem Menschen aber schon seit Jahrtausenden bekannt ist. Die isolierten Einzelschichten, das Graphen, ist in den letzten 15 Jahren Gegenstand intensiverer Forschungen geworden, da es gelang, stabile Graphenkristalle (wider den Erwartungen) herzustellen, wofür 2010 der Nobelpreis an K. NOVOSELOV und A. GEIM vergeben wurde, die mit ihren Experimenten auch viele Eigenschaften von Graphen analysierten.

12.1.1 Kohlenstoff und seine Verbindungen

Die Vielzahl an Verbindungen, die Kohlenstoff mit anderen Atomen und Molekülen eingehen kann, lässt sich sehr gut mit dem Atomorbitalmodell erklären. Dem Elektron in der Atomhülle ist gemäß der Quantenmechanik eine Wellenfunktion zugeordnet, deren Betragsquadrat die Aufenthaltswahrscheinlichkeit desselben angibt. Bei mehreren Elektronen muss bei der Besetzung der verschiedenen Orbitale zusätzlich das **Pauli-Verbot** oder das allgemeinere **Pauli-Prinzip**[74] beachtet werden. Es besagt, dass zwei Elektronen in einem Atom niemals gleichzeitig denselben Quantenzustand einnehmen können, d. h. sie können nicht in allen Quantenzahlen übereinstimmen.[75] Abhängig von deren Besetzung kann die Geometrie des jeweiligen Orbitals berechnet werden. Für eine grafische Darstellung skizziert man dann sog. Punktwolken, die den Bereich angeben, in denen sich das Elektron mit großer Wahrscheinlichkeit aufhält. Darum sollten die Ränder auch nicht als scharfe Kanten verstanden werden, da das Elektron sich prinzipiell überall aufhalten könnte, auch wenn das wiederum extrem unwahrscheinlich ist. Je nach Wert der drei Quantenzahlen n (Hauptquantenzahl), l (Bahndrehimpulsquantenzahl) und m (Magnetquantenzahl) erfolgt die Festlegung der Atomorbitale. Je größer n ist, desto mehr Werte sind für l und m möglich.[76] Nach dem vorliegenden Wert von l kann man dann auch die Orbitale einordnen:

- s-Orbital: Ein kugelsymmetrisches Orbital mit der Bahndrehimpulsquantenzahl $l = 0$. Für jeden Wert von n gibt es ein weiteres s-Orbital, d. h. $1s$, $2s$, usw.
- p-Orbital: Drei hantelförmige Orbitale (entlang der x-, y- und z-Achse) mit $l = 1$. Dieses existiert somit ab der Hauptquantenzahl $n = 2$.
- d-Orbital: Fünf doppelhantelförmige Orbitale mit $l = 2$.
- f-Orbital: Sieben rosettenförmige Orbitale mit $l = 3$.

Für $l = 4$ und $l = 5$ spricht man zusätzlich von g- und h-Orbitalen. Während die Bezeichnungen der ersten vier Klassen historisch bedingt sind (sharp, principal, diffuse und fundamental), erfolgt hier die Namensgebung einfach durch Fortsetzung der alphabetischen Reihenfolge. Damit wären durch die Namensgebung noch einige Orbitalklassifizierungen möglich, jedoch fehlt es der Realität bei 118 Elementen an Umsetzungsmöglichkeiten in der Praxis. Die Formen der Orbitale, wie sie üblicherweise gezeigt werden, gelten prinzipiell nur für Atome mit einem Elektron (z.B. ionisiertes Beryllium Be^{3+}). Es hat sich aber gezeigt, dass ihre Gestalt auch in Mehrelektronensystemen annähernd erhalten bleibt, sodass diese als Grundformen für weitere Betrachtungen, z.B. bei der Molekülbildung, verwendet werden können. Für die Besetzung der Orbitale mit Elektronen muss nun lediglich berücksichtigt werden, dass immer nur zwei Elektronen pro Orbital möglich sind (bedingt durch den Spin $s = \pm\frac{1}{2}$ den jedes Elektron als zusätzliche Quantenzahl besitzt). Auf Basis dieser Vorgaben lässt sich

---

74 Die Wellenfunktion eines Atoms ändert ihr Vorzeichen bei der Vertauschung zweier Elektronen. Solche antisymmetrischen Wellenfunktionen besitzen z.B. Protonen, Elektronen und Neutronen. Sie werden daher als **Fermionen** bezeichnet. Teilchen mit symmetrischer Wellenfunktion, z.B. Photonen oder α-Teilchen, nennt man **Bosonen**. Für Fermionen gilt das Pauli-Prinzip, für Bosonen nicht.
75 Eine kurze Beschreibung der Quantenzahlen findet sich in Abschnitt 14.1.1.3.
76 Für l gilt $l = 0, 1, 2, \ldots, (n - 1)$ bei vorgegebener Hauptquantenzahl n.

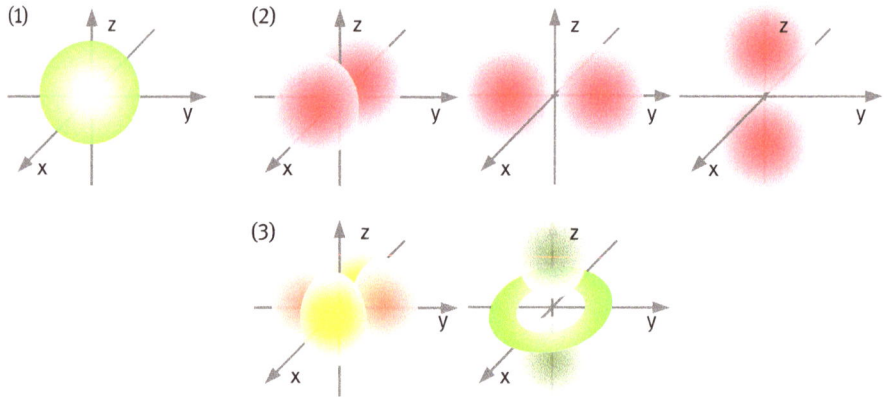

Abb. 12.1: Darstellung einiger Orbitale. Zu sehen sind ein s-Orbital (1), die drei p-Orbitale (2) entlang der Achsen und zwei der fünf d-Orbitale (3).

nun die Besonderheit beim Kohlenstoff nachvollziehen. Man betrachte hierzu Abbildung 12.2. In dieser wird demonstriert, wie die sechs Elektronen im Kohlenstoffatom verteilt sind. Dazu werden zuerst die s-Orbitale befüllt (je zwei Elektronen, positiver und negativer Spin, charakterisiert durch entgegengesetzt gerichtete Pfeile), dann folgen die p-Orbitale der Reihe nach, erst jedes mit nur einem Elektron. Das ist energetisch günstiger zu bewerkstelligen. Daher wählt die Natur diesen Weg.

Nun hat man aber sicherlich, vielleicht in Artikeln über alternative Brennstoffe oder über die Konsequenzen der globalen Erwärmung, etwas von Methan gehört. Die Summenformel hierfür lautet CH_4. Das bedeutet, dass das Kohlenstoffatom mit vier Wasserstoffatomen verbunden ist. Dabei stellt es aber nur zwei Plätze zur Verfügung (einzeln besetzte Orbitale), maximal drei, je nach der Verwendung des letzten leeren Orbitals. Woher kommt also die Vierwertigkeit des Elements in diesem Molekül? Die Lösung des Problems liegt darin, dass sich die Orbitale hier „mischen" können. Sie bilden sog. Hybride aus. Das $2s$-Orbital verbindet sich mit den drei p-Orbitalen bei $n = 2$. Diese Mischform nennt man dann ein sp^3-Hybridorbital (lies: s-p-drei-Hybrid) oder kurz sp^3-Orbital. Von diesen gibt es vier an der Zahl und sie schließen paarweise einen Winkeln von $109,5°$ ein und sind dadurch räumlich angeordnet. Man spricht in diesem Fall auch von der Diamantstruktur des Kohlenstoffs, welche im Eröffnungsbild zu diesem Kapitel auch schon auf der rechten Seite zu sehen ist. In dieser Hybridform können sich Kohlenstoffatome z.B. untereinander verbinden (Diamant) oder mit Wasserstoffatomen und weiteren Kohlenstoffatomen (Methan, Ethan, Propan, Butan, ...). Dadurch entstehen eine Vielzahl von Molekülen mit ganz verschiedenen Eigenschaf-

1s $\uparrow\downarrow$

2s $\uparrow\downarrow$ 2p $\uparrow$— $\uparrow$— ——

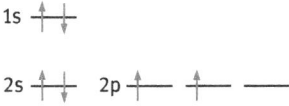

Abb. 12.2: Besetzung der Orbitale 1s, 2s und 2p nach den erläuterten Regeln.

ten.[77] Wir erwähnten aber schon zu Beginn, dass Graphit bzw. das für uns wichtige Graphen auf einer ebenen Struktur der miteinander verbundenen Kohlenstoffatome basiert. Darum ist festzuhalten, dass Kohlenstoffatome verschiedene Strukturen miteinander eingehen können. Die für uns wichtigsten sind:

- **Dreidimensionale Struktur:** Die Orbitale für $n = 2$ verbinden sich zu sp^3-Orbitalen. Die Strukturen sind räumlicher Natur. Man bezeichnet diese auch als Diamantstruktur.
- **Zweidimensionale Struktur:** Auch hier bilden sich Hybridorbitale aus, aber es finden nur zwei der drei p-Orbitale Verwendung (sp^2-Orbitale). Sie liegen in einer Ebene und schließen jeweils einen Winkel von 120° ein, weswegen auch die hexagonale Struktur von Graphen zustande kommt (regelmäßige Sechsecke). Das übriggebliebene p-Orbital wechselwirkt über kovalente Bindungen[78] mit anderen p-Orbitalen, wodurch die Schichten im Graphit entstehen. Daher sprechen wir hier auch von der Graphitstruktur.
- **Eindimensionale Struktur:** Es hybridisieren das s- und ein p-Orbital. Die beiden übrigen Orbitale führen zu einer Dreifachbindung zwischen benachbarten Kohlenstoffatomen. Es entsteht eine lineare Kette. Ein Beispiel hierfür ist C_2H_2 (Ethin). Im Gegensatz dazu verfügt Ethan (C_2H_6) über sechs Wasserstoffatome, aber nur eine Einfachbindung zwischen den Kohlenstoffatomen.

Weitere Modifikationen des Kohlenstoffs sind z.B. die Fullerene oder der Lonsdaleit (hexagonaler Diamant), weitere Formen z.B. amorpher Kohlenstoff (quasi eine Mischform zwischen der Diamant- und der Garphitstruktur). Mit diesem Grundwissen über die möglichen Strukturen des Kohlenstoffs und den damit verbundenen „freien" Orbitalen, können wir uns mit den Eigenschaften des Graphen beschäftigen, welche Gegenstand diverser Forschungsbemühungen sind. Wir sammeln zuerst einige der bereits bekannten Eigenschaften und skizzieren ein paar der aktuellen Fragestellungen am Schluss dieses Kapitels.

---

77 So gilt z.B. Diamant als der härteste Stoff der Welt, Methan dagegen könnte als Brennstoff genutzt werden und wird z.B. auch in großen Mengen in der Agrarwirtschaft erzeugt.

78 Zwei Kerne teilen sich dabei mindestens ein Elektronenpaar, die beteiligten Elemente sind in der Regel nichtmetallischen Typs. Daher wird dieser Bindungstyp auch häufig als Elektronenpaarbindung bezeichnet.

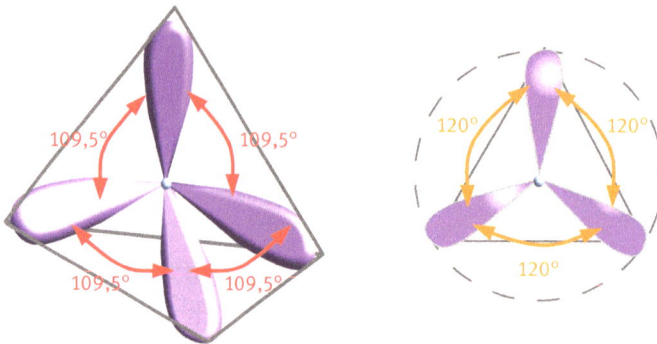

Abb. 12.3: Darstellung eines sp^3-Orbitals (links) und eines sp^2-Orbitals (rechts). Die roten Bögen markieren die Winkel von $109{,}5°$ (Tetraederwinkel), die orangenen Bögen geben Winkel von $120°$ an (hiermit ergibt sich das skizzierte gleichseitige Dreieck im Inneren).

ℹ️ Die Beschäftigung mit Strukturen, v. a. mit Kristallstrukturen ist ein sehr spannender und auch ansprechender (v. a. in grafischer Hinsicht) Teil der Molekül- und Festkörperphysik. Interessant ist in diesem Zusammenhang auch die Auseinandersetzung mit sog. Beugungsexperimenten, mit deren Hilfe Kristallstrukturen analysiert werden können. Die Ermittlung der Struktur aus dem Beugungsmuster ist eine anspruchsvolle Aufgabe, um ein Vielfaches schwerer, als das Beugungsmuster aus der Kristallstruktur zu bestimmen. Der Leser möge dies als Anregung verstehen, auch dann am Ball zu bleiben, falls das eine oder andere Buch in der Festkörperphysik sich doch ein wenig in die Länge zieht!

Viele Eigenschaften des Kohlenstoffs finden sich in Chemiebüchern, v. a. in solchen aus dem Bereich der Organischen Chemie, welche sehr vielschichtig ist, auch wenn im Wesentlichen nur mit Wasserstoff, Sauerstoff und Kohlenstoff gearbeitet wird. Ein sehr umfassendes Werk hierzu ist [1].

12.1.2 Eigenschaften von Graphen

Graphen besteht aus einer einlagigen Kohlenstoffschicht basierend auf der bereits vorgestellten Graphitstruktur in der Ebene. Es ist aus regelmäßigen Sechsecken mit zwei Doppelbindungen pro Sechseck aufgebaut. Die Ränder einer Ebene werden mit anderen Atomen abgeschlossen. Diese können so gewählt werden, dass die eigentlichen Eigenschaften des Graphens erhalten bleiben. Das Besondere an der Existenz des Graphens ist, dass man theoretisch davon ausging, dass diese Schichten thermodynamisch instabil sind (Mermin-Wagner-Theorem). Diese Annahme ist an sich auch korrekt, aber zusätzliche Effekte im Graphen scheinen für die Stabilität verantwortlich zu sein. Modelle zur Erklärung existieren bereits, passende Nachweise sind noch zu erbringen. Wir listen zu Beginn einige der bereits bekannten Eigenschaften auf. Graphen verfügt u. a. über

- eine ungewöhnlich hohe Steifigkeit und Festigkeit,
- besondere elektrische Eigenschaften mit einer zur Dirac-Gleichung äquivalenten Beschreibung der Elektronen,
- Thermoelektrizität und
- Besonderheiten bei der Elektronenbewegung während der Verformung des Materials (Pseudomagnetismus).

Graphen und Graphit verfügen über gleiche Werte für die Steifigkeit, wenn man bei Graphit das Elastizitätsmodul entlang der sog. Basalebenen zum Vergleich nimmt (mehr als 1000 Gigapascal (GPa)). Die Werte liegen knapp unterhalb der von Diamant, da die Bindungen durch die sp^2-Orbitale tatsächlich mit denen der sp^3-Orbitale vergleichbar sind und nur eine andere Struktur liefern. Die Zugfestigkeit von Graphen ist bisher einzigartig. Das Bemerkenswerte hierbei ist die geringe Dicke des Materials, welche bei 335 pm (Pikometer) liegt (1 pm = 10^{-12} m). Die einatomige Kohlenstofflage ist damit über hundertmal zugfester als Stahl. Die Dimensionen des Materials (Dicke und Gewicht) bieten dadurch möglicherweise faszinierende Anwendungsmöglichkeiten in der Technik. Hierzu laufen eine Vielzahl an Experimenten im Zuge des Großprojekts GRAPHENE. Graphen ist in der Hinsicht einzigartig, dass es auf Grund seiner Struktur extrem flexibel und nahezu durchsichtig ist im optischen Bereich und trotzdem eine so hohe Reißfestigkeit besitzt. Weiterhin können sich in Graphen Elektronen nahezu stoßfrei bewegen, was man als ballistischen Transport bezeichnet. Zusätzlich verfügt Graphen über einen lückenfreien Übergang zwischen Valenz- und Leitungsband (fehlende Bandlücke). Um diese Besonderheit verständlich zu machen, streuen wir einen kurzen Abschnitt über das Bändermodell ein.

12.1.2.1 Das Bändermodell

Der spezifische Widerstand eines typischen Isolators liegt in der Größenordnung von 10^{16} Ωm, der eines typischen Leiters bei 10^{-8} Ωm. Um diesen gravierenden Unterschied zu verstehen, reicht es nicht, nur die freien Elektronen zu betrachten, vielmehr ist auch eine Berücksichtigung der Wechselwirkungen mit den Gitterionen des zugehörigen Festkörpers notwendig. Das theoretische Modell, welches für dieses Problem passende Ergebnisse liefert, wird als sog. **Bändermodell** bezeichnet. Im Folgenden wollen wir uns kurz anschauen, was man unter einem „Band" versteht.

Um den Begriff des „Bandes" im Bändermodell nachvollziehen zu können, betrachten wir zuerst die Energiezustände zweier sich einander annähernder Atome. Sind z.B. zwei Wasserstoffatome hinreichend weit voneinander entfernt, so dass sie aufeinander keinen nennenswerten Einfluss nehmen, dann beträgt die Energie für die Hauptquantenzahl n = 1 bei beiden −13,6 eV, für n = 2 sind es −3,4 eV. Mit sinkendem Abstand wird der gegenseitige Einfluss aufeinander immer größer, so dass

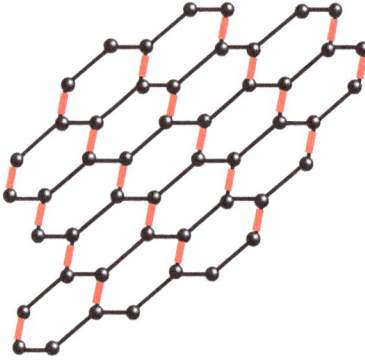

Abb. 12.4: Gezeigt ist hier die Wabenstruktur des Graphens. Jede Wabe wird von sechs Kohlenstoffatomen umrandet. Mit den zusätzlichen roten Strichen werden die zwei Doppelbindungen pro Wabe angedeutet. Am Rande einer Graphenschicht sind andere Atomgruppen zum Abschluss verbunden. Dies wird hier nicht gezeigt.

sich aus den zuvor energetisch gleichen, aber entarteten Zuständen, zwei neue Zustände aufspalten die sich um mehrere Elektronenvolt voneinander unterscheiden. Dabei nimmt der eine Zustand eine energetisch tiefere Position, der andere eine energetisch höhere Position ein, als ohne Beeinflussung voneinander zu beobachten ist. Verallgemeinert man nun die Betrachtung auf N Atome, so geschieht bei deren Annäherung Analoges zum eben betrachteten Beispiel (siehe Abbildung 12.5 für $N = 3$). Überlappen sich schließlich die Elektronenwolken der einzelnen Atome teilweise (was dann einen Festkörper ergibt), so kann man eine Aufspaltung in N diskrete Zustände beobachten, deren Energien sich jeweils voneinander unterscheiden. Der Abstand der Niveaus voneinander hängt von der Anzahl der zusammenrückenden Atome ab. Da diese in einem Festkörper sehr groß ist, kann man die Gesamtheit aller durch die Aufspaltung entstehenden Zustände als Kontinuum ansehen. Dieses bezeichnet man dann als sog. **Band**. Der Abstand der Bänder hängt nun von der Art der interagierenden Atome ab. So kann mit Hilfe des Bändermodells eine Aussage darüber getroffen werden, welche Art von Festkörper vorliegt: Metall, Halbleiter oder eben Isolator. Im Bändermodell bevölkern die Valenzelektronen das sog. Valenzband. Das energetisch niedrigste Band, in welchem noch unbesetzte Zustände anzutreffen sind, wird als Leitungsband bezeichnet. Bei einem Leiter ist der Übergang der Ladungsträger vom Valenzband ins Leitungsband sehr einfach zu bewerkstelligen, da sie unmittelbar aufeinander folgen, oder sogar überlappen. Ein Isolator dagegen verfügt über eine sehr breite verbotene Zone, welche durch äußere Anregungen, wie das Anlegen eines elektrischen Feldes, durch Lichteinstrahlung oder durch thermische Anregung, nicht von den Ladungsträgern überbrückt werden kann. Auch ein Halbleiter verfügt über eine solche verbotene Zone zwischen Valenz- und Leitungsband. Bei ihm ist sie jedoch kleiner als beim Isolator (maximal 5 eV), so dass sie durch die zur Verfügung stehenden

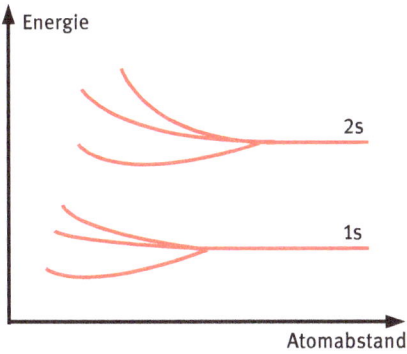

Abb. 12.5: Aufspaltung der Energieniveaus für n = 1 und n = 2 bei den s-Orbitalen bei Annäherung von N = 3 Atomen aneinander.

Anregungsmöglichkeiten von den Ladungsträgern überwunden werden kann. Diese sind:

- **Elektrische Anregung:** Die Anregung erfolgt über ein von außen angelegtes elektrisches Feld. Dabei muss die Spannung mindestens so groß gewählt werden, dass ein Elektron aus dem Valenzband in der Lage ist, auf einen freien Platz im Leitungsband zu springen.
- **Optische Anregung:** Bei der optischen Anregung erfolgt die Anregung durch die Einstrahlung von Licht. Dabei müssen die Photonen hinreichend viel Energie bereitstellen, um ein Elektron-Loch-Paar durch das Anheben eines Elektrons ins Leitungsband zu erzeugen.
- **Thermische Anregung:** Bei der thermischen Anregung geschieht die Anhebung der Elektronen ins Leitungsband durch Phononen (Gitterschwingungen des Festkörpers). Bei zunehmender Temperatur nehmen die Gitterschwingungen des Festkörpers zu und es kommt zu einer stärkeren Wechselwirkung mit den Elektronen.

Es sei noch erwähnt, dass sich die Leitungseigenschaften eines Halbleiters durch Dotierung, also das Versetzen mit Fremdatomen, verändern lassen. Dabei werden in die verbotene Zone quasi Energiestufen eingebaut, sodass der Weg ins Leitungsband verkürzt ist.

12.1.2.2 Die Situation bei Graphen

Die Darstellung der Bänderstruktur, wie in Abbildung 12.6, ist eine stark vereinfachte. In herkömmlichen Halbleitern ist diese parabolisch und es gilt

$$E_{l/v} = \pm \left(\frac{E_g}{2} + \frac{\hbar^2 |\boldsymbol{k}|^2}{2m} \right).$$

$$(12.1)$$

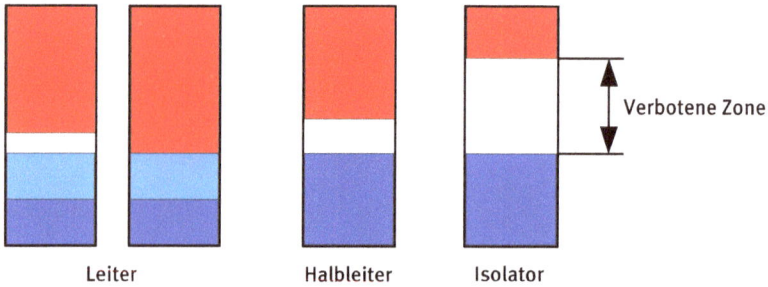

Abb. 12.6: Schematische Darstellung von Isolator, Leiter und Halbleiter im Bändermodell. Weiß sind die verbotenen Zonen. Mit blau sind die Valenzbänder illustriert, die dunklere Farbe zeigt an, dass dort die Bänder besetzt sind. Die roten Bereiche stehen für die Leitungsbänder.

Damit wird die Übergangsenergie zwischen dem Valenzband (v) und dem Leitungsband (l) berechnet. Diese hängt von der materialspezifischen Energielücke E_g, dem Impuls k der Elektronen in einem Festkörper und der effektiven Masse, die die Krümmung der Bänder bestimmt, ab. Dies ist der übliche Zusammenhang bei Halbleitern. In Graphen erfolgt die passende Beschreibung durch einen sog. Dirac-Kegel. Es besteht ein linearer Zusammenhang zwischen k und der Energie $E_{l/v}$, welcher lautet

$$E_{l/v} = \pm \hbar v_F |k|. \tag{12.2}$$

Damit gehen Leitungs- und Valenzband im sog. Dirac-Punkt ineinander über, die Bandlücke ist nicht vorhanden, der Austausch zwischen den Bändern erfolgt sehr einfach.[79] Zum Proportionalitätsfaktor gehört die Fermi-Geschwindigkeit v_F. Damit wird die Geschwindigkeit eines Elektrons angegeben, dessen kinetische Energie die Fermi-Energie E_F ist. Dazu muss gesagt werden, dass in einem Festkörper die Energiezustände bei der Temperatur $T = 0$ Kelvin vom Grundzustand aufwärts besetzt sind. Die Besetzung der Zustände erfolgt nach dem Pauli-Verbot, welches bekanntlich für Fermionen gilt (Fermi-Verteilung). Fermionen sind Teilchen mit dem Spin $\pm \frac{1}{2}$, somit zählen auch Elektronen zu ihnen. Da deren Zahl zwar sehr groß aber doch endlich ist, gibt es ein höchstes besetztes Niveau am absoluten Nullpunkt der Temperatur. Dieses Niveau bzw. dieser Energiezustand wird als Fermi-Energie E_F bezeichnet. Diese ist deshalb von großer Bedeutung, weil sie die geringste Energie angibt, die ein Festkörper bei der Anregung von Elektronen in das nächsthöhere freie Energieniveau aufnehmen kann. Über diese Anregungsenergie wird schließlich das Absorptionsverhalten des Festkörpers bestimmt. Das elektrochemische Potential[80] μ und das

---

[79] Hierzu sei auch auf den Abschnitt 12.2.3 verweisen.

[80] Das elektrochemische Potential gibt an, welche Energie zur Steigerung der Anzahl einer Ionensorte in einem System bei den konstanten Größen Druck, Temperatur und Stoffmenge aufzubringen ist.

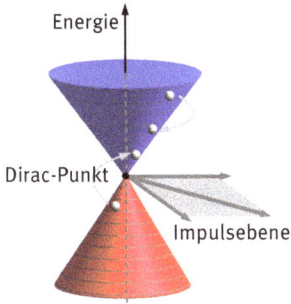

Abb. 12.7: Zusammenhang zwischen Valenz- und Leitungsband bei Graphen, beschrieben durch den sog. Dirac-Kegel. Durch die fehlende Bandlücke kann ein effektiver Austausch zwischen den Bändern erfolgen. Zusätzlich sind zwei Übergänge von Elektronen eingezeichnet, einer vom Valenz- ins Leitungsband und der andere innerhalb des Leitungsbands.

Fermi-Niveau bzw. die Fermi-Energie sind für $T = 0$ Kelvin identisch. Für $T > 0$ gilt, dass $\mu \neq E_F$ ist.

12.1.3 Geschichte und Herstellung

Die Untersuchungen von Graphen gehen bis auf die Mitte des 19. Jahrhunderts zurück. 1859 veröffentlichte B. BRODIE JR. eine Beschreibung zur Struktur von thermisch redu-ziertem Graphenoxid. Erst 60 Jahre später erfolgten weitere Untersuchungen. Erste Aufnahmen von Graphen mit geringer Lagenzahl gehen auf die späten 1940er zurück, sowie theoretische Überlegungen zu den möglichen elektrischen Eigenschaften des Materials. Den Namen Graphen prägte v. a. HANS-PETER BOEHM etwa 15 Jahre später. Die Herstellung einlagiger Graphenschichten gelang dann 2004 mit der Würdigung durch den Nobelpreis im Jahr 2010.

Graphen kann, je nachdem welche Mengen bzw. Flächen man erhalten möchte, chemisch, mechanisch oder durch Wachstum mittels anderer Materialien hergestellt werden (epitaktisches Wachstum[81]). Ob Graphen in größeren Mengen für den Men-schen oder die Natur schädlich sein kann, ist bisher noch nicht belegt oder widerlegt. Diese Frage wird aber interessant werden, wenn Graphen seinen Weg in die industri-elle Fertigung finden sollte.

---

81 Damit bezeichnet man das Wachstum von kristallinen Schichten auf chemisch gleichen (homoepi-taktisch) oder verschiedenen (heteroepitaktisch) einkristallinen Unterlagen. An deren Struktur wird angedockt und so eine neue, wiederum einkristalline Oberflächenschicht erzeugt, die dann abgetra-gen werden kann.

Bei der mechanischen Herstellung wird Graphen z.B. bei einem der möglichen Verfahren aus hochgeordnetem Graphit gewonnen, indem man im Prinzip vorgeht wie bei der Haarentfernung an den Extremitäten (nur weniger schmerzhaft für den Anwender). Mit einem Klebeband, dass man schnell abzieht, entfernt man von einem Graphitblock einzelnen Lagen, die dann auf ein anderes Medium (Silizium-Wafer) übertragen und dort fixiert werden. So lassen sich lokal dünne Graphitfilme herstellen. Bei der chemischen Fertigung reduziert man z.B. Graphenoxid, welches schon von Brodie untersucht wurde, oder verwendet die Technik der Pyrolyse (rasches Erhitzen auf 1000 Grad) bei Graphitoxid. Durch diesen Prozess entstehen Schichtzahlen im einstelligen Bereich. Eine industrielle Fertigung wäre mit den derzeitigen chemischen Verfahren wahrscheinlich möglich. Beim epitaktischen Wachstum von Graphenschichten verwendet man derzeit metallische Untergründe. Hier gibt es mehrere Verfahren u. a. mit Übergangsmetallen und thermischer Zersetzung.

Die Herstellung von dünnen Schichten, nicht nur bei Graphen, ist ein weites Feld, für das es eine große Zahl an interessanten und trickreichen Techniken gibt. V. a. für an Experimenten interessierte Leser bietet es sich an, mit einer Recherche zu epitaktischem Wachstum weitere Informationen zu sammeln und Wissen zu erwerben.

12.2 Einblicke in Forschung und Anwendung

Zusammenfassung:

Wir haben in diesem Bereich einige Artikel bzw. Übersichtstexte aus 2016 verwendet. Dies merken wir an, da an Graphen seit der Herstellung der ersten stabilen monoatomaren Kohlenstofflage im Jahr 2004 sehr rege geforscht wird und eine Vielzahl von Artikeln erschienen sind bzw. immer noch erscheinen. Die von uns verwendeten Basistexte sind möglichst aktuell gewählt (sie sind aber eben nur eine Auswahl), wobei sich das Wissen in den nächsten Monaten natürlich (vielleicht sogar sprunghaft) weiterentwickeln wird und die Auswahl deshalb möglicherweise bald schon etwas veraltet wirkt. V. a. im Rahmen großangelegter Projekte können reichhaltige Ergebnisse zu erwarten sein.

12.2.1 Ein Großforschungsprojekt — GRAPHENE

In der Initiative GRAPHENE liegt mit der Grund, warum wir in der Einleitung dieses Abschnitts auf die Verwendung recht aktueller Artikel hingewiesen haben (vergleiche hierzu [2]). Es ist eine der beiden sog. Flaggschiff-Initiativen der EU[82] und so sind Förderungen bis zu einer Milliarde Euro in zehn Jahren für die Forschungen möglich. Die ersten zweieinhalb Jahre waren Mitte 2017 erreicht. Weitere Förderungen laufen mit Beantragungen im Zwei-Jahres-Rhythmus. Das Kernkonsortium ist derzeit aus über 150 Forschungsgruppen an Universitäten und in der Industrie aufgestellt, verteilt auf 23 Länder. Die Mitglieder bemühen sich um die Erforschung von Graphen und der technischen Verwendung. Diese ist in ganz unterschiedlichen Bereichen angesiedelt, z.B. werden Untersuchungen zu folgenden Themengebieten durchgeführt:[83]

- Elektronische Bauelemente
- Gesundheit und Umwelt
- Biomedizinische Technologien
- Sensorik
- Photonik und Optoelektronik
- Flexible Elektronik (Ausnutzung der Biegsamkeit des Materials für eine Vielzahl an unterschiedlich designeten Bauelementen)
- Energiespeicher
- Energieerzeugung

Bisher sind alle Zielvorgaben innerhalb der Initiative erreicht worden bzw. sie wurden sogar um ein Vielfaches übertroffen. So wurden beispielsweise mehr als zweieinhalb Mal so viele Publikationen veröffentlicht wie angestrebt. Ebenso sind mehrere Patentanmeldungen abgegeben worden. Die Themen innerhalb der Initiative sind auch nicht als zeitlos anzusehen. Es wird regelmäßig darüber entschieden, welche Nachforschungen vielversprechend sind und welche sich als Sackgasse oder nicht realisierbar herausgestellt haben. Dadurch ist es gewährleistet, die Forschung zielgerichtet und flexibel vorantreiben zu können, was ebenso durch die steigende Zahl der mit GRAPHENE verbundenen Mitglieder unterstrichen wird.

12.2.2 Hydrodynamisches Verhalten von Elektronen

Wie bewegen sich Flüssigkeiten und Gase unter vorgegebenen Bedingungen? Mit dieser Frage beschäftigt sich im Kern die Fluid- oder Hydrodynamik. Damit hat sie einen sehr weit gefassten Einsatzbereich. Von der Strömung in einem (Abfluss-)Rohr, über den Blutkreislauf, die Belüftungssysteme in Gebäuden bis hin zum aerodynamischen Verhalten von Flugzeugen, das alles ist innerhalb der Hydrodynamik modellierbar.

---

82 Das andere ist das Human Brain Project.
83 Dies ist nur eine Auswahl, basierend auf dem Jahresbericht 2016, der auf der Homepage von GRAPHENE abgerufen werden kann.

Ihre Grundgleichung ist die sog. **Kontinuitätsgleichung**

$$\frac{\partial \rho}{\partial t} + \nabla \cdot \left(\rho \frac{d\boldsymbol{x}}{dt} \right) = 0. \tag{12.3}$$

Dabei haben wir direkt einige Größen eingesetzt. Mit $\rho = \rho(\boldsymbol{x}, t)$ ist die Massendichte der Flüssigkeit oder des Gases gemeint. Diese hängt vom Ort $\boldsymbol{x}$ und der Zeit t ab. Mit $\boldsymbol{x}(t)$ wird dieser Ort bzw. alle möglichen Orte und damit die Bahnkurve längs der die Flüssigkeit oder Teile von ihr fließen bezeichnet. Das Symbol ∇ steht für den Nabla-Operator. In diesem sind die partiellen Ableitungen der Richtungen hinterlegt, d. h.

$$\nabla = \begin{pmatrix} \frac{\partial}{\partial x} \\ \frac{\partial}{\partial y} \\ \frac{\partial}{\partial z} \end{pmatrix} \tag{12.4}$$

in den kartesischen Koordinaten und im dreidimensionalen Raum. Die hier verwendete Notation steht für die Divergenz eines Vektorfeldes. Das Vektorfeld ist hier die Geschwindigkeit entlang der Bahnkurve. Die Divergenz ist dann eine normale (reelle) Zahl (ein Skalar) und kann bei einem Strömungsfeld als Quelldichte interpretiert werden (Quelle, Senke oder quellenfrei). Damit haben wir eine einfachst mögliche Modellierung, die mathematisch den Zusammenhang beschreibt zwischen sich ändernder Massendichte und der Strömungsgeschwindigkeit. Innerhalb der Strömungsmechanik verwendet man dann die Euler-Gleichungen oder deren Erweiterungen, die Navier-Stokes-Gleichungen[84].

ℹ️ Die angesprochenen Gleichungen sind partielle Differentialgleichungen. Bevor solche in der Mathematik behandelt werden, beschäftigt man sich mit gewöhnlichen Differentialgleichungen. Diese sind Gleichungen bei denen nicht nach dem Wert einer Variablen gesucht wird, sondern nach einem Funktionstyp, der diese erfüllt. Dabei wird eine Funktion in Relation mit einer oder mehreren ihrer Ableitungen gesetzt. So löst z.B. $y(x) = A \cdot e^{kx}$ die Gleichung $y' = k \cdot y$. Bei partiellen Differentialgleichungen (PDGL) kommen nun partielle Ableitungen zum Einsatz, da die gesuchten Funktionen nicht nur von einer Variablen abhängen. Eines der ersten Beispiele im Zusammenhang mit PDGLs ist die sog. Wellengleichung zur mathematischen Beschreibung von Wellen (Schall, Licht, Wasser,...). Die einfachste Variante hier ist die eindimensionale Wellengleichung (eine lineare PDGL)

$$\frac{\partial^2 y}{\partial x^2} = \frac{1}{c^2} \frac{\partial^2 y}{\partial t^2}. \tag{12.5}$$

Der Parameter c hat dabei die Bedeutung einer Geschwindigkeit und die Gleichung setzt die zweiten Ableitungen nach dem Ort x und nach der Zeit t (also quasi Krümmung und Beschleunigung) in einen Zusammenhang. Die Lösung y(x, t) der Gleichung bezeichnet man als Welle und natürlich kann solch eine Betrachtung auch mit mehreren Ortsvariablen (z.B. räumlich mit drei Ortsvariablen und einer Zeitvariablen) erfolgen.

---

84 Bis heute fehlt noch ein Beweis, dass für die allgemeine Variante Lösungen existieren, obwohl die Gleichungen seit bald 200 Jahren bekannt sind.

Sollte bei Ihnen nun etwas das Interesse geweckt worden sein für dieses spannende mathematische Gebiet der Differentialgleichungen, das so viele schöne Einsatzgebiete in der Physik findet, bietet sich der Einstieg fast immer über die gewöhnlichen Differentialgleichungen an, wobei man hier mit linearen Differentialgleichungen beginnen sollte.

Soviel zu den Grundzügen der Hydrodynamik und der dazu notwendigen Mathematik. Bemerkenswert ist nun, was alles als Gase und Flüssigkeiten interpretiert werden kann. So zeigen neuere Untersuchungen, dass sich auch Elektronen in Graphen hydrodynamisch verhalten können. Dass ein solches Verhalten in elektrischen Leitern auftreten kann, wurde bereits Mitte der 60er-Jahre von Radii Gurzhi theoretisch erkannt. Der experimentelle Nachweis erfolgte aber erst 30 Jahre später. Elektronen wechselwirken in einem Festkörper mit

1. anderen Elektronen,
2. mit Phononen (thermisch angeregten Gitterschwingungen) und
3. mit Störstellen.

Damit hydrodynamisches Verhalten beobachtet werden kann, muss die Wechselwirkung zwischen den Elektronen die dominante der drei genannten sein. Störstellen sind mehr oder weniger vermeidbar durch reinere Festkörper, aber eben nie ganz, sodass sie immer eine Rolle spielen, Phononen durch Begrenzung der Temperatur. Damit kommen nach [3] zwei Temperaturen ins Spiel. Die im Idealfall untere Grenze T_S, unterhalb der die Störstellen dominieren und die (wieder im Idealfall) obere Grenze T_P, ab der die Wechselwirkung mit den thermischen Gitterschwingungen vorrangig ist. Die heutige Herstellung von Graphen erlaubt es nun tatsächlich, dass eine hydrodynamische Beschreibung der Elektronenbewegung möglich ist (wenige Störstellen, relativ schwache Wechselwirkung zwischen Gitter und Elektronen). Im Folgenden wird uns nun die Vorstellung aus dem Abschnitt über das Bändermodell weiterhelfen. So besitzt Graphen, wie bereits gesehen (Stichwort: Dirac-Kegel), eine lückenfreie und zusätzlich lineare Bandstruktur. Damit ist ein Wechsel zwischen dem Leitungsband und dem Valenzband leicht möglich. Um nun das hydrodynamische Verhalten der Elektronen zu untersuchen, haben Forscher 2016 die thermische und die elektrische Leitfähigkeit analysiert. Gemäß dem empirisch gefundenen Wiedemann-Franzschen-Gesetz ist das Verhältnis der thermischen Leitfähigkeit κ und der elektrischen Leitfähigkeit σ bei Metallen annähernd proportional zur Temperatur, d. h.

$$\frac{\kappa}{\sigma} = L \cdot T. \tag{12.6}$$

Der Proportionalitätsfaktor L ist die sog. Lorenz-Zahl, welche sich aus Naturkonstanten (Elementarladung e, Boltzmann-Konstante k_B) zusammensetzt:

$$L = \frac{\pi^2 k_B^2}{3e^2}. \tag{12.7}$$

Wichtig hierbei ist, dass dieser Zusammenhang bei Metallen beobachtet wurde. Graphen weist aber ein ähnliches Verhalten auf, weswegen eine entsprechende Untersuchung von L sinnvoll erscheint. Bei den Experimenten ergab sich ein Bereich von 40 K bis 100 K bei dem der Wert von L den Wert aus Gleichung (12.7) um mehr als das Zwanzigfache übersteigt! Um zu verstehen, warum dies nun ein starkes Anzeichen für hydrodynamisches Verhalten der Elektronen in Graphen ist, muss man wissen, dass sich die elektrischen Eigenschaften von Graphen sehr gut mit dem sog. Tight-Binding-Modell[85] erklären lassen. Aus dem Modell ergibt sich eine quasi-relativistische Energie-Impuls-Beziehung bei Graphen. Daraus resultiert eine Beschreibung mit sog. Dirac-Fermionen, wodurch eine Dirac-Flüssigkeit gebildet werden kann. Diese zeichnet sich in den Untersuchungen durch eine stark ansteigenden Lorenz-Zahl aus. Dies ist darauf zurückzuführen, dass Elektronen im Leitungsband und Löcher im Valenzband existieren, letztere bedingt durch die Anregung von Elektronen in das Leitungsband. Der elektrische Widerstand beim Anlegen eines elektrischen Feldes ist durch die Wechselwirkung zwischen den Teilchen begründet. Beim Anlegen eines Temperaturgefälles wandern aber beide Sorten in dieselbe Richtung, die thermische Leitfähigkeit κ wird theoretisch unendlich groß und L als Quotient aus κ und σ ebenso (erhält man durch das Umstellen von Gleichung (12.6)). Damit zeigen die Elektronen in Graphen hydrodynamisches Verhalten und die Hoffnung der Forscher ist (siehe [3]), dass dieses zu Anwendungszwecken genutzt werden kann.

12.2.3 Optische Ladungsträger in Graphen

Der bereits im vorherigen Abschnitt angesprochene Wechsel von Elektronen zwischen Valenz- und Leitungsband in Graphen ist eine hervorragende Grundlage für sog. Auger-Prozesse, benannt nach PIERRE AUGER. Diese sind vergleichbar mit dem optischen Pumpen, welches wir in Kapitel 13.1.7 vorstellen, mit einem entscheidenden Unterschied: Stellen wir uns ein einzelnes Atom vor. Ein Photon oder ein externes Elektron überträgt nun so viel Energie auf ein Elektron in der Hülle des Atoms, sodass dieses genügend Energie gewinnt, um diese verlassen zu können (es verlässt seinen Platz in der jeweiligen Schale[86]). Jetzt liegt ein leerer Platz vor. Ein Elektron aus einer höheren Schale kann nun diesen bevölkern. Dadurch verliert es Energie (es begibt sich auf eine tiefer Schale und somit auf ein niedrigeres Energieniveau). Diese frei werdende Energie wird nun aber nicht emittiert, sondern direkt auf ein weiteres Hüllenelektron des Atoms übertragen, das daraufhin die Hülle ebenfalls verlassen

---

85 Ein Modell zur relativ einfachen numerischen Berechnung der elektronischen Bandstruktur bei der Betrachtung von Festkörpern.
86 Hierzu sei auf das Schalenmodell der Atome verwiesen. Wir haben die bekanntesten Atommodelle an passender Stelle (Kapitel 14.1.1) aufgeführt und kurz erläutert. Für den Moment reicht es aus zu wissen, dass man sich im Modell vorstellen kann, dass die Elektronen unterschiedlicher Energieniveaus in Schalen angeordnet sind. Das Schalenmodell ist in gewisser Weise die einfachere Variante des anfangs beschriebenen Orbitalmodells.

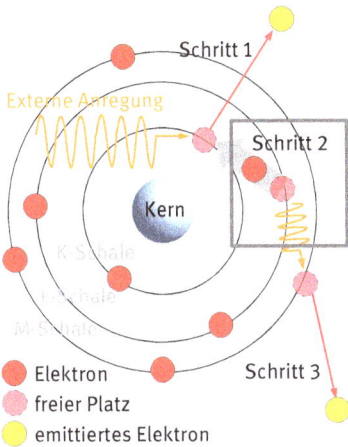

Abb. 12.8: Schematische Darstellung eines Auger-Prozesses bei einem Atom. Die aufeinanderfolgenden Schritte sind entsprechend hervorgehoben und gekennzeichnet. Auf den äußeren Schalen können mehr Elektronen sitzen, es sind aber aus Übersichtsgründen nur wenige eingezeichnet.

kann (dieses Elektron wird dann als Auger-Elektron bezeichnet). Somit ist ein Auger-Prozess ein strahlungsloser Übergang. Was bewirken nun solche Auger-Prozesse bei Graphen? In [4] werden hierzu aktuelle Forschungsergebnisse zusammengefasst, die zeigen (was auch experimentell bestätigt wurde), dass Auger-Prozesse die Anzahl zuvor optisch angeregter Elektronen deutlich vervielfachen kann. Theoretisch passiert dabei das Folgende: Anfänglich befinden sich die Elektronen im thermischen Gleichgewicht und bevölkern die niedrigsten Energiezustände in der Nähe des Dirac-Punktes. Optische Anregung befördert sie dann relativ leicht ins Leitungsband, da es keine Energielücke wie bei normalen Halbleitern[87] gibt, die überwunden werden müsste. Aus dem nun gestörten Gleichgewicht entsteht in wenigen Femtosekunden (1 fs = 10^{-15} s) eine heiße Gleichgewichtsverteilung durch Elektron-Elektron- oder Elektron-Phonon-Wechselwirkungen. Letztendlich wird die anfängliche Gleichgewichtsverteilung wieder hergestellt, indem die Elektronen ihre Energie an das Gitter abgeben. Doch an welcher Stelle passiert nun die Vervielfachung der Elektronen und warum? Die Vervielfachung ist auf die Dominanz einer der beiden konkurrierenden Prozesse Auger-Rekombination und Stoßionisation (zueinander inverse Prozesse) zurückzuführen, wobei letzterer anfänglich klar bevorzugt wird,[88] da die Rekombination durch das Pauli-Prinzip stark gehemmt wird. Aber gerade die Stoßionisation ist für die Vervielfachung verantwortlich. Durch sie wird die „weiterverwertbare" Energie frei, weil sich ein optisch angeregtes Elektron in eine energetisch niedrigeren Zustand

---

87 Darum spielen Auger-Prozesse bei diesen so gut wie keine Rolle, bei Graphen aber durch den einfachen Übergang zwischen Valenz- und Leitungsband sehr wohl.

88 Nach einiger Zeit nähern sich die Raten der beiden Prozesse an.

begibt. Diese Energie findet dann analog zu Schritt 3 in Abbildung 12.8 Verwendung und hebt ein weiteres Elektron aus dem Valenzband in das Leitungsband. Daraus lässt sich ein Vervielfachungsfaktor

$$CM(t) = \frac{N(t) - N_T}{N_{\text{opt}}} \tag{12.8}$$

berechnen, wie in [4] unter Verweis auf die entsprechende Literatur erläutert wird. Dabei ist $N(t)$ die gesamte Ladungsträgerdichte vor und nach einer optischen Anregung, mit N_T wird die thermische Ladungsträgerdichte bezeichnet und N_{opt} ist die rein optisch erzeugte Ladungsträgerdichte. Letztendlich wird mit der Formel damit nur eine einzige reelle Zahl berechnet, die angibt, wie viele Elektronen durch Auger-Prozesse aus einem hochangeregten Elektron durchschnittlich zu einem bestimmten Zeitpunkt entstehen können. Es ergibt sich ein Maximalwert von $CM(t) = 2,5$ über einen Zeitraum von einigen Pikosekunden, berücksichtigt man bei der Ermittlung der Ladungsträgerdichten neben der Elektron-Elektron-Wechselwirkung auch die Wechselwirkungen der Elektronen mit den Phononen, die den Vervielfachungswert wieder reduzieren. Experimentell ließ sich der theoretische Wert tatsächlich gut bestätigen, was für eine sehr gute Modellierung spricht, sodass das Team um E. MALIC derzeit den Einsatz der Vorgehensweise bei entsprechenden Photodetektoren untersucht.

12.2.4 Modellierungsmöglichkeiten

Graphen und die ebenfalls aus Kohlenstoffatomen aufgebauten Fullerene können nach neueren Untersuchungen sehr gut durch photonische Kristalle in Mikrowellenbillards modelliert und damit untersucht werden, was die Autoren von [5] vorstellen. Billardsysteme werden im Kapitel über die Semiklassik erwähnt, das zugehörige Chaos in einem weiteren Kapitel. Wir haben uns daher entschieden, diesen Abschnitt im Kapitel über das Chaos unterzubringen, sodass bei den dort vorgestellten Themen direkter ein realer Bezug hergestellt werden kann und weil man dort dann auch schon etwas von Billardsystemen gehört hat.

12.3 Ausblick

Die Flaggschiff-Initiative GRAPHENE verspricht in den nächsten Jahren eine Vielzahl an Entdeckungen und Entwicklungen. Sowohl in der Medizintechnik als auch beispielsweise bei der Entwicklung flexibler Displays ist Graphen ein vielversprechender Werkstoff. Die Aufteilung in so viele Forschungsbereiche und Arbeitspakete zeigt auch bereits jetzt das Potential das hierhinter vermutet wird. Natürlich ist vieles auch noch wirklich Zukunftsmusik, aber Überlegungen wie der Weltraumaufzug oder das rollbare Display für jeden, scheinen damit nicht mehr aus der Welt gegriffen zu sein. Auch könnte Graphen auf Grund seiner Eigenschaften in Bereichen eingesetzt werden, die wir ebenfalls in diesem Buch vorgestellt haben. So können die Besonderheiten von Graphen es eventuell zu einem idealen Material für Spin-Qubits werden lassen, womit ein Einsatz im Bereich des Quantencomputings möglich wäre (siehe z.B. [6]). Dazu sind aber noch weitere Untersuchungen u. a. zur Berandung des Graphens notwendig, da auch diese Atome die Eigenschaften beeinflussen können und so Graphen für unterschiedliche Einsatzbereiche „angepasst" werden kann. Bleibt uns nur noch abschließend zu erwähnen, dass ein Verfolgen der Flaggschiff-Initiative GRAPHENE sich als sehr lohnenswert erweisen könnte, da die Entwicklung hier gerade sehr dynamisch verläuft.

Literatur

[1] E. Breitmaier and G. Jung. *Organische Chemie*. Thieme Stuttgart New York (2001). 4. überarbeitete Auflage.

[2] K. Sonnabend. Anlauf für große Forschung. *Physik Journal* **12**, 6 (2016).

[3] A. Mirlin and J. Schmalian. Elektronen im Fluss. *Physik Journal* **5**, 18 (2016).

[4] E. Malic. Ultraschnelle Dynamik in Graphen. *Physik Journal* **8/9**, 55 (2016).

[5] B. Dietz, T. Klaus, M. Miski-Oglu, A. Richter, and M. Wunderle. Von Graphen zu Fulleren. *Physik Journal* **12**, 29 (2016).

[6] B. Trauzettel. Von Graphit zu Graphen. *Physik Journal* **7**, 39 (2007).

13 Supraleitung

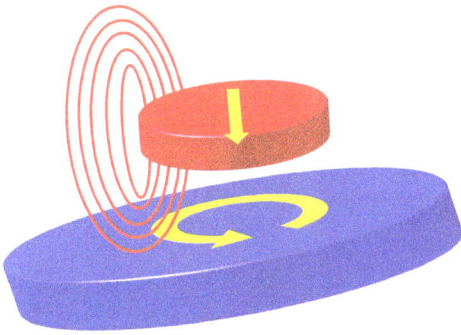

Das Ohmsche Gesetz $R = \frac{U}{I}$, also der Widerstand ist gleich der abfallenden Spannung durch den durchfließenden Strom, lernt man schon früh im Physikunterricht. Auch wenn man nicht mehr viel aus selbigem mitgenommen haben sollte, und das ist anscheinend leider häufiger der Fall, zumindest dieser Zusammenhang könnte eventuell hängen geblieben sein. Damit fahren wir bei jeder Stromleitung Verluste ein und verschwenden einen Teil der elektrischen Energie als Wärme an die Umgebung. Da die Natur aber offensichtlich in vielen Bereichen sparsam und optimierend veranlagt zu sein scheint, gibt es auch hier einen überraschenden Effekt: Die Supraleitung. Beim Unterschreiten einer bestimmten Sprungtemperatur, die vom verwendeten Material und dessen Umgebung (z.B. dem Druck) abhängt, wird der Widerstand bei der Stromleitung exakt 0. Und das passiert nicht schrittweise, sondern unverzüglich. Solche Materialien bieten daher eine Vielzahl technischer Möglichkeiten und Anwendungen und sind bei modernen Großprojekten wie dem LHC (Large Hadronen Collider am CERN, ein Teilchenbeschleuniger[89]) oder ITER (Fusionsexperiment in Südfrankreich, derzeit im Bau befindlich und im Kapitel über Kernfusion etwas näher vorgestellt) nicht mehr wegzudenken. So wollen wir uns auf den nächsten Seiten den Effekt der Supraleitung etwas näher anschauen, welche theoretischen Ansätze es zur Erklärung gibt und nach welchen Materialien man derzeit sucht, um die Technik vielleicht in der Zukunft auch im Alltag einsetzen zu können, was v. a. davon abhängt, wie tief die Sprungtemperatur liegt. Momentan sind die Experimente von den von uns als angenehm empfundenen 20°C noch relativ weit entfernt.

---

89 Der Einsatz von Supraleitung bei Teilchenbeschleunigern ist sehr schön in [1] dargestellt.

https://doi.org/10.1515/9783111260570-0013

13.1 Worum es geht

Zusammenfassung:

Der Transport von Strom und damit von Energie ohne jegliche Verluste durch einen Leiter, das verspricht das Phänomen der Supraleitung. Von den ersten Beobachtungen bis heute sind eine Vielzahl an supraleitenden Materialien gefunden worden, teils mit bemerkenswert hohen Sprungtemperaturen. Mittlerweile unterscheidet man verschiedene Typen von Supraleitern, untersucht sie unter hohen Drücken und durch Manipulation von Kristallgittern.

13.1.1 Die Entdeckung der Supraleitung

Im Jahr 1911 wurde das Phänomen der Supraleitung von KAMERLINGH ONNES, der 1913 den Nobelpreis erhielt, bei der Untersuchung der Leitfähigkeit von Quecksilber nahe des absoluten Nullpunktes entdeckt.[90] Er beobachtete eine sprunghafte Abnahme des elektrischen Widerstandes, sobald die Temperatur unter 4,2 Kelvin, also weniger als −269 Grad Celsius, sank. Durch die von Onnes gemachten Beobachtungen liegt es nahe, ein supraleitendes Material als idealen Leiter mit dem spezifischen Widerstand $\rho = 0$ zu bezeichnen bzw. davon auszugehen, dass ρ sehr nahe bei Null liegt und sich innerhalb eines Zeitraums von einem Jahr keine messbaren Abschwächungen des fließenden Stromes beobachten lassen, da der vorliegende Widerstand einfach zu klein ist. Jedoch werden dadurch die speziellen magnetischen Eigenschaften eines Supraleiters, die wir im folgenden kurz besprechen werden, nicht erklärt. Zur korrekten theoretischen Beschreibung ist es daher notwendig, den Übergang in den supraleitenden Zustand eines Stoffes als thermodynamische Zustandsänderung zu behandeln. Die Grundzüge der mikroskopischen Theorie der Supraleitung, welche auf der Bildung von sog. Cooper-Paaren beruht, werden wir daher ebenfalls kurz anführen. Im folgenden wollen wir nun die Reaktion eines Supraleiters auf ein äußeres, allerdings nicht zu starkes Magnetfeld betrachten, um ein paar der wesentlichen Eigenschaften von Supraleitern kennenzulernen.

13.1.2 Der Meissner-Ochsenfeld-Effekt

Setzt man einen hinreichend dicken, massiven Supraleiter einem magnetischen Feld aus, so beobachtet man bei seiner Abkühlung unter die entsprechende Sprungtemperatur ab der er supraleitend wird, dass das angelegte Feld aus ihm herausgedrängt

---

[90] Die Messkurve hierzu findet sich z.B. in [2].

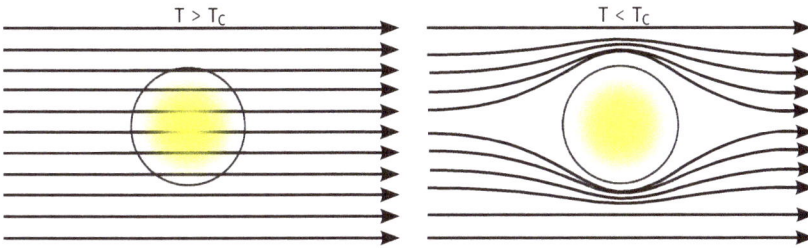

Abb. 13.1: Meissner-Ochsenfeld-Effekt. Anmerkung: Zusätzlich muss im zweiten Bild die Bedingung erfüllt sein, dass $B < B_C(T)$ gilt.

wird. Diesen Effekt erhält man unabhängig davon, ob dass Magnetfeld vor oder nach dem Unterschreiten der Sprungtemperatur eingeschaltet wird. Man bezeichnet ihn als Meissner-Ochsenfeld-Effekt. Ein Supraleiter verhält sich somit wie ein idealer Diamagnet[91], vorausgesetzt, dass

- die Sprungtemperatur T_C unterschritten wurde und
- das Magnetfeld eine von der Temperatur abhängige kritische Flussdichte $B_C(T; T < T_C)$ nicht überschreitet.

Oberhalb der kritischen Werte der relevanten Größen ist es für das Material energetisch günstiger, wieder in einen normalleitenden Zustand zurückzukehren. In Abbildung 13.2 ist hierzu das Phasendiagramm eines Supraleiters zur Veranschaulichung angegeben, wobei die magnetische Feldstärke in Abhängigkeit von der Temperatur angegeben wird. Der Meissner-Ochsenfeld-Effekt ist auf Ströme im Supraleiter zurückzuführen, die permanent an der Oberfläche fließen. Diese schirmen das Innere des Supraleiters gegen das äußere Magnetfeld ab, solange sich die Flussdichte des Magnetfeldes unterhalb des kritischen Wertes befindet. Dabei hängt B_C nicht nur von der Temperatur, sondern auch von der Oberflächenbeschaffenheit des Supraleiters ab. An Kanten wird z.B. der kritische Wert durch das Zusammendrängen der Feldlinien wesentlich schneller erreicht als auf einer ebenen Oberfläche, wo die Feldlinien genügend Platz haben. An solchen Stellen entstehen somit schneller normalleitende Bereiche, bedingt durch die Geometrie des jeweiligen Bereichs.

13.1.3 Die Londonsche Eindringtiefe

Bisher hatte es den Anschein, dass das äußere magnetische Feld gar nicht in den Supraleiter eindringt und sich mit der Position im Raum sprunghaft ändert. Dies ist in

---

91 Legt man an diamagnetische Materialien ein äußeres Magnetfeld an, so bilden sie ein induziertes Magnetfeld aus, das in seiner Richtung dem angelegten Magnetfeld entgegengesetzt ist. Liegt kein Magnetfeld an, so sind solche Materialien nichtmagnetisch.

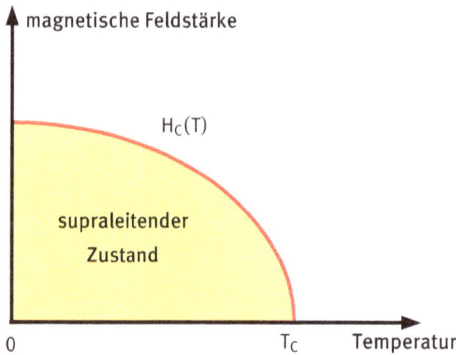

Abb. 13.2: Qualitative Darstellung des Phasendiagramms eines Supraleiters mit Einteilung der Bereiche in normal- und supraleitend, wie man sie z.B. in [2] findet.

der Realität natürlich nicht der Fall. Vielmehr dringt es bis zu einer gewissen Tiefe ein, wird dabei aber durch die Oberflächenströme exponentiell abgeschwächt. Nach einer Strecke von

$$\lambda_L = \sqrt{\frac{m_S}{\mu_0 n_S e^2}} \qquad (13.1)$$

hat seine Stärke auf $\frac{1}{e}$ des ursprünglichen Wertes abgenommen. Dabei ist m_S die Masse der supraleitenden Ladungsträger, n_S die Dichte der supraleitenden Ladungsträger, e die Elementarladung und μ_0 die magnetische Feldkonstante. Die Größe λ_L wird als die Londonsche Eindringtiefe bezeichnet.[92] Sie ergibt sich aus den London-Gleichungen die von F. und H. LONDON im Jahr 1933 innerhalb ihrer phänomenologischen, nicht atomistischen Theorie zur Beschreibung der Supraleitung aufgestellt wurden. Für eine größenordnungsmäßige Abschätzung von λ_L setzt man für m_S die Elektronenmasse und für n_S die Atomdichte ein, womit man davon ausgeht, dass jedes Atom ein supraleitendes Elektron liefert. Dabei erhält man für Zinn $\lambda_L = 260 \cdot 10^{-10}$ m. λ_L lässt sich aber nur mit obigem Wert angeben, wenn man bei der Form des Supraleiters von einem dicken, unendlich langen Zylinder ausgeht. Für andere Formen wird B_C, wie bereits erwähnt, früher erreicht und die Berechnung erfolgt nicht mehr auf so einfachem Wege.

13.1.4 Die Flussquantisierung

Der durch einen Supraleiter erzeugte magnetische Fluss stellt sich, bedingt durch den quantenmechanischen Charakter der Supraleitung, als Vielfaches eines elementaren

---

[92] Sie findet man u. a. in Büchern zur Festkörperphysik, z.B. in dem Standardwerk [3].

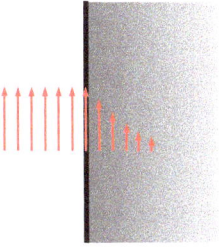

Abb. 13.3: Eindringen eines äußeren Magnetfeldes in einen halbunendlichen Supraleiter.

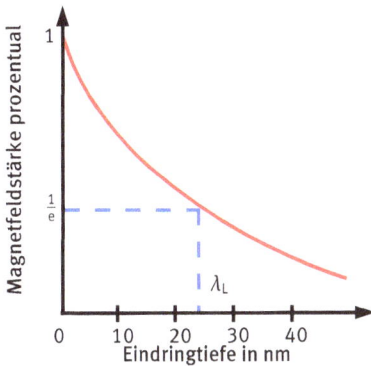

Abb. 13.4: Londonsche Eindringtiefe bei Zinn, Magnetfeld in willkürlicher Einheit.

Flussquants Φ_0 dar. Dieses ist gegeben durch

$$\Phi_0 = \frac{h}{2e} \approx 2{,}07 \cdot 10^{-15}\,\mathrm{Tm}^2 \qquad (13.2)$$

Die experimentelle Bestätigung der Flussquantisierung erfolgte im Jahr 1961 durch Doll, Nähbauer, Deaver und Fairbank.

13.1.5 Die BCS-Theorie

Im Jahr 1957 gelang es JOHN BARDEEN, LEON NEIL COOPER und JOHN ROBERT SCHRIEFFER eine mikroskopische Theorie der Supraleitung aller bis dahin beobachteten Phänomene aufzustellen (BCS-Theorie). Diese Theorie ist quantenmechanischer Natur und basiert auf der Bildung von Elektronenpaaren, welche als Cooper-Paare bezeichnet werden. Im Jahr 1972 wurde ihnen für ihre Theorie der Nobelpreis verliehen. Für Bardeen war dies bereits die zweite Auszeichnung nach 1956, die er damals zusammen mit WALTER BRATTAIN und WILLIAM SHOCKLEY für die Entdeckung des Transistors erhalten hatte.

13.1.5.1 Der Begriff der Cooper-Paare

Die BCS-Theorie geht von der attraktiven Wechselwirkung zweier Leitungselektronen miteinander aus. Diese kommt durch den Austauschprozess virtueller Phononen[93] zustande. Ein Leitungselektron übt dabei eine Kraft auf ein Gitterelektron aus, welches durch die geringe Verschiebung seines Standortes wiederum mit einem anderen Leitungselektron wechselwirkt. Das so entstehende Cooper-Paar besteht nun aus zwei Elektronen mit entgegengesetzten Impulsen (bzw. Wellenvektoren) und antiparallelem Spin[94]. Mit dieser Modellvorstellung versuchte Cooper die experimentell beobachtete Energielücke[95] eines Supraleiters zu berechnen. Die von ihm errechnete Paarbindungsenergie stellte sich allerdings als viel zu gering heraus. Setzt man jedoch, wie es im Rahmen der BCS-Theorie geschah, mit der Paarkorrelation vieler individueller Cooper-Paare an, so führt die erhaltene Paargesamtheit zum richtigen Ergebnis. Dies liegt daran, dass die Paarkorrelation über Abstände von mehreren hundert Nanometer wirksam ist. Diese Ausdehnung wir mit ξ_0 bezeichnet und Kohärenzlänge (des Kondensats) genannt (siehe hierzu Abbildung 13.5). In diesem Bereich halten sich wiederum 10^6 bis 10^7 andere Elektronen auf, die ebenfalls Cooper-Paare bilden und die miteinander überlappen.

13.1.5.2 Cooper-Paare im BCS-Grundzustand

Wie bereits erwähnt, besitzen die zu einem Cooper-Paar korrelierten Elektronen entgegengesetzte Impulse und entgegengesetzten Spin (antiparallel). Daraus resultiert, dass Gesamtspin und Gesamtimpuls eines Cooper-Paares beide gleich Null sind. Teilchen mit einem Spin von Null werden als Bosonen bezeichnet und unterliegen nicht dem Pauli-Verbot[96], wodurch sie alle den gleichen Zustand bevölkern. Dieser wird im Falle der Cooper-Paare als BCS-Grundzustand bezeichnet. Der Gesamtheit aller korre-

---

93 Phononen sind elementare Anregungen eines elastischen Feldes in der Festkörperphysik womit Gitterschwingungen beschrieben werden können. Die Namensgebung erfolgt in Anlehnung an das Photon bei elektromagnetischen Feldern, welches dort das Schwingungsquant darstellt.

94 Der Spin ist der Eigendrehimpuls von Teilchen und ist bei Elementarteilchen eine unveränderliche Teilcheneigenschaft. Er tritt halb- oder ganzzahlig als Vielfaches von $\hbar$ auf, welches das reduzierte Plancksche Wirkungsquantum ist mit $\hbar = \frac{h}{2\pi}$. Das Plancksche Wirkungsquantum ist Grundlage des Welle-Teilchen-Dualismus und verknüpft Teilchen- und Welleneigenschaften eines Objektes. Für Photonen gilt $E = h \cdot f = \hbar \cdot \omega$, die Energie ist also gleich dem Produkt aus Planckschem Wirkungsquantum und der Frequenz der zugehörigen Welle. Es ist $h = 6{,}626070041 \cdot 10^{-34}$ Js.

95 Zur Erklärung des Begriffs bei einem Supraleiter sei auf Abschnitt 13.1.5.3 verwiesen. Er kommt im Zusammenhang mit Leitern, Halbleitern und Isolatoren vor und bezeichnet den verbotenen Bereich zwischen dem Valenzband und dem Leitungsband im sog. Bändermodell, welches häufig zur Erklärung der Leitfähigkeit eines Stoffes verwendet werden kann. Im Kapitel über Graphen gehen wir ein wenig näher darauf ein.

96 Das Pauli-Verbot oder Pauli-Prinzip besagt, dass zwei Elektronen in einem Atom nicht in allen ihren Quantenzahlen übereinstimmen können. Mit Quantenzahlen werden messbare Größen in der Quantenmechanik, z.B. an einem Teilchen, beschrieben.

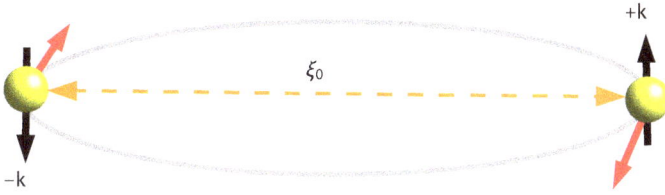

Abb. 13.5: Ein Cooper-Paar aus zwei Elektronen (gelb) in zwei Zuständen, k ist der Wellenvektor (rot). Die Kohärenzlänge ξ_0 gibt quasi den Durchmesser des Paares an. Über diese Distanz überlappen Millionen andere Cooper-Paare und bilden ein Kollektiv. Das dem so ist und man das Konzept überlappender Cooper-Paare auf elektronische Vielteilchensysteme verallgemeinern und mathematisch formulieren kann, ist Schrieffer, damals Bardeens Doktorand, zu verdanken, der die Idee der Paarwellenfunktion in die BCS-Theorie einbrachte. Die Geschichte der BCS-Theorie in kurzer und anschaulicher Form findet sich z.B. in dem Artikel [4], der anlässlich deren 50-jährigen Jubiläums verfasst wurde.

lierten Cooper-Paare kann eine Vielteilchenwellenfunktion

$$\Psi_0 = \sqrt{n_C} \cdot e^{\beta\varphi}. \tag{13.3}$$

zugeordnet werden. Dabei ist n_C die Dichte der Cooper-Paare und φ die Phase. Diese Zuordnung einer Wellenfunktion spielt z.B. bei der Herleitung der sog. Josephson-Gleichungen, auf die wir hier nicht eingehen wollen, eine tragende Rolle.

13.1.5.3 Die Auswirkungen der Temperatur auf die Energielücke

Der Begriff der Energielücke ist durch die Beschreibung von Halbleitern und Isolatoren mittels des sogenannten Bändermodells bekannt. Wir erwähnten dies bereits in einer Fußnote weiter vorne in diesem Kapitel und gehen auch etwas detaillierter im Kapitel über Graphen darauf ein.[97] Innerhalb der Energielücke ist der Aufenthalt von Elektronen energetisch verboten. Während jedoch beim Isolator die Energielücke auf Grund von Elektron-Gitter-Wechselwirkungen zustande kommt, wird sie beim Supraleiter maßgeblich durch die bereits angesprochene Elektron-Elektron-Wechselwirkung (die Cooper-Paare) beeinflusst. Der energetische Grundzustand liegt bei einer Temperatur von Null Kelvin vor. Oberhalb dieses absoluten Nullpunktes erhöht sich die Energie des Supraleiters. Die nun vorliegenden Zustände setzen sich aus Einzelanregungen (Quasiteilchen) und aus Paarkorrelationen zusammen. Unter einem Quasiteilchen versteht man dabei Elementaranregungen von Vielteilchensystemen, die sich wie freie Teilchen verhalten. Für eine Einzelanregung benötigt man eine gewisse Energie, welche mit Δ bezeichnet wird. Für zwei Einzelanregungen ist die

---

97 Eine ausführliche Darstellung zur Energielücke bei Supraleitern findet sich in [5].

doppelte Energie notwendig. Geht man davon aus, dass zwei Einzelanregungen durch das Aufbrechen eines Cooper-Paares entstehen, so ergibt sich eine Bindungsenergie von 2Δ für ein Cooper-Paar. Diese Energie ist gleichbedeutend mit der Energielücke im Supraleiter. Hierbei sind nur die Zustände unterhalb der Energielücke besetzt. Mit steigender Temperatur schiebt sich die Energielücke zusammen, die Zustände oberhalb der Energielücke werden zunehmend bevölkert. Ist die kritische Temperatur T_C des supraleitenden Materials erreicht, so ist auch die Energielücke verschwunden. Die, durch die im supraleitenden Zustand wirkende attraktive Elektron-Phonon-Wechselwirkung, auf den Rand der Energielücke verschobenen Zustände bevölkern nun wieder die verbotene Zone, welche für einer Temperatur unterhalb von T_C bei einem Supraleiter existiert. In bestimmten Fällen ist es allerdings auch möglich, dass die Energielücke vor Erreichen der kritischen Temperatur verschwindet. Dies sei hier aber nur der Vollständigkeit halber erwähnt.

13.1.6 Zwei Arten von Supraleitern

Zwar wurden Effekte supraleitender Materialien bereits im zweiten Jahrzehnt des 20. Jahrhunderts in Experimenten beobachtet, doch fehlte den Forschern lange Zeit das theoretische Verständnis für das Beobachtete. Probleme bereitete ihnen dabei das „unordentliche" Verhalten, das supraleitende Legierungen bei Experimenten etwa 15 Jahre nach der ersten Entdeckung zeigten. Die Problematik war und ist diejenige, dass der beobachtete Diamagnetismus bereits bei deutlich schwächeren Magnetfeldern verschwindet als sie für die Rückführung in den normalleitenden Zustand notwendig sind. Da man bei der Herstellung der Legierungen zu damaliger Zeit zumeist keine thermische Behandlung verwendete und sie auch nicht als homogen bezeichnen konnte, wurden die Beobachtungen hiermit erklärt. Dass sich der widerstandslose supraleitende Zustand bis zu Magnetfeldern von einigen hundert Millitesla ausdehnen ließ, was dem bis zu Dreifachen der kritischen Feldstärke H_C in Metallen entspricht, wurde also mit kleinen Inhomogenitäten begründet, die in ihrer Ausdehnung weit genug unter der Eindringtiefe in den Supraleitern liegen. Hieraus entwickelte sich die „Mendelssohn-Schwamm" -Hypothese. Diese formuliert die Vermutung, dass sich im Inneren kleine Strompfade bilden und zwar bedingt durch
– inhomogene Zusammensetzungen,
– innere Spannungen oder
– inhomogene Strukturen an sich.

Die Strompfade sind der Hypothese nach dann durch ihre Verbindungen untereinander dafür verantwortlich, dass sich die Supraleitung oberhalb von H_C aufrecht erhalten kann. Weitere Modelle Mitte der 30-er Jahre unterstützen diese Vermutung.

Doch im gleichen Zeitraum wurden bereits Experimente durchgeführt, die die falsche Hypothese bei hinreichender Beachtung durch die Fachwelt hätte schneller widerlegen können. Aber die Wirren der Geschichte in der ersten Hälfte des 20. Jahrhunderts, die einen tiefen Keil zwischen Ost und West trieben, verhinderten dies. Der ukrainische Physiker LEW WASSILJEWITSCH SCHUBNIKOW war es, der mit seinem wissenschaftlichen Gespür die richtigen Experimente wählte und korrekte Schlüsse zog. Seine Arbeiten ab den 1930-ern führte er am Ukrainischen Physikalisch-Technischen Institut in Charkiw in der damaligen Sowjetunion durch, einer sich am Puls der Zeit befindenden, trotz der schwierigen wirtschaftlichen Lage gut ausgerüsteten Forschungseinrichtung. Dem dortigen Labor gelang als erst viertem weltweit die Verflüssigung von Helium[98], was für Experimente zur Supraleitung ein bedeutsamer Schritt war. Schubnikows erste Schritte bestanden darin, aus Blei[99]-Legierungen möglichst reine Einkristalle zu züchten. Damit war der Vorteil gewährleistet, nicht die inhomogenen Legierungen zu nutzen, die die meisten Labore der damaligen Zeit verwendeten. Daraufhin untersuchten er und sein Team die magnetischen Eigenschaften von Blei als Supraleiter unter Beigabe von Thallium oder Indium. Im Jahr 1936 führte das dann zu einer Veröffentlichung, die einen neuen Typus von Supraleitung zeigt. Schubnikow und seine Mitarbeiter kamen darin zu folgenden Ergebnissen:

1. **Kritische Konzentration:** Bei der Beimengung der verwendeten Metalle Indium (Schwermetall) und Thallium (stark toxisch) gibt es eine Mindestmenge unterhalb derselben sich die Legierungen wie reine Supraleiter verhalten (Meissner-Ochsenfeld-Effekt, perfekter Diamangentismus bis zur kritischen Feldstärke).

2. **Ginzburg-Landau-Parameter:** Überschreitet man die Mindestkonzentration hat dies signifikante Auswirkungen auf die magnetischen Eigenschaften. Der perfekte Diamagnetismus bleibt bis zu einer Feldstärke H_{c1} bestehen, danach dringt das Magnetfeld in die Legierung ein. Dennoch bleibt die Supraleitung bis zu einer erheblich größeren Feldstärke H_{c2} bestehen. Oberhalb dieser Grenze verschwinden die Supraleitfähigkeit und der Diamagnetismus der Legierung vollständig. Der Übergang wurde später durch Landau und Ginzburg interpretiert und auf das Verhältnis zwischen Eindringtiefe und Kohärenzlänge zurückgeführt, das einen kritischen Wert ($\frac{1}{\sqrt{2}}$) übersteigt. Hieraus resultiert die Namensgebung, die natürlich nicht in dem Paper von 1936 verwendet werden konnte.

3. **Variation der Schubnikow-Phase:** Auch diese Namensgebung erfolgte im Nachhinein, um die Leistungen Schubnikows zu würdigen. Die Phase kann durch höhere Beimengungen vergrößert werden und zwar in der Art, dass H_{c1} kleiner wird **und** ebenso H_{c2} größer.

Schubnikows Leistungen wurden erst Ende der 1960-er Jahre wiederentdeckt und gewürdigt, nachdem sie bereits kurz nach den relevanten Experimenten in der Vorpha-

---

98 Der Siedepunkt von Helium liegt bei 4,15 Kelvin, was −269 Grad Celsius entspricht. Den Schmelzpunkt findet man nur knapp über dem absoluten Nullpunkt bei 0,95 Kelvin.

99 Lat. *plumbum*, daher mit Pb im Periodensystem der Elemente bezeichnet.

se des zweiten Weltkriegs in Vergessenheit gerieten. In der Sowjetunion unter Stalin fanden viele bei den Säuberungsaktionen der Regierung den Tod, so auch Schubnikow, der unter Spionageverdacht gestellt und hingerichtet wurde, natürlich alles unter strengster Geheimhaltung, sodass sein Tod erst viele Jahre später bei seinen Kollegen publik wurde.[100]

Durch diese Forschungen kennen wir heutzutage Supraleiter 1. und 2. Art. Erstere werden sehr gut durch die BCS-Theorie beschrieben. Bei der anderen Klasse gibt es ebenso Ansätze mit Hilfe der Cooper-Paare, doch bisher fehlt ein vollständig beschreibendes Modell. Das maßgebliche Verständnis der Typ-II-Supraleiter geht dabei auf die Arbeiten von Landau, Ginzburg, Abrikosov und Gor'kov zurück. Die Besonderheit ist die Variation beider kritischen Feldstärken, die sehr hohe Magnetfelder ermöglicht.

13.1.7 Optisches Pumpen

Dieser Abschnitt ist für das Verständnis von Supraleitern an sich nicht notwendig. Aber neuere Ansätze nutzen die Technik des optischen Pumpens zur Konstruktion von Hochtemperatursupraleitern (siehe Abschnitt 13.2.1). Letztendlich geht es nur um die Wechselwirkung zwischen Licht und Materie (meint in diesem Fall Elektronen), wodurch Elektronen bei den vorliegenden thermischen Bedingungen in nicht oder nur schwach besetzte Energieniveaus gehoben werden. Man spricht hier auch von Besetzungsinversion. Das optische Pumpen geht auf ALFRED KASTLER zurück (Nobelpreis 1966). Im Folgenden sind die relevanten Wechselwirkungen notiert, eine ausführlichere Darstellung findet sich z.B. in [7]. Weiterhin werden diese Prozesse ebenfalls in Kapitel 2 besprochen, dort mit dem Fokus auf der Anwendung im Laser.

13.1.7.1 Absorption

Durch Absorption von Photonen können Atome angeregt werden. Dabei gelangen Elektronen in einen höheren Energiezustand. Das anregende Photon muss genau die Energie $\Delta E = hf$ haben, die der Energiedifferenz $E_2 \check{\ } E_1$ zwischen den beiden Niveaus entspricht. Mathematisch lässt sich die zeitliche Änderung der Besetzungszahl N_1 des unteren Energieniveaus durch Absorption folgendermaßen beschreiben

$$\frac{\mathrm{d}N_1}{\mathrm{d}t} = \sigma \cdot N_1 \cdot \phi \text{ mit } \phi = \frac{I}{hf} \tag{13.4}$$

wobei σ der Wirkungsquerschnitt der Atome und ϕ der Photonenstrom ist, der sich aus der Intensität und der Energie eines Lichtquants berechnen lässt.

---

100 Schubnikows Leistungen und die Geschichte hinter seinen Entdeckungen werden sehr präzise in [6] dargestellt.

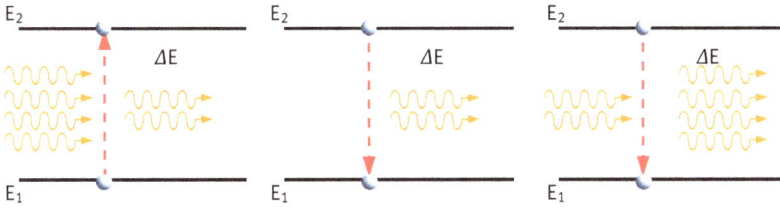

Abb. 13.6: Schematische Darstellung von Absorption, spontaner und induzierter Emission (erzwungene und freiwillige Elektron-Photon-Wechselwirkungen).

13.1.7.2 Spontane Emission

Ein angeregtes Elektron kann durch spontane Emission wieder in ein niedrigeres Energieniveau übergehen. Dabei wird ein Photon mit der Energie, die dem Energieniveau-Übergang entspricht, ausgesendet. Weil der Zeitpunkt des Übergangs nicht genau vorhersagbar ist, spielt die Lebensdauer τ eine wichtige Rolle bei der Änderung der Besetzungszahl N_2 durch spontane Emission. τ beschreibt, wie lange sich im Mittel die Elektronen in dem jeweiligen Niveau aufhalten. Es gilt:

$$\frac{\mathrm{d}N_2}{\mathrm{d}t} = \frac{N_2}{\tau}. \tag{13.5}$$

13.1.7.3 Induzierte Emission

Durch induzierte Emission wird ebenfalls der Übergang eines Elektrons vom angeregten ins niedrigere Energieniveau ermöglicht. Wie bei der Absorption muss hierbei ein Photon vorhanden sein, das genau die Energie hat, die der Energiedifferenz der beiden Niveaus entspricht. Dieses Photon löst den Übergang des Elektrons aus, wobei ein weiteres Photon mit gleicher Phase und Energie abgestrahlt wird. Die induzierte Emission bewirkt also eine Änderung der Besetzungszahl N_2 wie folgt:

$$\frac{\mathrm{d}N_2}{\mathrm{d}t} = \sigma \cdot N_2 \cdot \phi \tag{13.6}$$

13.1.7.4 Verstärkung

Die folgenden Zeilen führen wir an dieser Stelle an, um ganz kurz ein anderes Themengebiet anzudeuten, weil es sich gerade anbietet. Die hier benannte Besetzungsinversion ist die 1. Laserbedingung und somit in der Lasertechnik sehr relevant, was vielleicht dazu animieren kann, sich hier ein wenig weiter zu informieren, wozu sich auch das Buch [7] sehr gut anbietet.

Durchläuft ein Lichtstrahl ein Medium, so wird seine Intensität I durch Absorption abgeschwächt. Nach dem Lambert-Beerschen Gesetz gilt für die Intensitätsänderung mit der Eindringtiefe

$$\frac{dI}{dx} = -\sigma \cdot N_1 \cdot I,$$ (13.7)

wobei x der zurückgelegte Weg im Medium ist. Die Intensität des Lichtstrahls kann aber auch durch induzierte Emission zunehmen

$$\frac{dI}{dx} = +\sigma \cdot N_2 \cdot I,$$ (13.8)

Die Verstärkung ist durch das Verhältnis der veränderten Intensität nach Zurücklegen einer Strecke x zur ursprünglich eingestrahlten Intensität gegeben. Mit den beiden Formeln lässt sich die Verstärkung berechnen zu

$$G = \frac{I}{I_0} = e^{\sigma \cdot (N_2 - N_1) \cdot x}.$$ (13.9)

Nur bei Besetzungsinversion, wenn also die Besetzungszahl des höheren Energieniveaus größer als die Besetzungszahl des niedrigeren Niveaus ist, wird die Intensität verstärkt (womit wir bei der erwähnten Laserbedingung wären).

13.2 Einblicke in Forschung und Anwendung

Zusammenfassung:

Der Transport von Energie ohne störende Verluste, bedingt durch Dissipation[101], das verspricht die Supraleitung. Derzeit ist sie aber nur bei sehr tiefen Temperaturen realisierbar. Zum Thema Supraleitung gibt es daher noch eine Vielzahl an Fragen und allgemein akzeptierte Modelle sucht man erstaunlicher Weise noch für recht grundlegende Entdeckungen (z.B. Typ-II-Supraleitung) vergeblich. Eine der wohl interessantesten Fragen ist, wie eben angedeutet, die nach einer Sprungtemperatur im Bereich der Raumtemperatur oder darüber. Hiermit beschäftigen sich Forschergruppen aktuell mit sehr vielen interessanten Ansätzen. Dabei wenden sie bereits bekannte Methoden, z.B. aus der Festkörperphysik, in einem neuen Umfeld an und erzielen damit wunderbare Resultate, die Freude auf das Kommende machen. Ein paar der Entdeckungen haben wir hier zusammengetragen.

13.2.1 Supraleitung bei Raumtemperatur

Ist es möglich, Supraleitung bei Raumtemperatur zu realisieren? Bisher ist dies noch nicht möglich, aber die Forschung bewegt sich hin zu immer höheren Temperaturen, wobei sich Hochtemperatursupraleiter noch recht weit vom Schmelzpunkt von

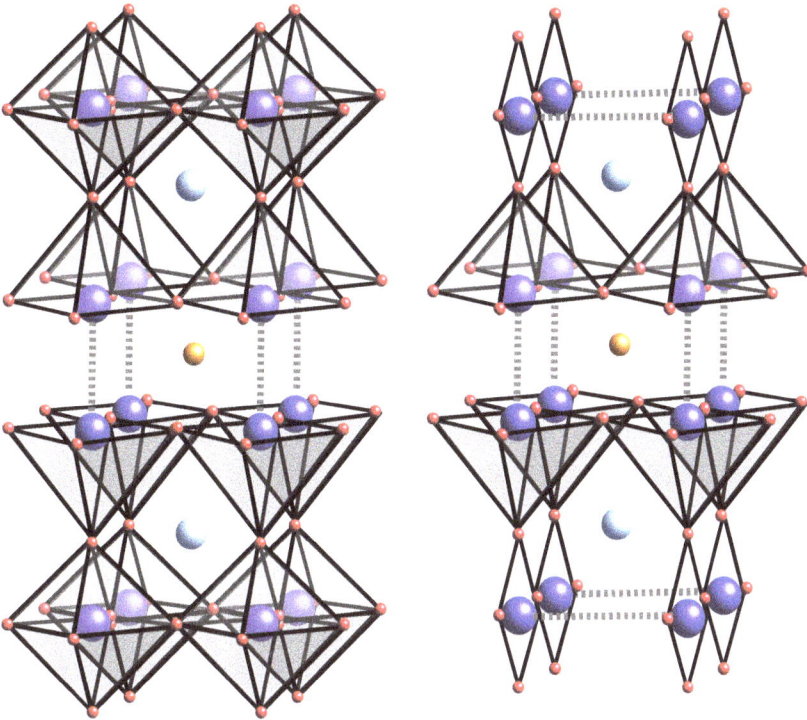

Abb. 13.7: Kristallstrukturen des Yttrium-Barium-Kuprats, einmal in der tetragonalen Modifikation (linke Seite) und der orthorhombischen (rechte Seite). In der ersten Version ist $YBa_2Cu_3O_{7-x}$ nicht supraleitend. Die tetragonalen CuO_2-Schichten sind hier nur teilweise oder gar nicht (für x = 1) mit Sauerstoffatomen besetzt. Erhitzt man diese Verbindung eine Zeit lang auf etwa 770 Kelvin, oxidiert diese und es bildet sich mit x ≈ 0 die Tieftemperaturmodifikation der rechten Seite.

Wasser entfernt wiederfinden. Die ersten Hochtemperatursupraleiter[102] wurden bei der Untersuchung von Kupraten[103] von GEORG BEDNORZ und KARL ALEXANDER MÜL-LER entdeckt. Für zwanzig Jahre waren diese Kupferverbindungen die einzige Materialklasse mit hohen Übergangstemperaturen. So geht z.B. $YBa_2Cu_3O_{7-x}$ (YBCO-123) bereits bei 93 Kelvin zur Supraleitung über, $HgBa_2Ca_2Cu_3O_8$ wird unter 134 Kelvin supraleitend, unter Druck sogar schon bei 160 Kelvin.[104] Mitte der 2000-er kam eine zweite Materialklasse in den Fokus der Forscher, sog. Eisenpniktide[105]. In beiden Klassen wird nach weiteren Hochtemperatursupraleitern gesucht, was sich auf Grund der

---

102 Ab einer Sprungtemperatur von ca. 30 Kelvin kann man von einem Hochtemperatursupraleiter sprechen.

103 Dies sind chemische Verbindungen, die wenigsten ein Kupferatom beinhalten.

104 Supraleiter unter Druck werden wir im nächsten Abschnitt kurz betrachten.

105 Die Namensgebung erfolgt nach beigemischten Pniktogenen (Elemente der 15. Gruppe des Periodensystems) wie Arsen und Phosphor.

bisher fehlenden allgemein akzeptierten Theorie, als große Fleißarbeit erweist und mit vielen Überraschungen verbunden ist.[106] Viele bisher gefundene Materialien sind nach sehr ähnlichen Prinzipien aufgebaut:

1. Verwendung einer antiferromagnetischen Muttersubstanz.
2. Manipulation deren magnetischer Ordnung durch Dotierung, Druckänderung oder isovalente Substitution[107] zur Erhöhung des chemischen Drucks.

Anscheinend ermöglicht es die Regulierung dieser Kontrollparameter aber nicht, Supraleiter mit einer Sprungtemperatur von über 160 Kelvin zu konstruieren, zumindest wurde bisher kein entsprechendes Material gefunden. Neue Ansätze verwenden das optische Pumpen[108] (siehe hierzu z.B. [8]). Photonen sorgen dabei für eine zeitlich begrenzte „optische Dotierung" oder regen auch gezielt Gitterschwingungen an.[109] Damit erzeugt man Strukturen außerhalb der Reichweite der eben aufgeführten Kontrollparameter. Methoden der Spektroskopie helfen bei der Untersuchung der so erzeugten Nicht-Gleichgewichtszustände. Ein Forscherteam um Andrea Cavalleri am MPI für Struktur und Dynamik der Materie in Hamburg wendet das optische Pumpen im Infrarot-Bereich seit wenigen Jahren zur Manipulation komplexerer Kuprate an und konnte diesbezüglich bereits Erfolge erzielen und z.B. eigentlich isolierende Substanzen in einen supraleitenden Zustand versetzen. Ebenso konnte mit der Methode transiente Supraleitung (d. h. vorübergehende, bzw. hier kurzzeitig) erzeugt werden, wobei diese Phase nur für wenige Pikosekunden (eine Pikosekunde entspricht 10^{-12} Sekunden) existierte. Die Sprungtemperaturen wären aber im Bereich der Raumtemperatur und sogar darüber gelegen. Eine Stabilisierung der beobachteten Phase wird zwar mit dieser Methode als unrealistisch angesehen, aber es zeigt, dass es weitere Möglichkeiten gibt, Supraleiter mit derzeit noch utopischen Sprungtemperaturen zu finden.

13.2.2 Supraleiter unter Hochdruck

Neben der Technik des optischen Pumpens gibt es noch weitere Möglichkeiten, die aktuell Gegenstand der Forschung sind,[110] um Supraleiter mit einer hohen Sprungtemperatur aufzufinden bzw. zu konstruieren. Im Jahr 2015 publizierte eine Gruppe um MIKHAIL EREMETS vom Max-Planck-Institut für Chemie in Mainz erstaunliche Er-

---

106 Was nicht schlimm ist, weil ja gerade dieser Überraschungseffekt, etwas vollkommen Neues an unerwarteter Stelle als erster Mensch zu sehen, viele Forscher antreibt. Es ist einfach ein Privileg, etwas entdecken zu dürfen!

107 Einbringung von Fremdatomen mit identischer Anzahl an Außenelektronen.

108 Für die grundlegendsten Techniken siehe Abschnitt 13.1.7.

109 Ersteres geschieht im sichtbaren Bereich des Lichts, das andere im Infrarotbereich.

110 Einen Überblick und weiterführende Referenzen finden sich z.B. in [9] und [10].

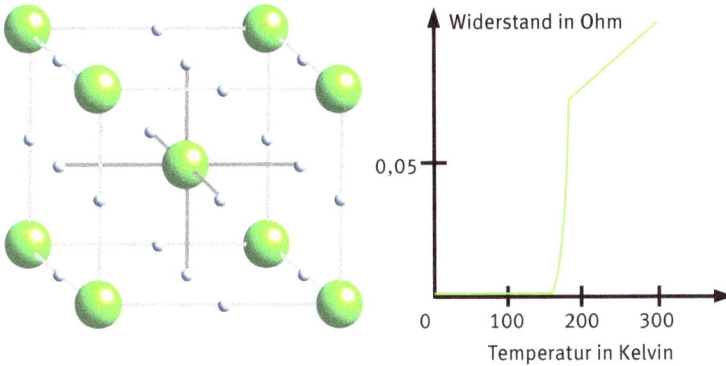

Abb. 13.8: H_3S besitzt eine kubische Struktur. Es ist ein Hochtemperatursupraleiter unter sehr hohen Drücken. Das Bild auf der rechten Seite zeigt den qualitativen Verlauf der Messkurve für den Widerstand in Abhängigkeit von der Temperatur. Die Magnetisierung ändert sich ebenso sprunghaft, was hier nicht dargestellt wird. Der exakte Verlauf der hier gezeigten und der erwähnten Kurve finden sich in [9].

gebnisse über Schwefelwasserstoff H_3S mit drei Wasserstoffatomen (seine kubische Struktur ist in Abbildung 13.8 illustriert). Dieser wird bei einem Druck von 190 Gigapascal[111] (1 GPa = 10^9 Pa) bereits bei einer Temperatur von 203 Kelvin, also etwa −70 Grad Celsius supraleitend. Um die Bedeutung dieses Ergebnisses einordnen zu können, muss man sich vergegenwärtigen, dass dies tatsächlich eine Temperatur ist, die auf der Erde in natürlicher Weise vorkommen kann. So beträgt der aktuelle Kälterekord auf unserem Planeten seit Beginn der Aufzeichnungen etwa −89 Grad Celsius. Zur Erklärung des beobachteten Temperaturrekords bei Supraleitern gelangt man tatsächlich über die BCS-Theorie, wenn auch nicht ganz direkt. Selbige setzt mit einer einzigen quantenmechanischen Wellenfunktion für die 10^{23} Leitungselektronen eines Metalls an, da diese als Cooper-Paare einen kollektiven Zustand annehmen. Infolge dieses Verhaltens ergibt sich die Supraleitung, unabhängig vom eigentlichen Paarungsmechanismus, der für die Wellenfunktion keine Rolle spielt. Nun gibt es aber Materialien (z.B. Zinn), deren Sprungtemperaturen T_C vom sog. Isotopen-Effekt abhängen und dabei ganz wesentlich von der Masse der Isotopen. Daher kommt dem Kristallgitter in der BCS-Theorie eine besondere Bedeutung zu, da es sich auch um ein stark idealisiertes Modell handelt. Die Sprungtemperatur hängt hier von zwei Größen auf unterschiedliche Weise ab:

- T_C ist proportional zur Phononenfrequenz ω_{Ph} (Gitterschwingungen) und

---

111 Ein Pascal ist der Druck, den eine Kraft von einem Newton auf einen Quadratmeter ausübt. In diesem Fall sind es also einhundertneunzig Milliarden Newton, die auf einen Quadratmeter wirken, was ungefähr dem 2000-fachen Druck in 10 Kilometer Tiefe unter dem Meeresspiegel entspricht.

– T_C hängt exponentiell von der Wechselwirkung zwischen den Elektronen und den Phononen ab.

Durch die Idealisierung ist eine Übertragung auf reale Materialien schwierig bzw. die Voraussage deren Sprungtemperaturen, und die Modellierung sieht, basierend auf der BCS-Theorie, keine Supraleiter oberhalb von 40 Kelvin vor,[112] was auf zwei Annahmen beruht:

1. Kaum variierende Phononenfrequenzen bei verschiedenen supraleitenden Übergangsmetallverbindungen (Proportionalität zur Supraleitung kann kaum ausgenutzt werden).
2. Die wichtigen Kristallgitter werden bei zu starken Wechselwirkungen zwischen Elektronen und Phononen instabil, das Material zerfällt quasi.

Doch Experimente in den 80-er-Jahren zeigten von der Theorie nicht erklärte Phänomene und fanden Supraleiter oberhalb der magischen Grenze von den theoretischen 40 Kelvin. Bei den dabei verwendeten Materialien (z.B. LaBaCuO) spielen die Gitterschwingungen nur eine untergeordnete Rolle, der Konkurrenz von Supraleitung und Magnetismus kommt hier die wesentliche Rolle zu, so die gängige Erklärung. Über diese sog. Kuprate und Eisenpniktide haben wir in Abschnitt 13.2.1 gesprochen. Sie sind seit damals im Wesentlichen Gegenstand der Forschung. Hinweise auf andere Materialien mit supraleitenden Eigenschaften unter geänderten Bedingungen gab es allerdings auch schon seit den 60-er-Jahren. Mit dieser Thematik beschäftigt sich seit damals NEIL ASHCROFT[113], dessen theoretische Überlegungen und numerischen Berechnungen bezüglich Wasserstoff[114], später zu Hydriden (Verbindungen von Wasserstoff mit anderen Elementen, z.B. Methan (CH_4), Monosilan (SiH_4) oder Ammoniak (NH_3)) auf Supraleitung bei (zumindest beim Wasserstoff extrem) hohen Drücken hindeuten, wobei Sprungtemperaturen oberhalb von 200 Kelvin möglich sein können. Die Vermutung, dass H_3S unter hohem Druck supraleitend werden könnte, wurde im Jahre 2014 geäußert, gleichzeitig mit einem Experiment, bei dem H_2S unter Druck gesetzt wurde und der Isotopen-Effekt nachgewiesen werden konnte. Bei der Suche nach neuen Supraleitern werden daher heutzutage wieder zwei Aspekte berücksichtigt, die als eher nebensächlich bei früheren Untersuchungen galten:

---

112 Wobei wir ja bereits von Supraleitern mit Sprungtemperaturen von über 200 Kelvin gesprochen haben, weswegen dieser Wert nur noch bemerkenswerter ist, betrachtet man ihn vor dem Hintergrund der BCS-Theorie.

113 Er hat eines der Standardwerke für Festkörperphysik verfasst, den „Ashcroft-Mermin".

114 Unter hohem Druck soll sich theoretisch ein Metall bilden, dass durch die geringe Masse der Wasserstoffatome und die enge Bindung zu den Nachbarn sehr hohe Schwingungsfrequenzen der Gitteratome ermöglicht, was die Bildung von Cooper-Paaren in einem breiten Energiebereich begünstigt. Die Kopplung zwischen Phononen und Elektronen ist wegen der fehlenden Rumpfatome ungewöhnlich hoch. Diese Kopplung λ beeinflusst die Sprungtemperatur aber nachhaltig.

1. Die Elektron-Phonon-Wechselwirkung kann in kubischen Gittern[115] hohe Sprung-
    temperaturen erzeugen, vorausgesetzt die Gitterstruktur bleibt intakt.
2. Wasserstoffhaltige Verbindungen sind theoretisch recht gut vorhersagbar bei Ver-
    wendung der erweiterten BCS-Eliashberg-Theorie[116].

Die Struktur von Materialien unter hohen Drücken zu bestimmen, ist ein komplexes
Unterfangen, da es hier eine Vielzahl an Ausprägungen der Strukturen in Abhängigkeit von Druck und Temperatur geben kann. Untersuchungen erfolgen mit Hilfe von
Beugungsexperimenten, wobei u. a. Synchrotronstrahlung[117] verwendet wird. Hierbei
wurden in den letzten zehn bis fünfzehn Jahren viele erstaunliche Strukturen (z.B. mit
sog. Wirt-Gast-Phasen) gefunden, die mit zu den erwähnten Ergebnissen führten und
immer noch führen.

Zusammenfassend kann man in den Experimenten folgendes Erkennen bzw. festhalten: Verformt sich das Kristallgitter des verwendeten Materials, können Elektronen
die Coulomb-Abstoßung überwinden und Cooper-Paare bilden. Dabei spricht man von
konventioneller Supraleitung. Von unkonventioneller Supraleitung redet man, wenn
diese auf anderen Effekten beruht (z.B. magnetische Effekte). Hoher Druck verändert
die Gitterstruktur, dadurch kann konventionelle Supraleitung selbst bei unerwarteten
Stoffen auftreten. Dazu gehören Isolatoren und sogar Gase. Durch Versuche mit hohen
Drücken lässt sich gezielt die elektronische Struktur des untersuchten Materials verändern, was auch zur Suche nach unkonventionellen Supraleitern genutzt wird.

13.2.3 Aktuelle Einsatzgebiete

Dieser Abschnitt ist als kleine Brücke zum Kapitel über die Fusionsforschung zu sehen. Beim Aufbau des aktuell größten Fusionsexperiments ITER ist der Einsatz supraleitender Materialien ebenso gefragt, wie beim Large Hadronen Collider (LHC), der für
die Suche nach den kleinsten Bausteinen unseres Universums zum Einsatz kommt.
Warum Supraleitung bei solchen Groß-Experimenten zum Einsatz kommen, wollen
wir uns hier kurz anschauen. Ein Argument für den Einsatz supraleitender Magnete ist
ein finanzieller: Durch diese Technologie sind deutlich höhere Teilchenenergien bei
zusätzlich geringeren Betriebskosten möglich. Sowohl für die benötigten Magnetfel-

---

115 Diese besitzen unter allen sieben Kristallsystemen die höchste Symmetrie.

116 Die BCS-Theorie liefert nur brauchbare Ergebnisse für schwach gekoppelte Supraleiter. Die Erweiterung ermöglicht auch die theoretische Behandlung von Oxokupraten ($La_x Ba_{2-x} CuO_4$).

117 Diese erzeugt man durch die Ablenkung geladener Teilchen mit sehr hohen Geschwindigkeiten
(nahe der Lichtgeschwindigkeit, Bewegungsenergien im Gigaelektronenvolt-Bereich). Für eine Ablenkung der geradlinigen Bewegung benötigt man eine Kraft, womit eine beschleunigte Bewegung erzeugt wird, da sich die Richtung des Geschwindigkeitsvektor ändert. Daraus resultiert die als Synchrotronstrahlung bezeichnete Bremsstrahlung des Vorgangs.

der, als auch für die elektrischen Felder der Beschleunigungsstrukturen sind hiermit enorme Feldstärken möglich. Diese Vorteile wollen wir kurz vorstellen.

In Beschleunigern sind zwei Anwendungstypen von Supraleitern zu unterscheiden:

– Ablenkungs- und Fokussierungsmagneten für den Teilchenstrahl,
– Hochfrequenzresonatoren zur Energieerhöhung (Beschleunigungseinheiten).

In Kreisbeschleunigern für Protonen, Antiprotonen und schwere Ionen bietet sich der Einsatz supraleitender Spulen zur Magnetfelderzeugung[118] auf Grund des verschwindenden Widerstands bei der Stromleitung und den deutlich größeren Feldstärken im Vergleich zu gesättigtem Eisen an. Bei Elektronenkreisbeschleunigern begrenzt die Synchrotronstrahlung deren Energie in einem solchen Maße, dass der Einsatz normaler Magnete deutlich kostengünstiger ist, da die möglichen Kapazitäten der supraleitenden Bauteile nicht wirklich genutzt werden. So unterscheiden sich z.B. bei HERA (Hadron-Elektron-Ring-Anlage), dem großen Ringbeschleuniger mit einem Umfang von mehr als $6,5$ Kilometern am DESY (Deutsches Elektronen-Synchrotron, gleichzeitig der Name des ersten Teilchenbeschleunigers des Forschungszentrums) in Hamburg, die Betriebsenergien und Magnetfelder beim Protonenspeicher- und beim Elektronenring um mindestens den Faktor 30.[119]

Für die beiden Anwendungstypen in Teilchenbeschleunigern kommen unterschiedliche Arten von Supraleitern zum Einsatz. Dabei unterteilt man in zwei Kategorien: Harte und weiche Supraleiter.

– **Harte Supraleiter:** Der wichtigste technische Leiter dieser Kategorie ist Niob-Titan (NbTi) mit einer Sprungtemperatur $T_c = 9,4$ Kelvin. Typ-II-Supraleiter, die Ströme und magnetische Felder im Innern zulassen, aber die Bewegungen magnetischer Flusslinien, welche mit der Wärmeerzeugung gekoppelt sind, durch sog. Haftzentren unterbinden, bezeichnet man als harte Supraleiter. Sie kommen bei den Beschleunigermagneten (zur Erzeugung der Kreisbahnen) zum Einsatz, wobei für die benötigte hohe Feldqualität eine präzise Spulengeometrie gefordert werden muss, da der Feldverlauf nur durch die Leiter in der Spule vorgegeben wird.
– **Weiche Supraleiter:** Als weiche Supraleiter bezeichnet man diejenigen des Typs II, deren Flussschläuche in der gemischten Phase leicht beweglich sind. Es treten Energiedissipationen auf und die Schläuche beginnen durch die Lorentz-Kraft des Stroms zu wandern. Sie kommen wegen ihrer Eigenschaften bei den Hoch-

---

118 Dipole für die Ablenkung auf Kreisbahnen und Quadrupole als magnetische Linsen zur Erzeugung kleiner Strahlquerschnitte.
119 Beide werden im Gigaelektronenvolt- und Teslabereich betrieben.

frequenzresonatoren (HF-Resonatoren) zur Energieerhöhung zum Einsatz.[120] Das Binden der Flussschläuche an Haftzentren ist hier nicht erwünscht, da es mit starken Hystereseverlusten in alternierenden Magnetfeldern verknüpft ist. Als beste Wahl für Hochfeld-HF-Resonatoren hat sich bisher Niob erwiesen.

Der Einsatz von Supraleitern ist bei Beschleunigern, ebenso wir bei Fusionsexperimenten mit viel technischem Wissen und hochpräziser Umsetzung verbunden. Es ist anzunehmen, dass weitere Entwicklungen und Entdeckungen bei den Supraleitern hier sicherlich bei zukünftigen Experimenten den Einsatz neuer Materialien mit verbesserten Eigenschaften für das jeweilige Problem ermöglichen werden, wie auch die Autoren von [1] prognostizieren.

13.3 Ausblick

Das theoretische Verständnis, was bei der Typ-II-Supraleitung oder bei den Hochtemperatursupraleitern tatsächlich passiert, wird sich mit der Zahl der Experimente zunehmend entwickeln und sicherlich zu passenden Modellen führen, die für Vorhersagen verwendet werden können und durch Experimente Bestätigung suchen. Weder das optische Pumpen, noch das Ausnutzen von sehr hohen Drücken werden es wohl in absehbarer Zeit ermöglichen, Supraleitung bei Raumtemperatur dauerhaft für andere Experimente oder gar im Alltag zum verlustfreien Stromtransport zu nutzen. Dennoch sind dies vielversprechende Techniken, die das Ziel, Supraleitung bei Raumtemperatur auch dauerhaft möglich zu machen, wieder etwas näher rücken. Mögen sich diese Techniken auch selbst nicht dafür eignen, das Ziel an sich zu erreichen, so geben sie viele Aufschlüsse darüber, nach welchen Mechanismen Supraleitung in den diversen Materialien funktioniert und liefern eventuell genügend Daten, um Anhaltspunkte für einen theoretischen Durchbruch zu bieten. Der Einsatz von Supraleitung als eine Schlüsseltechnologie in Großexperimenten wie dem LHC und ITER zeigt, dass sich weitere Forschung und Entwicklung als sehr lohnend erweisen kann. Und gerade die Erfolge der letzten Zeit haben bei den Forschern sicher für einige Euphorie gesorgt, wie die Artikel der letzten Jahre zeigen.

Wurden normal- und supraleitende Resonatoren bisher von Instituten und Universitäten entwickelt, gibt es mittlerweile Verträge zum Technologie-Transfer mit der Industrie (z.B. mit ACCEL Instruments in 2006), so dass solche Bauteile quasi schlüsselfertig auch an kleinere Institute geliefert werden können. Das ermöglicht eine breiter aufgestellte Forschung im Bereich der Beschleuniger-Physik, da einiges an Vor-

---

120 Ideal wären Typ-I-Leiter, da Magnetfelder auf Grund des vollständignen Meissner-Ochsenfeld-Effekts nur in hauchdünnen Oberflächenschichten zu finden sind. Leider sind die kritischen Magnetfelder zu klein für einen Einsatz in diesem Bereich.

und Entwicklungsarbeit gespart werden kann. Ob hier in naher Zukunft neue Materialien genutzt werden können, ist eine noch offene Frage. Der Bau von Beschleunigerkomponenten für die Grundlagenforschung bleibt derzeit aber immer noch ein Markt mit Nischenstatus für den Mittelstand. Das alles zeigt, dass die Supraleitung den Weg aus den Forschungslaboren in die Industrie gefunden hat und auch hier bereits die Basis dafür geschaffen wird, mit neueren Errungenschaften auf dem Weg zum Raumtemperatur-Supraleiter umgehen zu können. Ob es gelingt, kann man nicht wissen, aber das Wissen bei dem Versuch, es gelingen zu lassen, das haben wir auf jeden Fall gewonnen.

Literatur

[1] M. Pekeler and P. Schmüser. Supraleitung für Teilchenbeschleuniger. *Physik Journal* **3**, 45 (2006).

[2] H. Ibach and H. Lüth. *Festkörperphysik.* Springer-Verlag Berlin Heidelberg New York (1988). 2. überarbeitete u. erw. Auflage.

[3] C. Kittel. *Einführung in die Festkörperphysik.* Oldenbourg Verlag München Wien (2002). 13. Auflage.

[4] D. Vollhardt and P. Wölfle. Eine Sternstunde der modernen Physik. *Physik Journal* **1**, 43 (2008).

[5] W. Buckel and R. Kleiner. *Supraleitung.* WILEY-VCH Weinheim (2004). 6. Auflage.

[6] A. Shepelev and D. Larbalestier. Die vergessene Entdeckung. *Physik Journal* **6**, 51 (2011).

[7] F. Kneubühl and M. Sigrist. *Laser.* Vieweg+Teubner Verlag (2008). 7. Auflage.

[8] J. Fink. Supraleitung bei Raumtemperatur. *Physik Journal* **3**, 18 (2015).

[9] F. M. Grosche. Mit Hochdruck auf der Suche. *Physik Journal* **2**, 29 (2016).

[10] R. Hackl and B. Büchner. Supraleitung unter Hochdruck. *Physik Journal* **11**, 22 (2015).

[11] J. Schmalian. Unkonventionell und komplex. *Physik Journal* **6**, 37 (2011).

14 Semiklassik an einem Beispiel

Warum ist es von brauchbarer Natur, ein bereits bekanntes und wohlstudiertes System mit Hilfe semiklassischer Techniken zu behandeln? An dieser Stelle müssen wir sogleich weitere Fragen anschließen, denn für den Leser ist es wahrscheinlich gerade so, dass wir mit der Türe ins Haus gefallen sind. Wir haben nämlich direkt eine Fragestellung zum Sinn der Semiklassik gewählt, ohne zu sagen, was die Semiklassik überhaupt ist und warum sie funktioniert. Im Gegensatz zu den anderen Kapiteln mit Themen wie Bose-Einstein-Kondensate, Kernfusion, Quantencomputer oder Quasikristalle hat man von der Semiklassik wahrscheinlich noch nichts gehört. Die Quantenmechanik ist ja wenigsten umgangssprachlich bekannt, wenn man z.B. von einem Quantensprung spricht und damit meint, einen sensationellen Schritt getan zu haben, auch wenn der Physiker darunter nur den kleinstmöglichen physikalischen Sprung versteht. Aber so unterscheiden sich eben Menschen und Physiker. Aber bleiben wir bei der Semiklassik und beantworten erst einmal die anfänglich gestellte Frage und machen uns dann an die Ideen hinter der semiklassischen Näherung von Systemen. Die Antwort auf die eingangs gestellte Frage liefert das mögliche Verständnis des vorliegenden quantenmechanischen Problems bzw. Systems. Da der Mensch eher „klassisch" denkt, hilft ihm der Vergleich des quantenmechanischen Systems mit seinem korrespondierenden klassischen System bei der Analyse und der Interpretation des Erstgenannten. Denn es ist einfacher, sich ein um den Kern kreisendes Elektron vorzustellen als die aus den Aufenthaltswahrscheinlichkeiten des Elektrons resultierenden „Wolken" zu akzeptieren. Zwar sind wir heutzutage mit dem letztgenannten Bild vertraut, doch zwingt uns unsere Erfahrungswelt eher die klassische Anschauung auf und nur die mittlerweile etwa 90 Jahre Eingewöhnungszeit für die Quantenmechanik lassen uns deren Bilder so bereitwillig und ohne größere Überlegungsschwierigkeiten annehmen. Über diese Gewohnheiten von uns Menschen sollte man sich immer wieder Gedanken machen, damit man nicht alles als so ganz selbstverständlich ansieht und dadurch den Blick für Neues verliert.

In diesem Kapitel wollen wir dem Leser die Semiklassik etwas näher bringen, welche Ideen dabei eine Rolle spielen und wie die ganze Thematik mit dem sogenannten Quantenchaos zusammenhängt. Da wir aber den Rahmen eines Kapitels nicht sprengen wollen, verfahren wir hier so, dass wir ein quantenmechanisches Modell, das diamagnetische Keplerproblem, vorstellen und dazu einige Überlegungen anführen. Wenn dann eine gewisse Vorstellung beim Leser vorhanden ist und das Thema mit dem wohl geringsten Bekanntheitsgrad vielleicht etwas näher gebracht werden konnte, schließen wir mit einer kleinen Zusammenfassung von Themen, die derzeit untersucht werden und Gegenstand von Diplom- und Doktorarbeiten sind. Natürlich werden hier nur sehr wenige Punkte angesprochen, da es hier sehr schnell recht speziell wird und die mathematischen Erläuterungen hierzu deutlich zu umfangreich sind.

https://doi.org/10.1515/9783111260570-014

14.1 Worum es geht

Zusammenfassung:

In diesem Kapitel betrachten wir die Entwicklung der Atommodelle. Beginnend mit der Orientierung an den Planetenbahnen, erläutern wir kurz die quantenmechanische Beschreibung und zeigen, wie Gutzwiller die Bahnen wieder in die Quantenmechanik (zurück) brachte. Darauf basierend schauen wir uns an, wie solche Bahnen für ein Beispiel-System zu ermitteln sind und welche Ähnlichkeiten zwischen diesen bestehen. Das Kapitel ist etwas spezieller aufgebaut und es finden sich, v. a. bei den sehr kurzen Abschlussabschnitten, Verweise auf Kapitel in diesem Buch, die starke Bezüge zu der Thematik hier haben, aber die Platzierung an eben jenen anderen Stellen sinnvoller erschien.

14.1.1 Atommodelle im Wandel der Zeit

Die Beschreibung von Atomen und ihren Energieniveaus hat einen lange Geschichte. Die für uns wichtigsten Modelle stellen wir hier kurz vor:
1. Das **Bohrsche Atommodell**, vielen wohl bekannt und im Prinzip die erste semiklassische Berechnung eines Quantensystems.
2. Die quantenmechanische Beschreibung von Atomen. Diese haben wir recht kurz gefasst und als Unterabschnitt bei den Atommodellen aufgeführt.
3. Die **Gutzwillersche Spurformel**, die den Zusammenhang zwischen dem Energiespektrum eines Quantensystems und seinen periodischen Bahnen herstellt.

Diese Auswahl erlaubt es einen entsprechenden Einblick in die Thematik zu geben, ohne mit zu vielen Formeln abzuschrecken und das Thema sperriger erscheinen zu lassen, als es zu Beginn sein muss.

Auch wenn es nicht Thema in der Schulphysik ist, kann es gut sein, dass man bereits etwas von der Bohr-Sommerfeld-Quantisierung gehört hat. Aber selbst wenn der Begriff nicht geläufig ist, so erinnert sich bestimmt ein jeder an das Bohrsche Atommodell[121]: Die Elektronen ziehen ihre Kreise auf wohldefinierten Bahnen um das Zentrum ihres Atoms, den Atomkern. Das Modell ist allein schon wegen der Kreisbahnen etwas problematisch, stellt aber eine erste trickreiche Annäherung an die Welt des Allerkleinsten dar, mit der man auch recht passabel rechnen kann. Und für uns das Wichtigste ist in diesem Zusammenhang, dass das Modell klassisch inspiriert ist, denn es orientiert sich an den Bahnen der Planeten um die Sonne.

---

121 Dieses stammt aus dem Jahr 1913 und wurde drei Jahre später von Sommerfeld verfeinert.

In den folgenden drei kleinen Abschnitten wollen wir die Entwicklung des Atommodells, d. h. die Entwicklung der Vorstellung vom Aufbau der Materie wie sie im 20. Jahrhundert geschah, kurz veranschaulichen. Dazu haben wir drei wesentliche Eckpfeiler in der Entstehung der Modellvorstellung des Atoms, wie wir sie heute kennen, zur Betrachtung herangezogen. Wir werden kurz auf die wesentlichen Punkte der jeweiligen Theorie eingehen, angefangen bei Rutherford, über das Bohrsche Atommodell bis hin zur heute üblichen Beschreibung der Atome durch die Quantenmechanik. Das Bohrsche Modell ist für uns dann als Einstieg in die Semiklassik von Interesse.

14.1.1.1 Das Atommodell von Rutherford

Das von ERNEST RUTHERFORD im Jahr 1912 aufgestellte Atommodell basiert im wesentlichen auf den experimentellen Daten und den daraus resultierenden Schlussfolgerungen, die er aus seinen Streuversuchen mit α-Teilchen an einer sehr dünnen Goldfolie erhalten hat. Bei besagten Streuversuchen machte Rutherford folgende Beobachtungen:

- Der Großteil der α-Teilchen ging ungehindert durch die Goldfolie hindurch. Bei Ablenkungen der Teilchen kamen kleine Ablenkungswinkel wesentlich häufiger vor als große.
- Bei der Verwendung von Folien unterschiedlichen Materials ergab ein Vergleich der Messreihen, dass die Wahrscheinlichkeit einen bestimmten Ablenkungswinkel zu erhalten proportional zum Quadrat der Ordnungszahl der Atome zunahm.

Aus diesen Beobachtungen zog Rutherford für den Aufbau eines Atoms die folgenden Rückschlüsse:

1. Der Atomdurchmesser liegt in der Größenordnung von 10^{-10} m. Diesen Wert erhält man aus der kinetischen Gastheorie. Jedoch konzentriert sich nahezu die gesamte Masse eines Atoms auf den Atomkern, dessen Größenordnung bei 10^{-14} m liegt, also zehntausend Mal kleiner ist, als das Atom selbst. Somit besteht der meiste Teil der Materie aus nichts.
2. Die positive Ladung sitzt restlos im Atomkern.
3. Die negativen Ladungen liegen bei den Elektronen, welche sich in der Atomhülle aufhalten.

Damit führte Rutherford die Unterscheidung von zwei Teilen des Atoms ein, die uns heute als selbstverständlich erscheinen: Atomhülle und Atomkern.

Die Frage, wie die Anordnung der Atome in der Hülle allerdings erfolgt, stellte sich auf Grund der Gesetze der klassischen Elektrodynamik als problematisch heraus, da ein Kreisen um den Kern nicht möglich ist, weil beschleunigte Ladungen Energie abstrahlen und folglich jedes Elektron, das sich derart verhält, innerhalb weniger Nanosekunden in den Kern stürzen würde. Eine Lösung für dieses Problem wurde im Jahr 1913 von NILS BOHR durch sein Atommodell vorgestellt.

14.1.1.2 Das Bohrsche Atommodell

Wie bereits erwähnt, stellte Nils Bohr sein Atommodell im Jahr 1913 vor. Dabei fügte er folgerichtige Ergänzungen zum Rutherfordschen Atommodell hinzu, die allerdings für die damalige Zeit auf einer revolutionären Annahme basierten. Bohr ging davon aus, dass sich die Elektronen, analog den Planeten in unserem Sonnensystem, auf diskreten Bahnen, strahlungsfrei um den Atomkern bewegen.[122] Bohrs Annahmen wurden später als Thesen formuliert und als die Bohrschen Postulate bekannt, da eine Beschreibung durch die Quantenmechanik noch nicht existierte. Die Postulate lauten:

- **1. Bohrsches Postulat (die sog. Quantenbedingung)**

  Der Bahndrehimpuls $L = mrv$ (Produkt aus kreisender Masse, dem Kreisradius und der Bahngeschwindigkeit) nimmt nur diskrete Werte an und zwar Vielfache von $\hbar = \frac{h}{2\pi}$, wobei $h = 6{,}626070040 \cdot 10^{-34}$ Js das Plancksche Wirkungsquantum ist. Damit folgt, dass

$$L = n\frac{h}{2\pi} \text{ mit } n \in \mathbb{N} \tag{14.1}$$

  ist. Auf solchen Bahnen kann sich ein Elektron strahlungsfrei bewegen und n wird dabei als Quantenzahl der entsprechenden Bahn bezeichnet.

- **2. Bohrsches Postulat (die sog. Frequenzbedingung)**

  Geht ein Elektron von einer Bahn hoher Energie auf eine Bahn niedrigerer Energie über, so erfolgt durch die Abgabe eines Photons die Energiedifferenz. Es ist

$$h\nu = E_m - E_n \text{ mit } m > n, \tag{14.2}$$

  wobei ν die Frequenz ist und E_m bzw. E_n die Energie des Teilchens auf der jeweiligen Bahn. Der umgekehrte Vorgang erfolgt durch die Absorption eines Photons entsprechender Energie.

In Abbildung 14.1 ist die Vorstellung, die dem 2. Bohrschen Postulat zu Grunde liegt, nochmals anschaulich dargestellt. Unter Verwendung der Bohrschen Postulate kann man durch das Gleichsetzen der Coulombkraft, welche zwischen Elektron und Kern wirkt, und der aus der Kreisbahn des Elektrons resultierenden Zentrifugalkraft, sowohl den sog. Bohrschen Radius berechnen, als auch die Energiewerte für die einzelnen Bahnen angeben. Daraus lassen sich wiederum die Spektralserien des Wasserstoffs berechnen, wenn man das Modell auf das Wasserstoffatom anwendet. Allein für dieses und für wasserstoffähnliche Ionen liefert das Bohrsche Atommodell korrekte Werte. Für die anderen Atome war eine neuartige Theorie notwendig: Die Quantenmechanik. Halten wir, bevor wir zu dieser schreiten, die Leistungen und Grenzen des Bohrschen Atommodells fest:

- Durch das Bohrsche Atommodell lassen sich Energieänderungen grundsätzlich durch Absorptions- und Emissionsenergien erklären.

---

122 Das ist das „Klassische" bei diesem Ansatz: Es wird von Bahnen ausgegangen!

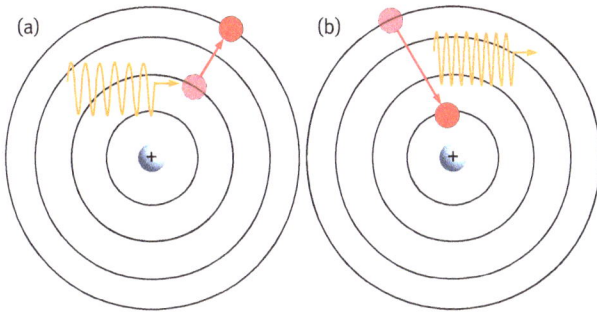

Abb. 14.1: Absorption und Emission eines Photons im Bohrschen Atommodell. Bei passender Wellenlänge „springt" das Elektron auf eine der nächsten Bahnen. Steigt es auf ein niedrigeres Energieniveau herab, so wird die Energiedifferenz als Photon mit entsprechender Wellenlänge $E_E = E_n - E_m = h\nu_{nm}$ mit n > m entsendet.

- Für das Wasserstoffspektrum ist die Theorie absolut ausreichend und die Ionisierungsenergien können korrekt berechnet werden.
- Die Spektren von wasserstoffähnlichen Ionen mit lediglich einem Elektron lassen sich berechnen. Dies gilt auch für die charakteristische Röntgenstrahlung, welche sich aus dem sog. Moseleyschen Gesetz ergibt.
- Die berechnete Größenordnung für den Atomradius ist korrekt und wir experimentell bestätigt, was eine gute Theorie ja als Gradmesser haben sollte.

Die vollständige Behandlung von Atomen mit mehr als einem Elektron war mit diesem Modell jedoch noch nicht möglich und es wurde nach neuen Theorien gesucht, was schließlich zur Entwicklung der Quantenmechanik u. a. durch WERNER HEISENBERG führte.

14.1.1.3 Die quantenmechanische Beschreibung des Atoms

In diesem Abschnitt wollen wir kurz skizzieren, wie in der Quantenmechanik die Berechnung von Atomen praktiziert wird. Dazu betrachten wir zuerst den wichtigen Begriff des Potentialtopfes und weiter unten die Schrödinger-Gleichung. Explizite Rechnungen werden wir aus Gründen der Übersicht aussparen und weil ihre Platzierung in einer solchen „Kurzübersicht" zu einem ausgewählten Thema sehr viel Platz verbrauchen würden. Wer daran interessiert ist, kann jedes gute Buch zur Quantenmechanik zu Rate ziehen (z.B. [1] oder [2]).

Die widerspruchsfreie Behandlung von sog. Quantensystemen, zu denen auch zweifellos das Atom zählt, gelingt mit Hilfe der von Schrödinger aufgestellten und auch nach ihm benannten Schrödinger-Gleichung. Die Beschreibung eines Elektrons erfolgt nun durch eine passende Wellenfunktion Ψ, die durch das Bilden des Betragsquadrates die Aufenthaltswahrscheinlichkeit des Elektrons wiedergibt (was die Elek-

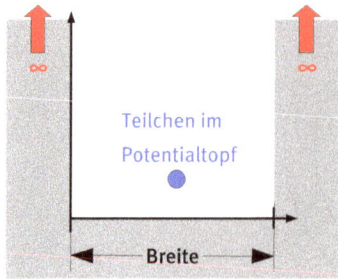

Abb. 14.2: Modell des linearen Potentialtopfes mit unendlich hohen Wänden und der Breite/Länge x = L.

tronenwolken für die Orbitale im Chemieunterricht und in diesem Buch im Kapitel über Graphen zur Folge hat). Die Wellenfunktion für das Elektron ergibt sich dabei aus dem Modell des linearen Potentialtopfes. Dieses wollen wir kurz skizzieren: Beim Modell des linearen Potentialtopfes geht man davon aus, dass das Teilchen in einem langgestreckten Körper eingeschlossen ist und innerhalb dieses „Energietopfes" keine weiteren Kräfte auf es wirken. Die potentielle Energie hat nun einen konstanten Wert, den man der Einfachheit halber auf Null setzen kann. An den Rändern ist die potentielle Energie unendlich groß, da das Teilchen an diesen Stellen nicht in die Wände des Topfes eindringen können soll, da es ja im Topf eingeschlossen ist.

Die Antreffwahrscheinlichkeit des Teilchens wird nun, wie bereits erwähnt, durch das Betragsquadrat der ihm zugeordneten Wellenfunktion beschrieben. Die Werte an den Rändern sind dabei Null, da dort das Teilchen ja nicht anzutreffen ist. Innerhalb des Topfes muss die Wellenfunktion eine stehende Welle beschreiben, wobei für Abbildung 14.2 die Bedingung für stehende Wellen

$$\frac{\lambda}{2} \cdot n = a \text{ mit } n = 1, 2, 3, \dots \tag{14.3}$$

lautet. Die Antreffwahrscheinlichkeit wird, wie bereits erwähnt, durch das Bilden des Betragsquadrates der Wellenfunktion ermittelt. Dies ist anschaulich in Abbildung 14.3 dargestellt. Das erstaunlichste Ergebnis dieser Betrachtung ist, dass sich die Aufenthaltswahrscheinlichkeit des Teilchens nicht gleichmäßig auf der ganzen Strecke verteilt. Gibt man dem Teilchen nun eine kinetische Energie, drückt diese durch seinen Impuls aus und wendet die Beziehung von DE BROGLIE an, so kann man die Energie eines Teilchens in Abhängigkeit von n berechnen und sieht, dass die Energien im Potentialtopf in gequantelter Form vorliegen. Mit Hilfe dieses recht einfachen Modells, kann man schon qualitative Aussagen über die chemische Bindung und das generelle Verhalten von Molekülen treffen. Interpretiert man jedes von zwei interagierenden Atomen als Potentialtopf, so kann man durch das Zusammenschieben dieser beiden rechnerisch das Bilden einer chemischen Bindung beschreiben. Die Berechnungen in der Quantenmechanik erfolgen meist direkt über die schon angesprochene Schrödinger-

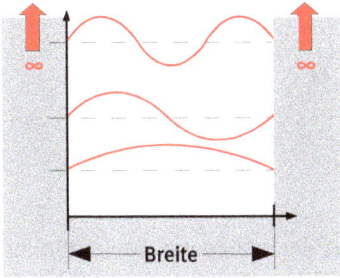

Abb. 14.3: Dargestellt sind mögliche Wellenfunktionen im linearen Potentialtopf. Das Bild ähnelt sehr den Grund- und Oberschwingungen einer Seite bei Betrachtungen in der Akustik. Die Quadrate der jeweiligen Wellenfunktion Ψ_n mit n = 1, 2, ... geben die Aufenthaltswahrscheinlicheit des Teilchens an.

Gleichung. Für ein freies, massives Teilchen lautet sie:

$$i\hbar \frac{\partial}{\partial t} \Psi(\boldsymbol{r}, t) = -\frac{\hbar^2}{2m} \Delta \Psi(\boldsymbol{r}, t). \tag{14.4}$$

Dabei ist Δ der sogenannte Laplace-Operator, der bei nur einer Variablen x der zweiten Ableitung einer Funktion entspricht. Bewegt sich das Teilchen, welches als punktförmig angenommen wird, in einem Potential $V(\boldsymbol{r})$, so hat es die Energie $E = \frac{p^2}{2m} + V(\boldsymbol{r})$. Wendet man die in der Quantenmechanik gebräuchlichen Ersetzungsregeln an, so erhält man die Schrödinger-Gleichung für ein Teilchen in einem Potential:

$$i\hbar \frac{\partial}{\partial t} \Psi(\boldsymbol{r}, t) = -\frac{\hbar^2}{2m} \Delta \Psi(\boldsymbol{r}, t) + V(\boldsymbol{r}, t)\Psi(\boldsymbol{r}, t). \tag{14.5}$$

Für ein Atom interpretiert man $V(\boldsymbol{r}, t)$ als Coulombpotential des Kerns und Ψ ist die bereits erwähnte Wellenfunktion. Löst man nun diese Gleichung, was nur in sehr wenigen Fällen analytisch gelingt, hängt das Ergebnis von mehreren Parametern ab, den sog. Quantenzahlen. Diese sind der Reihe nach:
-    Hauptquantenzahl n (= Energiequantenzahl)
-    Bahndrehimpulsquantenzahl l
-    Spinquantenzahl s
-    Magnetische Bahndrehimpulsquantenzahl m_l
-    Magnetische Spinquantenzahl m_s

Dabei können für gegebenes n folgende Werte der anderen Quantenzahlen angenommen werden:

– Bahndrehimpulsquantenzahl: $l = 0, 1, \ldots, (n-1)$
– Spinquantenzahl: $s = \frac{1}{2}$
– Magnetische Bahndrehimpulsquantenzahl: $m_l = -l, -l+1, \ldots, l-1, l$
– Magnetische Spinquantenzahl: $m_s = \pm \frac{1}{2}$

Mit Hilfe der Quantenzahlen gelingt die Berechnung der geeigneten Wellenfunktionen (meistens numerisch) für die entsprechenden Teilchen. Vereinfachungen bei der Berechnung können durch z.B. nur die Betrachtung der Valenzelektronen vollzogen werden.

Die Berechnungen sind mit den Methoden der Quantenmechanik sehr präzise, doch entzieht sich der Formalismus einer tieferen, physikalischen Interpretation. Diese ist über die Semiklassik möglich, die dadurch eine Ordnung ins sog. Quantenchaos bringt.

14.1.2 Gutzwillers Spurformel und das Quantenchaos

Wie können wir einen Zusammenhang zwischen der Quantenmechanik und der Semiklassik in dem Sinne herstellen, dass wir die periodischen Bahnen zu Betrachtungszwecken für das zu untersuchende chaotische Quantensystem heranziehen dürfen? Hierauf gibt es seit 1971 eine Antwort: Die Verbindung zwischen dem Energiespektrum eines Quantensystems und seinen periodischen Bahnen im semiklassischen Grenzfall ist durch die *Gutzwiller'sche Spurformel* gegeben. Die Berechnung der Zustandsdichte eines gebundenen Systems erfolgt dabei durch eine Aufsummierung der periodischen Bahnen. Nach [3] ergibt sich

$$\rho(E) = \sum_n \delta(E - E_n) \approx \overline{\rho}(E) + \frac{1}{\pi\hbar} \mathrm{Re} \sum_\gamma A_\gamma e^{iS_\gamma(E)/\hbar}. \tag{14.6}$$

Hierbei bezeichnet $\overline{\rho}(E)$ die mittlere Zustandsdichte und mit γ sind die periodischen Bahnen indiziert,[123] durch E_n sind die Energielevel benannt. Gleichung (14.6) zeigt überdies, dass jede periodische Bahn einen Beitrag durch ihre Wirkung S_γ und ihre Stabilitätsamplitude A_γ leistet. A_γ ist eine komplexe Größe, welche u. a. von der Periode der Bahn abhängt. Es gibt verschiedene Abwandlungen dieser Formel, wodurch das Erreichen des Grenzwerts bei der Summenbildung schneller erfolgt (bessere Konvergenzeigenschaften bei der Reihenwertbildung). Vergleicht man die Ergebnisse der

---

[123] Dies ist nicht mit der Magnetfeldstärke γ beim Aufstellen der Hamiltonfunktion zu verwechseln. Es ist gelegentlich ein Problem, dass ein Symbol mehrfach Verwendung findet. Aus dem Kontext ist aber immer zu ersehen, welche Bedeutung die damit bezeichnete Größe nur haben kann.

Formel mit experimentell bestimmten Spektrallinien elektronischer Übergänge in Atomen oder Molekülen, sind diese üblicherweise verbreitert. Dies liegt u. a. daran, dass von einem klassischen chaotischen System nur selten alle periodischen Bahnen bekannt sind oder verwendet werden können.[124]

14.2 Betrachtung des Modellsystems

Wie in der Einleitung skizziert, betrachten wir einführende Berechnungen in der Semiklassik anhand eines konkreten Beispiels, das wir als nicht zu komplizierten Beispielfall vorstellen wollen. Zuerst schauen wir uns kurz das System an, wie man zu Lösungen desselben kommt und wie solche Bahnen dann aussehen. Notwendige numerische Verfahren erwähnen wir kurz, um dem Leser bereits Stichworte an die Hand zu geben, die ihm bei der Recherche wichtiger Methoden zur Berechnung physikalischer Probleme eine Hilfe sein können.

14.2.1 Mit Hyperbeln Billard spielen

Bevor wir das eigentliche physikalischen Modellsystem betrachten, ist es notwendig, ein paar Worte über das sog. Hyperbel-Billard zu verlieren. Wahrscheinlich hat ein jeder schon einmal Billard oder ein anderes Spiel gespielt, das auf ähnlichen Grundprinzipien basiert: Eine Kugel soll in ein passendes Ziel (hier ein Loch) bugsiert werden. Dabei darf man natürlich auch den erhöhten Spielfeldrand als Bande verwenden, nutzt den Zusammenhang zwischen Einfalls- und Ausfallswinkel aus.[125] Abhängig von der Art der Spielfeldgeometrie lässt sich nun chaotisches Verhalten beobachten. Das bedeutet nicht, dass bei gleicher Ausgangslage unterschiedliche Ergebnisse zu erwarten sind, denn das ist auch bei chaotischen Systemen nie der Fall, sondern, dass bei einer leichten Veränderung des Startpunkts die Bahnen (exponentiell) auseinander laufen und sich, trotz der Nähe ihrer Startpunkte, vollkommen verschieden ausbreiten. Liegt beim Billard das normale rechteckige Spielfeld vor, dann haben zwei Kugeln bei leicht verschiedenen Startpositionen aber ansonsten identischen Voraussetzungen nahezu identische Bahnen. Bringt man nun aber eine Kreisscheibe in der Tischmitte an, die für zusätzliche Reflexionen sorgt, so ergeben sich schon nach we-

---

124 An dieser Stelle kann man gut über Quantenchaos sprechen. Da wir aber hier eine Überlappung mit dem Kapitel über Chaos haben, verweisen wir auf dieses und platzieren die Ausführungen dort. Hier konzentrieren wir uns nur auf das Modellsystem.

125 Wobei hier der zusätzliche Drall der Kugel, bedingt durch die Stoßposition, eine wesentliche Rolle spielt. Ungeübte Spieler nutzen diesen nur sehr zufällig aus, Profis sind damit zu für den Laien unglaublichen Kunstschüssen in der Lage. Für die Überlegungen hier, lassen wir diese Besonderheiten außer Acht.

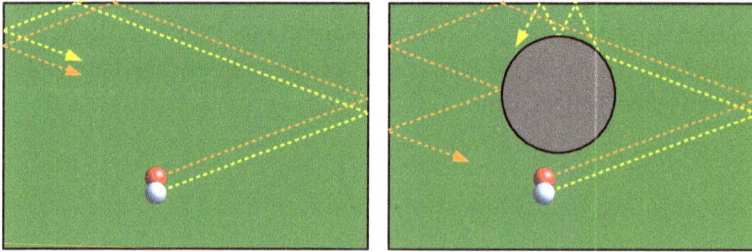

Abb. 14.4: Das normale Billardspiel (links) erzeugt bei leichten Veränderungen der Anfangsposition keine großen Abweichungen zwischen den beiden gezeigten Bahnen (lineare Zunahme der Abweichung mit der Zeit, hier nicht wirklich gut zu erkennen). Der zusätzlich positionierte Kreis im rechten Bild hat zur Folge, dass die beiden Bahnen vollkommen verschieden verlaufen, trotz der Nähe beim Start (exponentielle Zunahme der Abweichung mit der Zeit).

nigen Stößen vollkommen verschiedene Bahnen. Dieses Billardspiel wurde von dem Mathematiker YAKOV SINAI vorgeschlagen und wird deshalb auch als Sinai-Billard bezeichnet. Tatsächlich lässt sich Chaos auch noch auf andere Weise erzeugen, indem z.B. Hyperbeln als Berandung dienen oder man eine Stadionberandung verwendet. Dieses klassische Billard-Modell lässt sich nun tatsächlich zur Beschreibung von Quantenchaos heranziehen. So ist es z.B. möglich, das in diesem Kapitel betrachtete Modellsystem als Hyperbel-Billard zu interpretieren, wobei man hierzu einige Anpassungen zur numerischen Berechnung vornehmen muss.

Ein paar Ergänzungen zu den Billard-Systemen in Abbildung 14.4 wollen wir noch notieren. Das normale Billard auf der linken Seite hat mehrere Erhaltungsgrößen. Dies sind die Energie E und die Beträge bzw. Quadrate der Impulskomponenten p_x^2 und p_y^2. Das Reflexionsgesetz (der Ausfallswinkel ist gleich dem Einfallswinkel) ändert lediglich die Vorzeichen der Impulskomponenten. Die Bahnen lassen sich bei bekannten Anfangsbedingungen und der Anwendung des Reflexionsgesetzes für lange Zeiträume berechnen. Das System wird als integrabel bezeichnet, da die Zahl der Freiheitsgrade und die Zahl der Erhaltungsgrößen übereinstimmen. Beim Sinai-Billard gibt es nur die Energie E als Erhaltungsgröße. Damit ist das System nicht-integrabel und kleine Abweichungen in den Anfangsbedingungen führen zu sehr voneinander verschiedenen Teilchenbahnen. Schauen wir uns in den folgenden Abschnitten an, wie das Hyperbel-Billard nun zum Einsatz kommt und wie sich das auf die Bahnen des Systems auswirkt.

14.2.2 Das diamagnetische Keplerproblem

Im vorliegenden Abschnitt beschäftigen wir uns mit dem angesprochenen Modellsystem, dem diamagnetischen Keplerproblem. Hierzu stellen wir die zugehörige Hamiltonfunktion[126] vor und passen sie mit Hilfe von Koordinatentransformationen[127] (Zylinderkoordinaten, semiparabolische Koordinaten) den numerischen Bedürfnissen an, d. h. wir eliminieren die durch das Coulombpotential bedingte Singularität, welche für die Numerik ein nicht unerhebliches Problem darstellt, da die numerisch ermittelten Werte in deren Nähe kaum zu kontrollieren sind. Die letztendlich aus dem mathematischen Vorgehen erhaltenen Bewegungsgleichungen sind numerisch zu integrieren. Damit können nun periodischen Bahnen des Problems gefunden und grafisch dargestellt werden (wobei dies zweitrangig ist, aber die Bilder sind sehr schön). Diese Bahnen sind für die Berechnung nach Gutzwiller zu verwenden. Wie die Plots periodischer Bahnen prinzipiell zu erlangen sind, erläutern wir ebenfalls kurz, da es recht interessant ist, wie man sich bei der numerischen Lösung eines Problems Gedanken zur Genauigkeit machen muss. Auf weitere Berechnungen können wir leider nicht eingehen. Es soll vielmehr nur ein kleiner Einblick in die Thematik gezeigt werden, da bei weiterführenden Erläuterungen sehr schnell ein reichhaltiger mathematischer Werkzeugkasten notwendig ist, der für einen motivierenden Einblick in so viele verschiedene Themen nicht vorausgesetzt und leider auch nicht eingeführt werden kann.

Numerisches Lösen von Differentialgleichungen   **i**

    Das Lösen von Differentialgleichungen aller Art muss sehr häufig numerisch erfolgen. Hierzu stehen eine Vielzahl von Verfahren zur Verfügung. Im Folgenden sind ein paar genannt, die für den Leser interessant sein könnten und die sich als Einstiegspunkte für eine Recherche durchaus lohnen:

- Euler-Verfahren (einfachstes Einschrittverfahren)
- Verfahren nach Heun (Verbesserung des Euler-Verfahrens)
- (Klassisches) Runge-Kutta-Verfahren (Ein sehr brauchbares Einschrittverfahren)
- Adams-Bashforth-Methode (Beispiel für ein (explizites) Mehrschrittverfahren)

Eine Vielzahl von Verfahren samt Erläuterungen und Beispielen finden sich natürlich in der entsprechenden Literatur, z.B. in [4] oder [5].

14.2.2.1 Die Hamiltonfunktion für das Problem

Ausgangspunkt der Überlegungen und Rechnungen ist das System von Wasserstoffatom mit zugehörigem Elektron, welches sich in einem Magnetfeld B befindet. Die Energieniveaus eines solchen quantenmechanischen Systems werden mit Hilfe des Hamiltonoperators berechnet, der auch als Energieoperator bezeichnet wird. Er ergibt sich aus der Hamiltonfunktion. Für die hier geschilderten Vorgaben erhält man

---

126 Eine für die klassische Mechanik, aber v. a. für die Quantenmechanik grundlegend wichtige Funktion, die, sehr oberflächlich gesprochen, die Energien eines Systems einsammelt und für weitere Berechnungen vorbereitet.

127 Koordinatentransformationen sind für viele Rechnungen zwingend, da nicht wenige Probleme, z.B. die Durchführung besonderer, technisch relevanter Integrale, erst damit gelöst werden können.

die Funktion

$$H = \frac{\boldsymbol{p}^2}{2m} - \frac{e^2}{4\pi\varepsilon_0 r} + \frac{e}{2m}\boldsymbol{B}\cdot\boldsymbol{L} + \frac{e^2}{8m}(\boldsymbol{B}\times\boldsymbol{r})^2 \,. \tag{14.7}$$

Bei diesem System haben wir es mit einem sog. konservativen System (die Energie bleibt erhalten) zu tun, womit die Hamiltonfunktion die Energie des Systems wiedergibt. Die einzelnen Summanden der Funktion sind dabei die kinetische Energie (Bewegungsenergie), die Coulombenergie, die magnetischen Momente der Elektronenhülle auf Grund des Bahndrehimpulses und der durch das Magnetfeld induzierte Diamagnetismus. Ohne Magnetfeld benötigt man nur die ersten beiden Terme und diese Beschreibung entspricht dem Zweikörperproblem aus der klassischen Mechanik, dem sog. klassischen Keplerproblem. Betrachtet man dieses klassische Keplerproblem im homogenen Magnetfeld, so spricht man vom diamagnetischen Keplerproblem. Relativistische Korrekturen in der Hamiltonfunktion auf Grund schneller Teilchenbewegungen können bei dieser Betrachtung ebenso vernachlässigt werden wie der Spin (Spinquantenzahl nicht relevant). Zur besseren Handhabung wird in atomaren Einheiten gearbeitet, d. h. alle relevanten Konstanten werden gleich 1 gesetzt. Zusätzlich verwendet man kartesische Koordinaten und das Magnetfeld ist entlang der z-Achse orientiert. Damit erhält man

$$H = \frac{1}{2}\boldsymbol{p}^2 - \frac{1}{r} + \frac{1}{2}\gamma L_z + \frac{1}{8}\gamma^2(x^2 + y^2). \tag{14.8}$$

Hierbei steht $\gamma = \frac{B}{B_0}$ für die Stärke des Magnetfeldes im Vergleich zu einem Grundwert $B_0 = \frac{em}{4\pi\varepsilon_0\hbar^3}$. Dieser scheint jetzt relativ willkürlich gewählt, beschreibt aber tatsächlich die Feldstärke, bei der die Schwingungsenergie des diamagnetischen Potentials in etwa der Ionisationsenergie des Elektrons im Wasserstoff bei der Hauptquantenzahl $n = 1$ entspricht (dies ist die sog. Rydberg-Energie). Für eine numerische Behandlung müssen noch weitere Anpassungen der Hamiltonfunktion vorgenommen werden. Diese sind:

- Übergang zu den Zylinderkoordinaten[128] (ein Winkel in der x-y-Ebene und zwei Strecken, eine in der x-y-Ebene und eine in z-Richtung, beschreiben einen Raumpunkt), was die Symmetrie des Problems berücksichtigt.
- Verwendung von sog. Skalierungseigenschaften, die die Reduzierung auf einen Parameter ermöglichen. Dadurch hängt die Hamiltonfunktion selber nur noch von der (skalierten) Energie als freiem Parameter ab.
- Die durchgeführte Skalierung bewirkt, dass auch die Zeit t und die Wirkung S dieser weiteren Transformation unterworfen werden, wodurch in diesen die Magnetfeldstärke γ verarbeitet wird.

---

[128] Die passende Wahl des Koordinatensystems ist bei der theoretischen Behandlung eines Problems sehr häufig entscheidend für die Lösung (z.B. bei der Integration). Die elementarsten Koordinatensysteme sind das kartesische Koordinatensystem, die Zylinderkoordinaten und die Kugelkoordinaten. Speziellere Transformationen sind z.B. zur numerischen Behandlung von komplexeren Systemen einzusetzen.

Die Interpretation der Reduzierung auf diesen einen Parameter kann so erfolgen: Berechnet man die klassischen Bahnkurven (Trajektorien) mit Hilfe der skalierten Hamiltonfunktion, so hängt deren Gestalt nicht von der Magnetfeldstärke ab. Deren Variation bewirkt lediglich ein „Aufblähen" bzw. eine Verkleinerung der Bahnen. Die entstehenden Bahntypen, d. h. die Arten von Bahnen, hängen tatsächlich nur von der skalierten Energie ab. Dadurch ist die Reduzierung auf lediglich einen Parameter möglich. Es liegt nun aber immer noch nicht die für unsere Rechnungen endgültige Form des sog. Hamiltonians vor. Ein weiteres (allerdings diesbezüglich auch das letzte) Problem stellt sich: Bedingt durch das Coulombpotential weist die skalierte Hamiltonfunktion eine Singularität im Ursprung auf (die Division durch 0 stellt eigentlich immer ein Problem dar). Diese ist für die beabsichtigten numerischen Berechnungen ungünstiger Natur und sollte nach Möglichkeit vermieden werden. Die Regularisierung der Hamiltonfunktion kann durch die Wahl semiparabolischer Koordinaten und einer Transformation der Zeit geschehen, was wir hier nur erwähnen wollen, aber nicht näher auf die Rechnungen eingehen werden, da sie im Rahmen unserer Betrachtungen nur dem Verschieben von Buchstaben und Symbolen in einer Gleichung gleichkommen würden. Ein wirkliches Verständnis setzt deutlich mehr numerisches Wissen voraus, das sich der Leser aber ja bei Interesse und/oder Notwendigkeit im Studium aneignen kann. Wir geben aber trotzdem die sog. regularisierte Hamiltonfunktion mit den semiparabolischen Koordinaten μ und ν und der skalierten Energie ε an. Sie lautet

$$h = 2\tilde{r}\tilde{H} = \frac{1}{2}\left(p_\mu^2 + p_\nu^2\right) - \varepsilon\left(\mu^2 + \nu^2\right) + \frac{1}{8}\mu^2\nu^2\left(\mu^2 + \nu^2\right) \equiv 2. \quad (14.9)$$

Aus dieser Hamiltonfunktion können nun die Bewegungsgleichungen abgeleitet werden, über die die numerische Berechnung der Trajektorien erfolgt. Ebenso kann ein effektives Potential berechnet werden. Dieses enthält als Parameter die skalierte Energie ε. Löst man dieses nach der Koordinate μ auf, dann erhält man die Gleichungen für die Äquipotentiallinien (Kurven gleichen Potentials). Der Term hierzu hat ein recht beeindruckendes Aussehen:

$$\mu = \pm\sqrt{\frac{4\varepsilon}{\nu^2} - \frac{\nu^2}{2} + \frac{1}{2\nu^2}\sqrt{64\varepsilon^2 + 32V_{\text{eff}}\nu^2 + 16\varepsilon\nu^4 + \nu^8}} \quad (14.10)$$

An sich ist dieser Term nicht sonderlich schwer zu bearbeiten, da unter Vorgabe von ν und ε, welches bereits zu Beginn als Parameterwert gewählt wird, einfach der zugehörige μ-Wert berechnet wird. Diese Äquipotentiallinien begrenzen bei diesem Problem die „Arbeitsfläche" oder, in Analogie zum Hyperbel-Billard, die Spielfläche. Hier haben wir also die Verbindung zu den Überlegungen im vorangegangenen Abschnitt. Für $V_{\text{eff}} = 2$ und $\varepsilon = 0{,}5$ ergibt sich Abbildung 14.5. Wie erwähnt, ähneln die Äquipotentiallinien Hyperbeln, was man aus Gleichung (14.10) nicht unbedingt sofort ersieht. Man kann aber (wegen ihrer symmetrischen Eigenschaften) trotzdem von hyperbelartigen Kurven ausgehen und deswegen eine dem Hyperbel-Billard gleiche Dynamik erwarten. Überlegungen hierzu stellten z.B. Eckhardt und Cvitanović in [6] an.

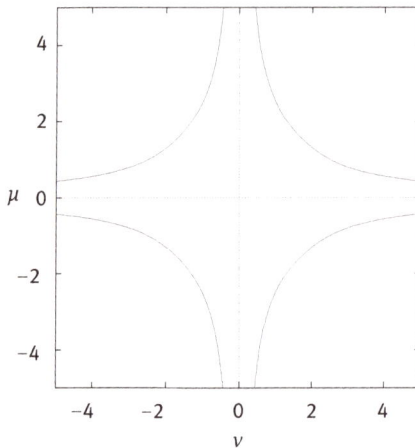

Abb. 14.5: Äquipotentiallinien bei $\varepsilon = 0,5$.

14.2.3 Über die Bahnen des Systems

Die periodischen Bahnen des Systems lassen sich mit Hilfe eines symbolischen Codes beschreiben. Ausschlaggebend für die Berechnung nach Gutzwiller sind alleine sie, da sie sich auf Grund der Regelmäßigkeit nicht herausmitteln und gegenseitig aufheben. Die finale Beschreibung durch einen ternären Code (besteht aus drei Symbolen $(+, -, 0)$) erhält man über folgende Zwischenschritte:

- Die einfachste Beschreibung basiert auf den vier Quadranten des Spielfelds. Nummeriert man diese durch, kann man die Bahnen durch die Abfolge der Nummern der durchlaufenen Quadranten beschreiben, wobei Details des Verlaufs (wo trifft die Bahn auf die Berandung) durch die eigentlichen Bewegungsgleichungen zu berechnen sind. Eine ähnliche Vorgehensweise wählt man beim klassischen Scheibenbillard (kreisförmige Scheiben, an denen die Spielbälle abprallen), wobei die einzelnen Scheiben nummeriert werden und die Abfolge der Reflexionen an den Scheiben mittels deren Nummern notiert werden.
- Unter Ausnutzung der Symmetrie des Systems, können die Bahnen auf den ersten Quadranten zurückgefaltet werden.[129] Dann notiert man der Reihe nach, welche Achse nach der Reflexion an der Berandung geschnitten wird (μ oder ν). Werden beide nach einer Reflexion geschnitten, was auch vorkommen kann, so sieht der Code dafür ein b als Symbol vor.

---

[129] Symmetrien werden sehr häufig in der Physik ausgenutzt, um die Beschreibung eines Problems eleganter, kompakter und eventuell sogar einfacher zu gestalten. In vielen Fällen werden diese durch die Verwendung der symmetrischen Eigenschaften sogar erst lösbar!

Abb. 14.6: Darstellung einiger sehr elementarer Bahnen, codiert mit den zuletzt eingeführten Symbolen μ, v und 0. Gezeigt sind von links nach rechts die (0)-Bahn,(+)-Bahn und (0−)-Bahn beim Verlauf auf dem vollständigen Spielfeld ohne Symmetriereduzierungen. Dieses ist quadratisch und hat eine Ausdehnung von −5 bis 5 von links nach rechts und von unten nach oben, analog zu Abbildung 14.5. Aus Übersichtsgründen sind keine Beschriftungen eingetragen.

– Den ternären $\mu v b$-Code kann man noch weiter verfeinern. Das Spielfeld wird dabei auf die Fläche unterhalb der ersten Winkelhalbierenden zurückgefaltet, was auf Grund der Gegebenheiten bei dem vorliegenden Problem möglich ist. Dabei werden Symbole für folgende Ereignisse vergeben:
  – Anstatt von (b) notiert man eine (0).
  – Folgt auf eine Reflexion an einer Achse eine weitere Reflexion an derselben Achse, so schreibt man, unabhängig von dazwischen liegenden (b)'s, ein (−).
  – Wird an beiden Achsen reflektiert, vermerkt man, ebenfalls unabhängig von dazwischen liegenden (b)'s, ein (+) im Code.

Damit können die Bahnen des Systems effektiv beschrieben werden. Wie die Bahnen in der einfachsten Form aussehen können, zeigt Abbildung 14.6. Bei der Berechnung solcher Bahnen ist es notwendig, entsprechende Startpunkte für die numerischen Berechnungen mit Hilfe eines rechenintensiveren Mehrschrittverfahrens[130] zu ermitteln. Diese werden dann in regelmäßigen Abständen bei der Berechnung aller zum Plot notwendigen Bahnpunkte abgerufen, um keine zu großen Abweichungen auf Grund numerischer Fehler und der Sensitivität[131] des Systems zu erhalten. Dies ist bei chaotischen Systemen besonders wichtig, da (wie bereits erwähnt) nur kleine Unterschiede in den Startwerten zu großen Abweichungen im endgültigen Resultat führen können. Solange man eine grafische Überprüfung der Daten z.B. durch einen Bahnplot vorliegen hat, ist ein Bemerken solcher Fehler sehr wahrscheinlich. Ist dies nicht möglich, muss durch einen sorgfältigen Umgang mit den Daten gewährleistet werden, dass korrekte Ergebnisse vorliegen und entsprechende Kontrollen z.B. durch die regelmäßige Überprüfung bestimmter Fehlergrößen vorgenommen werden. Dies gilt für die Umset-

---

130 Eine kleine Auswahl von Ein- und Mehrschrittverfahren haben wir weiter vorne bereits als Motivation zur Selbstrecherche aufgeführt.
131 Hierzu sei auf das Kapitel zur Chaostheorie verwiesen.

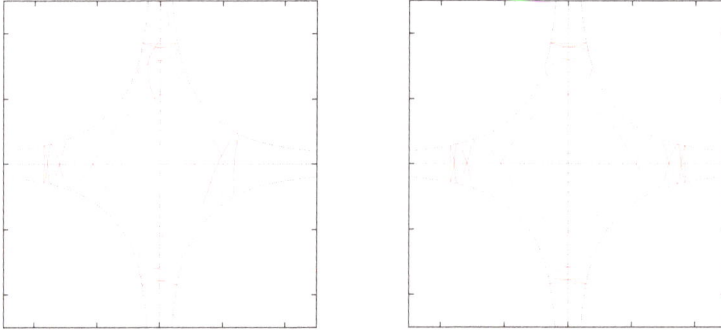

Abb. 14.7: Gezeigt sind zwei Bahnen, die eine ohne Korrektur (links), die andere mit (rechts). Auf Grund fehlender Anpassungen bei den Startwerten der einzelnen Abschnitte (immer nach einem Achsenschnitt), ist die Bahn links nicht geschlossen und somit nicht periodisch, was aber nach den Voraussetzungen der Rechnung der Fall sein müsste. Darum werden für den rechten Plot die Schnittpunkte mit den Achsen immer wieder angepasst. Die Werte sind über ein Mehrschrittverfahren ermittelt, das rechen- und dadurch auch zeitintensiver ist. Darum bietet es sich für die Berechnung aller Bahnpunkte nicht an. Die Lage und Größe der Achsen ist analog zu 14.5. Aus Gründen der Übersicht ist keine Beschriftung eingefügt.

zung eines jeden Algorithmus, aber bei manchen ist es von grundlegender Bedeutung. Wie ein fehlerhafter Bahnplot für das Modellsystem aussehen kann, zeigt Abbildung 14.7.

14.3 Einblicke in Forschung und Anwendung

Zusammenfassung:

Wir beschränken uns hier auf eine Erweiterung bei der Betrachtung des Modellsystems, die auf Untersuchungen in den letzten 10 Jahren zurückgehen, da sie sehr anschaulich zu vermitteln ist. Für den zweiten Punkt haben wir einen Verweis auf das Kapitel über die Chaostheorie eingebaut, sodass die etwas stärkere Beziehung zwischen den Themen durch die Verbindung der Kapitel über das Thema betont wird.

14.3.1 Bahnbüschelbildung

Ist man bei einem chaotischen System auf der Suche nach geschlossenen Bahnen, kommt man schnell zu einer fast nicht mehr zu überblickenden Anzahl an Kandidaten. Chaotische Systeme zeichnen sich dadurch aus, dass eine Vorhersage der Ereig-

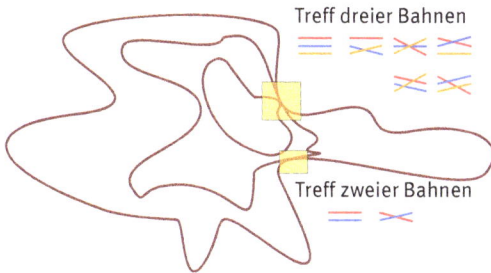

Abb. 14.8: Skizze eines Bahnbüschels für ein beliebiges System aus einigen Bahnen. Die Verschaltungen der Anschlüsse sind schematisch angedeutet.

nisse auf lange Zeit unmöglich ist. Kleine Änderungen in den Anfangsbedingungen einer Bahn oder geringfügige Störungen führen zu einem komplett anderen Verlauf der Dinge. Deswegen ist es um so bemerkenswerter, dass man periodische Strukturen findet. So existiert ein Satz von periodische Bahnen, welche gegenüber Störungen wesentlich unempfindlicher sind als die das Chaos auszeichnenden, an sich instabilen übrigen Trajektorien.

Es ist nun tatsächlich möglich, die periodischen Bahnen zu gruppieren, d. h. sie in sog. **Bahnbüscheln** zusammenzufassen. Die beteiligten Bahnen unterscheiden sich lediglich in der Verschaltung innerhalb der als Selbstbegegnungen bezeichneten Schleifenverbindungen. Durch Neuverschaltungen entstehen nicht immer neue Bahnen, es ist auch ein Zerfall in sog. Pseudo-Bahnen möglich. Diese werden bei Untersuchungen außen vorgelassen, da sie bei dem betrachteten Modellsystem auch keine Beiträge zu Gutzwillers Spurformel liefern. Man spricht von einem m-Encounter, wenn m Bahnstrecken einer Trajektorie sich gegenseitig sehr nahe kommen und dies für einen längeren Zeitraum bzw. für eine größere Distanz auch bleiben.[132] Betrachtet man nun alle zu einem Büschel gehörigen Bahnen bei niedriger Auflösung, also so, dass man die Verschaltungen innerhalb der Selbstbegegnungen nicht unterscheiden kann, erscheinen alle Bahnen zusammen wie eine einzige im Konfigurationsraum. Dieser Sachverhalt wird z.B. in [7] untersucht und ist hier durch Abbildung 14.8 mit einigen Bahnen dargestellt. Für jeden m-Encounter sind theoretisch $m!$ Verschaltungen möglich. Dies führt uns in diesem Fall zu $2! \cdot 3! = 12$ an diesem Büschel beteiligten Bahnen. Davon müssen aber, wie bereits erwähnt, nicht alle für die Betrachtungen relevant sein. Die sog. Pseudo-Bahnen kann man z.B. bei den Untersuchungen zum hier gezeigten Modellsystem anhand und mit Hilfe des für dieses System existierenden symbolischen Codes aussortieren.

---

132 Die eigentliche Definition ist deutlich genauer, aber in diesem Rahmen ist diese Formulierung ausreichend.

Wir wollen zu den Selbstbegegnungen noch ein paar Sätze ergänzen. Ist eine periodische Bahn ergodisch, d. h. dass sie fast die ganze zur Verfügung stehende Fläche bedeckt, folgt fast zwangsläufig, dass sich diese Bahn viele Male selber kreuzt. Je kleiner dabei der Kreuzungswinkel φ ist, desto länger dauert es, bis die beiden Bahnteile sich wieder weit voneinander entfernt haben. Sind nun m Bahnteile beteiligt, so liegt ein m-Encounter vor, wenn keine der $(m-1)$ Partnerbahnen weiter als eine bestimmte Länge d_{enc} von der Ursprungsbahn entfernt ist. Im Falle eines Billiardsystems muss d_{enc} klein gegenüber dem Billiardparameter D sein, welcher wiederum klein gegenüber der Encounter-Länge L_{enc} sein muss,[133] welche wiederum klein gegenüber der Bahnlänge L sein muss. Wir können schreiben, dass

$$d_{enc} \ll D \ll L_{enc} \ll L. \qquad (14.11)$$

Löst man die Bewegungsgleichungen und erhält so eine entsprechende periodische Bahn als Ergebnis, welche Selbstkreuzungen enthält, so ist die Existenz von Partnerbahnen, welche eben diese Kreuzungen in ihrem Verlauf knapp vermeiden, durch das Schatten-Theorem[134] gewährleistet. Außerhalb der Selbstbegegnungsabschnitte sind die Bahnen einer Gruppe exponentiell nah beieinander. Die Längendifferenz zweier Bahnen (und damit auch ihrer Wirkungsdifferenz) ist umso kleiner, je näher sich die Bahnstrecken innerhalb einer Selbstbegegnung sind.

Auch für das Modellsystem können Bahnen zu Büscheln zusammengefasst werden. Dies erwähnen wir abschließend und zeigen die 16 Bahnen eines Büschels, das in Abbildung 14.9 gezeigt ist.

14.3.2 Quantenchaos

Die Ausführungen zum Quantenchaos sind im Kapitel über das Chaos an sich zu finden. Dort haben wir einige (hoffentlich) interessante Themen, mal sehr mathematisch mal eher physikalisch für den Leser zusammengestellt. Auch einen kleinen Ausflug in die Welt des Graphen ist dort in diesem Zusammenhang zu finden, womit drei Kapitel überraschender Weise relativ eng miteinander verbunden sind. Dies erwähnen wir an dieser Stelle, da es ja auch unser Bemühen ist, Zusammenhänge aufzuzeigen und die Motivation für bestimmte Themen zu vermitteln, auch wenn manche auf den ersten Blick nicht sofort als so interessant erscheinen.

---

133 Dieser gibt an, über welche Strecke sich die Bahnteile wirklich nahe sind.

134 Obgleich eine numerisch berechnete chaotische Trajektorie exponentiell von der wahren Trajektorie mit denselben Anfangsbedingungen divergiert, existiert eine fehlerlose Trajektorie mit leicht verschiedenen Anfangsbedingungen, welche sich nahe der numerisch berechneten befindet (sie gleicht einem „Schatten" der echten Bahn). Dies ist der Grund, warum die fraktale Struktur chaotischer Trajektorien in Computerkartierungen real ist (übersetzt nach [8]).

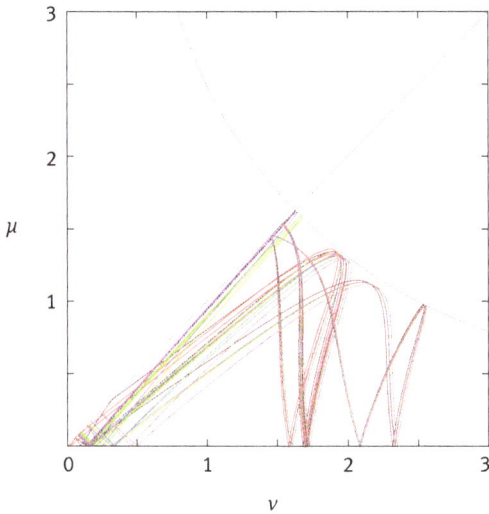

Abb. 14.9: Darstellung von 16 Bahnen eines Büschels. Diese sind in dem sog. Fundamentalgebiet nach der Reduzierung aller Symmetrien skizziert.

14.4 Ausblick

Semiklassische Berechnungen sind in unserer Zeit deutlich leichter vorzunehmen, als noch vor 20 Jahren. Da mittlerweile auch Computer für den Privatgebrauch über technische Spezifikationen verfügen, die früher nicht ansatzweise zur Verfügung standen, werden eine Vielzahl von Modellsystemen (verschiedene Billard-Systeme, Modellierung von Atomen) untersucht. Weitere Punkte zum Ausblick haben wir in das Kapitel über die Chaostheorie eingebaut, da wir uns in diesem Zusammenhang nicht allzu oft wiederholen wollen. Darum sei für den Ausblick auf dieses Kapitel verwiesen, um auch den Zusammenhang zwischen den Themen zu betonen und diese mehr als Einheit zu sehen.

Literatur

[1] Torsten Fließbach. *Quantenmechanik: Lehrbuch zur Theoretischen Physik III*. Spektrum Akademischer Verlag (2008). 5. Auflage.
[2] Wolfgang Nolting. *Grundkurs Theoretische Physik 5/1: Quantenmechanik - Grundlagen I*. Springer Spektrum (2013). 8. Auflage.
[3] Martin Sieber and Klaus Richter. Correlations between Periodic Orbits and their Role in Spectral Statistics. *Physica Scripta* **T90**, 128 (2001).
[4] Dietrich Feldman. *Repetitorium der numerischen Mathematik*. Binomi Verlag (2006).

[5] Josef Stoer und Roland Bulirsch. *Numerische Mathematik 2*. Springer Verlag Berlin Heidelberg New York (2005). 5. Auflage.

[6] Bruno Eckhardt and Predrag Cvitanović. Symmetry decomposition of chaotic dynamics. *Nonlinearity* **6**, 277 (1993).

[7] Alexander Altland, Petr Braun, Fritz Haake, Stefan Heusler, Gerhard Knieper, and Sebastian Müller. Near action-degenerate periodic-orbit bunches: A skeleton of chaos (2008).

[8] E. Ott. *Chaos in Dynamical Systems*. Cambridge University Press (1993).

[9] Sebastian Müller, Stefan Heusler, Petr Braun, Fritz Haake, and Alexander Altland. Periodic-orbit theory of universality in quantum chaos. *Phys. Rev. E* **72**, 046207 (2005).

[10] J. Main, P. A. Dando, D. Beklić, and H. S. Taylor. Semiclassical quantization by Padé approximant to periodic orbit sums. *Europhys. lett.* **48**, 250 (1999).

15 Chaostheorie — Ein Einblick

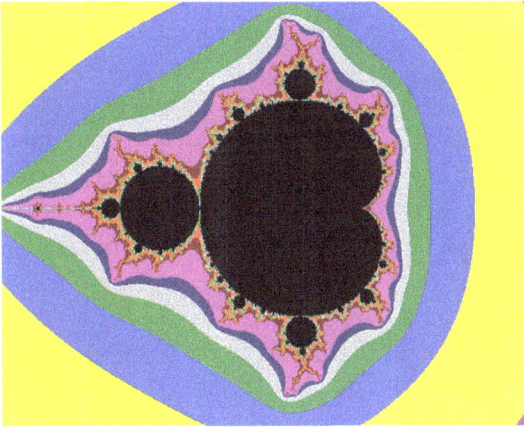

Ein Schmetterling schlägt in einem weit entfernten Land mit seinen Flügeln und bei uns verursacht dieser Flügelschlag einen Orkan. Eine kleine Ursache zieht eine große Wirkung nach sich, anscheinend unvorhersehbar, unberechenbar. Doch ganz so einfach bzw. willkürlich ist es nicht. Wäre dem wirklich so, so bräuchten wir uns nicht mit dem Chaos beschäftigen, denn es würde sich allen unseren Bemühungen entziehen, ständig und immer wieder aufs Neue, eben wirklich unberechenbar (nichtdeterministisch). Auch wenn es nicht so scheint, deterministisches Chaos ist, wie der Name sagt, berechenbar. Jede Wirkung hat ihre Ursache und jede Ursache hat eine Wirkung. Dass tatsächlich ein Orkan das Ergebnis eines Flügelschlags sein kann, ist möglich. Aber zum Glück scheint es ja nicht so zu sein, dass jeder Flügelschlag von jedem Schmetterling auch gleich einen Orkan auslöst. Das wäre zwar eine einfache Lösung dafür, den Klimawandel abstreiten zu können, würde aber dem Chaos an sich nicht gerecht. Um zu verstehen, warum der Flügelschlag einen Orkan verursachen könnte, ist es wichtig, sich mit Systemen mit vielen Parametern auseinanderzusetzen, mit kleinen Variationen in den Anfangsbedingungen,[135] die sich in enormen Maße auf das Endergebnis auswirken. Wir wollen hier solche Systeme betrachten, etwas von der zugehörigen Mathematik vorstellen und uns anschauen, in welchen Bereichen Chaos aktuell beobachtet wird bzw. wo die Erkenntnisse aus der zugehörigen Forschung ihren Einsatz finden.

---

[135] Das ist hier entscheidend! Auch in chaotischen Systemen erhalten wir bei exakt gleichen Anfangsbedingungen das exakt gleiche Ergebnis. Da diese aber fast nicht oder nur sehr schwer zu reproduzieren sind, erhalten wir die beobachtbaren Abweichungen z.B. in den Bahnen eines Objekts.

https://doi.org/10.1515/9783111260570-015

15.1 Worum es geht

Zusammenfassung:

Chaotisches Verhalten ist in nichtlinearen Systemen möglich. Geringe Variationen der Anfangsbedingungen führen hierbei zu vollkommen verschiedenen Endresultaten. Viele Modellsysteme sind zwar deterministisch, können also leicht und für eine lange Zeit T im Voraus berechnet werden, aber selbst solche wohlbekannten wie eine Faden- oder ein Federpendel können bei leichten Veränderungen (Magnete, Dämpfungen,...) schnell chaotisches Verhalten zeigen. Warum die Chaosforschung eine Zeit lang (und eigentlich auch immer noch) sehr populär war (bzw. ist), liegt auch an den schönen Bildern, die im Zuge der (mathematischen) Untersuchungen am Rechner erzeugt wurden und auch auf den Laien eine gewisse Faszination ausüben. Wir wollen hier einen Einstieg in das Thema „Chaos" geben und uns daher ein wenig mit einer Auswahl mathematischer und physikalischer Grundlagen und Fragestellungen beschäftigen.

15.1.1 Ein Weg ins Chaos – Einleitung

Neben Experimenten, die chaotisches Verhalten zeigen, versuchen wir in diesem Kapitel auch ein wenig von der notwendigen Mathematik für einen grundlegenden Einstieg in die Thematik zu präsentieren. Da wir aber kein Lehrbuch im herkömmlichen Sinne, sondern zur Motivation und zur Gewinnung eines Überblicks über eine Vielzahl interessanter und aktueller Themen auf nicht allzu vielen Seiten verfassen wollten, versuchen wir, mit einem Minimum an Formeln und Gleichungen auszukommen.

15.1.2 Was chaotisches Verhalten auszeichnet

Kleine Ursachen haben kleine Wirkungen und große Ursachen haben große Wirkungen. In einem ausschließlich deterministischen Universum wäre so eine Aussage ohne jeden Zweifel möglich. Damit wäre sicher gestellt, dass ein kleiner Unterschied in den Anfangsbedingungen eines Prozesses auch nur marginale Abweichungen in den Endresultaten zur Folge hat. Zwar ist vieles in unserem Universum berechenbar, aber der Einfluss vieler Parameter und eine nichtlineare Dynamik ermöglichen es, große Abweichungen im Resultat bei nur minimaler Variation des Anfangszustandes zu erhalten. Zum Chaos neigende Systeme zeigen ein solches Verhalten, bedingt durch bestimmte grundlegende Eigenschaften. Wir wollen hierzu einige der notwendigen Begrifflichkeiten auflisten.

– **Anfangsbedingungen:** Diesen kommt beim deterministischen Chaos eine große Bedeutung zu. Kleine Abweichungen in den Anfangsbedingungen führen zu gravierenden Unterschieden im Resultat (Bahnverlauf, Endpunkte, ...). Für diesen Sachverhalt wurden die beiden folgenden Begriffe zur Präzisierung eingeführt.

- **Sensitivität:** Ob sich chaotisches Verhalten entwickelt, wird durch die Sensitivität des Systems bestimmt. Sie hat zur Folge, dass sich ein noch so kleines Intervall innerhalb relativ weniger Iterationen bei der Berechnung deutlich vergrößert.
- **Kausalität:** Man unterscheidet schwache und starke Kausalität. Normale Systeme im nicht-chaotischen Sinne unterliegen der starken Kausalität. Eine kleine Änderung zu Beginn resultiert auch nur in einer kleinen Änderung des Resultats. Im Falle schwacher Kausalität liegt deterministisches Chaos vor. Prinzipiell können alle Schritte und Zeitpunkte berechnet werden, kleine Änderungen der Bedingungen führen aber zu großen Abweichungen im Endergebnis.

15.1.3 (Zahlen-)Folgen

Wir starten unseren Weg ins Chaos mit relativ elementarer Mathematik, die aber häufig leider nicht mehr vor dem Studium eines entsprechenden Faches ihren Platz findet, was an sich sehr schade ist, denn hiermit können bereits faszinierende Entdeckungen gemacht werden.

15.1.3.1 Definition und Darstellung von Folgen

Auf Folgen treffen wir in der Mathematik, der Physik, aber auch generell in allen Naturwissenschaften immer wieder. Sind es häufig Messreihen, aus denen man einen allgemeine Gesetzmäßigkeit abzuleiten versucht oder schrittweise Berechnungen durch ein numerisches Verfahren[136], es basiert alles auf der sog. Folgenmathematik. Der wesentliche Unterschied zwischen den Folgen in den genannten Beispielen (Messreihe, numerische Berechnung) ist der, dass wir im zweiten Fall, wenn wir mal außer Acht lassen, dass wir irgendwann mit der Berechnung auch mal aufhören, eine unendliche Folge vorliegen haben. Eine solche Folge nennen wir daher **abzählbar unendlich**. Im erstgenannten Fall hat die Zahlenfolge endlich viele Glieder. Deswegen sprechen wir hier von einer **endlichen Folge**. Was für unseren weiteren Weg essentiell ist, das ist die mathematische Definition einer Folge. Auf diesem basiert ebenso der Begriff der Reihe, der im Rahmen des Grundstudiums eines naturwissenschaftlichen Studiengangs in der Analysis I üblicherweise behandelt wird. Als **reelle Zahlenfolge** bezeichnen wir eine Vorschrift, die jeder natürlichen Zahl n genaue eine reelle Zahl a_n zuordnet. Eine reelle Zahlenfolge ist damit eine geordnete Auflistung von endlich vielen oder abzählbar unendlich vielen reellen Zahlen. Diese sind fortlaufend nummeriert (durch n).

---

136 Nullstellensuche mittels Cauchy-Index, Nullstellenapproximation nach Newton oder Flächenberechnung nach Simpson, um nur ein paar Beispiele zu nennen.

– Als Buchstaben für die Indizes werden üblicherweise i, j, k oder n verwendet.
– Wollen wir von der Zahlenfolge an sich sprechen, so notieren wir (a_n) oder $(a_1, a_2, \ldots)$. Das n-te Folgenglied wird mit a_n bezeichnet.

Damit sind Folgen nichts anderes als Funktionen mit den natürlichen Zahlen als Definitionsmenge ($D = \mathbb{N}$) und den reellen Zahlen als Wertemenge ($W = \mathbb{R}$). Um eine Folge anzugeben, haben wir prinzipiell drei Möglichkeiten:

1. Aufzählen der Elemente (wobei sich diese Darstellung eher bei endlichen Folgen anbietet), d.h. $(a_n) = (a_1, a_2, \ldots)$.
2. Explizite Darstellung einer Folge durch Angabe eines expliziten Bildungsgesetzes (Funktionsterm für das allgemeine n-te Folgenglied a_n).
3. Rekursive Darstellung einer Folge (schrittweise Berechnung, Glied für Glied, basierend auf den bereits berechneten Gliedern).

Die rekursive Darstellung wird für uns die wesentliche sein. Wir benötigen Sie in den Abschnitten 15.1.5 und 15.1.6. Bei der rekursiven Darstellung benötigen wir zwei Angaben.

– Erstens: Angabe eines Startgliedes oder Anfangswertes a_1 oder a_0.
– Zweitens: Eine Beziehung zwischen dem $(n + 1)$-ten Folgenglied und seinem Vorgänger, z.B. $a_{n+1} = \frac{1}{2}\left(a_n + \frac{2}{a_n}\right)$.

Es ist dabei zu beachten, dass, sollte die rekursive Darstellung einen Zusammenhang zwischen dem $(n + 1)$-ten Folgenglied und seinen beiden, drei, vier, ... Vorgängern herstellen, z.B. $a_{n+1} = \frac{1}{3}\left(a_n + \frac{1}{a_{n-1}+a_{n-2}}\right)$, auch zwei, drei, vier, ... Anfangswerte vorgegeben sein müssen.

15.1.3.2 Wichtige Begriffe bei Folgen

Neben der Darstellungsweise von Folgen ist es wichtig, ein paar zentrale Begriffe zu wissen, auf denen die für die Betrachtung von Chaos wichtigen Eckpfeiler beruhen. Diese stellen wir hier kurz vor.

Folgen können über die Eigenschaften Monotonie und/oder Beschränktheit verfügen. Eine Zahlenfolge (a_n) ist

– **monoton wachsend**, wenn für alle Folgenglieder $a_{n+1} \geq a_n$ gilt oder sie ist
– **monoton fallend**, wenn für alle Folgenglieder $a_{n+1} \leq a_n$ gilt.

Können wir hierbei das Gleichheitszeichen auch weglassen, so sprechen wir von **strenger Monotonie**. Die jeweilige Folge ist dann streng monoton wachsend (smw) oder streng monoton fallend (smf). Ist eine Folge monoton wachsend, so ist klar, dass jedes nächste Folgenglied mindestens so groß ist wie sein Vorgänger. Ist sie monoton fallend, so ist das nächste Folgenglied höchstens so groß wie sein Vorgänger. Bei komplexen Zahlen[137] müssen wir uns von der Ordnungsrelation leider lösen, sie gibt es hier nicht. Aber den Abstand zwischen Punkten in einer Ebene haben wir immer noch als reelle Größe. Davon werden wir später Gebrauch machen können (siehe 15.1.6).

Neben der Monotonie spielt die **Beschränktheit einer Folge** eine zentrale Rolle in der Folgenmathematik und auch bei fraktalen Gebilden, wie wir sie kennenlernen wollen. Die Eigenschaften Beschränktheit und Monotonie haben große Relevanz für die Existenz von Grenzwerten. Wir bezeichnen eine Zahlenfolge (a_n) als
- **nach oben beschränkt**, wenn es eine Zahl S gibt, die die Ungleichung $a_n \leq S$ für alle n erfüllt,
- **nach unten beschränkt**, wenn es eine Zahl s gibt, die die Ungleichung $a_n \geq s$ für alle n erfüllt.

Wir bezeichnen dabei S als **obere Schranke** und s als **untere Schranke**. Eine nach oben und nach unten beschränkte Folge nennen wir kurz **beschränkte Folge**. Auf die Wortwahl in diesem Zusammenhang sei nochmal gesondert hingewiesen. Es ist nämlich zu beachten, dass wir nicht von *der* einen oberen Schranke sprechen, sondern nur von *einer* oberen Schranke. Dies ist natürlich kein Zufall. Eine Folge, deren Folgenglieder zum Beispiel nicht größer als 5 werden können, ist nach oben beschränkt. Damit ist $S = 5$ eine obere Schranke. Aber es ist natürlich anschaulich klar, dass damit auch kein Folgenglied größer als 6 werden kann, womit auch die Zahl 6 eine obere Schranke darstellt.

Den Begriff des Grenzwertes haben wir bereits erwähnt. Nun gilt es, ihn zu präzisieren. Die Zahl $g \in \mathbb{R}$ heißt Grenzwert der Zahlenfolge (a_n), wenn für alle $\varepsilon > 0$ eine natürliche Zahl $N(\varepsilon)$ existiert,[138] sodass

$$|a_n - g| < \varepsilon, \text{ wenn } n \geq N(\varepsilon). \tag{15.1}$$

Existiert der Grenzwert g, so ist die Folge (a_n) *konvergent*, ansonsten *divergent*. Wir schreiben:

$$\lim_{n \to \infty} a_n = g \text{ oder } a_n \to g \text{ für } n \to \infty. \tag{15.2}$$

Eine konvergente Folge besitzt also einen Grenzwert g. Mit $|a_n - g|$ berechnen wir den Abstand des n-ten Folgenglieds von diesem. Die Definition besagt, dass es zu einem jedem $\varepsilon > 0$ einen Index $N(\varepsilon)$ gibt, sodass alle weiteren Folgenglieder mit $n \geq N(\varepsilon)$ eine geringere Differenz als ε von g besitzen. Sie liegen damit alle innerhalb des sog. ε-Schlauchs (ε-Umgebung). Nur endlich viele Folgenglieder dürfen somit außerhalb desselben liegen. Der „Eintauchindex" $N(\varepsilon)$ hängt natürlich von ε ab (deswegen diese Notation). Damit haben wir die wesentlichen Begriffe aus dem Bereich der Folgen-

---

[137] Siehe Abschnitt 15.1.4.

[138] Das bedeutet, dass in jeder Umgebung des Grenzwerts fast alle Folgenglieder liegen müssen, ausgenommen eine beliebig große, aber eben endliche Anzahl ($N(\varepsilon)$). Dadurch ist auch festgelegt, dass wenn es einen Grenzwert gibt, er der einzige der jeweiligen Folge ist.

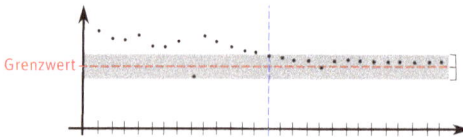

Abb. 15.1: Die Zahlenwerte einer willkürlich gewählten Folge mit Grenzwert, aufgetragen über der Folgengliednummer. Ein beliebiges positives ε ist eingezeichnet um zu demonstrieren, wann $N(\varepsilon)$ erreicht wird.

mathematik zusammengestellt. Es fehlen uns lediglich noch die komplexen Zahlen, sodass wir auch über eines der berühmtesten Fraktale, das der Mandelbrot-Menge[139], sprechen können.

15.1.4 Komplexe Zahlen

Wir interessieren uns vorrangig für chaotische Prozesse. Aber gerade solche Gebilde wie Fraktale, die wir im nächsten Abschnitt etwas genauer betrachten wollen, benötigen häufig eine Erweiterung des Zahlenbereichs zur eleganten Beschreibung. Hierzu begeben wir uns von einer Zahlengeraden in eine Zahlenebene. Und dieser Schritt ist auf den Zusammenhang $i^2 = -1$ und dessen geometrische Interpretation zurückzuführen.

Nun muss geklärt werden, was es mit dem i auf sich hat. Vielleicht ist dem ein oder anderen bereits aufgefallen, dass wir hier quadriert haben und das Ergebnis eine **negative Zahl** ist. Das betonen wir in solchem Maße, weil in den aus der Schule bekannten reellen Zahlen (Symbol $\mathbb{R}$) keine Zahl mit einer solchen Eigenschaft existiert. Eine negative Zahl kann mit Hilfe eines Produkts nur dann erzeugt werden, wenn eine ungerade Anzahl an Faktoren ein negatives Vorzeichen besitzt. Das ist beim Quadrieren nicht der Fall. Darum müssen wir uns das i etwas genauer anschauen und uns kurz die Motivation zu seiner Definition klar machen. Der Weg dorthin geht in den üblichen Mathematikbüchern von den natürlichen, über die ganzen und die rationalen Zahlen bis hin zu den reellen Zahlen, die jeden Punkt der Zahlengeraden bevölkern. Dabei gelangt man von den Grundrechenarten (Addition (+), Subtraktion (–), Multiplikation ($\cdot$) und Division (:)) zu „höheren" Rechenoperationen wie dem Potenzieren (Basis^{Exponent}) und dem Radizieren ($\sqrt[\text{Wurzelexponent}]{\text{Radikand}}$), die einem anfänglich nur als Abkürzung dienen (zumindest beim Einstieg in das Potenzieren) und dann eine Art Eigenleben entwickeln, woraus sich gewisse Konsequenzen ergeben. Und gerade hier setzt man an. Man wendet die Wurzel auf eine negative Zahl an und erhält ... keine Lösung. Zumindest heißt es so, wenn wir uns nur auf die reellen Zahlen beschränken. Nun kommt aber die Erweiterung per Definition ins Spiel. Das mag willkürlich

---

139 Dieses ist auch als „Apfelmännchen" bekannt.

erscheinen, aber die Mathematik lebt immer von Definitionen, daraus resultierenden Sätzen und Beweisen. Ob die Definitionen klug gewählt sind, ist nicht immer sofort ersichtlich. Natürlich vermitteln das die Mathematikbücher. Aber was in diesen steht, darüber wurde lange nachgedacht und daher sind alle Worte immer sehr präzise gewählt.

Der Dreh- und Angelpunkt aller Überlegungen ist die imaginäre Einheit i oder j. Innerhalb der Mathematik und Physik wird üblicherweise das Symbol i genutzt, die Elektrotechnik arbeitet dagegen mit j. Die zugrunde liegende Mathematik ist aber immer dieselbe, egal wie man das Kind nennt. Dieses müssen wir aber zuerst einmal definieren. Wir legen daher fest: Als imaginäre Einheit bezeichnet man diejenige Zahl i, die die Eigenschaft

$$i^2 = -1 \tag{15.3}$$

besitzt. Dass dann auch tatsächlich $\sqrt{-1} = \pm i$ ist, kann eigentlich erst festgelegt werden, wenn das Wurzelziehen hinreichend untersucht und definiert wurde. Aber da können wir an dieser Stelle einfach beruhigt davon ausgehen. Die entsprechende Grundlagenliteratur diskutiert die Zusammenhänge mehr als ausreichend.

Da die Zahlengerade aber, wie bereits erwähnt, vollkommen dicht besetzt ist, fehlt uns ein wenig der Platz, diese neue Zahl unterzubringen. Trotzdem ist eine Erweiterung des Zahlenbereichs möglich, wir benötigen nur einen zusätzlichen Zahlenstrahl. Aus einer Reihe von gewünschten Eigenschaften, auf die wir hier nicht im Detail eingehen wollen,[140] ergibt sich per Konstruktion eine Darstellung für komplexe Zahlen. Neben dieser im Folgenden gezeigten algebraischen oder kartesischen Form sind noch zwei weitere Darstellungen für den Umgang mit diesem Zahlentypus gebräuchlich. Hier geht es um die Polarform, auch trigonometrische Form genannt, und die Exponentialform. Dies liegt daran, dass manche Rechnungen in der erstgenannten Form nur umständlich zu bewerkstelligen sind und die weiteren uns eine Vielzahl an Möglichkeiten und Vorteilen beim Umgang mit den komplexen Zahlen bieten. Grundlegend wichtig ist im Moment aber nur, dass sich eine jede komplexe Zahl z als geordnetes Paar zweier reeller Zahlen darstellen lässt. Es gilt:

$$z = (a; b) = a + bi \tag{15.4}$$

Wir sprechen hier von der algebraischen oder der kartesischen Darstellung einer komplexen Zahl. Eine komplexe Zahl besteht also aus zwei Teilen, einem Realteil $\text{Re}(z) = a$ und einem Imaginärteil $\text{Im}(z) = b$. Der Imaginärteil ist ein reeller Faktor, mit dem die imaginären Einheit i gewichtet wird. Die Menge der komplexen Zahlen ist daher festgelegt durch

$$\mathbb{C} = \left\{ a + bi \,\middle|\, a, b \in \mathbb{R}, i^2 = -1 \right\}. \tag{15.5}$$

---

140 Wir halten nur fest, dass neben der Forderung $i^2 = -1$ weitere Eigenschaften der reellen Zahlen bei den komplexen Zahlen gewünscht sind und die reellen auch in ihnen enthalten sein müssen.

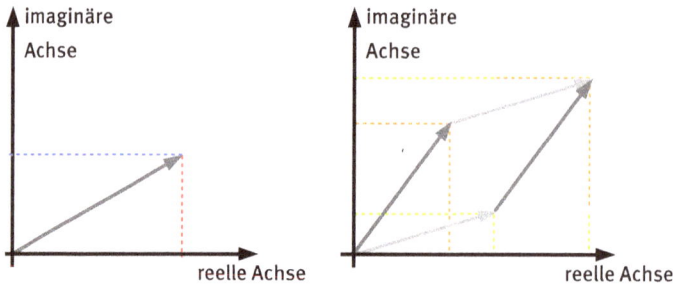

Abb. 15.2: Darstellung einer komplexen Zahl in der Gaußschen Zahlenebene (links). Auf der rechten Seite wird die Addition komplexer Zahlen illustriert. Diese Skizze ist vergleichbar mit dem Kräfteparallelogramm, welches aus der Mechanik bekannt sein dürfte. Die Realteile und die Imaginärteile werden additiv zusammengefasst. Analoges passiert bei der Subtraktion, nur mit entsprechend anderem Rechenzeichen. Multiplikation und Division können als Drehstreckung interpretiert werden. Dies ist bei der Darstellung in Polarform ersichtlich.

Die grafische Darstellung eines geordneten Zahlenpaars kennen wir zur Genüge. Wir verwenden einfach ein Koordinatensystem, welches hier als Zahlenebene[141] bezeichnet wird. Die komplexen Zahlen werden als Zeiger in dieser dargestellt (siehe Abbildung 15.2). Mit den komplexen Zahlen können wir in altbewährter Weise (d.h. wie mit den reellen Zahlen) rechnen. Es ist nur darauf zu achten, dass $i^2 = -1$ ist. Ein Beispiel dafür zeigt auch die erwähnte Abbildung.

15.1.5 Die logistische Gleichung

Neben dem natürlichen oder exponentiellen, sowie dem beschränkten Wachstum, wird bei einer einführenden Diskussion über Wachstum auch oft das logistische Wachstum angeführt. Es basiert auf der logistischen Gleichung und kann, zumeist besser als natürliches und beschränktes Wachstum, für die Modellierung der Entwicklung einer Population genutzt werden.[142] Bezeichnen wir die Größe einer Population zu einem Zeitpunkt t mit $f_n = f(t)$ und einen Zeitschritt T später mit $f_{n+1} = f(t + T)$, so lautet die zugehörige logistische Gleichung

$$f_{n+1} = k \cdot f_n \cdot (S - f_n). \tag{15.6}$$

Es liegt also eine rekursiv definierte Folge der aufeinanderfolgenden Populationsgrößen vor. Mit S wird die maximale Größe der Population bezeichnet (diese ist also in

---

141 Genauer: Gaußsche Zahlenebene.
142 Natürlich können auch andere Zusammenhänge modelliert werden, z.B. der Verkauf eines bestimmten Staubsaugermodells in einer Stadt mit einer bekannten Einwohnerzahl, wobei die verkauften Geräte eine durchschnittliche Lebenserwartung besitzen und nicht jedes Verkaufsgespräch zu einem Abschluss führt. Das wird dann in der Größe k, wie gleich gezeigt, berücksichtigt.

ihrem Wachstum beschränkt) und k setzt sich aus den konkurrierenden Prozessen Fortpflanzung und Sterben zusammen (um bei der passenden Sprache für eine Population zu bleiben), wobei die beiden Faktoren, die das ganze prozentual zur aktuellen Population beschreiben, einfach miteinander zu multiplizieren sind. Zieht man das S aus der Klammer, fasst k und S zu einem Faktor r zusammen und ersetzt die absoluten Werte f_n durch Bruchteile $x_n = \frac{f_n}{S}$ des Maximalwertes S, sodass $x_n \in [0; 1]$ gilt, erhalten wir

$$x_{n+1} = r \cdot x_n \cdot \left(1 - \frac{x_n}{S}\right), \tag{15.7}$$

was leicht durch Multiplikation der gesamten Gleichung mit S wieder in Gleichung (15.6) überführt werden kann. Der Startwert x_0 muss natürlich vorgegeben werden, wie bei rekursiv definierten Folgen notwendig, r ist positiv zu wählen. Interessant an dieser Gleichung ist, dass sie tatsächlich, lediglich in Abhängigkeit vom gewählten r, unterschiedlichste Verläufe der Populationswerte generiert. So lassen sich u.a.

- die Annäherung an $\frac{r-1}{r}$ als Grenzwert beobachten,
- chaotisches Verhalten, sowie
- die Ausbildung mehrerer Häufungspunkte[143]

beobachten. Für eine wirkliche Analyse der logistischen Gleichung sei auf die entsprechende Literatur verwiesen, z.B. [1]. Wir belassen es dabei, für jeden der genannten Fälle eine mögliche Folge durch grafische Darstellung der Folgenglieder bis $n = 30$ zu zeigen (siehe Abbildung 15.3).

An dieser Stelle wollen wir es nicht unterlassen, auf die sog. Bifurkationsdiagramme, auch bekannt unter der Bezeichnung Feigenbaumdiagramme, hinzuweisen. Sie sind nach MITCHELL JAY FEIGEN-BAUM, einem Pionier der Chaosforschung benannt. Trägt man die Werte der gefundenen Häufungspunkte für die Folge (x_n) der logistischen Gleichung über r auf, so ergibt sich besagtes Diagramm. Wir wollen den Leser motivieren, hierzu vielleicht eine kleine Recherche zu betreiben. In diesem Zusammenhang kann dann auch einiges selbst ausprobiert werde, indem man z.B. versucht, so ein Diagramm alleine zu erstellen (vielleicht für die logistische Gleichung, aber nicht unbedingt). Auch der Begriff der Feigenbaumkonstante kann hierbei untersucht werden.

Das bei der logistischen Gleichung beobachtete Verhalten ist für sog. nichtlineare Systeme typisch. Über einen Parameter kann gesteuert werden, ob die Folge chaotisches oder nicht-chaotisches Verhalten (Konvergenz, mehrere Häufungspunkte, ...) zeigt. Was nun noch nicht von den vorbereiteten Grundlagen genutzt wurde, sind die kom-

---

143 Im Gegensatz zum Grenzwert kann eine Folge beliebig viele Häufungspunkte besitzen. In jeder Umgebung eines Häufungspunktes müssen, um ihn als solchen zur charakterisieren, unendlich viele Folgenglieder anzutreffen sein. Damit bleiben aber für jeden anderen Punkt immer noch unendlich viele Folgenglieder übrig. So hat z.B. die Folge (a_n) mit $a_n = (-1)^n$ zwei Häufungspunkte, nämlich -1 und 1, da alle Folgenglieder mit geradem Index bei 1 anzutreffen sind, alle mit ungeradem Index bei -1.

plexen Zahlen. Wie diese sich einbringen lassen, betrachten wir im folgenden Abschnitt.

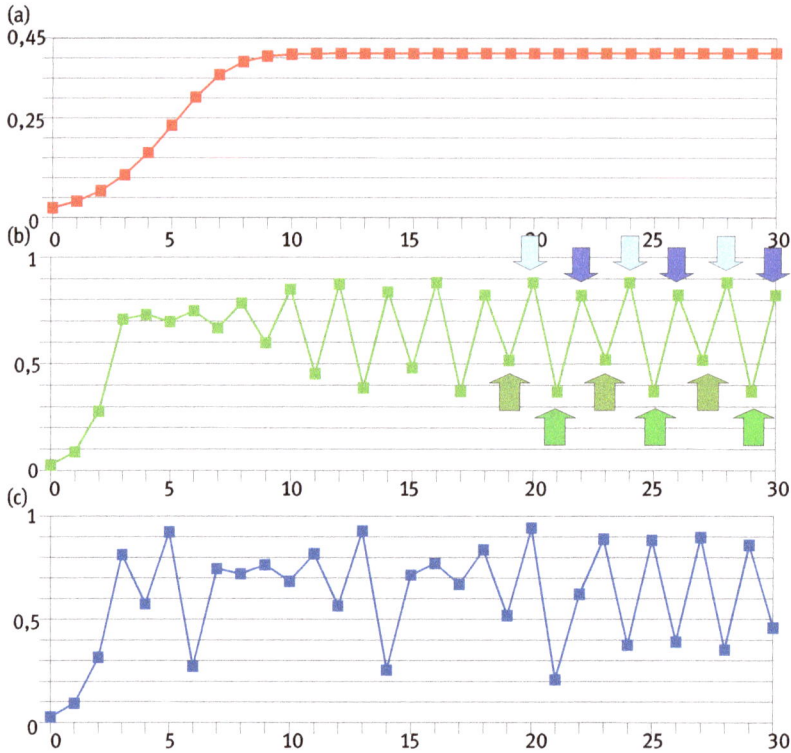

Abb. 15.3: Gezeigt werden unterschiedliche Verhalten der aus der logistischen Gleichung resultierenden Zahlenfolge für verschiedene Werte von r und den stets gleichen Startwert $x_0 = 0,025$. Die Abbildung in (a) strebt gegen den Grenzwert $g = 0,411764\ldots$ und wurde für $r = 1,7$ berechnet. In (b) zeigt sich ein abwechslungsreicheres Verhalten, aber noch kein chaotisches. Die Folge pendelt sich um vier Häufungspunkte ein, wobei einige wenige der zu einem Punkt gehörenden Folgenglieder mit gleichfarbigen Pfeilen markiert sind. Hier wurde $r = 3,53$ verwendet. In der letzten Abbildung (c) ist kein Häufungspunkt mehr zu erkennen, die Folge scheint sich chaotisch zu verhalten, wobei $r = 3,77$ verwendet wurde.

15.1.6 Julia-Mengen und Apfelmännchen

Eine besondere Faszination üben Fraktale aus, die man auch als grafische Markenzeichen der Chaostheorie sehen kann und die einen hohen Wiedererkennungswert haben, so komplex sie auch sein mögen. Fraktale haben keine ganzzahlige Dimension, wobei hier der übliche Dimensionsbegriff (die eindimensionale Linie, die zweidimensionale Fläche und der dreidimensionale Raum) einer Verallgemeinerung bedarf, die auf FELIX HAUSDORFF zurückgeht. Mit der Hausdorff-Dimension ist es möglich, einem Gebilde auch eine reelle Zahl als Dimension zuzuordnen.[144] Gerade solche gebrochene Zahlen bei der Dimensionsangabe von Fraktalen geben ihnen ihren Namen[145]. Fraktale besitzen einen hohen Grad an Skaleninvarianz, d. h. ihre Eigenschaften bleiben bei unterschiedlichen Betrachtungsgrößen erhalten,[146] was zu ähnlichen Strukturen auf unterschiedlichen Größenskalen führt. Dabei spricht man daher auch von **Selbstähnlichkeit**. Ein sehr schönes Beispiel hierfür sehen wir in Abbildung 15.4. Wir wollen noch ein paar Worte zu der Hausdorff-Dimension verlieren, damit der Leser sich darunter im Falle von selbstähnlichen Gebilden, wie in 15.4 demonstriert, etwas vorstellen kann. Bei diesen ist ein sehr anschaulicher Zugang zu diesem Begriff möglich. Wird nämlich ein solches Objekt verkleinert (Maßstab $1 : n$), so kann man die Anzahl k der in die ursprüngliche Größe passenden kleineren Gebilde ermitteln und dann die Selbstähnlichkeitsdimension D, die in diesem Fall der Hausdorff-Dimension entspricht, über

$$n^D = k \Rightarrow D = \frac{\ln k}{\ln n} \qquad (15.8)$$

ermitteln. Als Beispiel sei hier die Koch- oder Schneeflocken-Kurve genannt, wie auch in [2] vorgestellt. Wir betrachten hierzu Abbildung 15.5. Dabei ist zu erkennen, dass die im Maßstab $1 : 3$ verkleinerte Ausgangskurve nun vier Mal im ursprünglichen Gebilde vorkommt. Daher erhalten wir

$$D = \frac{\ln 4}{\ln 3} \approx 1,2618595071. \qquad (15.9)$$

Das ist damit die Dimension der Schneeflockenkurve.

Neben der Koch-Kurve gibt es eine Vielzahl weiterer Objekte bei denen diese Definition ausprobiert werden kann. Als Beispiele seien hier das Sierpinski-Dreieck, der Sierpinski-Teppich und der Menger-Schwamm genannt. Eine Recherche hierzu lohnt sich, auch um einen Einstieg in die Dimensionsberechnung zu erhalten.

Doch wie entsteht nun z.B. die Mandelbrot-Menge, die bereits das erste Bild dieses Kapitels zeigt? Hierzu ist der Begriff der Julia-Mengen ein notwendiger, welche Teilmengen der komplexen Zahlenebene sind. Im Allgemeinen arbeitet man bei diesen mit bestimmten Funktionen über den komplexen Zahlen. Wir beschränken uns hier aber

---

144 Die Hausdorff-Dimension wird über das Hausdorff-Maß definiert und man arbeitet mit Überdeckungen von Mengen des zu dimensionierenden Bereichs.
145 Die Bezeichnung Fraktal wird vom Lateinischen *fractus*, auf Deutsch *gebrochen*, abgeleitet.
146 Man kann sich hier als Beispiel (das natürlich kein Fraktal ist) die Funktion f mit $f(x) = x^2$ vorstellen. Ersetzt man x durch cx mit $c \in \mathbb{R}$, so ist $f_c(x) = (cx)^2 = c^2 \cdot x^2 = c^2 \cdot f(x)$ ebenfalls eine Parabel mit identisch liegendem Tiefpunkt und Öffnung nach oben.

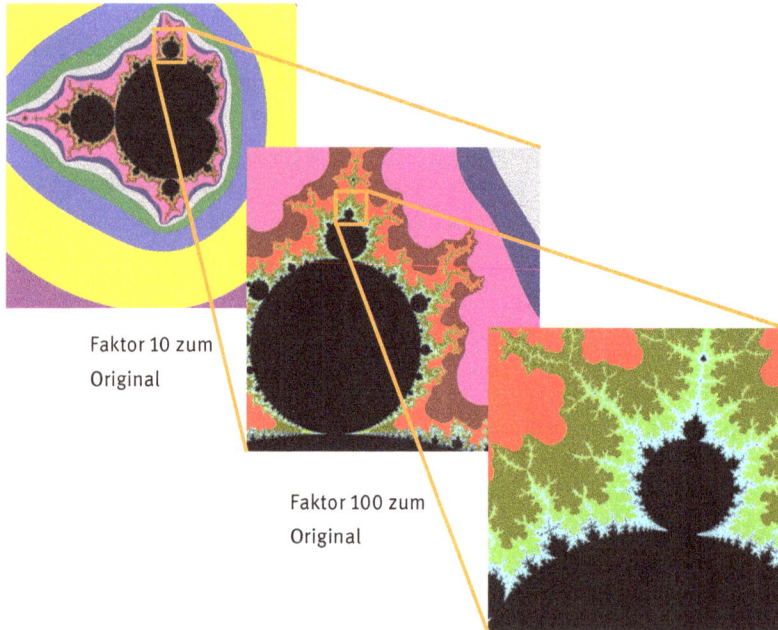

Faktor 10 zum Original

Faktor 100 zum Original

Abb. 15.4: Die Mandelbrot-Menge, auch gerne Apfelmännchen genannt, dargestellt mit verschiedenen Vergrößerungen. Links oben ist das Original platziert, daraufhin folgt der markierte Bereich (Faktor 10) und rechts unten dann die Darstellung des markierten Bereichs des mittleren Bildes (wieder Faktor 10, was dann den Faktor 100 bezüglich des Originals ergibt). Es ist zu erkennen, dass sich gewisse Strukturen immer und immer wieder wiederholen, z.B. der „Bauch" und der „Kopf" des Apfelmännchens, die beide in verschiedensten Ausrichtungen und Größenordnungen vorkommen.

lediglich auf Julia-Mengen der quadratischen Familie,[147] d. h. die Funktion, in die das zuletzt berechnete Folgenglied, beginnend mit der komplexen Zahl z_0 als Startwert, immer wieder eingesetzt wird, lautet

$$f_c(z) = z^2 + c. \tag{15.10}$$

Damit erhalten wir $f_c(z_0) = z_1, f_c(z_1) = f_c(f_c(z_0)) = z_2$ usw. als Zahlenfolge. Je nachdem, welche Werte angenommen bzw. wiederholt werden (z.B. könnte $z_n = z_0$ gelten, womit z_0 ein periodischer Punkt ist), spricht man von einem Zyklus mit einer bestimmten Periode oder auch von Fixpunkten (wenn immer der gleiche Wert angenommen wird, die Periode also identisch 1 ist) oder Vorfixpunkten[148]. Über die Ableitung kann man die Stabilität eines periodischen Punktes charakterisieren. Man unterschei-

---

147 Eine sehr detaillierte Darstellung findet sich z.B. in [1] zusammen mit einer ausführlicheren Vorstellung der komplexen Zahlen.

148 Vorfixpunkte gehen nach einer oder mehreren Iterationen in einen Fixpunkt über.

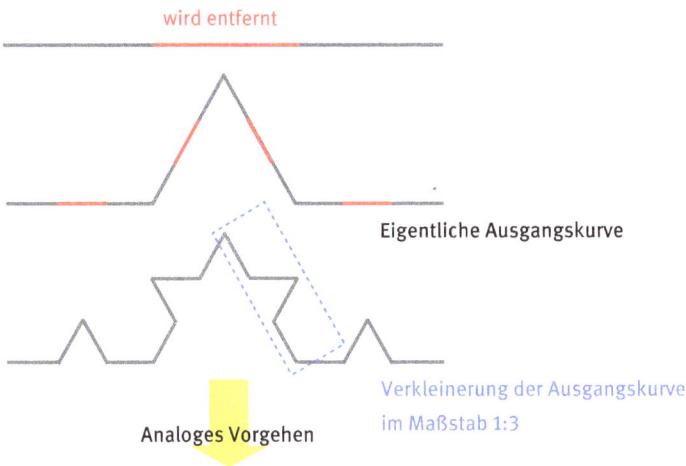

wird entfernt

Eigentliche Ausgangskurve

Verkleinerung der Ausgangskurve
im Maßstab 1:3

Analoges Vorgehen

Abb. 15.5: Die Koch-Kurve, die aus einer Strecke der Länge L entsteht, indem man das mittlere Drittel entfernt und über dem fehlenden Streckenabschnitt ein gleichseitiges Dreieck (ohne Grundseite, die ja der fehlenden Strecke entspricht) errichtet. Fährt man mit jeder weiteren Strecke analog fort, so entsteht die einer Schneeflocke ähnelnde Kurve.

det hierbei die Fälle stark anziehend und anziehend, sowie indifferent (keine Aussage möglich) und abstoßend.

Um zu verstehen, wie die fraktalen Gebilde zustande kommen, müssen wir kurz über den Begriff des Scheidepunkts sprechen bzw. über die Menge, die alle Scheidepunkte beinhaltet. Ausgehend von einer reellen Zahlenfolge (a_n) mit $a_{n+1} = a_n^2 + c$, so wie bei der quadratischen Familie der Julia-Mengen nur eben in $\mathbb{R}$, kann man ein bestimmtes c wählen und dann das Verhalten der Folge für verschiedene Startwerte $a_0 \in \mathbb{R}$ untersuchen. Ein beliebtes Einstiegs-Beispiel verwendet dabei $c = -1$, sodass wir mit $a_{n+1} = a_n^2 - 1$ arbeiten. Die Fixpunkte hierbei lassen sich durch den Ansatz $a_0 = a_0^2 - 1$ und über das Lösen der resultierenden quadratischen Gleichung $x^2 - x - 1 = 0$ mit $x = a_0$ leicht ermitteln. Es sind $a_{F1} = \frac{1-\sqrt{5}}{2}$ und $a_{F2} = \frac{1+\sqrt{5}}{2}$. Faszinierend ist nun, dass alle Zahlenfolgen, die die gezeigte Rekursion verwenden, aber nicht die berechneten Fixpunkte als a_0 verwenden, entweder über alle Grenzen wachsen ($a_n \to \infty$ für $n \to \infty$) oder letztendlich zwischen 0 und −1 hin- und herspringen. Da die Folgenglieder der letztgenannten Folgen von diesen Werten „angezogen" werden, nennt man diese auch Attraktoren. Wie sich eine Folge tatsächlich verhält, hängt dabei davon ab, ob a_0 innerhalb oder außerhalb des Intervalls $[-a_{F2}; a_{F2}]$ liegt. Daher haben wir es bei diesem Fixpunkt mit einem Scheidepunkt auf der reellen Zahlengeraden zu tun. Der andere ist auch ein Scheidepunkt, aber erst in der komplexen Zahlenebene.

Lässt man nun komplexe Zahlen zu und ein beliebiges c, so wird das Intervall $[-a_{F2}; a_{F2}]$ zu einer oder mehreren Kurven, die Flächen in der Zahlenebene einschließen, erweitert. Ein Startwert im Inneren ergibt eine Folge, deren Folgenglieder beschränkte Beträge (also Abstände zum Koordinatenursprung) aufweisen, im Äußeren gelegene Startwerte sorgen dafür, dass die Beträge der Folgenglieder gegen ∞ streben. Untersucht man nun mittels eines Computerprogramms für ein vorgegebenes c Punkte der komplexen Zahlenebene auf beschränkte Beträge, so erhält man für jedes c das zur jeweiligen Julia-Menge gehörende Fraktal, wenn man eine passende Einfärbung vornimmt. So werden Startwerte, die zu beschränkten Beträgen der Folgenglieder führen, üblicherweise schwarz markiert, sodass dies die Farbe der sog. Attraktionsgebiete ist.

---

i Das Programmieren von Fraktalen ist eine sehr interessante Aufgabestellung. Natürlich setzt dies voraus, dass man eine entsprechende Programmiersprache beherrscht, sodass die ermittelten Daten grafisch ausgewertet werden können. Die in diesem Kapitel gezeigten Abbildungen wurden z.B. mit Delphi (Pascal) erstellt. Aber auch mit C++ erhält man schnell brauchbare Ergebnisse.

Basierend auf der gezeigten Rekursion für die Julia-Mengen lässt sich nun auch das Apfelmännchen visualisieren. Dabei verwendet man wieder $a_{n+1} = a_n^2 + c$ im Komplexen, startet aber stets mit $a_0 = 0$ und untersucht, für welche $c \in \mathbb{C}$ die Beträge der Folgenglieder nicht gegen ∞ streben. Fasst man alle c in der komplexen Zahlenebene für die das der Fall ist zusammen, so hat man die Mandelbrot-Menge gefunden. Diese ist z.B. auf dem ersten Bild dieses Kapitels gezeigt.

15.1.7 Experimente, die im Chaos enden

Was uns momentan noch fehlt, ist ein Bezug der gezeigten Mathematik zu realen, physikalischen Problemen. Tatsächlich lassen sich viele solche Beispiele bzw. Systeme finden, die mit chaotischem Verhalten auf den ersten Blick nichts zu tun haben, aber bei geringfügigen Modifikationen des Aufbaus tatsächlich ein solches zeigen. Auch gibt es eine Vielzahl von Beispielen aus dem Alltag, über deren Zusammenhang mit der Thematik man sich kaum oder nur selten Gedanken macht, auch wenn man sich gerade deswegen an ihnen erfreut, weil sie eben als so „unberechenbar" erscheinen. Wir wollen hier ein paar Beispiele nennen und auch exemplarisch den Zusammenhang mit der gezeigten Mathematik herstellen.

Einige sehr schön berechenbare Beispiele, die kein chaotisches Verhalten aufweisen, sind u.a.

- der schiefe Wurf eines hinreichend schweren aber kleinen Balls (punktförmig),
- das Pendeln eines Federpendels, ohne dass die Feder überdehnt wird,
- das Zweikörperproblem, bei dem zwei Körper nur mit sich selber wechselwirken, ohne äußere Einflüsse.

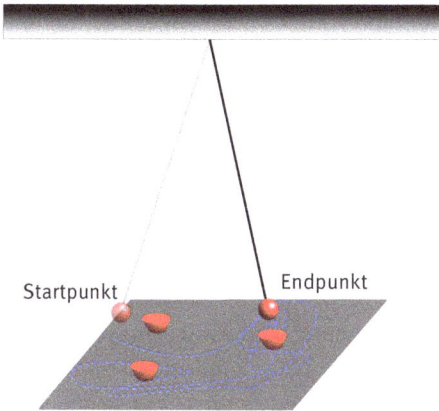

Abb. 15.6: Eine mögliche Anordnung eines magnetischen Pendels. Eine Berechnung der jeweiligen Bahn in Abhängigkeit von der Anordnung der Magnete, der Reibungsparameter und weiterer Randbedingungen ist nur mit Hilfe einer aufwändigeren Simulation durchführbar.

Modifiziert man diese leicht bzw. betrachtet sie unter realistischeren Bedingungen (z.B. hat ein Ball ja auch eine gewisse Größe (bzw. Querschnittfläche) und ein bestimmtes Gewicht), so entziehen sich die resultierenden Bahnen einer einfachen Berechnung. Chaotisches Verhalten zeigen z.B.

– ein leichter Ball mit einem relativ großen Querschnitt bei Gegenwind (wann knickt die Bahn ab und in welche Richtung?),
– ein Federpendel, das in seiner vertikalen Auslenkung durch eine scharfe Impulsübertragung gehemmt wird (z.B. durch einen Block),[149]
– das Dreikörperproblem[150].

Betrachten wir ein recht gängiges Beispiel, um die Probleme bei chaotischen Bewegungen zu demonstrieren. Ein Fadenpendel, an dessen Ende ein Magnet befestigt ist und das man nun über einer Anordnung mehrerer Magnete seine Bewegungen ausführen lässt (magnetisches Pendel). Die beschriebene Bahn wird also ständig durch die Anziehungskräfte der diversen „Störmagnete" beeinflusst und zwar in einer Weise, die es einem nicht ermöglicht, die tatsächliche Bahn des Pendels vorherzusagen. Im Abschnitt über die Julia-Mengen haben wir Attraktoren erwähnt. Das hier erwähnte magnetische Pendel verfügt ebenfalls über Attraktionsgebiete, die je nach Aufbau des Versuchs andere Strukturen in der Berandung aufweisen. Sie sind vergleichbar

---

149 Ein paar Überlegungen hierzu finden sich in [3].
150 Hierzu gibt es eine interessante Stellungnahme in [4] zu einer im SPIEGEL Mitte der 90-er Jahre erschienen Serie. Dabei zeigen die Autoren, dass man bei der Untersuchung von chaotischem Verhalten sehr auf seine Modellparameter zu achten hat.

in ihrer Komplexität mit den Julia-Mengen und der Mandelbrot-Menge. Ihre fraktale Struktur wird v. a. durch den Reibungsparameter dominiert (siehe [1]). Das ganze System des magnetischen Pendels wird durch zwei gewöhnliche Differentialgleichungen zweiter Ordnung beschrieben (jeweils eine für die x- und eine für die y-Koordinate in der Ebene, wobei beide miteinander gekoppelt sind). Diese sind numerisch zu lösen, wofür sich das bereits im Kapitel über die Semiklassik erwähnte Runge-Kutta-Verfahren (hier mit adaptiver Schrittweitensteuerung[151]) anbietet.

Ein weiteres Beispiel für die Nutzung von Erkenntnissen aus der Chaostheorie findet sich bei der Analyse von Herzstörungen. Hierzu nutzt man die Darstellung der vorliegenden Sachverhalte mittels eines Phasendiagramms[152] aus. Zwar schlägt auch ein gesundes Herz nicht ganz regelmäßig, aber in den Phasendiagrammen lässt sich trotzdem eine gewisse Ordnung in dem Chaos der Herzschläge erkennen (man beobachtet eine sog. Zigarrenform bei entsprechender Wahl des Koordinatensystems). Weicht ein untersuchtes Herz davon ab, so kann dies auf eine Störung hinweisen. Im Falle von Herzflimmern sind die Herzschläge nahezu einer Zufallsverteilung unterworfen. Eine übergeordnete Struktur (eben jene der Zigarre) lässt sich nicht mehr erkennen.

15.2 Einblicke in Forschung und Anwendung

Zusammenfassung:

Hier haben wir eine kleine Auswahl zum Einblick in die Welt des Chaos zusammengestellt. Natürlich tritt Chaos in vielen weiteren Bereichen auf. Aber was grundlegend dazu gehört, das ist auch eher eine philosophische Frage, der wir uns hier nicht stellen können. Wir hoffen einfach, dass die gewählten Themen und Beispiele weiteres Interesse wecken können und zur eigenständigen Recherche animieren.

15.2.1 Untersuchungen zum Chaos auf Quantenebene

Dieser Abschnitt gehört eigentlich nicht zum bisher vorrangig betrachteten (klassischen) deterministischen Chaos. Trotzdem hat die Chaosforschung auch Einzug in die Quantenwelt gehalten. Wir wollen hierzu kurz ein paar Gedanken anführen. Bei der Betrachtung von klassischem Chaos spielen Billard-Systeme eine wichtige Rolle.

---

151 Die Schrittweite wird dabei der aktuellen Situation angepasst.
152 Dieses wird auch als Zustandsdiagramm bezeichnet, da die Darstellung der Zusammenhänge durch Zustandsgrößen erfolgt (z.B. Druck und Temperatur oder Geschwindigkeit und Beschleunigung).

Hierzu haben wir bereits in Kapitel 14.2.1 ein paar Bemerkungen gemacht. Die klassischen Modelle können nun verkleinert betrachtet werden, sodass quantenmechanische Effekte bei der Betrachtung relevant werden. Damit ist die Verwendung der Schrödinger-Gleichung notwendig, die aber von ihrer Struktur her kein chaotisches Verhalten erzeugt. Generell ist es schwierig, Chaos in der Quantenmechanik unterzubringen, da man es im Wesentlichen mit Wahrscheinlichkeiten zu tun hat und nicht mit Bahnen, die beim klassischen Chaos eben auf jenes hinweisen. Trotzdem ist es möglich, die Modelle derart anzupassen, dass man auch auf der Quantenebene über Chaos diskutieren kann.[153] Untersuchungen hierzu erfolgen in der Regel mittels der Random-Matrix-Theorie oder der Periodic-Orbit-Theorie, die zwar nicht als solche in dem Kapitel über Semiklassik erwähnt wurde, auf die aber die Betrachtung der periodischen Bahnen zurückzuführen ist. Der Übergang vom Klassischen zum Quantenmechanischen ist dabei das Problematische. Moderne Methoden der Semiklassik ermöglichen es, auch quantenmechanische Eigenschaften von Systemen zwischen der mikroskopischen (Quantenmechanik) und der makroskopischen (Klassische Mechanik) Welt quantitativ zu berechnen. Diese Systeme bezeichnet man als mesoskopisch. Systeme mit chaotischem Verhalten auf der Quantenebene finden sich z.B. in der Optik, der Molekül- und Festkörperphysik oder der Atom- und Kernphysik. Die Spektren von Quantensystemen weisen nach der Vermutung von Bohigas, Giannoni und Schmit universelle Züge auf. Damit ist gemeint, dass sie sich alle ähnlich sind und analoge Beobachtungen gemacht werden können. Die Ähnlichkeit ist daran gebunden, ob das zugehörige klassische System chaotisches Verhalten zeigt. Von besonderer Bedeutung sind bei solchen Quantensystemen die periodischen Bahnen. Hier gab es in den letzten 15 Jahren einige Fortschritte bei deren Analyse und Katalogisierung (Bahnbüschel, siehe z.B. [5]).

15.2.2 Meteorologie und Chaos

Mit der richtigen App ist man heutzutage in der Lage, eine Wettervorhersage quasi in der Hand zu halten, die zumindest für die nächsten drei Tage vor allzu schlimmen Überraschungen schützt. Geht es um eine längerfristige Planung, lassen einen solche Vorhersagen, so gewissenhaft sie auch gestellt sein mögen, häufig im Regen stehen und das leider nicht nur sprichwörtlich. Das Klima, verstanden als die Zusammenfassung aller Wetterphänomene über eine großen Zeitraum (als untere Grenze werden hier 30 Jahre genannt), wird in den Modellen der Klimaforscher aber bereits für das Jahr 2100 analysiert, es existieren Berechnungen für die Temperaturzunahme und die

---

153 So kann man ein sich bewegendes Teilchen in eine Kugel einsperren, was ein klassisches Problem ist (3D-Billard). Verkleinert man dieses Modell soweit, dass die Schrödinger-Gleichung genutzt werden muss, erhält man chaotisches Verhalten, wenn man die Kugelhülle nach innen und außen oszillierend annimmt und dies in der Gleichung berücksichtigt.

Niederschlagsmengen. Wie ist es aber zu verstehen, dass Wetterphänomene nur relativ kurz vorhergesagt werden können, die Entwicklung des Klimas aber bisher recht präzise prognostiziert wurde? Das basiert darauf, dass das jeweilige Wetter von vielen lokalen Faktoren abhängt, die nur schwer in einem Modell zu berücksichtigen sind. Das Klima ist aber über einen langen Zeitraum definiert, sodass über viele Mittelwerte sich die ganzen Ereignisse zu einer relativ stabilen Gesamtheit zusammenfassen lassen.

Der bereits am Anfang des Kapitels angeführte Schmetterlings-Effekt spielt indes auch für Wettervorhersagen keine besondere Rolle, wie bereits in [6] diskutiert wird. Das Chaos ist beim Wetter nicht so dominant wie dieses Paradebeispiel der Chaostheorie vermuten lässt. Dies liegt daran, dass die anfänglichen Modellierungen nach EDWARD LORENZ, einem der Pioniere der Chaosforschung, und auch die Untersuchungen von VLADIMIR ARNOLD nicht ganz korrekt übertragen wurden. Übertragen heißt, dass anfänglich mit wenigen Freiheitsgraden gerechnet wurde und zur Verfeinerung des Modells später immer mehr Freiheitsgrade hinzugenommen wurden. Dabei wurde das chaotische Verhalten einfach mitgezogen. Allerdings kommen hierbei nun statistische Effekte ins Spiel, wie sie LUDWIG BOLTZMANN bei der Entwicklung der statistischen Mechanik im 19. Jahrhundert untersuchte. Deshalb ist eine Unterscheidung in mikroskopische und makroskopische Variablen notwendig. Im Mikrokosmos kann durchaus Chaos herrschen, die Bahn eines Teilchens ist nicht vorhersehbar (z.B. die eines Luftmoleküls). Im Gesamten ergeben sich aber ordnende Effekte durch die Statistik für sehr viele Teilchen (Mittelwerte, Abweichungen, ...), die als makroskopische Observable[154] keine Anzeichen mehr von Chaos zeigen. Ein Beispiel hierfür sind die im Einzelnen nicht vorhersagbaren Bewegungen von Molekülen in einem Gefäß, die sich in den makroskopischen Größen Druck und Temperatur niederschlagen. Dies ist auch im Einklang mit den weiteren Modellierungen des Wetters in den Jahrzehnten danach, die im Widerspruch zur Interpretation der Lorenzschen Ergebnisse standen. Anfangsfehler in den Modellen pflanzen sich nur über einen Zeitraum von zwei Tagen exponentiell fort, danach ist zu beobachten, dass lediglich ein lineare Anstieg mit der Zeit erfolgt. Man kann daher festhalten, dass große Zahlen eine ordnende Wirkung haben und dies sich positiv auf die Möglichkeit der Wettervorhersage auswirkt. Zeiträume von zwei Wochen sind mit Unsicherheiten behaftet, aber sie sind möglich, was nach den anfänglichen Interpretationen sehr viel kritischer zu sehen war. Trotzdem gibt es in der Meteorologie noch viele mögliche Verfeinerungen der Modelle, denn je lokaler man mit der Vorhersage wird, desto schwieriger wird sie, da es mehr lokale Effekte zu berücksichtigen gibt (Oberflächenbeschaffenheit, Bebauung, Geographie und Topologie des Geländes, ...). Trotzdem sind heutige Vorhersagen schon als sehr präzise anzusehen.

---

154 Eine zu beobachtende Größe.

15.2.3 Graphen und Chaos

Im Kapitel über Graphen erwähnten wir, dass auch hier Berührpunkte mit der Chaos-forschung zu finden sind. Dies hängt mit der Modellierung bestimmter Eigenschaften von Graphen und Fullerenen zusammen, die mit Hilfe von Mikrowellenbillards durch-geführt werden können. So dienen flache Mikrowellenresonatoren eigentlich zur Un-tersuchung von Chaos, welches sich aus der Quanten- und der Wellendynamik ergibt. Die Autoren von [7] nutzen die formale Analogie zwischen der Schrödinger-Gleichung für Quantenbillards und der skalaren Hemholtz-Gleichung (beide sind partielle Dif-ferentialgleichungen) für flache Mikrowellenresonatoren aus. Die Resonatoren wer-den mit einer bestimmen Maximalfrequenz angeregt, sodass sich hieraus der Name Mikrowellenbillards ableitet. Die Forscher verwenden für derartige Experimente, in denen die spektralen Eigenschaften von Graphen- und Fullerenstrukturen untersucht werden können, sog. Dirac-Billards, die aus einer Boden- und einer Deckenplatte aus Messing aufgebaut sind.[155] In den Experimenten werden verschiedene Spielfeldfor-men (Rechteck- und Afrika-Billard[156]) genutzt, durch hunderte Metallzylinder wird ein graphenartiges Gitter gebildet. So ist es möglich, im gesamten Energiebereich des Leitungs- und Valenzbandes von Graphen dessen universelle spektrale Eigenschaften zu analysieren.

15.2.4 Ein weites Betätigungsfeld

Chaos wird in den verschiedensten Bereichen untersucht. Wir wollen hier nur ein paar der publizierten Untersuchungen auflisten, ohne auf Details eingehen zu können. Die Reihenfolge ist dabei willkürlich und folgt keinerlei Wertung.
– Untersuchung von Chaos in speziellen Lasern, siehe [8].
– Untersuchungen zu Chaos in der Quantenelektrodynamik (QED), siehe [9].
– Überlegungen, wie Chaos in Vorlesungen zur klassischen Mechanik eingeführt werden kann, siehe [10].
– Untersuchungen zu Chaos bei schwarzen Löchern, siehe [11].

Wir sehen, dass selbst diese kleine Auswahl viele verschiedene Gebiete benennt, in denen chaotisches Verhalten beobachtet wird. Selbst wenn man sich also nicht direkt mit der Chaostheorie beschäftigt, trifft man sie doch in einer Vielzahl von Systemen an, denn sobald nichtlineare Dynamik ins Spiel kommt, ist die Grundlage für chaoti-sches Verhalten geschaffen.

---

155 Details zum Aufbau finden sich z.B. in dem erwähnten Artikel [7].
156 Das Spielfeld hat die stilisierte Form des Kontinents.

15.3 Ausblick

Die Analyse von Chaos ist mit immer leistungsstärkeren Rechnern immer besser möglich. Natürlich hilft dies nicht weiter, wenn man bestimmte grundlegende Mechanismen im Hintergrund nicht verstehen kann. Da es sich z.B. bei Fraktalen um sehr komplexe Strukturen handelt, ist es so gut wie sicher, dass hier noch einige Überraschungen verborgen sein werden. Die Vielzahl an Artikeln, die sich mit Auswirkungen des deterministischem Chaos oder des Quantenchaos beschäftigen, zeigt, dass die Erforschung chaotischer Prinzipien in nahezu allen Bereichen, die sich mit nichtlinearen Zusammenhängen beschäftigen, vorangetrieben wird. Und Anwendungen z.B. in der Medizin demonstrieren, dass auch abstrakte mathematische und physikalische Probleme mit ihren Lösungsansätzen den Weg in andere Fachbereiche finden und dort gewinnbringend eingesetzt werden können.

Literatur

[1] H. Peitgen, H. Jürgens, and D. Saupe. *CHAOS Bausteine der Ordnung*. Klett Cotta/Springer-Verlag (1989/99).

[2] R. Behr. *Ein Weg zur fraktalen Geometrie*. Ernst Klett Schulbuchverlag (1989/99). 1. Auflage.

[3] P. A. Tipler. *Physik*. Sepktrum Akademischer Verlag (1984/2000).

[4] P. H. Richter, H. Dullin, and H.-O. Peitgen. Der SPIEGEL, das Chaos – und die Wahrheit. *Phys. Bl.* **4**, 355 (1994).

[5] F. Haake and K. Richter. Pfade, Phasen, Fluktuationen. *Physik Journal* **10**, 35 (2011).

[6] R. Robert. Das Ende des Schmetterlingseffekts. *Spektrum der Wissenschaft* **11**, 66 (2001).

[7] B. Dietz, T. Klaus, M. Miski-Oglu, A. Richter, and M. Wunderle. Von Graphen zu Fulleren. *Physik Journal* **12**, 29 (2016).

[8] L. Liguo. A New Way to Observe Chaos and Self-Pulsings in Class B Lasers. *Chinese Physics Letters* **12**, 724 (1995).

[9] J. Larson and D. O'Dell. Chaos in circuit QED: decoherence, localization and nonclassicality. *Journal of Physics B: Atomic, Molecular and Optical Physics* **46**, 724 (2013).

[10] J. Masoliver and A.Ros. Integrability and chaos: the classical uncertainty. *European Journal of Physics* **32**, 431 (2011).

[11] O. Kopáček and V. Karas. Inducing Chaos by Breaking Axial Symmetry in a Black Hole Magnetosphere. *The Astrophysical Journal* **787**, 117 (2014).

Personenverzeichnis

Hier sollen einige der Personen aufgeführt werden, welche in herausragendem Maß zur Entwicklung der modernen Physik beigetragen haben. Neben den Lebensdaten findet sich auch ein Verweis auf bekannte Entdeckungen. Diese Liste ist sicher nicht vollständig, da die wenigsten Physiker ihre Entdeckungen im Alleingang gemacht haben. Die genannten Personen werden im Studium früher oder später aber vielleicht einmal vorkommen.

Name	Lebensdaten	bekannte Entdeckungen
Johann Jakob Balmer	1.5.1825 – 12.3.1898	Entwicklung einer einfachen Formel zur Berechnung des Wasserstoffspektrums
John Bardeen	23.5.1908 – 30.1.1991	Transistoreffekt, Bipolartransistor, BCS-Theorie
Johannes Georg Bednorz	*16.5.1950	Erster Hochtemperatur-Supraleiter
Niels Bohr	7.10.1885 – 18.12.1962	Bohrsches Atommodell
Ludwig Boltzmann	20.4.1844 – 5.9.1906	Boltzmann-Konstante, Stefan-Boltzmann-Gesetz
Satyendranath Bose	1.1.1894 – 4.2.1974	Theoretische Vorhersage der Bose-Einstein-Kondensation
Sadi Carnot	1.6.1796 – 24.8.1832	Untersuchungen zu Wärmekraftmaschinen, speziell zum Carnot-Prozess
Albert Einstein	14.3.1879 – 18.4.1955	Relativitätstheorie, Photoeffekt, Bose-Einstein-Kondensation
Mitchell Jay Feigenbaum	*19.12.1944	Pionier der Chaosforschung, Feigenbaumkonstante
Enrico Fermi	29.9.1901 – 28.11.1954	Eine Vielzahl an Beiträgen zur Kernphysik
Albert Fert	*7.3.1938	Giant Magnetoresistance
Peter Grünberg	*18.5.1939	Giant Magnetoresistance

https://doi.org/10.1515/9783111260570-016

John Hall	*21.8.1934	Entwicklung des Frequenzkamms
Theodor Hänsch	*30.10.1941	Entwicklung des Frequenzkamms
Werner Heisenberg	5.12.1901 – 1.2.1976	Heisenberg'sche Unschärferelation
Peter Higgs	*29.5.1929	Postulierte das Higgs-Boson
Edwin Hubble	20.11.1889 – 28.9.1953	Messung der Expansion des Weltalls
Russel Hulse	*28.11.1950	Entdeckung von PSR 1913+16
Johannes Kepler	27.12.1571 – 15.11.1630	Beschreibung von Planetenbahnen als Ellpisen
Edward Lorenz	23.5.1971 – 16.4.2008	Wegbereiter der Chaostheorie, Schmetterlings-Effekt
Wolfgang Ketterle	*21.10.1957	Erste Realisierung der Bose-Einstein-Kondensation
Isaac Newton	4.1.1643 – 31.3.1727	Begründung der klassischen Mechanik und der Gravitationstheorie
Heike Kamerlingh Onnes	21.9.1853 – 21.2.1926	Helium-Verflüssigung, Entdeckung der Supraleitung
Theodore Maiman	11.7.1927 – 5.5.2007	Baute den ersten Laser
Wolfgang Pauli	29.4.1900 – 15.12.1958	Pauli-Prinzip, postulierte das Neutrino
Arno Penzias	*26.4.1933	Erste Messung der kosmischen Hintergrundstrahlung
Arthur Schawlow	5.5.1921 – 28.4.1999	Entwicklung der theoretischen Grundlagen des Lasers
Karl Schwarzschild	9.10.1873 – 11.5.1916	Lösung der Feldgleichungen der ART für eine kugelsymmetrische Masse
Erwin Schrödinger	12.8.1887 – 4.1.1961	Schrödinger-Gleichung

Dan Shechtman	*24.1.1941	Entdeckung der Quasikristalle
Joseph Hooton Taylor	*29.3.1941	Entdeckung von PSR 1913+16
Alan Turing	23.6.1912 – 7.6.1954	Turingmaschine
Robert Wilson	*10.1.1936	Erste Messung der kosmischen Hintergrundstrahlung

Stichwortverzeichnis

https://doi.org/10.1515/9783111260570-017

www.ingramcontent.com/pod-product-compliance
Lightning Source LLC
Chambersburg PA
CBHW080937220326
41598CB00034B/5807